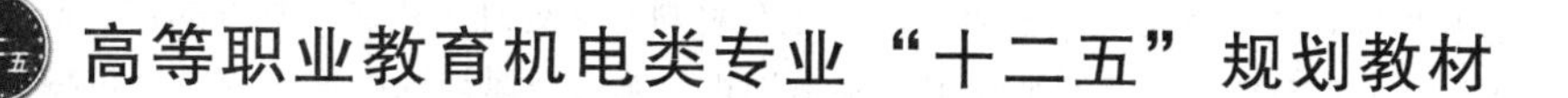
高等职业教育机电类专业“十二五”规划教材

机械制造基础

张信群　主　编
杨　靖　杨章林　副主编
陈兆英　李立蔚　参　编

中国铁道出版社
CHINA RAILWAY PUBLISHING HOUSE

内 容 简 介

本书共分10章，主要内容包括：机械工程材料与热处理、热加工基本知识、机械零件毛坯的选择、公差与配合、金属切削加工的基本知识、典型金属切削机床与刀具、机械加工工艺规程、特种加工、数控加工技术基础、先进制造技术。不仅介绍了机械制造的各个工艺过程的基本理论知识和相关实践技术，还对近几年出现的特种加工技术和先进制造技术等进行了简要介绍。

本书注重实际应用，具有一定的先进性、综合性、应用性，适合作为高等职业院校及成人高校的机械类、机电类相关专业的教材，也可作为相近专业成人高校的教材及相关工程技术人员的专业参考书。

图书在版编目（CIP）数据

机械制造基础/张信群主编．—北京：中国铁道出版社，2013.5

高等职业教育机电类专业“十二五”规划教材

ISBN 978-7-113-15946-7

Ⅰ.①机…　Ⅱ.①张…　Ⅲ.①机械制造-高等职业教育-教材　Ⅳ.①TH

中国版本图书馆CIP数据核字（2013）第005593号

书　　名：机械制造基础

作　　者：张信群　主编

策　　划：何红艳　　**读者热线：**400-668-0820

责任编辑：何红艳

编辑助理：赵文婕

封面设计：付　巍

封面制作：白　雪

责任印制：李　佳

出版发行：中国铁道出版社（100054，北京市西城区右安门西街8号）

网　　址：http://www.51eds.com

印　　刷：北京新魏印刷厂

版　　次：2013年5月第1版　　2013年5月第1次印刷

开　　本：787mm×1 092mm　1/16　**印张：**17　**字数：**394千

印　　数：1~3 000册

书　　号：ISBN 978-7-113-15946-7

定　　价：34.00元

FOREWORD 前　言

“机械制造基础”是高等职业院校机械类、机电类相关专业的一门重要的专业基础课程。在编写本书时，编者总结了近年来高等职业教育改革的成功经验，将“以应用为目的，以必需、够用为度，以讲清概念、强化应用为重点”作为编写原则，将传统的“机械工程材料”“热加工工艺基础”“互换性与测量技术”“机械制造工艺基础”等课程的内容有机整合，并且吸收了“特种加工技术”和“先进制造技术”课程的相关内容，形成了新的教材体系。教材内容突出了知识的综合性和实用性，具有鲜明的职业教育特色。

全书共分10章，主要内容包括：机械工程材料与热处理、热加工基本知识、机械零件毛坯的选择、公差与配合、金属切削加工的基本知识、典型金属切削机床与刀具、机械加工工艺规程、特种加工、数控加工技术基础、先进制造技术。

本书由滁州职业技术学院张信群任主编，杨靖、杨章林任副主编，参加编写的还有陈兆英、李立蔚。其中，第1章、第7章由杨章林编写，第2章、第3章由陈兆英编写，第4章、第10章由张信群编写，第5章、第6章由杨靖编写，第8章、第9章由李立蔚编写。

本书适合作为高等职业院校及成人高校的机械类、机电类各专业的教材，还可供相关工程技术人员参阅。

本书在编写过程中，得到许多兄弟院校的领导和老师的大力支持，在此一并表示感谢。

由于编者水平有限，书中难免有疏漏和不足之处，敬请专家和广大读者批评指正。

编　者
2013 年 1 月

前　言

CONTENTS 目　录

第❶章 机械工程材料与热处理

在机械制造、交通运输、国防工业、石油化工和日常生活各个领域需要使用大量的工程材料。工程材料分为金属材料和非金属材料，其中金属材料应用得较为广泛。材料的性能是零件设计中选材的主要依据，也是技术工人在加工过程中合理选择加工方法、确定刃磨刀具几何参数、合理选择切削用量的重要保证。

1.1 金属材料的力学性能

材料的性能包括使用性能和工艺性能。使用性能是指材料在使用过程中表现出来的性能，它包括力学性能、物理性能和化学性能等；工艺性能是指材料对各种加工工艺适应的能力，包括铸造性能、锻造性能、焊接性能、切削加工性能和热处理工艺性能等。

1.1.1 金属材料的静态力学性能

1. 强度

金属材料在载荷的作用下抵抗弹性变形、塑性变形和断裂的能力称为强度。强度的大小用应力表示。根据载荷的不同作用方式，强度可分为屈服强度、抗拉强度、抗压强度、抗弯强度、抗剪强度等。通常以屈服点和抗拉强度代表材料的强度指标。

强度指标一般可以通过拉伸试验来测定。按国家标准（GB/T 288—2002）规定将被测金属材料制成一定形状和尺寸的拉伸试样，常用试样的截面为圆形。图 1-1 所示为标准拉伸试样，其中 d_0为试样的原始直径(mm)，l_0为试样的原始长度(mm)。拉伸试样一般还分为长试样($l_0=10d_0$)和短试样($l_0=5d_0$)两种。

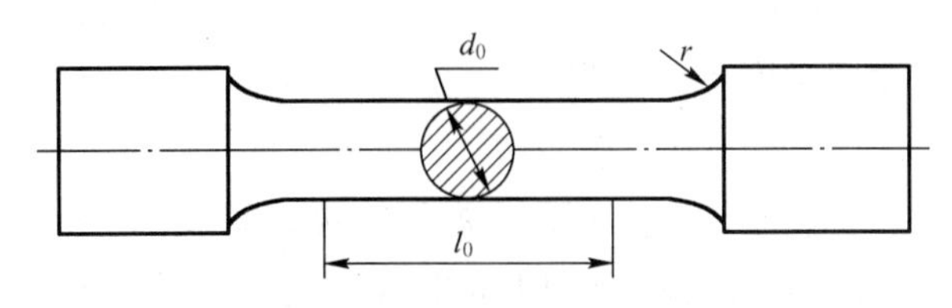

图 1-1 标准拉伸试样

把标准拉伸试样装夹在试验机上，对其缓慢增加载荷，随着载荷的不断增加，试样的伸长量也逐渐增加，记录拉伸试验过程中的载荷大小和对应的伸长量关系，直至试样被拉断为止。在试验过程中，试验机自动记录了每一瞬间载荷大小 F 和伸长量 Δl，所给出它们之间的关系曲线，称为拉伸曲线。

图 1-2 所示为退火低碳钢的拉伸曲线，纵坐标表示载荷 F，单位为 N；横坐标表示绝对伸长量 Δl，单位为 mm。当载荷 F 为零时，伸长量也为零。在拉伸过程中经历了以下几个阶段：

1）弹性变形阶段（线段 OE）

当载荷逐渐由零加大到 F_e 时。试样的伸长量与载荷成比例增加。此时卸除载荷，试样能完全恢复到原来的形状和尺寸，即试样处于弹性变形阶段。

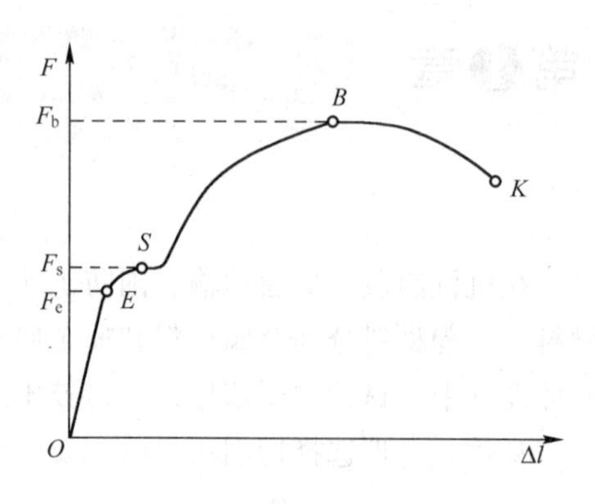

图 1-2　低碳钢拉伸曲线

2）屈服阶段（线段 ES）

当载荷超过 F_e 时。试样除产生弹性变形外，还开始出现塑性变形（或称永久变形），即卸除载荷后，试样不能恢复到原来的形状和尺寸。当载荷加到 F_s 时。在曲线上开始出现水平线段，即表示载荷不增加，试样却继续伸长。这种现象称为屈服现象。点 S 称做屈服点。

3）强化阶段（线段 SB）

载荷超过 F_s 后，试样的伸长量又随载荷的增加而增大。此时试样已产生大量的塑性变形。F_b 为试样拉伸实验的最大载荷。

4）颈缩阶段（线段 BK）

当载荷继续增加到某一最大值 F_b 时，试样的局部直径变小，通常称为“颈缩”现象。当到达点 K 时，试样就在缩颈处被拉断。

无论何种材料，其内部原子之间都具有平衡的原子力相互作用，以使其保持固定的形状。材料在外力作用下，其内部会产生相应的作用力以抵抗变形，此力的大小和外力相等，方向相反，这种作用力称为内力。材料单位截面上承受的内力称为应力，用 σ 表示。金属材料的强度是用应力来表示的，即

$$\sigma = \frac{F}{S_0} \tag{1-1}$$

式中　σ——应力（MPa）；

F——载荷（N）；

S_0——试样的原始截面面积（mm^2）。

常用的强度指标有屈服强度和抗拉强度。

1）屈服强度

试样屈服时的应力为材料的屈服点，称为屈服强度，屈服强度分为上屈服强度 R_{eH} 和下屈服强度 R_{eL} 两种。在金属材料中，一般用下屈服强度代表其屈服强度，即

$$R_{eL} = \frac{F_s}{S_0} \tag{1-2}$$

式中　R_{eL}——屈服强度（MPa）；

F_s——屈服时载荷（N）；

S_0——试样的原始截面面积（mm^2）。

对于无明显屈服现象的金属材料如（铸铁、高碳钢等），测定 σ_s 很困难，因此工程上规定以试样发生某一微量塑性变形（0.2%）时的应力作为该材料的屈服强度，称为材料的条件屈服强度，用 $R_{p0.2}$ 表示。

2）抗拉强度

抗拉强度是指试样在拉断前所承受的最大拉应力，用 R_m 表示。

$$R_m = \frac{F_b}{S_0} \tag{1-3}$$

式中　R_m——抗拉强度（MPa）；

F_b——试样断裂前最大载荷（N）；

S_0——试样的原始截面面积（mm^2）。

R_m 表示金属材料抵抗大量塑性变形的能力，也是零件设计和选材的主要依据。

2. 塑性

塑性是指金属材料在载荷作用下产生塑性变形而不断裂的能力。塑性指标也是通过拉伸试验测定的。常用的塑性指标是断后伸长率和断面收缩率。

1）断后伸长率

试样通过拉伸试验断裂时，总的伸长量和原始长度比值的百分率称为断后伸长率，用符号 δ 表示。

$$\delta = \frac{l_u - l_o}{l_0} \times 100\% \tag{1-4}$$

式中　l_o——试样原始标距长度（mm）；

l_u——试样拉断后的标距长度（mm）。

断后伸长率的数值与试样的长度有关。通常试验时优先选取短的比例试样。

2）断面收缩率

断面收缩率是指试样拉断后，缩颈处面积变化量与原始横截面面积比值的百分率。用符号 φ 表示。

$$\varphi = \frac{S_0 - S_u}{S_0} \times 100\% \tag{1-5}$$

式中　S_0——试样原始横截面面积（mm^2）；

S_u——试样拉断后缩颈处的横截面面积（mm^2）。

断面收缩率不受试样尺寸的影响，比较确切地反映了材料的塑性。

3. 硬度

硬度是衡量金属材料软硬程度的一种力学性能指标，通常采用压入法测量。所以，硬度的含义是指金属表面抵抗其他硬物压入的能力，也就是材料对局部塑性变形的抵抗能力。

工业上应用广泛的测量硬度方法是静载荷压入法，即在规定的静态试验力下将压头压入材料表面，用压痕深度或压痕表面面积来评定硬度。常用的主要有布氏硬度（HB）、洛氏硬度（HR）和维氏硬度（HV）等。

1）布氏硬度（HB）

布氏硬度是在布氏硬度计上进行测量的。用规定直径（D）的圆球作为压头（可用淬硬的钢球或硬质合金球），在规定的试验力（F）作用下，将压头压入光洁的金属表面，经过规定的试验力作用时间（t）后，卸除试验力。用读数显微镜测量出压痕直径（d），根据布氏硬度的定义公式计算出布氏硬度值，如图1-3所示。

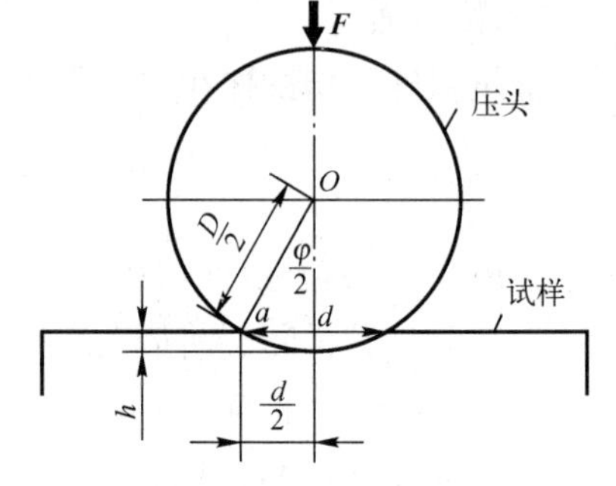

图1-3 布氏硬度原理图

计算公式：

$$\mathrm{HB}=0.102\frac{2F}{\pi D\left(D-\sqrt{D^2-d^2}\right)}(\mathrm{HBS}\text{ 或 }\mathrm{HBW})\qquad(1-6)$$

式中 F——施加的试验力（载荷）（N）；

D——压头直径（mm）；

d——压痕的平均直径（mm）。

式（1-6）中，F、D都是规定的已知数，仅压痕的平均直径d是待测值，测得d值就可以计算出布氏硬度值。从式（1-6）中可以看出HB与d之间有直接对应关系，现已将这种关系做成表格，直接查表即得。实际上，在做布氏试验时，只需测量出d值就可以从有关表格上查出相应的布氏硬度值了。不必用公式进行计算。用淬火钢球压头时，用HBS表示，适用于硬度小于450 HBS的退火钢、灰铸铁、非铁金属等。用硬质合金球压头时，用HBW表示，适用于硬度小于650 HBW的淬火钢。

布氏硬度的表示方法是先写出具体布氏硬度值，再写出布氏硬度符号，最后还要按规定的顺序标出具体的测试条件（压头直径/试验力/试验力作用时间）。例如：200 HBS 2.5/187.5/30，它表示采用ϕ2.5 mm淬硬钢球在（187.5×9.81）N试验力作用下持续时间为30 s的试验条件下被测材料的布氏硬度为200。如果试验力作用时间是10～15 s，可不标出试验力作用时间。布氏硬度试验测量压痕面积较大，受测量不均匀度影响较小，所以测量误差小，结果较准确。但由于测试过程繁琐，不宜用于大批量的生产检验。

2）洛氏硬度（HR）

洛氏硬度是在初始试验力及总试验力的先后作用下，将压头（顶角为120°的金刚石圆锥体或直径为1.588 mm的淬硬钢球）压入试样表面，经规定保持时间后，卸除主试验力，根据压痕的深度确定被测金属的硬度，如图1-4所示。

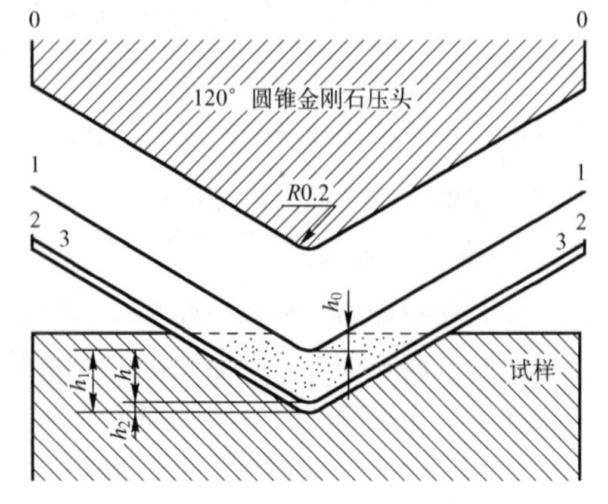

图1-4 洛氏硬度原理图

洛氏硬度用符号HR表示，如70 HRA，HR前面为硬度数值，HR后面为使用的标尺类型。它表示用A标尺测定的洛氏硬度值为70。

每一种标尺用一个规定的字母附在洛氏硬度符号后面加以注明，我国常用的是A、B，C三种，其中C标尺应用最广。各标尺的试验条件及适用范围如表1-1所示。

表 1-1　常用的三种洛氏硬度的实验条件及适用范围

硬度标尺	压头类型	总载荷 F/N	硬度值有效范围	应用举例
A	120°金刚石圆锥体	588. 4	（20～80）HRA	硬质合金、表面淬火钢等
B	ϕ1. 5875 mm 钢球	980. 7	20～100 HRB	软钢、退火钢、铜合金等
C	120°金刚石圆锥体	1471	20～70 HRC	淬火钢、调质钢等

洛氏硬度实验操作简单、迅速，可直接从表盘上读出硬度值；压痕直径小，可以测量成品和较薄工件；测试的硬度值范围较大，可测从很软到很硬的金属材料，所以在生产中广为应用。但由于压痕小，当材料组织不均匀时，测量值的代表性差。一般需要在不同的部位测试几次，取读数的平均值代表材料的硬度。

3）维氏硬度（HV）

维氏硬度的测量原理与布氏硬度相同，但以一种压头的两个相对面间的夹角为 136°的正四棱锥金刚石作为压头，由于测量维氏硬度的是压痕形状为正四棱锥，所以用测量压痕对角线的平均长度来计算压痕面积，压痕表面上单位面积所承受的压力就是维氏硬度值。

维氏硬度代号为 HV，表示方法与布氏硬度相同。硬度数值写在符号的前面，实验条件写在符号的后面。对于钢及铸铁的试验力保持时间为 10 ～ 15 s 时，可以不标出。例如，640 HV 30 表示用 294. 2 N（30 kgf）试验力保持 10 ～ 15 s，测定的维氏硬度值为 640。

维氏硬度测量的精度高，测量范围广（最高可达 1 300 HV），应用广泛，特别适用于工件的硬化层及薄片、小件产品。但由于操作复杂，不宜用于大量检测；由于压痕很小，测量重复性差，分散度大。

1. 1. 2　金属材料的动态力学性能

1. 冲击韧性

许多机械零件是在冲击载荷下工作的，例如，锻锤的锤杆，冲床的冲头，火车挂钩，活塞等。冲击载荷比静载荷的破坏能力大，对于承受冲击载荷的材料，不仅需要具有高强度和一定的塑性，还必须具备足够的冲击韧性。金属材料在冲击载荷作用下抵抗破坏的能力称为冲击韧性。韧性好的材料在使用过程中不至于发生突然的脆性断裂，从而保证零件的工作安全性。材料韧性除取决于材料的本身因素以外，还和外界条件，特别是加载速率、应力状态及温度、介质的影响有很大的关系。

为了评定金属材料的冲击韧性，需要进行冲击实验。最常见的摆锤式一次冲击实验法（夏比冲击实验）是常温下的一次冲击弯曲实验，如图 1-5 所示。

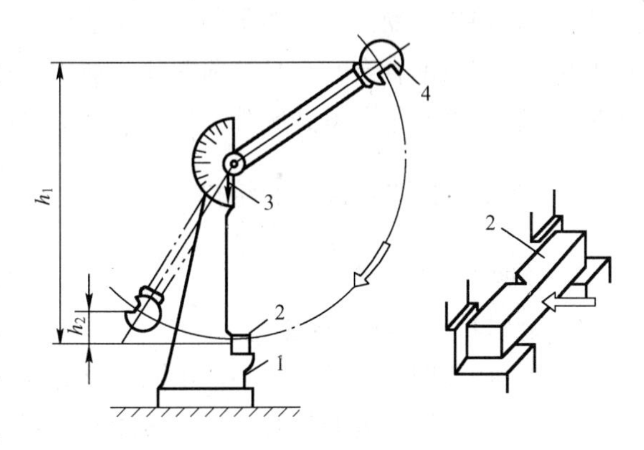

图 1-5　夏比冲击实验原理图

1—支座；2—试样；3—指针；4—摆锤

根据国家标准，实验常用带有 U 形或

V 形缺口的 10 mm × 10 mm × 55 mm 的试样。将试样安放在摆锤式试验机的支座上，试样缺口背向摆锤，将质量为 m 的摆锤提升至高度 h_1，使其获得一定势能 mgh_1，然后由此高度落下将试样冲断，摆锤剩余势能为 mgh_2，冲击吸收功为 A_K，除以试样缺口处的截面积 S_0，得出材料的冲击韧度 a_K，即冲击韧性的衡量指标。

$$a_K = \frac{A_K}{S_0} \tag{1-7}$$

式中 a_K——冲击韧度（J/cm^2）；

A_K——冲击吸收功（J）；

S_0——试样缺口处横截面积（cm^2）。

2. 疲劳强度

许多机械零件是在交变应力作用下工作的，如弹簧、曲轴、齿轮等。虽然零件所承受的交变应力数值小于材料的屈服强度，但在长时间运转后也会发生断裂，这种现象称为疲劳断裂。金属材料抵抗交变载荷作用而不产生破坏的能力称为疲劳强度。其性能指标用疲劳极限来表示，即试样承受无数次（或给定次数）对称循环应力仍不断裂的最大应力，用符号 R_{-1} 表示。

疲劳破坏是机械零件失效的主要原因之一。据统计，在失效的机械零件中，大约有 80% 以上属于疲劳破坏，而且疲劳破坏前没有明显的变形，断裂前没有预兆，所以疲劳破坏经常造成重大事故。

提高疲劳强度的途径很多，例如，在设计时应改善零件结构避免应力集中；改善工艺减少材料内部组织缺陷；改善零件表面粗糙度和进行表面热处理（如高频淬火、表面形变强化、化学热处理以及各种表面复合强化）从而改变零件表层残余应力状态等。

1.2 铁碳合金相图

纯金属目前在一定程度上有较多的应用，但是其强度和硬度一般比较低，冶炼困难，价格较高，在使用上受到一定的限制。在工业生产中广泛使用的是合金。铁碳合金是以铁和碳为基本组元组成的合金，它是目前现代工业中应用最为广泛的金属材料。要熟悉并合理地选择铁碳合金，就必须了解其成分、组织和性能之间的关系。

1.2.1 金属的晶体和合金的结构

1. 金属的晶体结构

1）金属晶体的基本概念

固体物质按照原子排列的特征不同，可分为晶体和非晶体两大类。晶体是指内部原子在空间按照一定规则排列的物质，例如金刚石、石墨及固态的金属、合金、食盐等。非晶体是指内部原子排列无一定规则的物质，例如玻璃、塑料、石蜡、松香等。

按照金属键的概念，金属离子沉浸在自由运动的电子气中，呈均匀对称分布的形态，没有方向性，不存在结合的饱和性，所以完全可以将金属晶体中的原子（或离子）看做固定的圆球。那么晶体就由这些圆球有规则地堆垛而成，即晶体中原子（或离子）在空间呈规则排列，如图1-6（a）所示。规则排列的方式即称为晶体的结构。原子堆垛模型尽管直观，但是不便于看清晶体内部的质点排列规律。为了便于研究晶体结构，假设通过原子的中心画出许多空间直线，这些直线将形成空间格架。这种假想的格架在晶体学上称为晶格，如图1-6（b）所示。晶格的结点为原子（离子）平衡中心的位置。晶格的最小几何组成单元称为晶胞，如图1-6（c）所示。

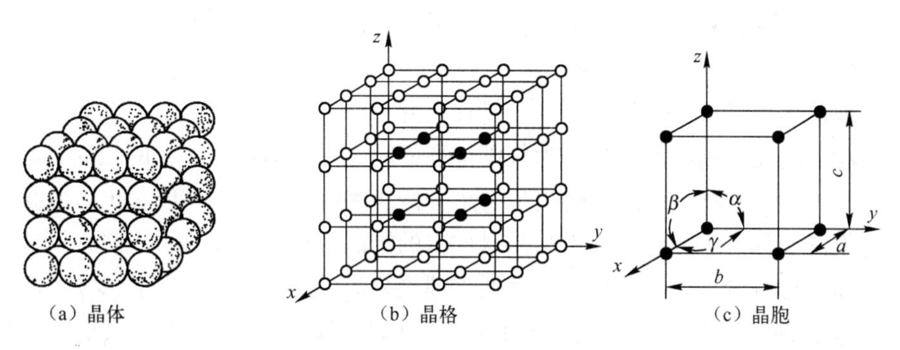

图1-6　晶体、晶格、晶胞示意图

2）常见金属的晶格类型

常见金属的晶格类型主要有体心立方晶格、面心立方晶格和密排立方晶格三种，如图1-7所示。

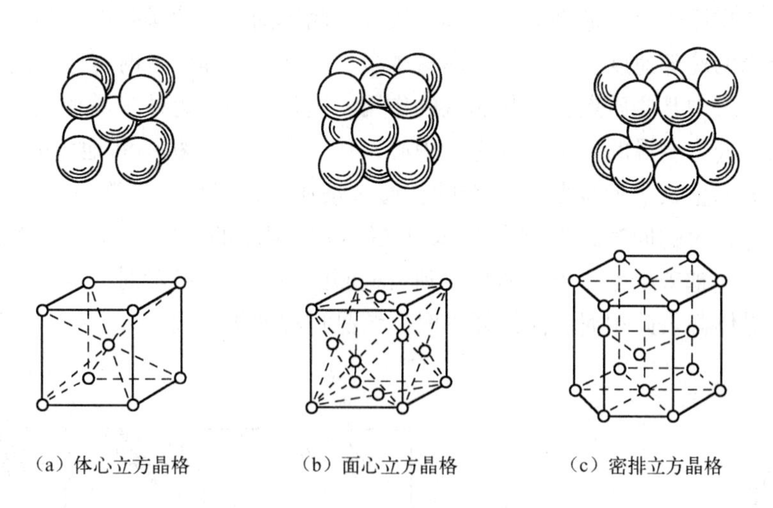

图1-7　常见金属晶格类型

（1）体心立方晶格。这种晶格的晶胞是一个立方体，原子位于立方体的八个顶点和立方体的中心，如图1-7（a）所示。属于这种晶格的金属有铬Cr、钒V、钨W、钼Mo、α-铁（α-Fe）。

（2）面心立方晶格。这种晶格的晶胞也是立方体，但其原子排列特征是八个顶角和六个面的中心都各有一个原子，如图1-7（b）所示。属于这种晶格的金属有铝Al、铜Cu、镍

Ni、铅 Pb、γ-铁(γ-Fe)等。

(3)密排立方晶格。这种晶格的晶胞是一个正六方柱体，其原子排列特征是十二个顶角和上、下面中心各有一个原子，晶胞内部还有三个原子，如图 1-7（c）所示。属于这种晶格的金属有铍 Be、镁 Mg、锌 Zn、镉 Cd 等。

由原子排列位向完全一致的晶格组成的晶体，称为单晶体。理想的单晶体自然界中非常少见，只有采用专门的方法才能获得，例如单晶硅、单晶锗等。很多金属、理想晶体在单晶体时表现出明显的各向异性，而实际金属虽然在微观上是单晶体结构，但在宏观上是多个小单晶体组织结构，并且存在各种缺陷，在宏观上表现出各向同性。

3）金属的结晶和同素异构转变

液态金属凝固后形成晶体组织结构的过程，称为结晶。从本质上看，金属的结晶是金属原子的聚集状态由无规则的液态转变为规则排列的固态晶体的过程。它的结晶过程可用冷却曲线来表示，如图 1-8 所示。冷却曲线是用热分析法测定出来的。可以看出，曲线上有一水平线段，这就是实际结晶温度，因为结晶时放出的结晶潜热使温度不再下降，所以该线段是水平的。从图中还可看出，实际结晶温度低于理论结晶温度（平衡结晶温度），这种现象称为“过冷”。理论结晶温度与实际结晶温度之差，称为过冷度。过冷度的大小与冷却速度密切相关。冷却速度越快，实际结晶温度就越低，过冷度就越大；反之，冷却速度越慢，过冷度越小。

液态金属的结晶过程是遵循“晶核不断形成和长大”这个结晶基本规律进行的。图 1-9 所示为金属结晶过程示意图。开始时，液体中先出现的一些极小晶体，称为晶核。在这些晶核中，有些是依靠原子自发地聚集在一起，按金属晶体固有规律排列而成的，这些晶核称为自发晶核。金属的冷却速度越快，自发晶核越多。另外，液体中有时有些高熔点杂质形成的微小固体质点，其中某些质点也可起晶核的作用，这种晶核称为外来晶核或非自发晶核。在晶核出现之后，液态金属的原子就以它为中心，按一定几何形状不断地排列起来形成晶体。晶体沿着各个方向生长的速度是不均匀的，通常按照一次晶轴、二次晶轴……呈树枝状长大。在原有晶体长大的同时，在剩余液体中又陆续出现新的晶核，这些晶核也同样长成晶体。这样就使液体越来越少。当晶体长大到与相邻的晶体互相抵触时，这个方向的长大便停止了。当全部晶体都彼此相遇、液体耗尽时，结晶过程即告结束。

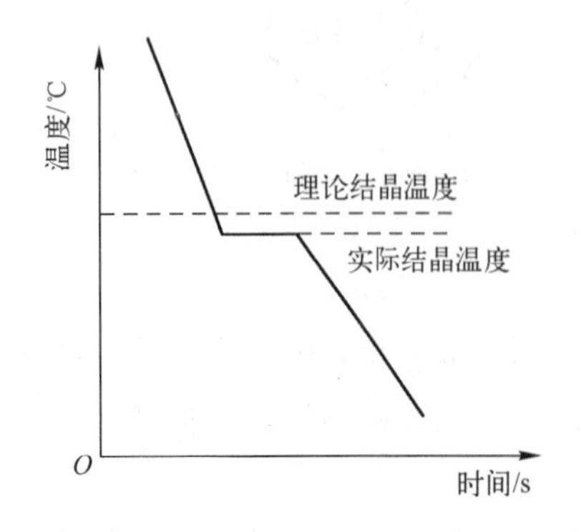

图 1-8　纯金属的冷却曲线

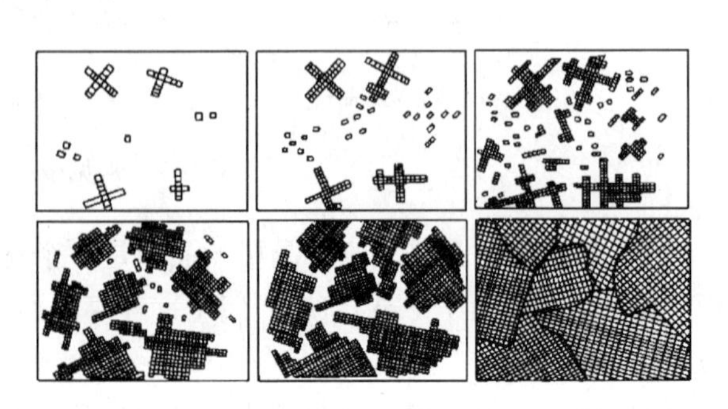

图 1-9　结晶过程示意图

由上述可知，固态金属通常是由多晶体构成的，每个晶核长成的晶体称为晶粒，晶粒之间的接触面称为晶界。晶粒的外形是不规则的，各晶粒内部原子排列的位向也各不相同。

金属晶粒的粗细对其力学性能影响很大。一般来说，同一成分的金属，晶粒越细，其强度、硬度越高，而且塑性和韧性也越好。因此，促使和保持晶粒细化是金属冶炼和热加工过程中的一项重要任务。影响晶粒粗细的因素很多，但主要取决于晶核的数目。晶核越多，晶核长大的余地越小，长成的晶粒越细。细化铸态金属晶粒的主要途径如下：

（1）增加过冷度。加快冷却速度，以增加晶核的数目。

（2）变质处理。在金属浇注之前，向金属液内加入变质剂（孕育剂）进行变质处理，以增加晶核数。

（3）振动和搅拌。结晶过程中，采用机械振动、超声振动和电磁振动等方法，达到细化晶粒的目的。

此外，还可采用热处理或压力加工方法，使固态金属晶粒细化。

多数金属结晶后的晶格类型都保持不变，有些金属（如铁、钴、锰等）在固态下，其晶体结构会随温度的变化而发生改变。金属在固态时改变其晶格类型的过程，称为金属的同素异构转变。由同素异构转变所得到的不同晶格的晶体，称为同素异晶体。在常温下的同素异晶体一般用希腊字母 α 表示，在较高温度下的同素异晶体用 γ，δ 等表示。液态纯铁在 1 538℃时结晶成具有体心立方晶格的 δ－Fe，继续冷却到 1 394℃时，发生同素异构转变，体心立方晶格的 δ－Fe 转变为面心立方晶格的 γ－Fe，再继续冷却到 912℃时又发生同素异构转变，面心立方晶格的 γ－Fe 转变为密排六方晶格的 α－Fe。如果再继续冷却，晶格的类型不再发生变化。

同素异构转变是原子重新排列的过程，实际上也是一种结晶过程，又称为重结晶。正是由于纯铁能够发生同素异构转变，生产中才有可能对钢和铸铁进行热处理来改变其组织与性能。

2. 合金的晶体结构

合金是以一种金属为基础，加入其他金属或非金属，经过熔合而获得的具有金属特性的材料，即合金是由两种或两种以上的元素所做成的金属材料。组成合金的最基本、独立的物质称为组元（简称元）。组元一般指纯金属，但稳定化合物也可看成一个组元。按组元的数目，合金可分为二元合金、三元合金等。例如，黄铜是铜和锌组成的二元合金；硬铝是铝、铜和镁组成的三元合金。合金中成分、结构及性能相同的组成部分称为相。相与相之间有明显的界面，如水与冰、混合在一起的水与油之间都有界面，是不同的相。

多数合金组元液态时都能互相溶解，形成均匀液溶体。固态时由于各组元之间相互作用不同，形成不同的组织结构。通常，在固态时合金的结构一般可分为以下三类：

1）固溶体

合金各组元在固态时具有相互溶解能力而形成均匀的固体，这种固体合金称为固溶体。根据溶质原子在溶剂中所占位置的不同，固溶体可分为置换固溶体和间隙固溶体。固溶体仍保留基本组元（溶剂）的晶格。例如，黄铜就是锌（溶质）原子溶入铜（溶剂）的晶格中而形成的固溶体。

固溶体的性能由于是在溶剂元素性能的基础上得到了强化，所以，固溶体不但有较高的强度和硬度，并且还保持有足够的韧性和塑性。

2）金属化合物

合金组元间发生相互作用而形成一种具有金属特性的物质称为金属化合物，它具有与组元原来晶格不同的特殊晶格，一般可用化学分子式表示。

金属化合物的性能与组元的性能有显著的不同，它的熔点高、硬度高、脆性大，在合金中主要作为强化相，可以提高材料的强度、硬度和耐磨性，但塑性和韧性有所降低。

3）机械混合物

组成合金的各组元在固态下既不溶解，也不形成化合物，而以混合形式组合在一起的组成物称为机械混合物。其各组元的原子仍保持原来的晶格和性能。所以，机械混合物的性能取决于各组元的相对数量、形状、大小和分布情况。

1.2.2 铁碳合金相图

1. 铁碳合金的基本组织

铁和碳相互作用而形成的基本组织主要有五种，其晶体结构和性能介绍如下：

(1) 铁素体。碳溶于 α - Fe 中所形成的固溶体称为铁素体，用符号 F 表示。铁素体保持 α - Fe 的体心立方晶格。碳在 α - Fe 中的溶解度极小，在 727℃时的最大溶碳量为 0.0218%。随着温度的降低 α - Fe 中的溶碳量减小，在室温时降至 0.008%。

铁素体的强度、硬度很低，其硬度值为 50 ～ 80 HBS，但它具有良好的塑性和韧性。

(2) 奥氏体。碳溶于 γ - Fe 中所形成的固溶体称为奥氏体，用符号 A 表示。它保持 γ - Fe 的面心立方晶格结构。碳在 γ - Fe 中的溶解度比在 α - Fe 中大得多，在 727℃时的溶碳量为 0.77%，在 1 148℃时可达 2.11%。

奥氏体具有良好的塑性和较低的变形抗力。绝大多数钢种在高温下进行压力加工和热处理时，都要求在奥氏体区内进行。

(3) 渗碳体。渗碳体是铁和碳的金属化合物，分子式为 Fe_3C，含碳量为 6.69%。它具有复杂的斜方晶格。渗碳体的硬度很高（大于 800 HBW），脆性大，塑性和冲击韧度几乎等于零，在钢中起强化作用。钢中含碳量越高，渗碳体所占比重越大，则其强度、硬度越高，而塑性、韧性越差。渗碳体在一定条件下，可以分解成铁和石墨状的自由碳，这一分解过程对铸铁有重要的意义。

(4) 珠光体。珠光体是铁素体和渗碳体组成的机械混合物，用符号 P 表示。由于珠光体是硬的渗碳体片和软的铁素体片相间组成的混合物，所以其力学性能介于两者之间。珠光体的平均含碳量为 0.77%，它的强度较好，硬度适中（180 HBS），并具有一定的塑性。

(5) 莱氏体。莱氏体是奥氏体和渗碳体组成的机械混合物，用符号 L_d 表示。它是含碳量为 4.3% 的液态铁碳合金在 1 148℃时的共晶产物。由于奥氏体在 727℃时转变为珠光体，所以 727℃以下的莱氏体由珠光体和渗碳体所组成，通常称之为低温莱氏体，用符号 L'_d 表示。莱氏体的性能接近于渗碳体，硬度很高，塑性很差。

2. 铁碳合金相图

铁碳合金相图是表示在缓慢冷却（或加热）的条件下，不同温度时的组织状态的图形。它是研究铁碳合金的基础，也是选择材料和制定有关热加工工艺时的重要依据。

1）铁碳合金相图的分析

在铁碳合金中，铁和碳可以形成很多化合物。在生产中实际应用的铁碳合金，其含碳量不超过5%。这与材料的脆性有关，含碳量越高，脆性越大，难以加工。所以简化后的铁碳合金相图中，横坐标表示含碳量，纵坐标表示温度。横坐标原点处为纯铁，含碳量0%。右端为渗碳体，含碳量6.69%。图1-10所示为简化后的铁碳合金相图。

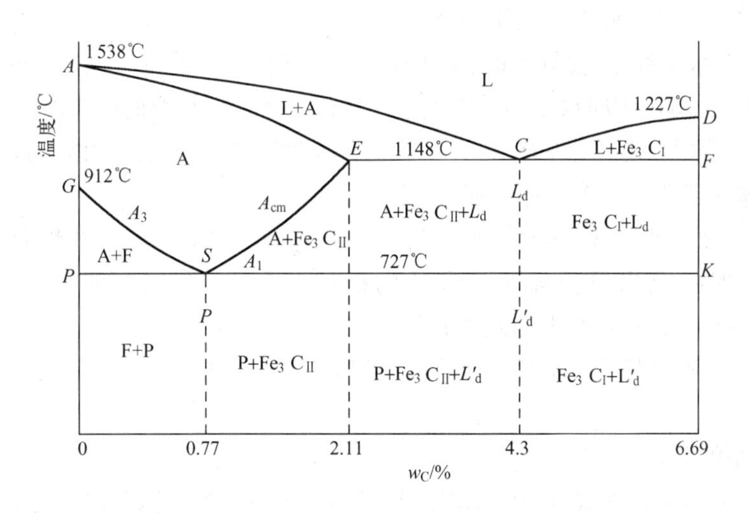

图1-10 简化的 $Fe-Fe_3C$ 相图

（1）铁碳合金相图中的特征点如表1-2所示。

表1-2 $Fe-Fe_3C$ 相图中特性点

点的符号	温 度/℃	含碳量/%	意 义
A	1 538	0	纯铁的熔点
C	1 148	4.3	共晶点 $L \rightleftharpoons A+Fe_3C$ （L表示液相）
D	1 227	6.69	渗碳体熔点
E	1 148	2.11	碳在 $\gamma-Fe$ 中的最大溶解度点
G	912	0	$\alpha-Fe \rightleftharpoons \gamma-Fe$ 同素异构转变点
S	727	0.77	共析点，$A \rightleftharpoons Fe+Fe_3C$
P	727	0.0218	碳在铁素体（$\alpha-Fe$）中最大溶解度点

其中，共晶点*C*是指高温的铁碳合金液体缓慢冷却到一定温度（1 148℃）时，在保持温度不变的条件下，从一个液相中同时结晶出两种固相（奥氏体和渗碳体），这种转变称为共晶转变。共析点*S*是指固相的铁碳合金缓慢冷却到一定温度（727℃）时，在保持温度不变的条件下，从一个固相（奥氏体）中同时析出两种固相（铁素体和渗碳体），这种转变称为共析转变。

（2）铁碳合金相图中的特征线含义如下：

$Fe-Fe_3C$ 相图中有若干条表示合金状态的分界线，它们是不同成分合金具有相同含义的临界点的连线。

① *ACD* 线：又称液相线。合金冷却到此线开始结晶，在此线以上是液态区（用 *L* 表示）。在 *AC* 线以下，从液体中结晶出奥氏体；在 *CD* 线以下，结晶出渗碳体（又称一次渗碳体，即 Fe_3C_I）。

② *AECF* 线：又称固相线。合金冷却到此线全部结晶为固态，此线以下为固相区。在液相线与固相线之间为合金的结晶过渡区域。这个区域内液相与固相并存；*AEC* 区域内为液相合金和奥氏体；*CDF* 区域内为液相合金和渗碳体。

③ *GS* 线：又称 A_3线。它是冷却时奥氏体析出铁素体的开始线（或加热时铁素体转变为奥氏体的终了线），奥氏体向铁素体的转变是铁发生同素异构转变的结果。

④ *ES* 线：又称 A_{cm}线。它是碳在 $\gamma-Fe$ 中溶解度随温度变化的曲线。此线以下奥氏体开始析出渗碳体（又称二次渗碳体，即 Fe_3C_{II}）。

⑤ *ECF* 线：又称共晶线。合金冷却到此温度线（1 148℃）时，在恒温下发生共晶转变，从液体中同时结晶出奥氏体和渗碳体的机械混合物，即莱氏体。凡是含碳量超过 2. 11% 的铁碳合金，在 *ECF* 线上均发生共晶转变。

⑥ *PSK* 线：又称共析线、A_1线。合金冷却到此线发生共析转变。奥氏体均将转变为珠光体。

2）铁碳合金的分类

根据含碳量的多少，铁碳合金的室温组织可分为工业纯铁、钢和白口铸铁三种类型。

（1）工业纯铁。含碳量小于 0. 021 8% 的铁碳合金称为工业纯铁，实际应用较少。

（2）钢。含碳量在 0. 021 8% ～ 2. 11% 之间的铁碳合金称为钢。其特点是高温固态组织为奥氏体，根据含碳量及室温组织的不同，又可分成以下三种：

① 共析钢：含碳量为 0. 77% ，组织为 P。

② 亚共析钢：含碳量小于 0. 77% ，组织为 F + P。

③ 过共析钢：含碳最大于 0. 77% ，组织为 $P+Fe_3C_{II}$。

（3）白口铸铁。含碳量在 2. 11% ～ 6. 69% 之间的铁碳合金称为白口铸铁。

3）铁碳合金相图的应用

铁碳合金相图是分析钢铁材料平衡组织和制定钢铁材料各种热加工工艺的基础性资料，在生产中具有重大的实际意义。

（1）在钢铁材料选用方面的应用。铁碳合金相图所表明的某些成分 - 组织 - 性能的规律，为钢铁材料选用提供了根据。例如，建筑结构和各种型钢需要用塑性、韧性好的材料，因此选用碳含量较低的钢材；各种机械零件需要强度、塑性及韧性都较好的材料，应选用碳含量适中的中碳钢；各种工具要用硬度高和耐磨性好的材料，则选用含碳量高的钢种。

（2）在铸造工艺方面的应用。根据铁碳合金相图可以确定合金的浇注温度。浇注温度一般在液相线以上 50 ～ 100℃。从相图上可看出，纯铁和共晶白口铸铁的铸造性能最好。它们的凝固温度区间最小，因而流动性好，分散缩孔少，可以获得致密的铸件，所以铸铁在生产上总是选在共晶成分附近。在铸钢生产中，碳含量规定在0.15%～0.6%，因为这个范围内钢的结晶温度区间较小，铸造性能较好。

（3）在热锻、热轧工艺方面的应用。钢处于马氏体状态时强度较低，塑性较好，因此锻造或轧制选在单相奥氏体区内进行。一般始锻、始轧温度控制在固相线以下100～200℃范围内。温度高时，钢的变形抗力小，设备要求的吨位低，但温度不能过高，防止钢材严重烧损或发生晶界熔化（过烧）。终锻、终轧温度不能过低，以免钢材因塑性差而发生锻裂或轧裂。

（4）在热处理工艺方面的应用。铁碳合金相图对于制订热处理工艺有着特别重要的意义。一些热处理工艺如退火、正火、淬火的加热温度都是依据铁碳合金相图确定的。相关内容将在下一节介绍。

1.3　钢的热处理

热处理是改善金属材料使用性能和工艺性能的一种非常重要的工艺方法，它是强化金属材料、提高产品质量和使用寿命的重要途径之一。钢的热处理是将钢在固态下进行加热、保温和冷却，以改变整体或表面组织，从而获得所需性能的工艺。根据所要求的性能不同，热处理的类型有多种，其工艺过程都包括加热、保温和冷却三个阶段。图1-11所示是最基本的热处理工艺曲线形式。

按加热和冷却方式不同及钢组织和性能变化的特点，热处理大致分类如图1-12所示。

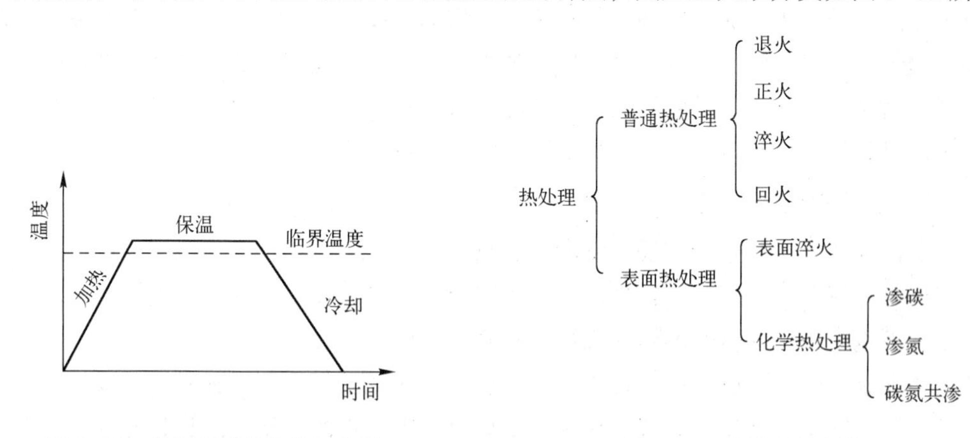

图1-11　热处理工艺曲线示意图

图1-12　热处理的分类

1.3.1　钢的热处理基本原理

1. 钢在加热时的组织转变

大多数热处理工艺（如淬火、正火、退火等）都要将钢加热到临界温度以上，获得全部或部分奥氏体组织，并使其成分均匀化，即进行奥氏体化。加热时形成的奥氏体的质量（成分均匀性及晶粒大小等），对冷却转变过程及组织、性能有极大的影响。因此，了解奥氏体化规律是掌握热处理工艺的基础。实际热处理加热和冷却时的相变是在不完全平衡的条件下进行的，即加热和冷却温度与平衡状态有一偏离程度（过热度或过冷度）。通常将加热时的临界温度用Ac_1、Ac_3、Ac_{cm}表示；冷却时用Ar_1、Ar_3、Ar_{cm}表示。

1）奥氏体的形成

共析钢在室温下的组织为单一的珠光体，加热到Ac_1温度时，由于铁原子的晶格改组和渗碳体的逐步溶解产生奥氏体，在保温过程中逐渐均匀化，最后得到单相均匀的奥氏体。其转变过程包括奥氏体的形核、长大、残余渗碳体的溶解和奥氏体的均匀化等四个阶段，如图 1–13所示。

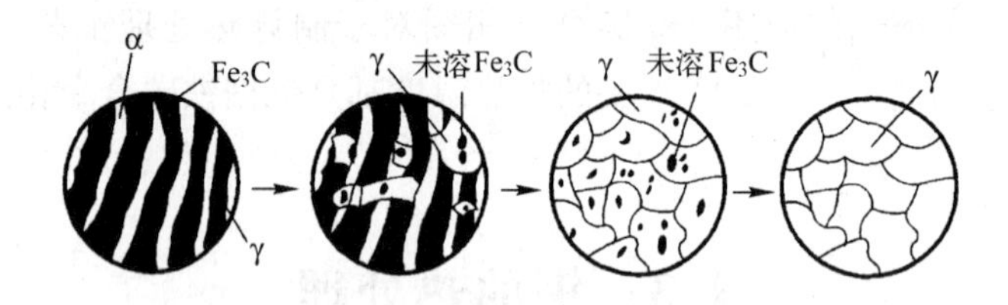

图 1–13　共析钢奥氏体化示意图

影响奥氏体化的主要因素有加热温度、加热速度、化学成分和原始组织状态。加热温度越高，奥氏体化的速度也就越快，但是加热温度过高或保温时间过长，会使奥氏体晶粒粗大而影响力学性能；化学成分中碳含量越高，有利于奥氏体形核，奥氏体化速度加快；原始组织晶粒较细，也有利于奥氏体形核，转变速度加快。

2）奥氏体晶粒的长大及其控制

奥氏体晶粒的大小对随后冷却时的转变及产物的性能有重要的影响。加热时奥氏体晶粒越细小、均匀，冷却后转变产物的晶粒也越细小，其力学性能就越好，热处理过程中变形和开裂的倾向就越小。反之，晶粒粗大，力学性能低，特别是冲击韧性明显降低。因此，严格控制奥氏体晶粒的大小是改善组织、提高性能的一个重要途径。

2. 钢在冷却时的组织转变

钢的奥氏体化不是热处理的最终目的，它是为了随后的冷却转变作组织准备。因为大多数机械零件都在室温下工作，且钢件性能最终取决于奥氏体冷却转变后的组织，所以研究不同冷却条件下钢中奥氏体组织的转变规律，具有更重要的实际意义。

奥氏体在临界转变温度以上是稳定的，不会发生转变。但冷却至临界温度以下，在热力学上处于不稳定状态，要发生转变。这种在临界点以下存在的不稳定的且将要发生转变的奥氏体，称为过冷奥氏体。过冷奥氏体的转变产物，决定于它的转变温度，而转变温度又主要与冷却的方式和速度有关。在热处理中，通常有两种冷却方式，即等温冷却与连续冷却。连续冷却时，过冷奥氏体的转变发生在一个较宽的温度范围内，因而得到粗细不匀甚至类型不同的混合组织。虽然这种冷却方式在生产中广泛采用，但分析起来较为困难。在等温冷却情况下，可以分别研究温度和时间对过冷奥氏体转变的影响，从而有利于弄清转变过程和转变产物的组织与性能。

1）过冷奥氏体的等温转变

在不同的过冷度下，反映过冷奥氏体转变产物与时间关系的曲线称为过冷奥氏体等温转变曲线。由于曲线的形状像字母 C，所以又称为 C 曲线。图 1–14 所示为共析钢过冷奥氏体等温转变曲线。

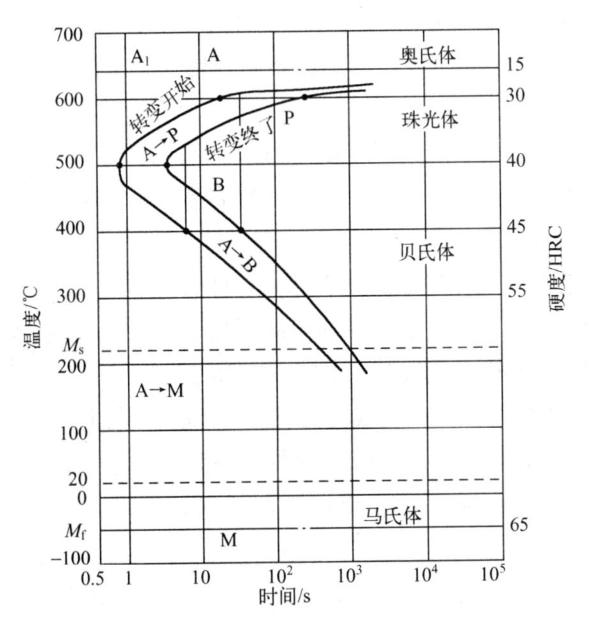

图 1–14　共析钢 C 曲线

根据共析钢过冷奥氏体转变温度的不同，C 曲线包括三个转变区，即珠光体转变、贝氏体转变和马氏体转变。

（1）珠光体型转变区。在 A_1 ～ 550℃之间，转变产物为珠光体，此温区称珠光体转变区。珠光体是铁素体和渗碳体的机械混合物，渗碳体呈层状分布在铁素体基体上。转变温度越低，层间距越小。按层间距珠光体组织习惯上分为珠光体 P、索氏体 S 和托氏体 T。它们并无本质区别，也没有严格界限，只是形态上不同。珠光体较粗，索氏体较细，托氏体最细，它们的大致形成温度及性能如表 1–3 所示。

表 1–3　过冷奥氏体高温转变产物的形成温度和性能

组 织 名 称	表 示 符 号	形成温度范围/℃	硬　　度	能分辨片层的放大倍数
珠光体	P	A_1 ～650	170 ～200 HB	<500 ×
索氏体	S	650 ～600	25 ～35 HRC	>1 000 ×
托氏体	T	600 ～550	35 ～40 HRC	>2 000 ×

（2）贝氏体型转变区。在 550℃ ～ M_s 之间，转变产物为贝氏体 B，此温区称 *B* 转变区。B 是铁素体和渗碳体的混合物。在 550 ～ 350℃范围，为羽毛状的上贝氏体，用 $B_{上}$ 来表示；在 350℃ ～ M_s 范围内，转变产物为针片状的下贝氏体，以 $B_{下}$ 来表示。上贝氏体力学性能较差，没有实用价值，下贝氏体强度和硬度较高，并且有良好的塑形和韧性，是一种综合力学性能较好的组织。

（3）马氏体型转变区。在 M_s 线以下，转变产物为马氏体 M，此温区称 M 转变区。马氏

体是碳在 α－Fe 中的过饱和固溶体，具有很高的硬度和强度，耐磨性也很好。

马氏体主要有两种形态，即板条状和针片状。马氏体的形态主要取决于含碳量，含碳量低于 0.20% 时，马氏体几乎完全为板条状；含碳量高于 1.0% 时，马氏体基本为针片状；含碳量介于 0.20% ～ 1.0% 之间时，马氏体为板条状和针片状的混合组织。

2）过冷奥氏体的连续冷却转变

生产中大多数情况下过冷奥氏体为连续冷却转变，所以钢的连续冷却转变曲线（又称 CCT 曲线）更有实际意义。为此，将钢加热到奥氏体状态，以不同速度冷却，测出其奥氏体转变开始点和终了点的温度和时间，并标在温度－时间（对数）坐标系中，分别连结开始点和终了点，即可得到连续冷却转变曲线。图 1－15 所示为共析钢连续冷却转变曲线。图中，P_s线为过冷 A 转变为 P 的开始线，P_f线为转变终了线，两线之间为转变的过渡区。KK'线为转变的中止线，当冷却到达此线时，过冷 A 中止转变。

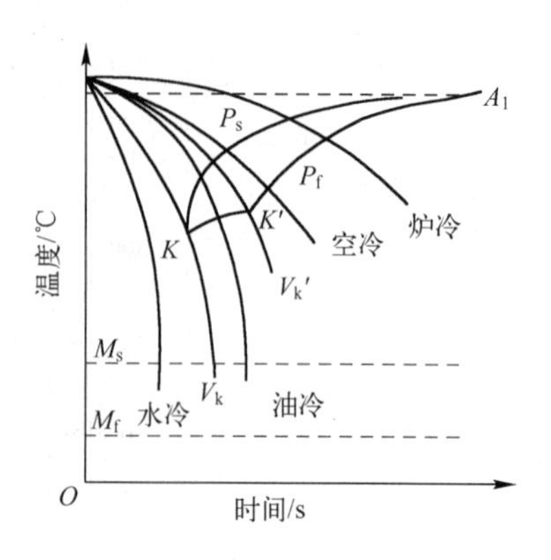

图 1－15　共析钢 CCT 曲线

1.3.2　钢的热处理工艺

1. 钢的普通热处理

钢的普通热处理包括钢的退火、正火、淬火和回火等热处理工艺。

1）退火

将组织偏离平衡状态的钢件加热到适当的温度，经过一定时间保温后缓慢冷却（一般为随炉冷却），以获得接近平衡状态组织的热处理工艺称为退火。

（1）退火的主要目的包括以下三点：

① 降低硬度，以利于切削加工或其他种类加工。

② 细化晶粒，提高钢的塑性和韧性。

③ 消除内应力，并为淬火工序作好准备。显然，退火主要用于铸件、锻件、焊件及其他毛坯的预备热处理。

（2）退火的种类。退火工艺种类很多，常用的有完全退火、等温退火、球化退火、去应力退火等。

① 完全退火。它是将亚共析钢加热到 Ac_3 以上 30 ～ 50℃，保温后缓慢冷却。为了提高生产率，也可在缓慢冷却到 500℃以下时从炉内取出，使其在空气中冷却到室温。

完全退火主要用于铸钢件和重要锻件，有时也用于淬火返修件。因为铸钢件铸态下晶粒粗大，塑性、韧性较低；锻件因锻造时变形不均匀，外部和内部温差大，致使晶粒和组织不均，且有内应力，所以硬度偏高，塑性、韧性不足，容易产生裂纹和变形。上述问题可通过完全退火来解决。

② 等温退火。它是将钢件或毛坯加热到高于 Ac_3（含碳 0.3% ～ 0.8% 亚共析钢）以上 30 ～ 50℃或 Ac_1（含碳 0.8% ～ 1.2% 过共析钢）以上 10 ～ 20℃的温度，保温适当时间后

较快地冷却到 P 区的某一温度，并等温保持，使 A 转变为 P 组织，然后缓慢冷却的热处理工艺。

完全退火所需时间很长，特别是对于某些 A 比较稳定的合金钢，往往需要几十小时，为了缩短退火时间，可采用等温退火。

③ 球化退火。它是将钢件加热到 Ac_1 以上 20 ～ 30℃，充分保温使未溶二次渗碳体球化，然后随炉缓慢冷却或在 Ar_1 以下 20℃左右进行长期保温，使 P 中渗碳体球化（退火前用正火将网状渗碳体破碎），随后出炉空冷的热处理工艺。球化退火主要用于共析钢和过共析钢，如工具钢、滚珠轴承钢等，其主要目的在于降低硬度，改善切削加工性能，并为以后的淬火作组织准备。近年来，球化退火也应用于亚共析钢而取得较好效果，并有利于冷变形加工。

④ 去应力退火。去应力退火是将钢件加热到低于 Ac_1 的某一温度（一般为 500 ～ 650℃），保温，然后随炉冷却，从而消除冷加工以及铸造、锻造和焊接过程中引起的残余内应力而进行的热处理工艺。去应力退火能消除内应力约 50% ～ 80%，不引起组织变化，还能降低硬度，提高尺寸稳定性，防止工件的变形和开裂。

2）正火

正火是将钢加热到 Ac_3 以上 30 ～ 50℃（亚共析钢）或 Ac_{cm} 以上 30 ～ 50℃（过共析钢），保温后在静止的空气中冷却的热处理工艺。

正火和完全退火的作用相似。它也是将钢加热到奥氏体区，使钢进行重结晶，从而解决铸钢件、锻件的粗大晶粒和组织不均问题。但正火比退火的冷却速度稍快，所形成的（F + Fe_3C）机械混合物比退火得到的珠光体片层更薄，这种细珠光体组织习惯上称为“索氏体”。索氏体的强度、硬度较珠光体高，但韧性并未下降。

正火主要用于以下工艺中：

(1) 取代部分完全退火。正火是在炉外冷却，占用设备时间短，生产率高，所以应尽量用正火取代退火。必须看到，含碳较高的钢，正火后硬度过高，使切削加工性变差，且正火难以消除内应力，因此，中碳合金钢、高碳钢及复杂件仍以退火为宜。

(2) 用于普通结构件的最终热处理。可以细化奥氏体晶粒，使组织均匀化；减少亚共析钢中铁素体含量，使珠光体含量增多并细化，从而提高钢的强度、硬度和韧性。

(3) 改善切削加工性能。低碳钢或低碳合金钢退火后硬度太低，不便于切削加工。正火可提高其硬度，改善其切削加工性能。

(4) 用于过共析钢，以减少或消除网状二次渗碳体，为球化退火做准备。

图 1–16 所示为退火和正火的加热温度范围示意图。

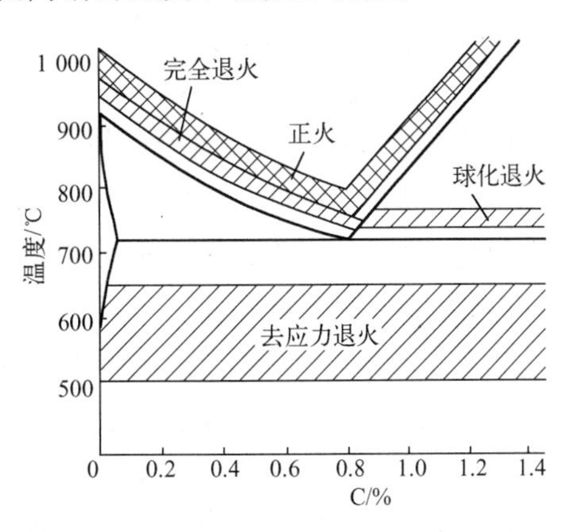

图 1–16　退火和正火温度范围

3）淬火

淬火是将钢加热到 Ac_3 或 Ac_1 以上 30 ～ 50℃，保温一定时间在淬火介质中快速冷却，以获得马氏体组织的热处理工艺。淬火是热处理工艺中常用也是复杂和重要的一种工艺，由于它的冷却速度快，容易造成变形和裂纹，它能决定产品的最终质量。实际生产中，除了零件结构设计要合理以外，我们还需要综合考虑所有有关技术要求。

（1）淬火加热温度的选择。钢的淬火加热温度需要根据铁碳合金相图来选择，如图1–17所示。亚共析钢的淬火温度为 Ac_3 以上 30 ～ 50℃；共析钢和过共析钢的淬火温度为 Ac_1 以上 30 ～ 50℃。

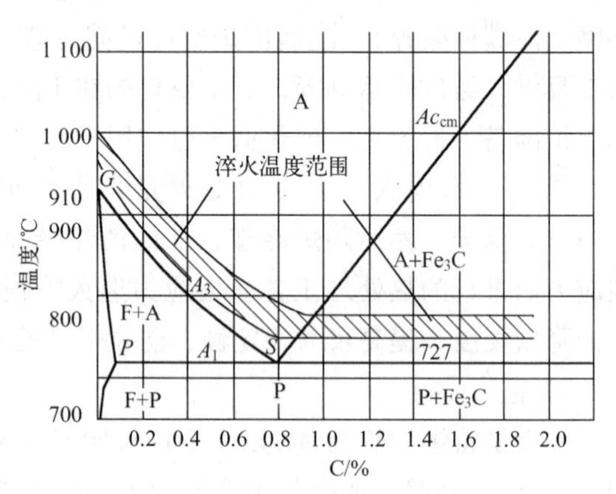

图1–17　淬火加热温度示意图

亚共析钢必须加热到 Ac_3 以上，否则淬火组织中会保留自由铁素体，使其硬度降低。过共析钢加热到 Ac_1 以上时，组织中会保留少量二次渗碳体，而有利于钢的硬度和耐磨性，并且，由于降低了奥氏体中的碳含量，可以改变马氏体的形态，从而降低马氏体的脆性。此外，还可减少淬火后残余奥氏体的量。而且，淬火温度太高时，会形成粗大的马氏体，使力学性能恶化；同时也增大淬火应力，使变形和开裂倾向增大。对于合金钢，由于大多数合金元素有阻碍奥氏体晶粒长大的作用，所以淬火温度可以稍微提高一些，以利于合金元素的溶解和均匀化。

（2）淬火介质的选择。淬火时工件的快速冷却是依靠淬火介质来实现的。传统的淬火介质有油、水、盐水和碱水。目前，水和油是最常用的淬火介质。水的冷却能力强，使钢易于获得马氏体，但工件的淬火内应力大，易产生裂纹和变形。油的冷却能力较水低，工件不易产生裂纹和变形；但用于碳钢件淬火时难以使马氏体转变充分。通常，碳素钢应在水中淬火，而合金钢在油中淬火为宜。

除了以上介质外，目前国内外还研制了许多新型聚合物水溶液淬火介质，比如聚乙烯醇水溶液。其冷却性能在水和油之间，有着良好的经济效益和环境效益，今后的发展空间很大。

（3）常用的淬火方法。采用适合的淬火方法也可有效地防止工件产生裂纹和变形，常用的淬火方法有单介质淬火，双介质淬火，分级淬火和等温淬火等。

① 单介质淬火法。钢件奥氏体化后，在一种介质中冷却，淬透性小的钢件在水中淬火；淬透性较大的合金钢件及尺寸很小的碳钢件（直径小于 3 ～ 5 mm）在油中淬火。单介质淬火法的优点是操作简单，便于实现机械化和自动化生产，所以应用最广。缺点是容易产生硬度不足或开裂等淬火缺陷。

② 双介质淬火。钢件奥氏体化后，先在一种冷却能力较强的介质中冷却，冷却到300℃左右后，再淬入另一种冷却能力较弱的介质中冷却。例如，先水淬后油冷，先水冷后空冷，等。双介质淬火的优点是马氏体转变时产生的内应力小，变形和开裂少。缺点是操作复杂，不容易掌握，对操作人员的实践经验要求很高。

③ 马氏体分级淬火。钢件奥氏体化后，迅速淬入稍高于 M_S 点的液体介质（盐浴或碱

浴）中，保温适当时间，待钢件内外层都达到介质温度后出炉空冷。分级淬火能有效地减少热应力和相变应力，降低工件变形和开裂的倾向，所以可用于形状复杂和截面不均匀的工件的淬火。但受熔盐冷却能力的限制，它只能处理小件（碳钢件直径小于10～12 mm；合金钢件直径小于20～30 mm），常用于刀具的淬火。

④ 贝氏体等温淬火。钢件奥氏体化后，淬火温度稍高于M_S点的熔炉中，保温足够长的时间，直至奥氏体完全转变为下贝氏体，然后出炉空冷。等温淬火大大降低钢件的内应力，减少淬火变形，适用于处理形状复杂和精度要求高的小件，其缺点是生产周期长、生产效率低。

（4）钢的淬透性和淬硬性。淬透性和淬硬性是钢的两个重要的热处理工艺性能，它是根据使用性能合理选择钢材和正确制定热处理工艺的重要依据。

钢的淬透性是指奥氏体化后的钢在淬火时获得马氏体的能力，其大小可用钢在一定条件下淬火获得淬透层深度表示。淬透层越深，表明钢的淬透性越好。

一定尺寸的工件在某种冷却介质中淬火时，其淬透层的深度与工件从表面到心部各点的冷却速度有关。工件尺寸越小，淬火介质冷却能力越强，则钢的淬透层深度越大；反之，工件尺寸越大，介质冷却能力越弱，则钢的淬透层深度就越小。

淬硬性是指钢在淬火时的硬化能力，用淬火后马氏体所能达到的最高硬度表示，它主要取决于马氏体中的含碳量。淬透性和淬硬性并无必然联系，如过共析碳钢的淬硬性高，但淬透性低；而低碳合金钢的淬硬性虽然不高，但淬透性很好。

4）回火

回火是指将淬火钢重新加热到Ac_1以下某温度，保温一定时间，冷却到室温的热处理工艺。淬火所形成的马氏体是在快速冷却条件下被强制形成的不稳定组织，因而具有重新转变成稳定组织的趋势。回火时，由于被重新加热，原子活动能力加强，所以随着温度的升高马氏体中过饱和的碳将以碳化物形式析出。总的趋势是回火温度越高，析出的碳化物越多，钢的强度、硬度下降，而塑性、韧性升高，能够获得良好的力学性能。

回火的主要目的是消除淬火内应力，以降低钢的脆性，防止产生裂纹，调整和稳定淬火钢的结晶组织，以保证工件不再发生形状和尺寸的改变，同时使钢获得所需的力学性能。

根据回火温度的不同，可将钢的回火分为如下三种：

（1）低温回火（150～250℃）：所得组织为回火马氏体。淬火钢经低温回火后仍保持高硬度（58～64 HRC）和高耐磨性，其主要目的是为了降低淬火应力和脆性。淬火后低温回火用途最广，主要用于工具钢的热处理，如各种刃具、模具、滚动轴承和耐磨件等。

（2）中温回火（350～500℃）：所得组织为回火屈氏体。淬火钢经中温回火后，硬度为35～45 HRC，具有较高的弹性极限和屈服极限，并有一定的塑性和韧性。中温回火主要用于各种弹簧、发条、锻模等。

（3）高温回火（500～650℃）：所得组织为回火索氏体，硬度为25～35 HRC。淬火钢经高温回火后，在保持较高强度的同时，又具有较好的塑性和韧性，即综合力学性能较好。人们通常将中碳钢的淬火加高温回火的热处理称为调质处理。它广泛应用于处理各种重要的结构零件，如在交变载荷下工作的连杆、螺栓、齿轮及轴类等。

2. 钢的表面热处理

很多机械零件在冲击、交变及摩擦载荷下工作时，要求表面具有很高的硬度和耐磨性，而心部要具有足够的塑性和韧性。实际生产中我们通过表面热处理的方法实现零件的“外硬内韧”的性能。常用的表面热处理方法有表面淬火和化学热处理两种。

1）表面淬火

表面淬火是将钢件的表面层淬透到一定的深度，而心部仍保持未淬火状态的一种局部淬火方法。表面淬火时通过快速加热，使钢件表面层很快达到淬火温度，在热量来不及传到工件心部就立即冷却，它不改变表层化学成分，但改变表层组织。

表面淬火的目的在于获得高硬度、高耐磨性的表层，而心部仍保持原有的良好韧性，只适用于中碳钢和中碳合金钢，如机床主轴、齿轮，发动机的曲轴等。

生产中常用的表面淬火方法有感应加热表面淬火和火焰加热表面淬火。

（1）感应加热表面淬火。感应加热表面淬火就是在一个感应线圈中通以一定频率的交流电，使感应圈周围产生频率相同的交变磁场，置于磁场之中的工件就会产生与感应线圈频率相同、方向相反的感应电流，这个电流称为涡流。涡流主要集中在工件表层，由涡流所产生的电阻热使工件表层被迅速加热到淬火温度，随即向工件喷水，将工件表层淬硬。电流频率越高，电流透入深度越小，加热层也越薄。因此，通过频率的选定，可以得到不同的淬硬层深度。

（2）火焰加热表面淬火。火焰加热表面淬火是用乙炔－氧或煤气－氧等火焰加热工件表面。火焰温度很高（3 000℃以上），将工件表面迅速加热到淬火温度后，立即用水喷射冷却。调节火焰烧嘴的位置和移动速度，可以获得不同厚度的淬硬层。显然，烧嘴越靠近工件表面和移动速度越慢，表面过热度越大，获得的淬硬层也越厚。调节烧嘴和喷水管之间的距离可以改变淬硬层的厚度。

2）化学热处理

化学热处理是将工件置于一定的化学介质中加热和保温，使介质中的活性原子渗入工件表层，以改变工件表层的化学成分和组织，从而获得所需的性能。按照表面渗入的元素不同，化学热处理可分为渗碳、氮化、碳氮共渗、渗硼、渗铝等。无论哪一种化学热处理，其活性原子渗入工件表层都是由以下三个基本过程组成：

介质（渗剂）的分解：加热时介质分解，释放出欲渗入元素的活性原子。

表面吸收：分解出来的活性原子在钢件表面被吸收并溶解，超过溶解度时还能形成化合物。

原子扩散：溶入元素的原子在浓度差的作用下由表及里扩散，形成一定厚度的扩散层。

生产上应用最广的化学热处理工艺是渗碳、氮化和碳氮共渗（氰化），分别介绍如下：

（1）渗碳。将低碳钢放入渗碳介质中，在 900 ～ 950℃加热保温，使活性碳原子渗入钢件表面以获得高碳浓度渗层的化学热处理工艺称为渗碳。在经过适当淬火和回火处理后，可提高表面的硬度、耐磨性及疲劳强度，而使心部仍保持良好的韧性和塑性。因此渗碳主要用于同时受严重磨损和较大冲击载荷的零件，例如各种齿轮、活塞销、套筒等。根据渗碳剂的状态不同，渗碳方法可分为固体渗碳、液体渗碳和气体渗碳三种。其中液体渗碳应用极少而气体渗碳应用最广泛。

（2）渗氮。渗氮就是在一定温度下，使活性氮原子渗入工件表面的化学热处理工艺。氮化的目的在于更大程度地提高钢件表面的硬度和耐磨性，提高疲劳强度和耐蚀性。

与渗碳相比，钢件氮化后表层具有很高的硬度和耐磨性。氮化后的工件表层硬度高达 1 000 ～ 1 200 HV，（相当于 65 ～ 72 HRC）。这种硬度在温度为 500 ～ 600℃时仍然可以保持，所以钢件氮化后具有很好的热稳定性。由于氮化层体积胀大，在工件表层形成较大的残余压应力，因此可以获得比渗碳更高的疲劳强度。另外，钢件氮化后表面形成一层致密的氮化物薄膜，从而使工件具有良好的耐蚀性。目前较为广泛应用的氮化工艺是气体渗氮，即将氨气通入加热到氮化温度的密封氮化罐中，使其分解出活性氮原子。

（3）碳氮共渗（氰化）。碳氮共渗是指在一定温度下，将碳、氮原子同时渗入工件表层奥氏体中，并以渗碳为主的化学热处理工艺。气体碳氮共渗是最常用的方法。

和渗碳相比，碳氮共渗具有处理温度低、速度快、生产效率高、变形小等优点，得到了越来越广泛的应用。但由于它的渗层较薄，主要只用于形状复杂、要求变形小、受力不大的小型耐磨零件。氰化不仅适用于渗碳钢，也可用于中碳钢和中碳合金钢。

1.4　碳钢与合金钢

1. 碳钢

碳素钢简称碳钢，是最基本的铁碳合金，它是指含碳量大于 0.0218% 而小于 2.11% ，且冶炼时不特意加入合金元素的铁碳合金。它资源丰富、容易冶炼，价格便宜，具有较好的力学性能和优良的工艺性能，应用广泛。

碳素钢中除铁以外的主要元素是碳，此外还含有一些常存元素，主要是硅 Si、锰 Mn、硫 S、磷 P。它们对钢的性能也具有一定的影响。其中，硅和锰具有很好的脱氧能力，能够提高钢的强度和硬度等，属于有益元素。硫在钢中以 FeS 形式存在，使钢材变脆，产生热脆性。磷的存在使钢在低温变脆，即冷脆性。这两种元素属于有害元素。

1）碳素钢的分类

碳素钢的分类标准很多，主要有以下四类：

（1）按钢的含碳量分类，可分为以下三种：

① 低碳钢：含碳量≤0.25% 。

② 中碳钢：含碳量 0.25% ～ 0.6% 。

③ 高碳钢：含碳量≥0.6% 。

（2）按钢的质量分类，可分为以下三种：

① 普通的碳素钢，钢中，S，P 的含量分别≤0.055 和 0.045。

② 优质碳素钢，钢中 S，P 的含量均≤0.040。

③ 高级优质碳素钢，钢中 S，P 等杂质最少，分别≤0.030 和 0.035。

（3）按钢的用途分类，可分为以下两种：

① 碳素结构钢：主要应用于制造各种工作构件和零件，这类钢一般属于低中碳钢。

② 碳素工具钢：主要用制造各种刀具，量具，和模具，这类钢含碳量较高，一般属于高碳钢。

(4) 按冶炼时脱氧程度的不同分类，可分为以下三种：

① 沸腾钢：脱氧程度不完全的钢。

② 镇静钢：脱氧程度完全的钢。

③ 半镇静钢：脱氧程度介于沸腾钢和镇静钢之间的钢。

2) 碳素钢的编号及用途

(1)(普通) 碳素结构钢。按国家标准 (GB/T 700—2006) 的规定，碳素结构钢的牌号以钢材的最低屈服强度表示。这类钢虽然含有有害杂质及非金属夹杂物较多，但其冶炼方法简单，工艺性好，价格低廉，而且在性能上也能满足一般工程结构件及普通零件的要求，因此，用量很大，约占钢材总量的 80% 。

钢的牌号是由代表屈服点的“屈”字的汉语拼音首位字母 Q，屈服点值 (数字)，质量等级符号 A、B、C、D，脱氧方法等的符号 (用脱氧方法等名称的汉语拼音首位字母表示，如沸腾钢(F)、半镇静钢(b)、镇静钢(Z)、特殊镇静钢(TZ)组成。其中 Z 与 TZ 符号可以省略。例如，Q235 - AF 代表碳素结构钢，屈服点值为 235 MPa，并为 A 级沸腾钢。碳素结构钢的牌号及化学成分如表 1-4 所示。

表 1-4 碳素结构钢的牌号及化学成分

牌号	等级	化学成分/%					脱氧方法
		C	Mn	Si	S	P	
				不大于			
Q195	—	0.06～0.12	0.25～0.50	0.30	0.050	0.045	F、b、Z
Q215	A	0.09～0.15	0.25～0.55	0.30	0.050	0.045	F、b、Z
	B				0.045		
Q235	A	0.14～0.22	0.30～0.65	0.30	0.050	0.045	F、b、Z
	B	0.12～0.20	0.30～0.70		0.045		
	C	≤0.18	0.35～0.80		0.040	0.040	Z
	D	≤0.17			0.035	0.035	T、Z
Q255	A	0.18～0.28	0.40～0.70	0.30	0.050	0.045	F、b、Z
	B				0.045		
Q275	—	0.28～0.38	0.50～0.80	0.35	0.050	0.045	b、Z

(2) 优质碳素结构钢。优质碳素结构钢的牌号采用两位数字，表示钢中平均含碳量的万分之几。例如 45 钢表示钢中含碳量为 0.45%；08 钢表示钢中含碳量为 0.08%。如果钢中含锰量较高，须将锰元素标出即 45Mn。

优质碳素结构钢主要用于制造机械零件。一般都要经过热处理以提高力学性能，根据含碳量不同，有不同的用途，08、08F、10、10F 钢的塑性及韧性好，具有优良的冷成形性能和焊接性能，常冷轧成薄板，用于制作仪表外壳、汽车和拖拉机上的冷冲压件；15、20、25

钢用于制作尺寸较小、负荷较轻、表面要求耐磨、心部强度要求不高的渗碳零件，如活塞钢、样板等；30、35、40、45、50 钢经热处理（淬火 + 高温回火）后具有良好的综合力学性能，即具有较高的强度和较高的塑性、韧性，用于制作轴类零件；55、60、65 钢热处理（淬火 + 高温回火）后具有高的弹性极限，常用做弹簧。优质碳素结构钢的牌号及化学成分如表 1-5 所示。

表 1-5　优质碳素结构钢牌号及化学成分

牌　号	化学成分（质量分数）/%					
	C	Si	Mn	Cr	Ni	Cu
				≤		
08F	0.05～0.11	≤0.03	0.25～0.50	0.10	0.30	0.25
10F	0.07～0.13	≤0.07	0.25～0.50	0.15	0.30	0.25
15F	0.12～0.18	≤0.07	0.25～0.50	0.25	0.30	0.25
08	0.05～0.11	0.17～0.37	0.35～0.65	0.10	0.30	0.25
10	0.07～0.13	0.17～0.37	0.35～0.65	0.15	0.30	0.25
15	0.12～0.18	0.17～0.37	0.35～0.65	0.25	0.30	0.25
20	0.17～0.23	0.17～0.37	0.35～0.65	0.25	0.30	0.25
25	0.22～0.29	0.17～0.37	0.50～0.80	0.25	0.30	0.25
30	0.27～0.34	0.17～0.37	0.50～0.80	0.25	0.30	0.25
35	0.32～0.39	0.17～0.37	0.50～0.80	0.25	0.30	0.25
40	0.37～0.44	0.17～0.37	0.50～0.80	0.25	0.30	0.25
45	0.42～0.50	0.17～0.37	0.50～0.80	0.25	0.30	0.25
50	0.47～0.55	0.17～0.37	0.50～0.80	0.25	0.30	0.25
55	0.52～0.60	0.17～0.37	0.50～0.80	0.25	0.30	0.25
60	0.57～0.65	0.17～0.37	0.50～0.80	0.25	0.30	0.25
65	0.62～0.70	0.17～0.37	0.50～0.80	0.25	0.30	0.25
70	0.67～0.75	0.17～0.37	0.50～0.80	0.25	0.30	0.25
75	0.72～0.80	0.17～0.37	0.50～0.80	0.25	0.30	0.25
80	0.77～0.85	0.17～0.37	0.50～0.80	0.25	0.30	0.25
85	0.82～0.90	0.17～0.37	0.50～0.80	0.25	0.30	0.25
15Mn	0.12～0.18	0.17～0.37	0.70～1.00	0.25	0.30	0.25
20Mn	0.17～0.23	0.17～0.37	0.70～1.00	0.25	0.30	0.25
25Mn	0.22～0.29	0.17～0.37	0.70～1.00	0.25	0.30	0.25
30Mn	0.27～0.34	0.17～0.37	0.70～1.00	0.25	0.30	0.25
35Mn	0.32～0.39	0.17～0.37	0.70～1.00	0.25	0.30	0.25
40Mn	0.37～0.44	0.17～0.37	0.70～1.00	0.25	0.30	0.25
45Mn	0.42～0.50	0.17～0.37	0.70～1.00	0.25	0.30	0.25
50Mn	0.48～0.56	0.17～0.37	0.70～1.00	0.25	0.30	0.25
60Mn	0.57～0.65	0.17～0.37	0.70～1.00	0.25	0.30	0.25
65Mn	0.62～0.70	0.17～0.37	0.90～1.20	0.25	0.30	0.25
70Mn	0.67～0.75	0.17～0.37	0.90～1.20	0.25	0.30	0.25

（3）碳素工具钢。这类钢的牌号是用“碳”或 T 字后附数字表示。数字表示钢中平均含碳量的千分之几。T8、T10 分别表示钢中平均含碳量为 0.80% 和 1.0% 的碳素工具钢，若为高级优质碳素工具钢，则在钢号最后附以 A 字。如 T12A。

碳素工具钢用于制造各种量具、刃具和模具等。碳素工具钢经热处理（淬火 + 低温回火）后具有高硬度，用于制造尺寸较小要求耐磨性的量具、刃具和模具等。

碳素工具钢的牌号及化学成分如表 1–6 所示。

表 1–6　碳素工具钢的牌号及化学成分

牌　号	化学成分（质量分数）/%				
	C	Mn	Si	S	P
T7	0.65～0.75	≤0.40	≤0.35	≤0.030	≤0.035
T8	0.75～0.84				
T8Mn	0.80～0.90	0.40～0.60			
T9	0.85～0.94	≤0.40			
T10	0.95～1.04				
T11	1.05～1.14				
T12	1.15～1.24				
T13	1.25～1.35				

（4）铸造碳素钢。铸造碳素钢的牌号由 ZG + 两组数字组成：第一组代表屈服强度值，第二组代表抗拉强度值。

实际上这类钢属于结构钢，主要用于制造形状复杂、力学性能要求较高的零件，其含碳量一般在 0.20% ～ 0.60%，如果含碳量过高，则塑性变差，且铸造时产生裂纹。

铸造碳素钢的牌号及化学成分如表 1–7 所示。

表 1–7　铸造碳素钢的牌号及化学成分

牌　号	C	Si	Mn	S	P	残余元素				
						Ni	Cr	Cu	Mo	V
ZG200－400	0.20	0.50	0.80	0.01	0.01	0.30	0.35	0.30	0.20	0.05
ZG230－450	0.30		0.90							
ZG270－500	0.40									
ZG310－570	0.50	0.60								
ZG340－640	0.60									

2. 合金钢

合金钢是在碳钢的基础上，在冶炼时有意识地加入一些合金元素的钢。与碳素钢相比，具有较高的力学性能、淬透性和回火稳定性等，有的还具有耐热、耐酸、耐腐蚀等特殊的性能，在实际应用中非常广泛。

1）合金钢的分类

合金钢分类方法比较多，常用的是下面三种方法：

（1）按用途分为合金结构钢、合金工具钢、特殊性能钢。

（2）按合金元素含量分为低合金钢、中合金钢、高合金钢。

（3）按冶金质量不同分为优质钢、高级优质钢、特级优质钢。

2）合金钢的牌号

我国合金钢牌号采用含碳量、合金元素的种类及含量、质量等级来表示的，具体如下。

（1）合金元素符号最前的数字表示含碳量。低合金钢、合金结构钢和合金弹簧钢用两位数字表示平均含碳量的万分数。不锈耐酸钢、耐热钢等，一般用一位数字表示平均含碳量的千分数；平均含碳量小于千分之一的用“0”表示，含碳量不大于0.03%的用“00”表示。

合金工具钢一般C≥1.0%时不标出含碳量数字；如果平均含碳量小于1.0%时，可用一位数字表示含碳量的千分数。但高速钢C<1.0%也不标出。

（2）紧跟合金元素符号后的数字表示合金元素含量。平均合金含量小于1.5%时，牌号中仅标明元素，一般不标明含量。当平均合金含量≥1.5%、2.5%、3.5%…时，则相应地以2、3、4…表示。

高碳铬轴承钢，其含铬量用千分之几计，并在牌号头部加符号G。例如，平均含铬量为0.9%的轴承钢，其牌号表示为GCr9。

低铬（平均含铬量<1%）合金工具钢，其含铬量亦用千分之几计，但在含量数值之前加一数字“0”。例如，平均含铬量为0.6%的合金工具钢，其牌号表示为Cr06。

（3）高级优质合金钢（含硫、磷较低），在牌号尾部加符号A。

（4）为了表示钢的专门用途，在牌号头部（或尾部）附以相应用途符号。例如，滚动轴承钢前加G（“滚”字的汉语拼音字首）如GCr15，又如20MnK，牌号后附以符号K，则表示此合金多为矿用。

3）合金结构钢

合金结构钢是用于制造各种机器零件和各类工程结构的钢，是用途最广、用量最大的钢。通常按照用途及热处理特点不同分为低合金结构钢、合金渗碳钢、合金调质钢、合金弹簧钢及滚动轴承钢等。

（1）低合金结构钢。低合金结构钢是在碳素结构钢的基础上加入少量合金元素制成的，其含碳量较低，一般为0.10%～0.25%。主要靠加入Mn、Si等元素起到强化铁素体，提高强度；加入V、Ti等元素主要是细化组织，提高韧性；Cu、P等元素在钢中能提高耐蚀性。所以这类钢材具有较高的强度，良好的综合力学性能，特别是有较高的屈服强度。有良好的塑性、焊接性能、耐腐蚀性，更低的冷脆转变温度，因而常称为低合金高强度钢。它广泛用于一般工程结构和机械零件，如桥梁、船舶、车辆、锅炉、高压容器、输油管道、建筑钢筋等。

这类钢通常是在热轧后经退火或正火状态下使用，一般不再进行热处理。

（2）合金渗碳钢。合金渗碳钢含碳量很低，在0.1%～0.25%之间，为了提高淬透性，加入Cr、Mn、Ni、B等元素，此外，还加入微量的Mo、W、V、Ti等强碳化物形成元素。

这些元素形成的稳定合金碳化物，能防止渗碳时晶粒长大外，还能增加渗碳层硬度，提高耐磨性。主要用来制造受冲击载荷和受到强烈的摩擦和磨损的条件下工作的零件，如汽车、拖拉机的变速齿轮，内燃机上的凸轮轴、活塞销等。

经渗碳、淬火和低温回火热处理后，使得表面具有高硬度、高耐磨性而心部具有足够的塑性和韧性。

（3）合金调质钢。在中碳钢的基础上加入合金元素经调质处理后获得良好的综合机械性能的钢称为合金调质钢。其含碳量一般在 0.25% ～ 0.50% 之间，常加入的合金元素有 Mn、Si、Cr、Ni、B 等，主要作用是提高钢的淬透性和保证良好的强度和韧性。它用来制造各种负荷较大的、受冲击的重要的机器零件，如齿轮、轴类件、连杆、高强度螺栓等。常用的合金调质钢有 40Cr 等。

合金调质钢的热处理工艺是调质，处理后获得回火索氏体组织，使零件具有良好的综合力学性能。

（4）合金弹簧钢。合金弹簧钢含碳量一般在 0.45% ～ 0.70% 之间。经常加入合金元素 Si、Mn 提高淬透性和回火稳定性，同时也提高钢的弹性极限，其中 Si 的作用最突出，但硅元素含量过高易使钢在加热时脱碳，锰元素含量过高则使钢易于过热。因此，重要用途的弹簧钢，必须加入 Cr、V、W 等元素以减少脱碳及过热倾向，并细化晶粒及进一步提高弹性极限、屈强比等，还有利于提高弹簧的高温强度。合金弹簧钢主要用于制造各种重要的弹性元件，如机器、仪表中的弹簧。应具有高的弹性极限、疲劳强度和高的屈强比，足够的塑性、韧性，还应有良好的淬透性及较低的脱碳敏感性，有些弹簧还要求有耐热和耐腐蚀性。

根据加工方法不同，弹簧分为热成形弹簧和冷成形弹簧，它们的热处理方法不同。

① 热成形弹簧：大型弹簧要经热成形后进行淬火和中温回火以提高弹性极限和屈服强度。

② 冷成形弹簧：对于钢丝直径小于 8 mm 的小型弹簧，经冷拔弹簧钢丝冷卷成形，成形后不再淬火，只进行低温退火、消除内应力，稳定尺寸。

（5）滚动轴承钢。制造滚动轴承的钢称为滚动轴承钢。滚动轴承钢的含碳量约为 0.95% ～ 1.10%，高的含碳量是为了保证钢经热处理后具有高硬度和耐磨性。在轴承钢中加入的合金元素是 Cr、Mn、Si、V、Mo 等，作用是提高淬透性，细化晶粒，提高钢的回火稳定性，提高韧性并使组织均匀等。

滚动轴承钢的热处理工艺主要为球化退火、淬火和低温回火。球化退火是为了降低硬度，便于切削加工，并为淬火作好组织准备。淬火后进行低温回火，可以得到回火马氏体和分布均匀的细粒状碳化物，提高轴承硬度和耐磨性。回火后硬度可以达到 61 ～ 65 HRC。

4）合金工具钢

尺寸大、精度高和形状复杂的模具、量具以及切削速度高的刀具都采用合金工具钢，它比碳素工具钢性能优越。按照用途合金工具钢可以分为合金刃具钢、合金模具钢和合金量具钢。

（1）合金刃具钢。合金刃具钢主要用于制造各种刀具，主要指车刀、铣刀、钻头、丝锥、扳手等切削刀具。具有高硬度高、耐磨性和高的热硬性（红硬性）。常见的有低合金刃具钢和高速钢。

低合金刃具钢是在碳素工具钢的基础上，加入少量的Cr、Mn、Si、W、V等合金元素，提高钢的淬透性和回火稳定性，具有好的强度、耐磨性和热硬性。在230～260℃回火后硬度仍保持60 HRC以上，从而保证一定的热硬性。常用的低合金工具钢有9SiCr、CrWMn等。低合金工具钢的热处理为球化退火、淬火和低温回火。最后组织为回火马氏体、合金碳化物和少量残余奥氏体。

高速钢是一种高碳合金工具钢，用高速钢制的刀具，可以进行高速切削，具有良好的热硬性。当切削温度高达600℃左右时硬度仍无明显下降，高速钢只有通过正确的淬火和回火才能使性能充分发挥出来。

（2）合金模具钢。用于制作冷、热模具的钢种为模具钢。根据工作条件不同，可以分为冷作模具钢和热作模具钢。

① 冷作模具钢用来制造使金属在冷状态下变形的模具，包括冷冲模、冷挤压模、拉丝模、等，工作温度不超过200～300℃。工作时要求有高的硬度和良好的耐磨性，以及足够的强度和韧性，热处理变形要小。冷作模具钢最终热处理过程是淬火+低温回火，以保证其具有足够的硬度和耐磨性。

② 热作模具钢用于制造使金属在高温下成形的模具，如热锻模、压铸模等。要求在高温下有高的强度及足够的耐磨性和韧性，良好的抗热疲劳性，为使整体性能一致，还需有良好的淬透性。这类钢的最终热处理为淬火+中温回火（或高温回火），以保证其具有足够的韧性。

（3）合金量具钢。合金量具钢用于制造各种测量工具，如游标卡尺、千分尺、量规等。为了保证量具的精确度，制造量具的钢应具有良好的尺寸稳定性、较高的硬度及耐磨性。

量具钢没有专用钢种。尺寸小、形状简单、精度较低的量具，用高碳钢制造；复杂的精密量具用低合金刃具钢制造；耐蚀性较高的量具用不锈钢等。

5）特殊性能钢

特殊性能钢具有特殊物理或化学性能，用来制造除要求具有一定的机械性能外，还要求具有特殊性能的零件。其种类很多，机械制造中主要使用不锈钢、耐热钢、耐磨钢。

（1）不锈钢。不锈钢是指在大气和一般介质中具有很高耐腐蚀性的钢种。不锈钢在石油、化工、原子能、宇航、海洋开发、国防工业和一些尖端科学技术及日常生活中都得到广泛应用，对不锈钢的性能要求最主要的是耐蚀性。此外，制作工具的不锈钢还要求高硬度、高耐磨性；制作重要结构零件时，要求高强度；某些不锈钢则要求有较好的加工性能。

（2）耐热钢。耐热钢是指在高温下具有高的热化学稳定性和热强性的特殊钢。用于制造加热炉、锅炉、燃气轮机等高温装置中的零部件。要求在高温下具有良好的抗蠕变和抗断裂的能力，良好的抗氧化能力、必要的韧性以及优良的加工性能。具有较好的抗高温氧化性能和高温强度（热强性）。耐热钢中不可缺少的合金元素是Cr、Si或Al，特别是Cr。它们的加入，提高钢的抗氧化性，Cr还有利于热强性。Mo、W、V、Ti等元素加入钢中，能形成细小弥散的碳化物，起弥散强化的作用，提高室温和高温强度。碳对钢有强化作用，但碳质量分数较高时，由于碳化物在高温下易聚集，使高温强度显著下降；同时，碳也使钢的塑性、抗氧化性、焊接性能降低，所以，耐热钢的碳质量分数一般都不高。

（3）耐磨钢。耐磨钢主要用于运转过程中承受严重磨损和强烈冲击的零件，如车辆履带、挖掘机铲斗、破碎机鄂板和铁轨分道叉等。对耐磨钢的主要要求是有很高的耐磨性和韧性。高锰钢是目前最主要的耐磨钢。

1.5 铸　　铁

铸铁是含碳量大于2.11%的铁碳合金。工业上常用的铸铁含碳量一般在2.5%～4.0%的范围内。碳在铸铁中的存在形式主要有渗碳体、石墨等，根据石墨在铸铁中的形态不同，铸铁可以分为灰口铸铁、可锻铸铁、球墨铸铁、蠕墨铸铁和合金铸铁等。

1. 灰口铸铁

灰口铸铁（简称灰铸铁）是价格便宜，应用最广的一种铸铁，其断口呈灰暗色。灰口铸铁组织特点是石墨呈片状分布在金属的基体组织上，灰铸铁的力学性能与基体的组织和石墨的形态有关。灰铸铁中的片状石墨对基体的割裂严重，在石墨尖角处易造成应力集中，使灰铸铁的抗拉强度、塑性和韧性远低于钢，但抗压强度与钢相当，也是常用铸铁件中力学性能最差的铸铁。由于铸铁很脆，因此不能进行锻造和冲压，焊接时易于产生裂纹，并出现白口组织，使切削加工增加困难，所以说焊接性能差。灰口铸铁接近共晶成分，铸造时流动性好，又由于石墨膨胀可使收缩减小，铸造性能最好，能够铸造形状复杂的零件。由于石墨具有割裂基体连续性的作用，从而使铸件的切削屑易脆断成碎片，具有良好的切削加工性。

灰铸铁的牌号是由HT（“灰铁”两字汉语拼音字首）和最小抗拉强度值表示。例如牌号HT250表示最小抗拉强度值为250 MPa的灰铸铁。灰口铸铁的牌号和应用如表1-8所示。

表1-8　灰铸铁的牌号和应用

<table>
<tr><th>牌　　号</th><th>最小抗拉强度
/MPa</th><th>应 用 举 例</th></tr>
<tr><td>HT100</td><td>100</td><td>适用于载荷小、对摩擦和磨损无特殊要求的铸件，如盖、支架、小手柄等</td></tr>
<tr><td>HT150</td><td>150</td><td>承受中等载荷的铸件，如机座、支架、刀架、轴承座、泵体、飞轮、电机座等</td></tr>
<tr><td>HT200</td><td>200</td><td rowspan="2">承受较大载荷和要求一定的气密性或耐蚀性等较重要铸件，如汽缸、齿轮、机座、飞轮、缸体、缸套、活塞、齿轮箱、刹车轮、联轴器盘、中等压力阀体等</td></tr>
<tr><td>HT250</td><td>250</td></tr>
<tr><td>HT300</td><td>300</td><td rowspan="2">承受高载荷、耐磨和高气密性重要铸件，如重型机床、机座、机架，高压液压件，活塞环，受力较大的齿轮、凸轮、衬套，大型发动机的曲轴、缸体等</td></tr>
<tr><td>HT350</td><td>350</td></tr>
</table>

为了改善灰口铸铁的组织和力学性能，生产中常采用孕育处理的方法。它是把作为孕育剂的硅铁或硅钙合金（加入量一般为铁水总质量的0.4%左右）加入到C、Si含量稍低的铁水中，经搅拌去渣后进行浇注，以获得大量的人工晶核，从而得到石墨片极为细小且均匀分布的珠光体灰口铸铁，这种铸铁又常称为“孕育铸铁”。其强度、硬度均比普通灰口铸铁有显著提高。

2. 可锻铸铁

可锻铸铁俗称马铁或玛钢，实际并不可以锻造，这些名称只表示它具有一定的塑性和韧性。可锻铸铁是由白口铸铁通过退火处理使渗碳体分解而得到团絮状石墨的一种高强度铸铁。由于石墨呈团絮状，对基体的割裂破坏作用比片状石墨小得多，因此有较高的强度，以及较好的塑性和韧性，适于生产对机械性能要求较高，承受冲击负荷的薄壁（厚度不超过 25 mm）形状复杂的小型铸件，如各种管接头、阀门及汽车上的一些小零件。但可锻铸铁生产周期长，工艺复杂，成本较高，近年来有些可锻铸铁件已部分地被球墨铸铁所代替。

可锻铸铁按照石墨化程度和组织分为黑心可锻铸铁、白心可锻铸铁和珠光体可锻铸铁，其牌号是由 KTH、KTB 或 KTZ 表示，后附最低抗拉强度值（MPa）和最低断后伸长率的百分数。例如牌号 KTH350－10 表示最低抗拉强度为 350 MPa、最低断后伸长率为 10% 的黑心可锻铸铁，即铁素体可锻铸铁；KTZ650－02 表示最低抗拉强度为 650 MPa、最低断后伸长率为 2% 的珠光体可锻铸铁。可锻铸铁的牌号和应用如表 1–9 所示。

表 1–9　可锻铸铁的牌号和应用

牌　号	试样直径/mm	用途举例
KTH300－06	12 或 15	弯头、三通管件、中低压阀门等
KTH300－08		扳手、犁刀、犁柱、车轮壳等
KTH350－10		汽车、拖拉机前后轮壳、减速器壳、转向节壳、制动器及铁道零件等
KTH370－12		
KTZ450－06	12 或 15	载荷较高和耐磨损零件，如曲轴、凸轮轴、连杆、齿轮、活塞环、轴套、耙片、万向节头、棘轮、扳手、传动链条等
KTZ550－04		
KTZ650－02		
KTZ700－02		

3. 球墨铸铁

球墨铸铁是通过球化和孕育处理得到球状石墨，有效地提高了铸铁的力学性能，特别是提高了塑性和韧性，从而得到比碳钢还高的强度。它是 20 世纪 50 年代发展起来的一种高强度铸铁材料，其综合性能接近于钢，目前已成功地用于铸造一些受力复杂，强度、韧性、耐磨性要求较高的零件。球墨铸铁已迅速发展为仅次于灰铸铁且应用十分广泛的铸铁材料。所谓"以铁代钢"，主要指球墨铸铁。

根据基体组织的不同，常用的球墨铸铁分为铁素体球铁、铁素体＋珠光体球铁及珠光体球铁三种类型。球墨铸铁牌号由 QT（"球铁"两字汉语拼音字首）和两组数字组成，前一组数字表示最低抗拉强度，后一组数字表示最低伸长率。如 QT500－7，表示抗拉强度最低值为 500 MPa，伸长率最低值为 7% 的球墨铸铁。球墨铸铁的牌号和应用如表 1–10 所示。

表 1–10　球墨铸铁的牌号和应用

牌　号	基体组织类型	应用举例
QT400－18	铁素体	承受冲击、振动的零件，如汽车、拖拉机的轮毂、驱动桥壳、差速器壳、拨叉、农机具零件、中低压阀门、上下水及输气管道、压缩机上高低压汽缸、电机机壳、齿轮箱、飞轮壳等
QT400－15	铁素体	
QT450－10	铁素体	

续表

牌　　号	基体组织类型	应 用 举 例
QT500－7	铁素体＋珠光体	机器座架、传动轴、飞轮、电动机架、内燃机的机油泵齿轮、铁路机车车辆轴瓦等
QT600－3	珠光体＋铁素体	载荷大、受力复杂的零件，如汽车及拖拉机的曲轴、连杆、凸轮轴、气缸套，部分机床主轴、机床蜗杆、蜗轮、轧钢机轧辊、大齿轮、小型水轮机主轴、气缸体、桥式起重机大小滚轮等
QT700－2	珠光体	
QT800－2	珠光体或回火组织	
QT900－2	贝氏体或回火马氏体	高强度齿轮，如汽车后桥螺旋锥齿轮、大减速器齿轮、内燃机曲轴、凸轮轴等

4. 蠕墨铸铁

蠕墨铸铁的石墨呈蠕虫状，短而厚，端部圆滑，分布均匀。生产蠕墨铸铁的方法与球墨铸铁相似，即往铁水中加入蠕化剂，进行蠕化处理，然后加入孕育剂作孕育处理而得到。目前所用的蠕化剂有镁钛合金、稀土镁钛合金或稀土镁钙合金等。其力学性能介于优质灰铸铁和球铁之间，热疲劳性能好。蠕墨铸铁的牌号是由 RuT（“蠕铁”两字汉语拼音字首）后附最低抗拉强度值（MPa）表示。例如牌号 RuT300 表示最低抗拉强度为 300 MPa 的蠕墨铸铁。蠕墨铸铁的牌号和应用如表 1-11 所示。

表 1-11　蠕墨铸铁的牌号和应用

牌　　号	应 用 举 例
RuT260	增压器废气进气壳体、汽车底盘零件等
RuT300	排气管、变速箱体、汽缸盖、液压件、纺织机零件、钢锭模等
RuT340	重型机床件、大型齿轮箱体及盖、飞轮、起重机卷筒等
RuT380	活塞环、汽缸套、制动盘、钢珠研磨盘、吸淤泵体等
RuT420	

5. 合金铸铁

在铸铁熔炼时加入一些合金元素，如 Mn，Cr，W，Cu 和 Mo 等，制成合金铸铁（或称特殊性能铸铁），使其具有较高的力学性能和某些特殊的性能。合金铸铁与相似条件下使用的合金钢相比，熔炼简单，成本低廉，基本上能满足特殊性能的要求。但其力学性能较差，脆性较大。常用的合金铸铁有耐磨铸铁、耐热铸铁和耐蚀铸铁。

1.6　有色金属及其合金

钢铁通常称为黑色金属材料，除黑色金属以外的其他金属及其合金称为有色金属材料。与黑色金属相比，有色金属的产量和使用量低，但是具有许多特殊性能，如导电性和导热性好、密度及熔点较低、力学性能和工艺性能良好。在机械制造中常用的有铝及其合金、铜及其合金、轴承合金、钛及其合金等。

1. 铝及铝合金

纯铝是一种银白色的金属，它的特点是密度小，为 2.72 g/cm^3，导电、导热性能好，化学性质很活泼，在空气和水中有较好的耐蚀性，但不能耐酸、碱、盐的腐蚀。工业纯铝或多或少存在有杂质，铝中所含杂质数量越多，其导电性、导热性、抗大气腐蚀性以及塑性就越低。我国工业纯铝的牌号是以杂质的限量来编制的，如 L1、L2、L3…。L 是“铝”字汉语拼音字首，其后所附顺序号越大，其纯度越低。

铝具有面心立方晶格，塑性好，强度不高。纯铝主要用来制作电线、电缆、散热器及要求不锈耐蚀而强度要求不高的日用品或配制合金。

为提高铝的强度、硬度，使其能作为受力的结构件，采取在铝中加入一定的合金元素使之合金化，从而得到一系列性能优异的铝合金。目前用于制造铝合金的合金元素主要有 Si，Cu，Mg，Mn，Zn，Li 等。一般将铝合金分为形变铝合金和铸造铝合金两大类。

1）形变铝合金

形变铝合金加热时能形成单相固溶体组织，塑性较好，适于压力加工。形变铝合金还可按照其主要性能特点分为防锈铝、硬铝、超硬铝及锻铝等。

（1）防锈铝合金。防锈铝合金是在大气、水和油等介质中具有良好耐腐蚀性能的形变铝合金。防锈铝合金塑性好，具有良好的焊接性能，易于压力加工，不能进行热处理强化，特别适用于制造低载荷的零件，如油箱、导管、线材、轻载荷骨架以及各种生活器具等。防锈铝牌号用“铝防”汉语拼音字首 LF 加顺序号表示。

（2）硬铝合金。硬铝合金是具有较高力学性能的形变铝合金，可以进行时效强化，但抗蚀性差。硬铝合金在航空工业中应用广泛，如飞机构架、螺旋桨等。硬铝牌号用“铝硬”汉语拼音字首 LY 加顺序号，如 LY1（铆钉硬铝）、LY11（标准硬铝）及 LY12（高强度硬铝）等。

（3）超硬铝合金。超硬铝合金是工业上使用的室温力学性能最高的形变铝合金。这类合金有较高的强度和硬度、切削性能良好，但耐腐性、焊接性差。主要用于飞机结构中主要受力件，如大梁、桁架和起落架等。超硬铝合金的牌号用“铝超”汉语拼音字首 LC 加顺序号表示。

（4）锻铝合金。锻铝合金性能与硬铝合金接近，其中合金元素的种类多，具有良好的热塑性及耐蚀性。主要用于制造外形复杂的锻件。锻铝合金的牌号用“铝锻”汉语拼音字首 LD 加顺序号表示。

2）铸造铝合金

铸造铝合金的力学性能不如形变铝合金，但其铸造性能好，可铸造形状复杂的零件毛坯，但不适于压力加工。铸造铝合金种类很多，铸造铝合金分为 Al－Si 系、Al－Cu 系、Al－Mg系及 Al－Zn 系四类。其中 Al－Si 合金（又称硅铝明）是工业中应用最广泛的铸造铝合金，此类合金具有良好的铸造性能，足够的强度，而且密度小。

铸造铝合金的牌号由“铸”字的汉语拼音字首 Z＋Al＋其他主要元素符号及百分含量来表示，例如，ZAlSi12 表示含 12% Si 的铸造 Al－Si 合金。而合金的代号用“铸铝”的汉语拼音字首 ZL 加三位数字表示。第一位数字表示合金类别，第二、三位则表示合金的顺序号。例如，ZL102 表示 2 号 Al－Si 系铸造铝合金。

2. 铜及铜合金

纯铜呈紫红色，所以又称紫铜。其密度为8.9 g/cm^3，熔点为1 083℃。在固态时具有面心立方晶格，无同素异构转变，属逆磁性材料，具有抗磁性和抗蚀性。纯铜的突出优点是导电及导热性好，广泛地应用在电气工业方面。在力学和工艺性能方面，纯铜的特点是具有极好的塑性，可以承受各种形式的冷热压力加工，可碾压成极薄的板，拉成极细的铜线、压力加工成线材、管材、棒材及板材。纯铜的抗拉强度较低，不宜作结构材料，铸造性能差，熔化时易吸收一氧化碳和二氧化硫等气体，形成气孔。

工业纯铜按含杂质的量可分为T1、T2、T3、T4四种。T是铜的汉语拼音字首，数字为编号，数字越大则纯度越低。

铜合金按加入元素可分为黄铜、青铜和白铜。在机械生产中常用的是黄铜和青铜。

1）黄铜

以锌为主要合金元素的铜合金称为黄铜。其具有良好的力学性能，易加工成形，对大气、海水有相当好的耐蚀能力，是应用最广的有色金属材料，如图1-18所示。按照化学成分，黄铜分普通黄铜和特殊黄铜两类。

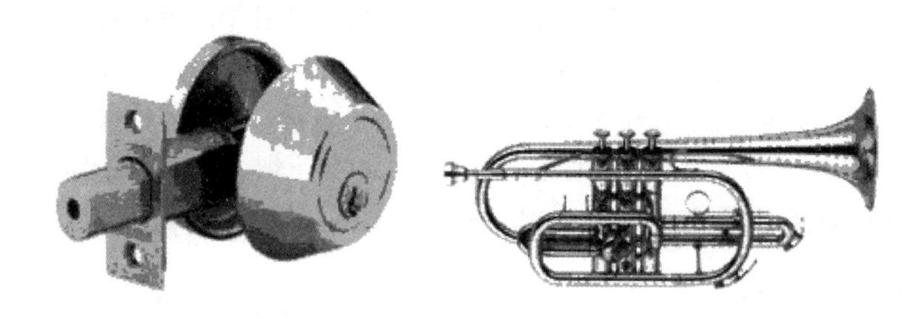

图1-18　黄铜的应用

（1）普通黄铜。普通黄铜是铜和锌的二元合金，具有相当好的抗腐蚀性，加工性能很好。普通黄铜牌号用汉语拼音字首H加数字表示，数字表示含铜量，普通黄铜力学性能、工艺性和耐腐蚀性较好，应用较广泛。

（2）特殊黄铜。在普通黄铜的基础上加入Pb，Al，Sn，Ni，Si等元素后形成的铜合金称特殊黄铜。这些合金元素的加入可提高合金的强度，其中锡、铝、硅等还可提高其耐蚀性，铝能改善切削加工性和提高耐磨性。根据主要添加元素命名为锰黄铜、铅黄铜、锡黄铜等。

特殊黄铜的牌号是在H之后标以主加元素的化学符号，并在其后表明铜及合金元素含量的百分数，如HPb59－1表示含Cu59%，含Pb1%余为Zn的铅黄铜。它具有良好的切削加工性能，适用热冲压和切削方法制作的零件。

2）青铜

青铜原指铜锡合金，现在是指除锌、镍以外的其他元素作为主加元素的所有铜合金。普通青铜是铜和锡的二元合金，又称锡青铜。主要特点是有良好的耐磨性，具有很高的耐蚀性能（但耐酸性差）、足够的抗拉强度和一定的塑性，但致密程度较低。锡青铜的牌号以“青”字的汉语拼音字首 Q 加锡元素和数字表示。如 QSn6.5－0.4 表示含 Sn 为 6.5% 含其他元素（P）0.4%，余为 Cu 的锡青铜。还有一种是无锡青铜，指的是用其他元素像 Al、Pb、Mn 等代替价格昂贵而稀缺的 Sn，如铝青铜、铅青铜、锰青铜等。加入的合金元素可以改善合金的力学性能、耐腐蚀性、耐磨性以及热强性等。其牌号表示方法与锡青铜类似。

3）白铜

以镍为主要添加元素的铜基合金称为白铜。白铜具有高的耐蚀性和优良的冷热加工成形性，主要用在精密机械、医疗器材、电工器材方面。白铜的牌号用“B”加镍含量表示，三元以上的用“B”加第二个主加元素符号及除基元素铜外的成分数字组表示。如 B30 表示镍含量为 30% 的白铜；BMn3－12 表示含镍量为 3%、含锰量为 12% 的锰白铜。

3. 轴承合金

滑动轴承中用于制作轴瓦和轴衬的合金称为轴承合金。常用的轴承合金是锡基和铅基轴承合金。

1）锡基轴承合金

锡基轴承合金是以锡为基加入锑、铜等元素组合成的合金。具有较好的耐磨性能，塑性好，有良好的磨合性、镶嵌性和抗咬合性。耐热性和耐蚀性好，适用于制造承受高速度、大压力和冲击载荷的轴承。如汽车、拖拉机、汽轮机等高速轴瓦。但锡基合金疲劳强度差，工作温度不高于 150℃。其牌号为 ZCh 加基本元素与主加元素的化学符号并标明主加元素与辅加元素的含量（%）表示。如 ZChSnSb11-6 表示锡基轴承合金，基本元素为 Sn，主加元素为 Sb，其含量为 11%，辅加元素为 Cu，其含量为 6%，余为 Sn。

2）铅基轴承合金

铅基轴承合金较脆，易形成疲劳裂纹，但强度却接近或高于锡基合金，而且价格低，广泛应用于制造中等载荷或高速低载荷、工作中冲击力不大、温度较低的轴承。如汽车、拖拉机的曲轴轴承及电动机、破碎机轴承等。常用牌号为 ZChPbSb16－16－2，表示含 16% Sb，16% Sn，2% Cu，余为 Pb。

3）其他轴承合金

以铅为主加元素的铜合金称铜基铅轴承合金。其密度小，导热性和耐蚀性好、疲劳强度高，原料丰富，价格低廉，广泛应用于高速、重载下工作的汽车、拖拉机及柴油机轴承等。以锑或锡为主加元素的铝合金称为铝基轴承合金。具有优良的导热性、高的疲劳强度与硬度、良好的耐蚀性、价格便宜等特点，适宜于制造高速、重载荷的汽车、拖拉机的发动机轴承。

4. 钛及钛合金

纯钛是一种银白色并具有同素异构转变现象的金属，在 882℃以下为密排立方晶格，成为 α－钛（α－Ti），在 882℃以上为体心立方晶格，成为 β－钛（β－Ti）。纯钛密度小，熔点高，热膨胀系数小，塑性好，具有好的耐蚀性。

工业纯钛按纯度分为三个等级，其代号为 TAl、TA2、TA3。T 为钛的汉语拼音字首，序号越大纯度越低。钛的力学性能与纯度有关，工业纯钛常用于制造350℃以下工作，且受力不大的零件及冲压件，如飞机骨架、耐海水管道等。

工业用钛合金按其退火组织可分为α钛合金、β钛合金和α+β钛合金三大类。

1.7 常用非金属材料

非金属材料包括除金属材料以外几乎所有的材料，主要有各类高分子材料、陶瓷材料和各种复合材料等。近年来高分子材料、陶瓷等非金属材料的急剧发展，在材料的生产和使用方面均有重大的进展，正在越来越多地应用于各类工程中。

1. 高分子材料

高分子材料又称为高聚物，主要是指以高分子化合物为主要组分合成的有机高分子材料。机械过程中高分子材料主要包括工程塑料、合成橡胶等。

1）工程塑料

塑料是以合成树脂为主要成分，并加入改善性能的各种添加剂组成的有机高分子化合物材料，在机械设备和工程结构中使用的塑料称为工程塑料。它们的机械性能较好，耐热性和耐腐蚀性也比较好，是当前大力发展的塑料品种，常用的有以下八种：

（1）尼龙（PA）。尼龙即聚酰胺材料，是最先发现能承受载荷的热塑性塑料，在机械工业中应用比较广泛。它的机械强度较高，耐磨、自润滑性好，而且耐油、耐蚀、消音、减震，大量用于制造小型零件，代替有色金属及其合金。

（2）聚甲醛（PoM）。聚甲醛是高密度、高结晶性的线型聚合物，性能比尼龙好。聚甲醛按分子链化学结构不同分为均聚甲醛和共聚甲醛。聚甲醛广泛应用于汽车、机床、化工、电器仪表、农机等。

（3）聚碳酸酯（PC）。聚碳酸酯的化学稳定性也很好，能抵抗日光、雨水和气温变化的影响，它的透明度高，成型收缩率小，制件尺寸精度高，广泛应用于机械、仪表、电（通）信、交通、航空、光学照明、医疗器械等方面。

（4）ABS塑料。ABS塑料是由丙烯腈、丁二烯、苯乙烯三种组元所组成，具有良好的耐蚀性、电绝缘性和耐热性。原料易得，价格便宜，所以在机械加工、电器制造、纺织、汽车、飞机、轮船、化工等工业中得到广泛应用。

（5）聚苯醚（PPO）。聚苯醚是线型、非结晶的工程塑料，具有很好的综合性能。主要用作在较高温度下工作的齿轮、轴承、凸轮、泵叶轮、鼓风机叶片、水泵零件、化工用管道、阀门以及外科医疗器械等。

（6）聚砜（PSF）。聚砜是分子链中具有硫键的透明树脂，具有良好的综合性能，它耐热性、抗蠕变性好，长期使用温度为150～174℃，脆化温度为-100℃。广泛应用于电器、机械设备、医疗器械、交通运输等。

（7）聚四氟乙烯（PTTE）。聚四氟乙烯是氟塑料中的一种，具有很好的耐高、低温，耐腐蚀等性能。聚四氟乙烯几乎不受任何化学药品的腐蚀，它的化学稳定性超过了玻璃、陶瓷、不锈钢，甚至金、铂，俗称“塑料王”。由于聚四氟乙烯的使用范围广，化学稳定性好，介电性能优良，自润滑和防黏性好，所以在国防、科研和工业中占有重要地位。

（8）有机玻璃（PMMA）。有机玻璃的化学名称是“聚甲基丙烯酸甲酯”。它是目前最好的透明材料，透光率达到92%以上，比普通玻璃好，且相对密度小，仅为玻璃的一半。有机玻璃有很好的加工性能，常用来制作飞机的座舱、弦舱，电视和雷达标图的屏幕，汽车风挡，仪器和设备的防护罩，仪表外壳，光学镜片等。有机玻璃的缺点是耐磨性差，也不耐某些有机溶剂。

2）橡胶

橡胶是一种天然或经过人工合成的高分子材料，它们在很宽的温度范围内处于高弹态。一般橡胶在-40～+80℃范围内具有高弹性，某些特种橡胶在-100℃的低温和200℃高温下都保持高弹性。根据生胶来源不同，橡胶分为天然橡胶和合成橡胶。天然橡胶是橡胶类植物生成的胶乳经过采集、加工而制成的弹性固体物；合成橡胶是以石油、煤等副产品为原料，经过合成聚合的高分子材料。常用的橡胶材料有以下几种。

（1）天然橡胶（NR）。天然橡胶是以橡胶烃（聚异戊二烯）为主，并且含少量蛋白质、水分、树脂酸、糖类和无机盐等。弹性大，抗撕裂性和电绝缘性优良，耐磨性和耐旱性良好，加工性好，易于其他材料粘合，在综合性能方面优于多数合成橡胶。缺点是耐氧和耐臭氧性差，容易老化变质；抗酸碱的腐蚀能力低；耐热性不高。使用温度范围：约-60～+80℃。制作轮胎、胶鞋、胶管、胶带、电线电缆的绝缘层和护套以及其他通用制品。特别适用于制造扭振消除器、发动机减震器、机器支座、橡胶-金属悬挂元件、膜片、模压制品。

（2）丁苯橡胶（SBR）。丁苯橡胶丁二烯和苯乙烯的共聚体。性能接近天然橡胶，是目前产量最大的通用合成橡胶，其特点是耐磨性、耐老化和耐热性超过天然橡胶，质地也较天然橡胶均匀。缺点是：弹性较低，抗屈挠、抗撕裂性能较差；加工性能差，特别是自粘性差、生胶强度低。使用温度范围约为-50～+100℃。主要用以代替天然橡胶制作轮胎、胶板、胶管、胶鞋及其他通用制品。

（3）顺丁橡胶（BR）。顺丁橡胶是由丁二烯聚合而成的顺式结构橡胶。优点是弹性与耐磨性优良，耐老化性好，耐低温性优异，在动态负荷下发热量小，易于金属粘合。缺点是强度较低，抗撕裂性差，加工性能与自粘性差。使用温度范围约为-60～+100℃。一般多和天然橡胶或丁苯橡胶并用，主要制作轮胎胎面、运输带和特殊耐寒制品。

（4）异戊橡胶（IR）。异戊橡胶是由异戊二烯单体聚合而成的一种顺式结构橡胶。其化学组成、立体结构与天然橡胶相似，性能也非常接近天然橡胶，所以有合成天然橡胶之称。它具有天然橡胶的大部分优点且耐老化，由于天然橡胶的弹性和强力比天然橡胶稍低，加工性能差，成本较高。使用温度范围约为-50～+100℃。可代替天然橡胶制作轮胎、胶鞋、胶管、胶带以及其他通用制品。

（5）丁腈橡胶（NBR）。丁腈橡胶是丁二烯和丙烯腈的共聚体。其耐热性好，气密性、耐磨及耐水性等均较好，黏结力强。缺点是耐寒及耐臭氧性较差，强力及弹性较低，耐酸性差，电绝缘性不好，耐极性溶剂性能也较差。使用温度范围约为-30～+100℃。主要用于制造各种耐油制品，如胶管、密封制品等。

2. 陶瓷材料

陶瓷材料是指以天然硅酸盐（黏土、石英、长石等）或人工合成化合物（氮化物、氧化物、碳化物等）为原料，经过制粉、配料、成形、高温烧结而成的无机非金属材料。在各类工程材料中硬度是最高的，可用于加工高硬度的难于加工的材料。由于陶瓷中存在着大量相当于裂纹源的气孔，在拉应力的作用下会迅速扩展而导致脆断，因此陶瓷的抗拉强度低。但它具有较高的抗压强度，可以用于承受压缩载荷的场合。多数陶瓷弹性模量高于金属，在外力作用下只产生弹性变形，伸长率和断面收缩率几乎为零，完全是脆性断裂，所以冲击韧性和断裂韧度很低。

陶瓷的分类方法比较多，按原料不同，陶瓷分为普通陶瓷（传统陶瓷）和特种陶瓷（现代陶瓷）；按用途不同，陶瓷分为工业陶瓷和日用陶瓷；按化学成分不同，陶瓷分为氮化物陶瓷、氧化物陶瓷、碳化物陶瓷等。传统陶瓷就是黏土类陶瓷，它产量大，应用广。大量用于日用陶器、瓷器、建筑工业、电器绝缘材料、耐蚀要求不很高的化工容器、管道以及力学性能要求不高的耐磨件，如纺织工业中的导纺零件等。采用普通陶瓷的工艺制得的新材料，称为特种陶瓷。它包括氧化物陶瓷、氮化硅陶瓷、碳化硅陶瓷、氮化硼陶瓷等几种。

3. 复合材料

复合材料是指为了达到某些特殊性能要求而将两种或几种不同化学组成和结构组织的材料，经人工合成而得到的合成材料。其结构为多相，一类组成（或相）为基体，起黏结作用，另一类为增强相，它的某些性能比各组成相的性能都好。

复合材料类别比较多，按基体类型可分为金属基复合材料、高分子基复合材料和陶瓷基复合材料等三类。目前应用最多的是高分子基复合材料和金属基复合材料。按性能可分为功能复合材料和结构复合材料。前者还处于研制阶段，已经大量研究和应用的主要是结构复合材料。按增强相的种类和形状可分为颗粒增强复合材料、纤维增强复合材料和层状增强复合材料。其中，发展最快，应用最广的是各种纤维（玻璃纤维、碳纤维、硼纤维、SiC 纤维等）增强的复合材料。

复合材料性能特点，主要表现在以下四个方面：

（1）高比强度和高比刚度。

（2）抗疲劳性和减振性好。

（3）化学稳定性和耐热性好。

（4）安全性高。此外，复合材料还具有良好的自润性，减摩、耐磨性和成形工艺性好。目前在航空、汽车、轮船、压力容器、管道以及生活用品各方面得到广泛应用。

习　　题

1. 常见的金属晶格类型有哪几种？每种举例。

2. 结晶过程中一般用什么手段控制晶粒大小？
3. 什么是结晶？结晶由哪两个基本过程组成？
4. 什么是金属的力学性能？金属的力学性能包括哪些？
5. 试画出简化后的铁碳合金相图。
6. 钢在热处理时加热的目的是什么？钢在加热时的奥氏体化分为哪几步？
7. 什么是淬火？其目的是什么？有哪些常用的方法？
8. 合金钢是如何分类的？
9. 什么是铸铁？有哪些种类？
10. 常说的“硅铝明”是什么合金？有何性能和特点？
11. 什么是高分子材料？主要包括哪些常用材料？
12. 简述几种常用橡胶的特点和用途。

第❷章 热加工基本知识

一般而言，金属材料要先经过初步加工，制成各种型材或毛坯然后加工成零件，但是金属材料在常温下一般硬度较高，因此，为利于加工，常将之加热到一定的温度以上，软化金属，再进行加工，这就是所谓的金属热加工。

铸造、锻造和焊接是机械制造中最常用的三种金属热加工方法，其产品大多是零件的毛坯。本章主要介绍这些加工的基本方法、工艺特点和应用范围。

2.1 铸　　造

铸造就是将熔融液态金属浇注到与零件形状相适应的铸型型腔中，待其冷却凝固后获得铸件的方法，其实质是利用熔融金属的流动性实现材料的成形。它能铸造各种尺寸、形状复杂的毛坯或零件，具有适应性广、成本低廉的优点。据统计，在一般的机械设备中，铸件占机器总重量的45% ～ 90%，而铸件成本仅占机器总成本的20% ～ 25%。

2.1.1 铸造的工艺特点

铸造是生产零件毛坯的主要方法之一，尤其对于某些脆性金属或合金材料（如各种铸铁件、有色合金铸件等）的零件毛坯，铸造几乎是唯一的加工方法。与其他加工方法相比，铸造工艺具有以下特点：

1. 工艺灵活、适应性广

铸件可以不受金属材料、尺寸和重量的限制。铸件材料可以是各种铸铁、铸钢、铝合金、铜合金、镁合金、钛合金、锌合金和各种特殊合金材料；铸件可以小至几克，大到数百吨；铸件壁厚可以为0.5 ～ 1 000 mm。铸造可以生产各种形状复杂的毛坯，特别适用于生产具有复杂内腔的零件毛坯，如各种箱体、缸体、叶片、叶轮等。

2. 生产成本较低

由于铸造成形方便，铸件毛坯与零件形状相近，能节省金属材料和切削加工工时；所用设备通常比较简单，投资较少；使用材料可以利用废料、废件等，节约资源。

3. 铸件的组织性能较差

一般条件下，铸件在冷却凝固过程中，形成的晶粒较粗大，还容易产生气孔、缩孔和裂纹等缺陷，所以铸件力学性能较差。因此，铸件宜用做受力不大或承受静载荷的机械零件，如箱体、支架等。

2.1.2　铸造概述及分类

1. 铸造成形概述

铸造生产是将金属加热熔化，使其具有流动性，然后浇入到具有一定形状的铸型型腔中，液态金属在重力或外力（压力、离心力、电磁力等）的作用下充满型腔，冷却并凝固成铸件（或零件）的一种金属成形方法，如图 2-1 所示。铸件一般作为毛坯经切削加工成为零件。但也有许多铸件无须切削加工就能满足零件的设计精度和表面粗糙度要求，直接作为零件使用。

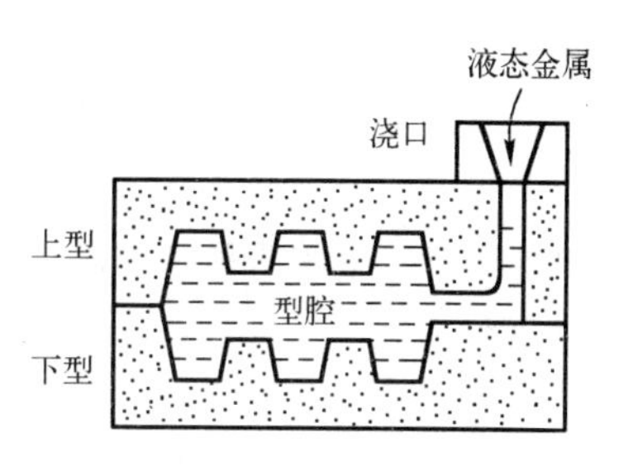

图 2-1　铸造成形

2. 铸造成形的分类

铸造成形的工艺方法很多，一般可分为砂型铸造和特种铸造两大类。

1）砂型铸造

直接形成铸型的原材料主要为型砂，且液态金属完全靠重力充满整个型腔，这种金属液态成形的方法称为砂型铸造。

2）特种铸造

凡不同于砂型铸造的所有其他铸造方法，统称为特种铸造。如金属型铸造、压力铸造、离心铸造、熔模铸造等。

2.1.3　砂型铸造

砂型铸造是以砂为主要造型材料制备铸型的一种铸造工艺方法，铸造方法中砂型铸造应用最广，目前 80% 以上的铸件是用砂型铸造方法生产的。

1. 砂型铸造生产的工艺过程

砂型铸造是一个复杂的多工序组合的工艺过程（见图 2-2），它包括以下主要工序：制造模样和芯盒、备制型砂和芯砂、造型、造芯、合型、熔炼金属、浇注、落砂清理和检验等。

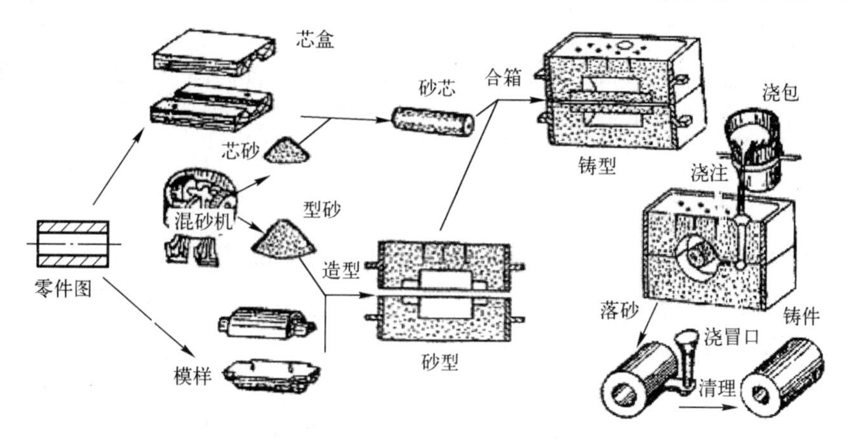

图 2-2　砂型铸造的工艺过程

1）制造模样和芯盒

模样是形成铸型型腔的模具，芯盒是用来制型芯以形成具有内腔的铸件。制造模样和芯盒常用的材料有木材、金属和塑料。在单件、小批量生产时广泛采用木质模样和芯盒，在大批量生产时多采用金属或塑料模样、芯盒。为了保证铸件质量，在设计和制造模样和芯盒时，必须先设计出铸件的铸造工艺图，然后根据工艺图的形状和大小，制造模样和芯盒。

2）造型

造型是砂型铸造最基本的工序，砂型铸造的造型方法很多，一般分为手工造型和机器造型两大类。

3）造芯

型芯主要用来形成铸件的内腔，型芯通常采用芯盒制造，如图 2-2 所示。造芯时，一般在型芯内放置芯骨，用来提高型芯的强度；开设通气孔，以增加排气能力。

4）合型

合型，即将铸型的各个部分组合成一个完整铸型的操作过程。合型前应对铸型的各部分进行检查，然后安装型芯，最后将上型盖上，并将上、下型压紧。如果合型过程产生错位，会使铸件产生偏心、错型等缺陷。

5）金属的熔炼

熔炼的目的是为了获得一定化学成分和温度的金属液。铸铁的熔炼常采用冲天炉，铸钢的熔炼采用电炉，非铁合金的熔炼采用坩埚炉。

6）浇注

浇注，即将金属液从浇包注入铸型的过程。金属液的出炉温度一般应高些，以利于熔渣上浮及清理。浇注温度应适当低些，以减少金属液中气体的溶解量及冷凝时金属的收缩量。浇注速度应适当，以免产生铸造缺陷。

7）落砂

落砂是指用手工或机器使铸件和型砂、砂箱分开的过程。铸件在砂型中要冷却到一定的温度才能落砂。落砂过早，会使铸件产生较大的内应力，导致变形或开裂，铸铁件表层还会产生白口组织，不利于切削加工。

8）清理

落砂后从铸件上清除浇冒口、型芯、毛刺、表面粘砂等过程称为清理。灰铸铁件、铸钢件、废铁合金铸件的浇冒口可分别用敲击、气割、锯割等方式去除。表面粘砂可采用滚筒、喷砂及抛丸机等设备进行清理。

2. 造型方法

造型（造芯）是砂型铸造最基本的工序，按紧实型砂和起模方法的不同，砂型铸造的造型方法分为手工造型和机器造型。

1）手工造型

手工造型是指全部用手工或手动工具完成的造型工序，手工造型不需要复杂的造型设备，操作灵活，适应性强，但劳动强度大，生产率低，铸件质量较差，多用于单件小批量生产中。手工造型按起模特点分为整模造型、分模造型、活块造型、挖砂造型等方法。

（1）整模造型。对于形状简单，端部为平面且又是最大截面的铸件应采用整模造型。整模造型操作简便，造型时整个模样全部置于一个砂箱内，不会出现错箱缺陷。整模造型适用于形状简单、最大截面在端部，且为平面的铸件，如齿轮坯、轴承座、罩、壳等，其造型基本过程如图 2-3 所示。

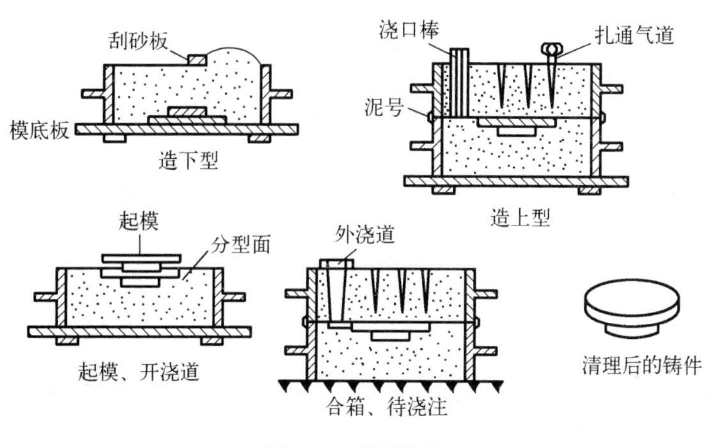

图 2-3　整模造型

（2）分模造型。当铸件的最大截面不在铸件的端部时，为了便于造型和起模，模样要分成两半或几部分，这种造型称为分模造型。当铸件的最大截面在铸件的中间时，应采用两箱分模造型，如图 2-4 所示，模样从最大截面处分为两半部分（用销钉定位）。造型时模样分别置于上、下砂箱中，分模面（模样与模样间的接合面）与分型面（砂型与砂型间的接合面）位置相重合。两箱分模造型广泛用于形状比较复杂的铸件生产，如水管、轴套、阀体等有孔铸件。

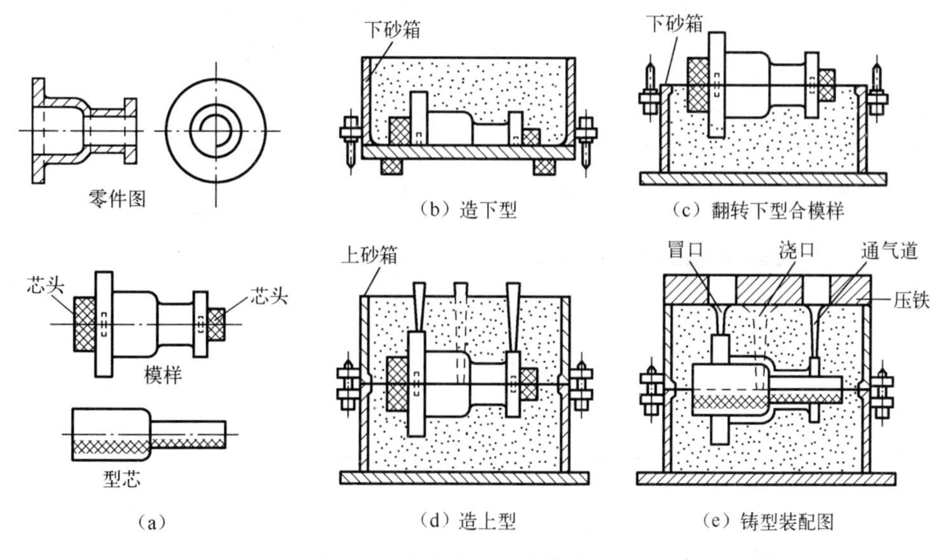

图 2-4　套管的两箱分模造型

(3) 活块模造型。铸件上妨碍起模的部分（如凸台、筋条等）做成活块，用销子或燕尾结构使活块与模样主体形成可拆连接。起模时先取出模样主体，活块模仍留在铸型中，起模后再从侧面取出活块的造型方法称为活块模造型，如图2-5所示。活块模造型主要用于带有突出部分而妨碍起模的铸件、单件小批量、手工造型的场合。如果这类铸件批量大，需要机器造型时，可以用砂芯形成妨碍起模的那部分轮廓。

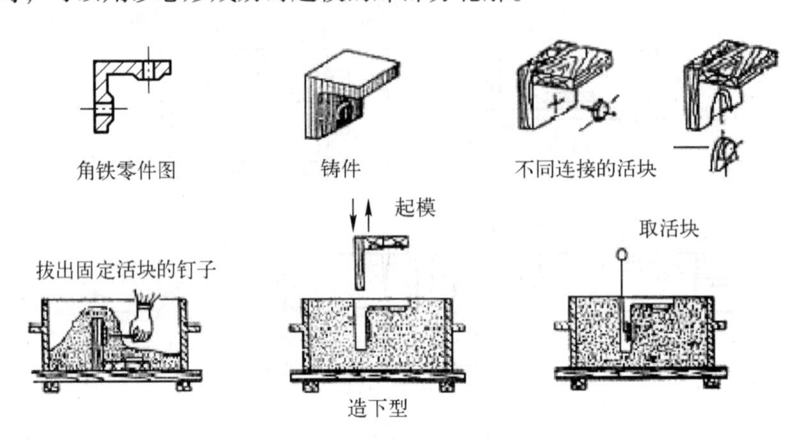

图2-5 角铁的活块模造型工艺过程

(4) 挖砂造型。当铸件的外部轮廓为曲面（如手轮等）其最大截面不在端部，且模样又不宜分成两半时，应将模样做成整体，造型时挖掉妨碍取出模样的那部分型砂，这种造型方法称为挖砂造型。挖砂造型的分型面为曲面，造型时为了保证顺利起模，必须把砂挖到模样最大截面处，如图2-6所示。由于是手工挖砂，操作技术要求高，生产效率低，只适用于单件、小批量生产。

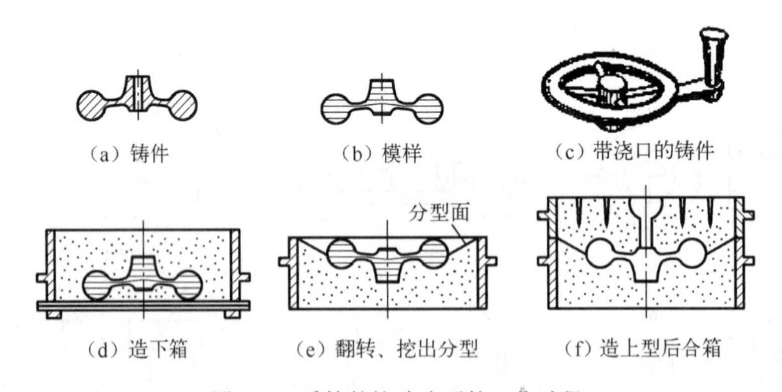

图2-6 手轮的挖砂造型的工艺过程

2）机器造型

将造型过程中的两项最主要的操作，即紧砂和起模两个工序实现机械化的造型方法称为机器造型。机器造型生产效率高，铸件质量好。但设备投资大，适用于中小铸件的成批大量生产。下面介绍几种典型的机器造型方法。

(1) 震击造型。图2-7所示是震击造型的紧砂过程。这种造型方法利用震动和撞击对型砂进行紧实，砂箱填砂之后，震击活塞将工作台连同砂箱举起到一定高度，然后下落与缸体撞击，依靠型砂下落时的冲击力产生紧实作用。型砂紧实度分布，越接近模底板型砂紧实度越高。

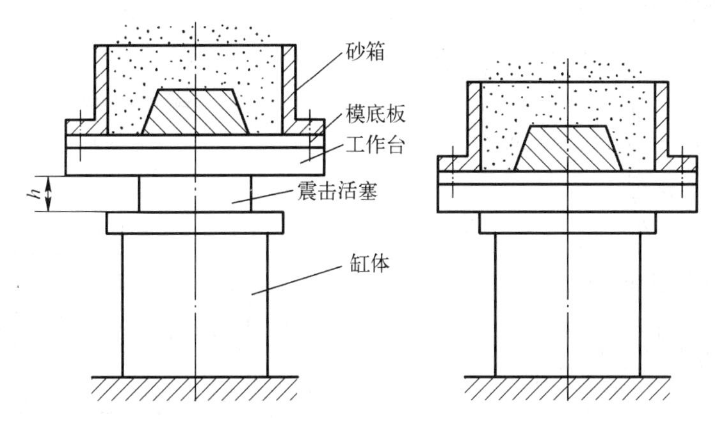

图 2-7　震击造型

（2）微震压实造型。微震压实紧砂原理如图 2-8 所示，先由微震机构对型砂进行预震，再由压实机构进行压实，即在压实的同时进行震实。由于在震击气缸底部设有弹簧，减少了对缸体的撞击，增加了在一个工作行程中，型砂预紧实的次数。微震压实造型机紧实度均匀，生产效率较高。

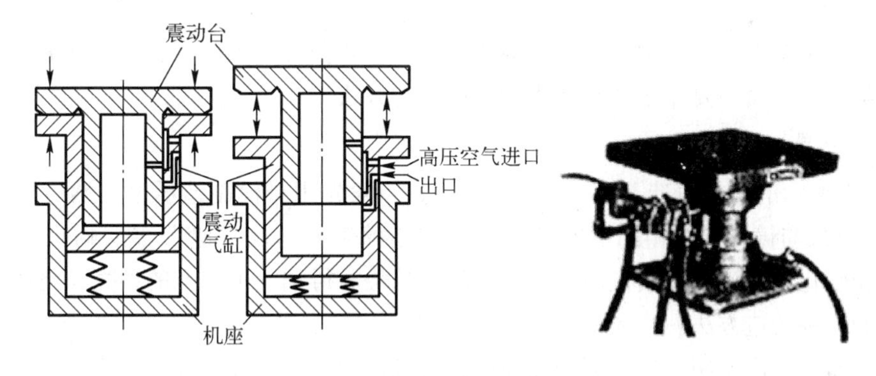

图 2-8　微震压实机工作原理

（3）射砂造型。射砂造型采用射砂和压实结合的方法紧实型砂，射砂造型除用于造型外还可用于造芯。图 2-9 所示为射砂造型过程。由储气筒中迅速进入到射膛的压缩空气，将型砂由射砂孔射入芯盒的空腔中，而压缩空气经射砂上的排气孔排出，射砂过程在较短时间内同时完成填砂和紧实。

射砂造型紧实度高而均匀，铸件尺寸精确，造型不用砂箱，工装投资少，生产率高，噪音低，劳动条件好，易于实现自动化，是一种先进的造型方法。

（4）抛砂造型。图 2-10 所示为抛砂造型工作原理。抛砂头转子上装有叶片，型砂由带式输送机送入，高速旋转的叶片接住型砂并形成一个个的砂团。当砂团随叶片转到出口时，在离心力的作用下，高速抛入砂箱，同时完成填砂和紧实两个工序。

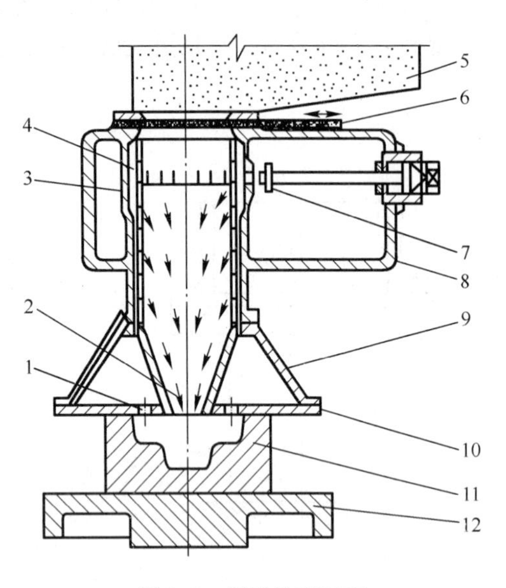

图 2-9 射砂造型过程

1—排气孔；2—射砂孔；3—射膛；4—射砂筒；
5—砂斗；6—砂闸板；7—进气阀；8—储气筒；
9—射砂头；10—射砂板；11—芯盒；12—工作台

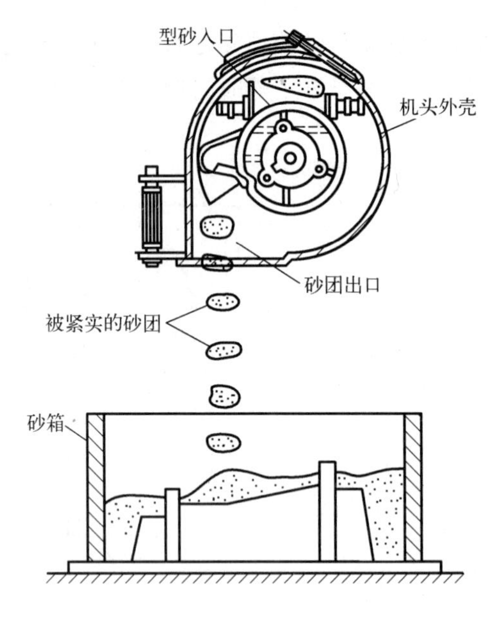

图 2-10 抛砂造型

2.1.4 特种铸造

特种铸造是指不同于砂型铸造的其他铸造方法。各种特种铸造方法均有其突出的特点和一定的局限性，下面简要介绍几种常用的特种铸造方法。

1. 熔模铸造

图 2-11 所示的熔模铸造又称“失蜡铸造”，一般先用母模制造压型，然后用易熔材料（如蜡料）制成与铸件形状相同的蜡模，然后在蜡模表面上反复涂覆多层耐火涂料制成模壳，待模壳硬化和干燥后将蜡模熔去，再经高温焙烧后得到一个中空的型壳，浇注液态金属获得铸件的一种铸造方法。

熔模铸造主要用于制造形状复杂、高熔点、难以加工的合金铸件。目前，常用于汽轮机叶片、切削刀具、仪表元件、汽车、机床等零件的生产。

2. 金属型铸造

将液体金属注入用金属材料制成的铸型以获得铸件的方法，称为金属型铸造，如图 2-12 所示。一般金属型由耐热铸铁或耐热钢制造。由于金属铸型可反复使用多次，故又称为永久型铸造。

金属型铸造在有色合金铸件的大批量生产中应用广泛，如铝活塞、气缸体、缸盖、油泵壳体、铜合金轴瓦、轴套等。

3. 压力铸造

压力铸造简称压铸，它是在高压作用下将熔融金属快速压入铸模型腔，并在压力下凝固

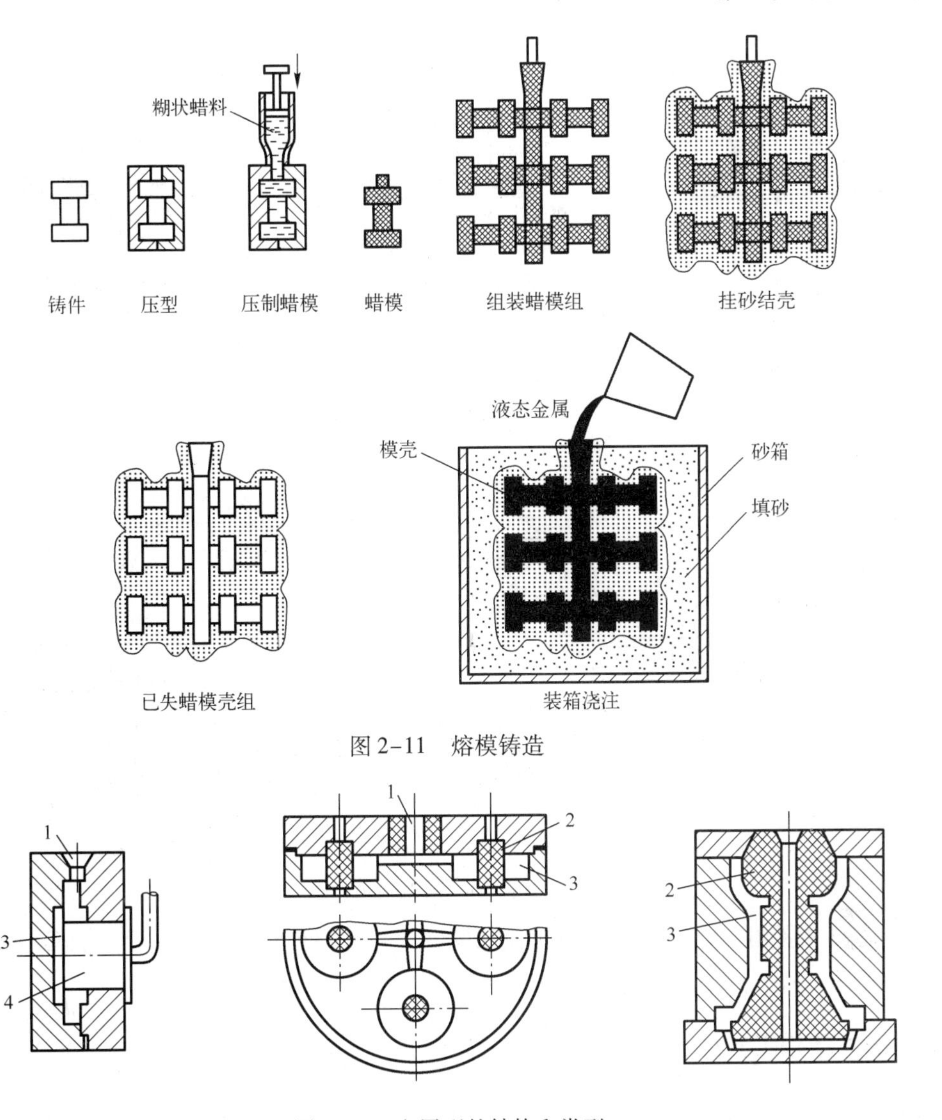

图 2-11　熔模铸造

图 2-12　金属型的结构和类型

1—浇口；2—砂芯；3—型腔；4—金属型芯

而获得铸件的方法，压力铸造是在压铸机上进行的。压力铸造的充型压力一般在几兆帕到几十兆帕。铸型材料一般使用耐热合金钢。图 2-13 所示为压铸机工作过程示意图。

压力铸造主要用于大批量生产形状复杂的有色合金铸件，如铝、锌、铜等合金铸件，如汽车、拖拉机、航空、仪表等的零部件。

4. 离心铸造

将熔融金属浇入高速旋转的铸型中，使其在离心力作用下充填铸型并凝固成形而获得铸件的铸造方法称为离心铸造。它主要用于生产圆筒型铸件，为使铸型旋转，离心铸造必须在离心铸机上进行。

按铸型旋转轴线方位的不同，离心铸造机可分为立式和卧式两大类，如图 2-14 所示。铸型绕垂直轴旋转的称为立式离心铸造，铸型绕水平轴旋转的称为卧式离心铸造。

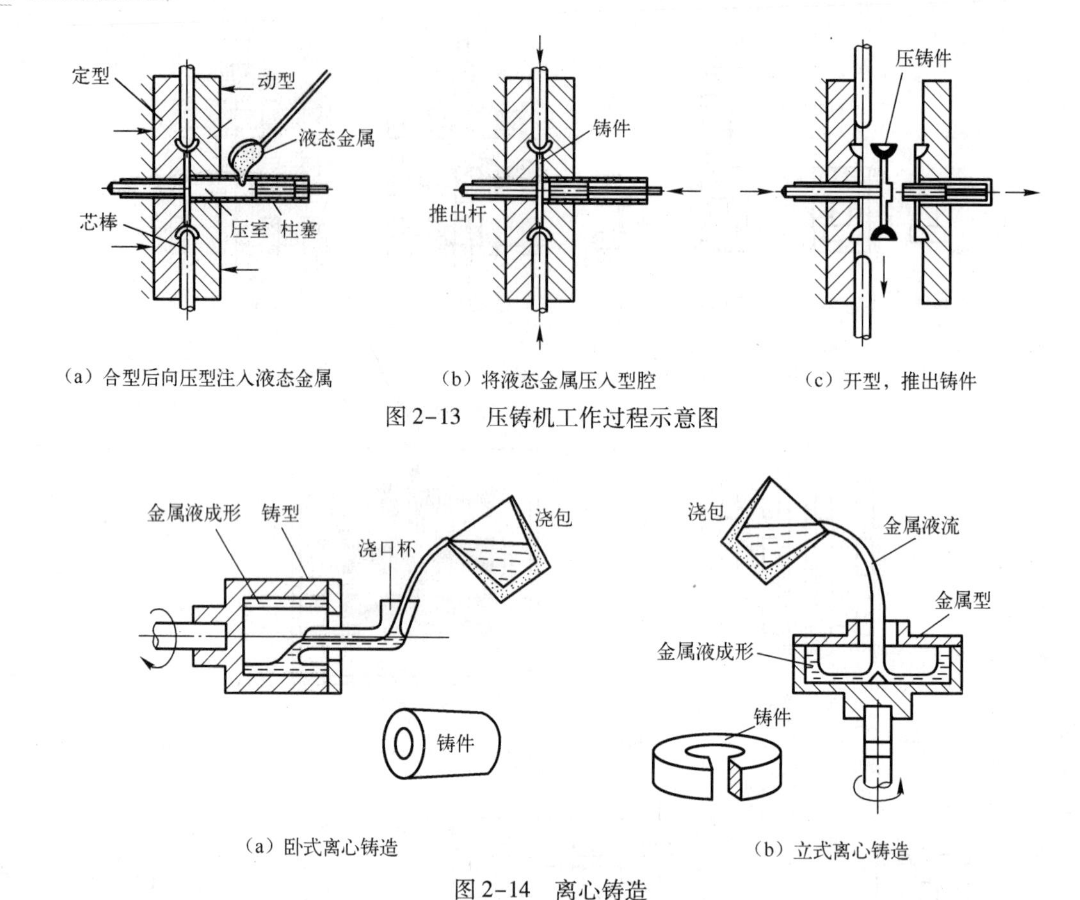

（a）合型后向压型注入液态金属　（b）将液态金属压入型腔　（c）开型，推出铸件

图 2-13　压铸机工作过程示意图

（a）卧式离心铸造　（b）立式离心铸造

图 2-14　离心铸造

离心铸造主要用于管、套类铸件的大批量生产，如各种管道、气缸套、铜套、双金属轧辊、圆环等。

2.1.5　铸件结构工艺性

铸件的结构工艺性是指所设计的铸件结构不仅应满足使用的要求，还应符合铸造工艺的要求和经济性。良好的铸件结构不仅能保证铸件质量，满足使用要求，而且工艺简单、生产率高、成本低。

1. 铸造工艺对铸件结构的要求

铸件结构应尽可能使制模、造型、制芯、合型、清理等过程简化，从工艺上考虑，铸件的结构设计，应有利于简化铸造工艺；有利于避免产生铸造缺陷，便于后续加工。铸件结构设计应注意以下几个方面问题：

（1）铸件外形力求简单平直。铸件外形应尽量简化，减少分型面，这样可以简化模具制造和造型工艺。图 2-15（a）所示的端盖存在侧凹，需要三箱造型，如果改为图 2-15（b）所示的结构，则可采用简单的两箱造型。

（2）避免或减少使用活块。在与铸件分型面垂直的表面上具有凸台时，通常采用活块造型。例如图 2-16（a）所示的凸台，如果改为图 2-16（b）所示结构，可以省掉活块，简化造型。

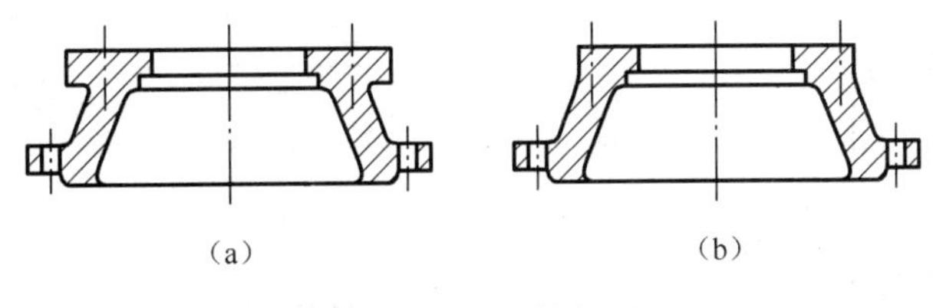

图 2-15　端盖铸件图

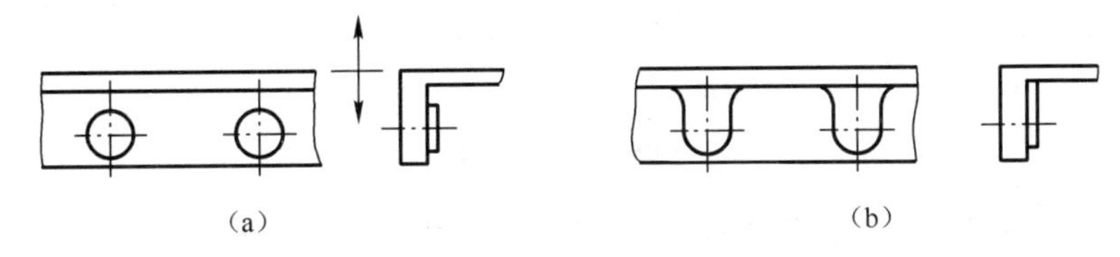

图 2-16　铸件中凸台设计图

(3) 铸件的内腔应尽可能不用或减少用型芯。铸件上的内腔是用型芯来形成的，其数量增加会使工艺复杂，成本提高，且容易引起铸造缺陷。例如图 2-17 所示的悬臂支架，用图 2-17 (b)所示的开式结构代替图 2-17 (a) 所示的封闭结构，可省去型芯，从而简化铸造工艺。在必须采用型芯的情况下，应尽量做到便于下芯、安装、固定以及排气和清理。如图 2-18 所示的轴承架铸件，图 2-18 (a) 所示的结构需要两个型芯，其中较大的型芯为悬臂型芯，需要用芯撑支撑，如果按图 2-18 (b) 所示的只用一个整体芯，其下芯方便，且排气和清砂容易。

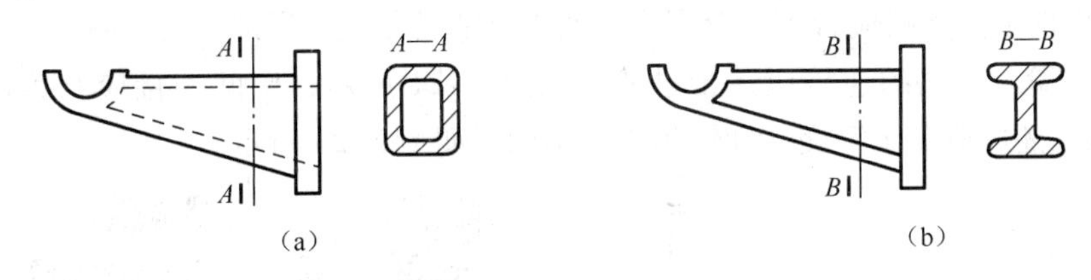

图 2-17　轴承架

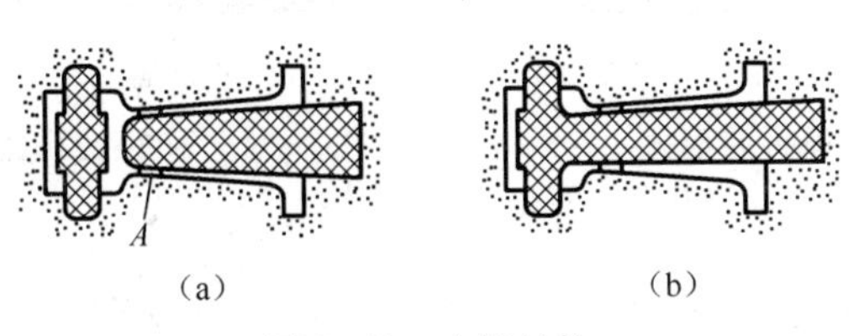

图 2-18　支架结构

(4) 应设计结构斜度。在垂直于分型面的非加工面上应设计适当的结构斜度，以便于起模。例如图 2-19 (a)、(b)、(c)、(d) 所示的零件不带结构斜度，不便起模，改为图 2-19 (e)、(f)、(g)、(h) 所示方式较为合理。

2. 铸造性能对铸件结构的要求

(1) 铸件的壁厚要合理且均匀。在一定的工艺条件下，铸造合金能铸出的铸件壁厚有一个最小值。如果实际壁厚小于它，受金属流动性的影响，会产生浇不到、冷隔等缺陷。但是，铸件壁厚也不宜过大，否则铸件壁的中心冷却较慢，会使晶粒粗大，产生缩孔、缩松等

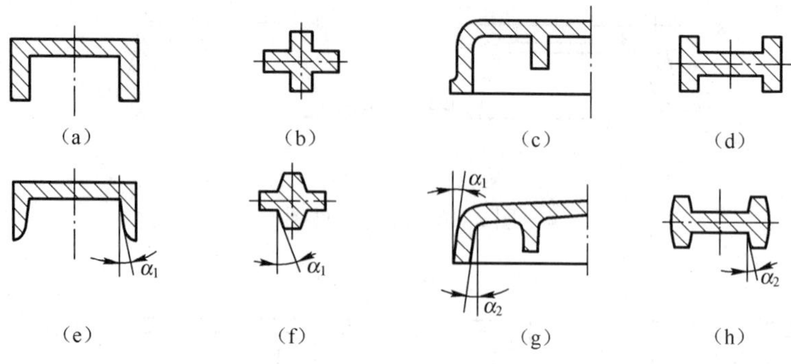

图 2-19　结构斜度设计

缺陷。铸件壁厚还要均匀，各部分壁厚若相差过大，会使各部分冷却不均，容易产生热应力和裂纹，并且较厚处容易产生缩孔、缩松。例如图 2-20（b）所示的结构比图 2-20（a）所示结构更为合理。

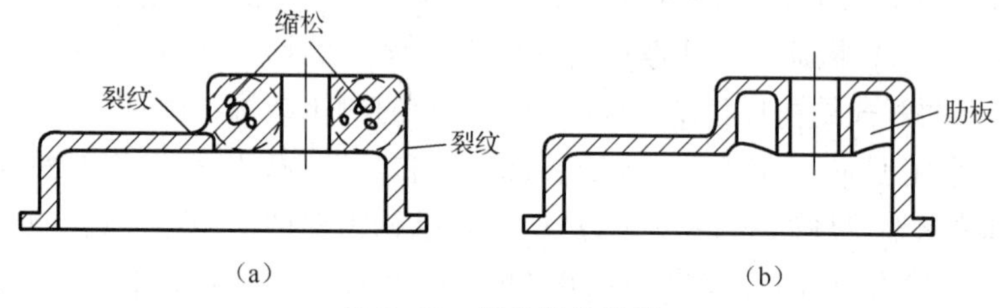

图 2-20　铸件结构设计

（2）铸件的壁间连接应合理。合理的壁间连接能避免金属局部聚集，减少应力集中，防止裂纹，铸件壁薄厚间的连接应逐步过渡，如图 2-21 所示；壁间连接应有铸造圆角，如图 2-22所示。还应避免十字交叉和锐角连接结构，如图 2-23 所示。

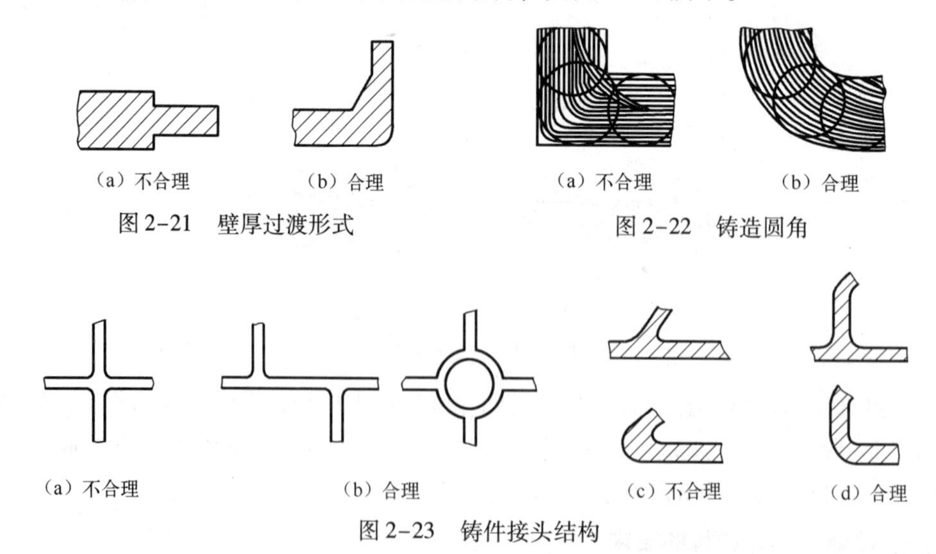

图 2-21　壁厚过渡形式

图 2-22　铸造圆角

图 2-23　铸件接头结构

（3）避免铸件收缩受阻。铸件在冷却过程中，固态收缩受阻是产生应力、变形、裂纹的主要原因，所以铸件结构设计应尽可能使其各部分能自由收缩。例如图 2-24 所示手轮铸件，图 2-24（a）为直条形偶数轮辐结构，容易出现裂纹。如果改用图 2-24（b）所示的奇数轮辐或图 2-24（c）所示的弯曲轮辐，轮缘、轮毂和弯曲轮辐在冷却时有一定的自由收缩度，进而可减少内应力，防止开裂。

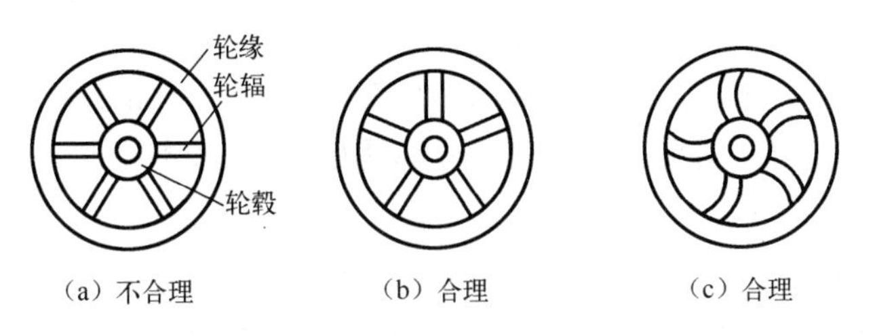

图 2-24　手轮铸件结构设计

（4）铸件结构要防止翘曲变形。平板类或细长形铸件在收缩时易产生翘曲变形，如图 2-25 所示，改不对称结构为对称结构或采用加强肋，提高其刚度，均可有效地防止铸件变形。

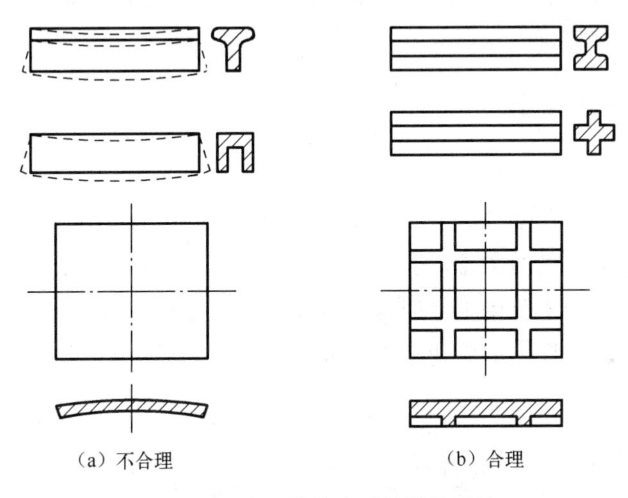

图 2-25　防止铸件变形的结构设计

2.2　锻　　压

锻压是利用金属在外力作用下所产生的塑性变形来获得具有一定形状、尺寸和力学性能的毛坯或零件的生产方法，锻压的主要工艺有锻造和冲压。

作用在金属坯料上的外力主要有两种性质：冲击力和静压力。锤类设备产生冲击力使金属变形，轧机与压力机对金属坯料施加静压力使之变形。

锻造加工具有细化晶粒，致密组织，改善金属力学性能的作用，锻压还具有生产率高、节省材料的优点，因此锻压在金属成形中占有重要的地位。

2.2.1　锻压工艺基础

1. 金属的塑性变形

塑性是金属的重要特性，即材料在断裂前发生不可逆永久变形的能力。具有一定塑性的金属材料在外力作用下会产生变形，如果外力消除后，变形随之消失的被称为弹性变形。当外力达到或超过材料的屈服极限时，金属在外力消除后变形不随之消失，称为塑性变形。

各种金属压力加工方法都是通过金属的塑性变形实现的，如锻造、冲压、挤压、轧制、拉拔等工艺。大多数金属材料在冷态或热态下都具有一定的塑性，因此它们可以在室温或高温下进行各种锻压加工。

2. 金属的锻压性能

金属的锻压性能（可锻性）是衡量金属材料经受塑性变形加工时获得锻件的难易程度，是金属的工艺性能指标之一。金属的锻造性能的优劣，常用金属的塑性和变形抗力两个指标来衡量。金属塑性好，变形抗力小，则金属的可锻性好，反之则差。影响金属材料塑性和变形抗力的主要因素有金属的化学成分、金属的组织状态，还有金属的变形条件（如变形温度、变形速度、变形时的应力状态等）。

2.2.2 锻压成形的主要工艺

1. 锻造

将金属坯料在常温或高温状态下，放在上、下砧铁或模具之间，并在外力作用下产生塑性变形的方法称为锻造，如图 2-26 所示。按照使用工具和成形方式的不同，锻造可分为自由锻和模锻两大类。锻造主要用于生产各种重要的、承受重载荷的机器零件毛坯，如机床的主轴和齿轮、内燃机的连杆、炮筒和枪管以及起重吊钩等。

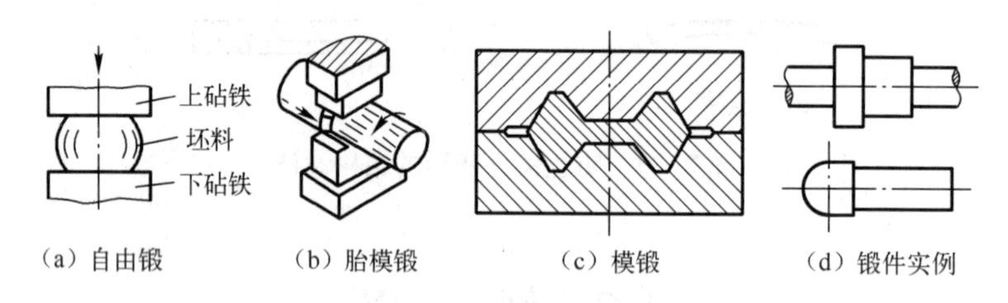

图 2-26　锻压

2. 冲压

板料冲压是利用冲模使金属板料受力产生分离或变形，从而获得毛坯或零件的加工方法，如图 2-27 所示。冲压一般在常温下进行，所以又称为冷冲压。冲压可分为落料、冲孔、弯曲、拉深等。冲压广泛用于汽车、拖拉机、航空、仪表及日用品工业部门。

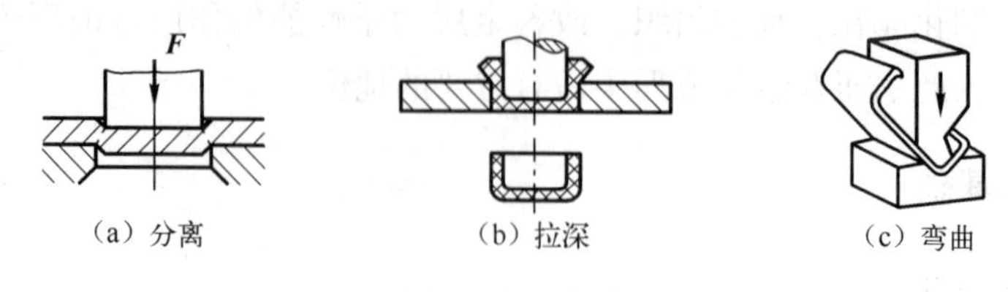

图 2-27　冲压

2.2.3　锻造

1. 自由锻

自由锻是将金属坯料置于锻造设备的上、下砧铁之间，施加压力，使坯料产生塑性变形，获得所需锻件的加工方法。坯料在锻造过程中，除与上、下砧铁或其他辅助工具接触的部分表面外，都是自由表面，变形不受限制，所以称为自由锻。

自由锻按其设备和操作方式，可分为手工自由锻和机器自由锻。手工自由锻主要是依靠人力利于简单工具对坯料进行锻打，获得锻件；机器自由锻主要依靠专用的自由锻设备和专用工具对坯料进行锻打，获得所需锻件。在现代工业生产中，手工自由锻已逐步为机器自由锻所取代。

根据锻造设备的不同，机器自由锻又分为锤锻自由锻和水压机自由锻两种。锻锤通常用于锻造中、小锻件，水压机可以产生很大的作用力，主要用于锻造大型锻件。

由于自由锻所用工具简单，操作方便灵活，因而自由锻的应用较为广泛，特别适用于单件小批量生产。自由锻件可以从 1 kg 的小件到 200 ～ 300 t 的大件。对于特大型锻件如水轮机主轴、多拐曲轴、大型连杆等，自由锻是唯一可行的加工方法。所以，自由锻在重型工业中得到广泛应用。但自由锻的锻件精度低，生产率低，劳动强度大，生产条件差。

自由锻的工序可分为基本工序、辅助工序和修整工序三大类。

1）基本工序

基本工序包括镦粗、拔长、冲孔、弯曲、切割、扭转、错移等工步，其中前三种工步应用最多。基本工序主要是改变坯料的形状和尺寸，使锻件达到基本成形。

（1）镦粗。使坯料高度减小，横截面积增大的锻造工序称为镦粗，如图 2-28 所示。镦粗常用于锻造齿轮坯、凸轮坯、圆盘形等盘饼类锻件。对于环、套筒等空心锻件，镦粗变形往往作为冲孔前的预备工序。为使镦粗顺利进行，镦粗部分的原始高度 H 与直径 D_0（或边长）之比应小于 2.5 ～ 3，否则会镦弯。工件如果镦弯，应将工件放平，轻轻锤击矫正，如图 2-29 所示。

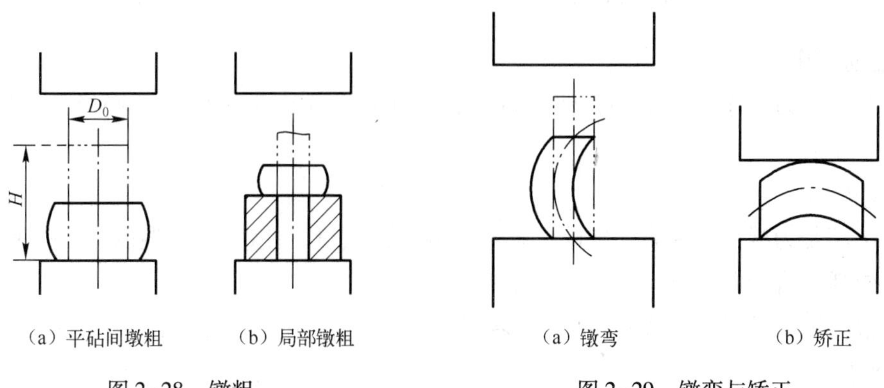

（a）平砧间墩粗　（b）局部镦粗

图 2-28　镦粗

（a）镦弯　（b）矫正

图 2-29　镦弯与矫正

（2）拔长。使坯料横截面积减小，长度增加的锻造工序称为拔长，如图 2－30（a）所示。

拔长有局部拔长［见图 2－30（b）］和芯轴拔长［见图 2－30（c）］等类型。拔长一般用于锻造轴类、杆类及长筒形锻件，如光轴、台阶轴、连杆、拉杆等较长的锻件。

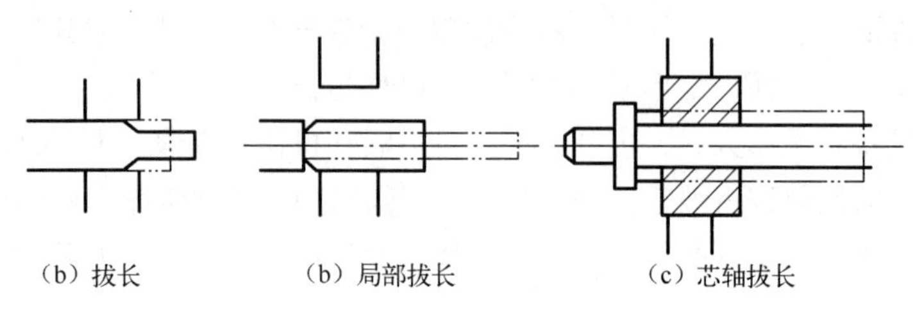

（b）拔长　（b）局部拔长　（c）芯轴拔长

图 2－30　拔长

（3）冲孔。在坯料上冲通孔或不通孔的锻造工序称为冲孔。直径小于 25 mm 的孔一般不冲，由切削加工时钻出。冲孔常用于制造带孔齿轮、套筒和圆环等锻件。

冲孔前一般需将坯料镦粗，以减小冲孔的深度，并使端面平整。为了保证孔位正确，先用冲头轻轻冲出孔位的凹痕。经检查凹痕无偏差后，向凹痕内撒少许煤粉（利于拔出冲头），放上冲头冲深至坯料厚度的 2/3 ～ 3/4 时，取出冲头，翻转坯料，从反面冲透，这种方法称为双面冲孔法，如图 2－31 所示。对于较薄的锻件，可采用单面冲孔法，如图 2－32 所示。

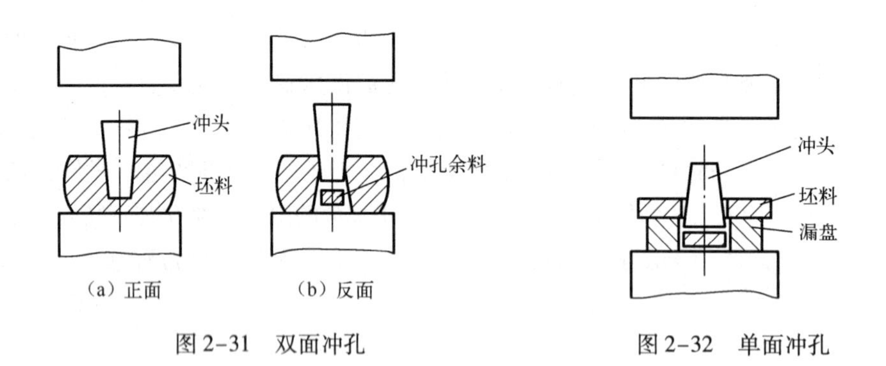

（a）正面　（b）反面

图 2－31　双面冲孔　　图 2－32　单面冲孔

2）辅助工序

辅助工序是为操作基本工序方便而进行，使坯料预先产生某些局部变形的工序。如倒棱、压痕、压肩、压钳口等工步。

3）修整工序

修整工序是为减少锻件表面缺陷，提高锻件表面质量，使锻件达到图样要求而最后进行的工序，包括校直弯曲、修整鼓形、平整端面等工步。

一个自由锻件的成形过程，可以按需要单独或组合使用上述三类工序中的所需工步。

2. 模锻

模锻是利用模具使坯料变形而获得锻件的锻造方法，金属坯料在预先制出的高强度金属锻模模膛内受压力作用，金属坯料的流动受到模膛的限制和引导，被迫产生变形，从而获得与模膛形状一致的锻件。图 2–33 所示为模锻工作示意图。锻模由上、下模组成。上模和下模分别安装在锤头下端和模座上的燕尾槽内，用楔铁紧固。上、下模合在一起，其中部形成完整的模膛。因锻件冷却时要收缩，模膛的尺寸应比锻件尺寸放大一个收缩量。钢件的收缩量取 1.5%。沿模膛四周有飞边槽，锻造时部分金属先压入飞边槽内形成飞边，飞边很薄，最先冷却，可以阻止金属从模膛内流出。对于具有通孔的锻件，终锻后在孔内留下的一薄层金属，称为冲孔连皮。把冲孔连皮和飞边冲掉后，才能得到有通孔的模锻件。

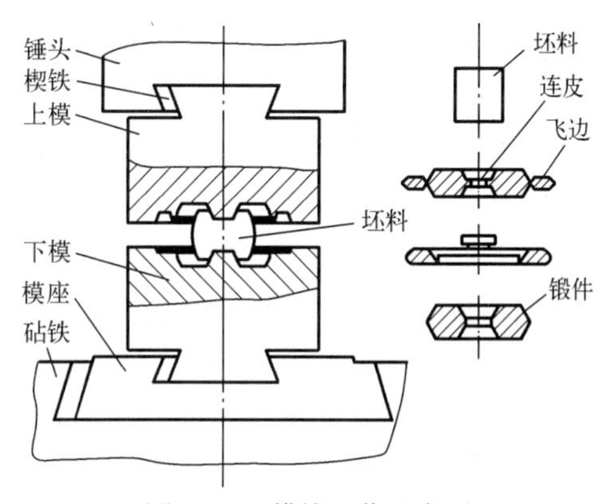

图 2–33　模锻工作示意图

与自由锻相比，模锻具有以下优点：

（1）可以锻造形状较复杂的锻件。

（2）锻件的形状、尺寸比较精确，表面质量好，机械加工余量较小，材料利用率高。

（3）锻件内部组织合理，力学性能好。

（4）操作简单，劳动强度低，生产率高，易于实现机械化。

由于模锻是整体变形，变形抗力较大，受模锻吨位的限制，模锻件不能太大，质量一般在 150 kg 以下，而且制造锻模成本很高，不适合单件小批量生产，模锻适合于中小锻件的大批量生产。模锻广泛用在机械制造业和国防工业中，如飞机、汽车、拖拉机、轴承等的制造。

2.2.4　板料冲压

1. 板料冲压成形原理

板料冲压是利用冲模，对金属板料加压，使之产生变形或分离的加工方法。板料冲压的坯料通常较薄，冲压时不需加热，所以又称为薄板冲压或冷冲压。用冲压的方法制成的工件或毛坯称为冲压件。

2. 板料冲压的特点与应用

与其他加工方法相比，板料冲压具有以下特点：

（1）在常温下通过塑性变形对金属板料进行加工，因而板料必须具有足够的塑性与较低的变形抗力，常用的冲压板料主要是低碳钢、奥氏体不锈钢以及铜、铝等有色金属。

（2）金属板料经过塑性变形的冷变形强化作用，提高了其强度和刚度。

（3）冲压件尺寸精确，质量稳定，冲压后一般不再进行机械加工，即可作为零件使用。

（4）冲压生产操作简单，便于实现机械化和自动化，生产率高。

（5）冲压模具结构复杂，精度要求高，制造费用高，主要用于大批量生产。

板料冲压在现代工业中得到广泛应用，尤其在汽车、拖拉机、航空、电器、仪器仪表以及日用品生产等工业部门中占有重要地位。

板料冲压所用的设备主要是剪床和冲床。剪床用来把板料剪切成所需要宽度的条料，以供冲床冲压使用。冲床用来冲压金属板料，得到所需冲压件。

3. 板料冲压的基本工序

板料冲压的基本工序可分为分离工序和变形工序两大类。

1）分离工序

分离工序是将坯料的一部分和另一部分切断分离的工序。如剪切、冲孔、落料、整修等。

（1）剪切。用剪刃或冲模将板料沿不封闭轮廓进行分离的工序，称剪切。

（2）落料和冲孔。将板料沿封闭轮廓分离的工序称为落料或冲孔，统称为冲裁。这两个工序的模具结构与坯料变形过程基本相同。二者的区别在于落料是被分离的材料中间部分为成品，周边部分是废料；冲孔是被分离的部分为废料，而周边部分是带孔的成品。图 2-34 所示为冲裁过程，冲裁时凸模和凹模的边缘都带有锋利的刃口，当凸模向下运动压住板料时，板料受到挤压，产生弹性变形并进而产生塑性变形，最后出现裂纹，并断裂，板料即被切离。

冲裁后的断面分为光亮带、剪裂带、圆角和毛刺四部分。其中光亮带具有最好的尺寸精度和光洁的表面，其他三个区域，尤其是毛刺会降低冲裁件的质量。

（3）整修。使落料或冲孔后的成品获得精确轮廓的工序称为整修。一般利用整修模沿冲裁件的外缘或内孔，切去一薄层金属，以除去塌角、剪切带和毛刺等，从而提高冲裁件的尺寸精度和降低表面粗糙度。

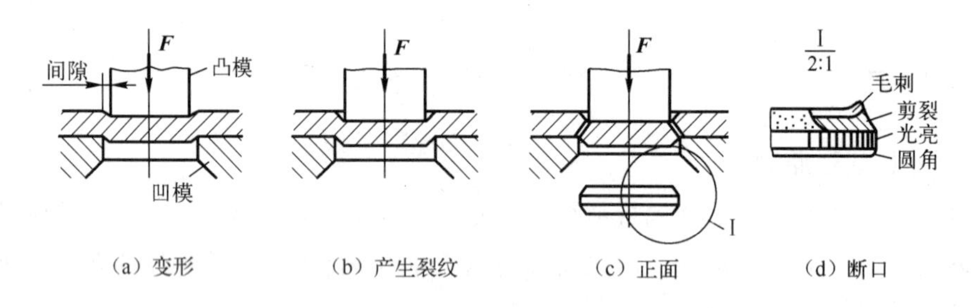

图 2-34　冲裁过程

2）变形工序

变形工序是使坯料的一部分相对于另一部分产生塑性变形而不破坏，以获得规定形状工件的工序，如弯曲、拉深、翻边和成形等。

（1）弯曲。将平直板料弯成一定曲率和角度的工序称为弯曲，如图 2-35 所示。弯曲变形外载荷去除后，被弯曲材料发生的塑性变形保留下来，而弹性变形部分则要恢复，从而使板料产生与弯曲方向相反的变形，这种现象称为回弹，如图 2-36 所示。对于回弹现象，可在设计弯曲模具时，使模具角度比成品角度小一个回弹角。

（2）拉深。使平面板料变形成开口空心零件的工序称为拉深，如图 2-37 所示。拉深可以制成筒形、阶梯形、球形及其他复杂形状的薄壁零件。

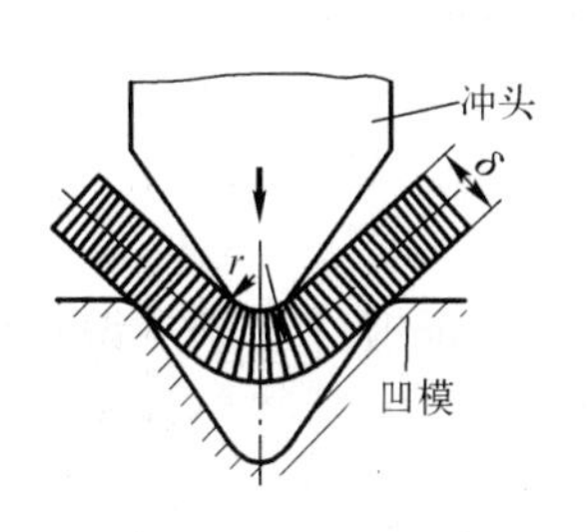

图 2-35　弯曲过程简图

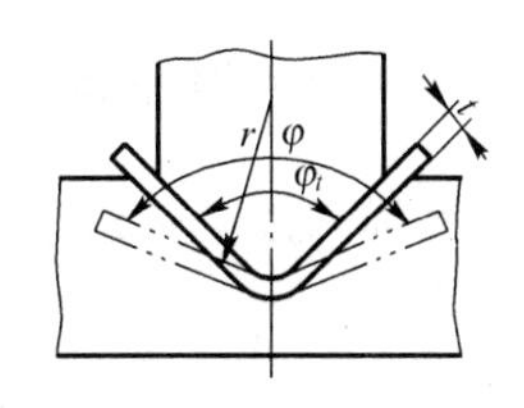

图 2-36　弯曲件的回弹

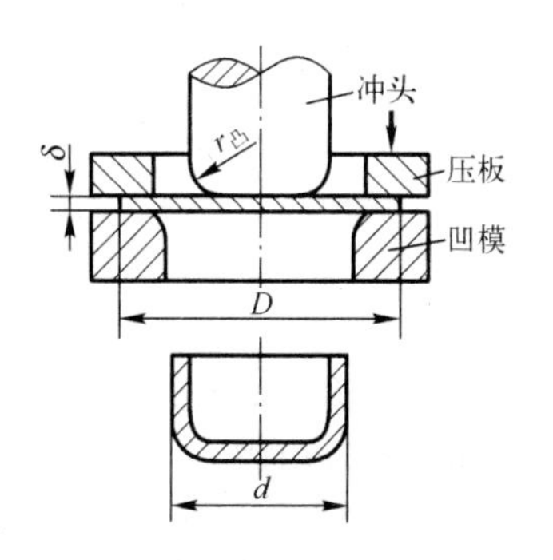

图 2-37　拉深过程简图

2.2.5　锻压件结构设计

在进行锻压件结构设计时，既要满足使用性能要求，还应考虑锻压设备和工具的特点。良好的锻压件设计应结构合理、锻造方便、节省材料和工时。锻压件的结构设计的一般原则如下：

1. 自由锻结构工艺性

由于自由锻设备和工具简单，因此自由锻件形状应该尽量简单和规则。

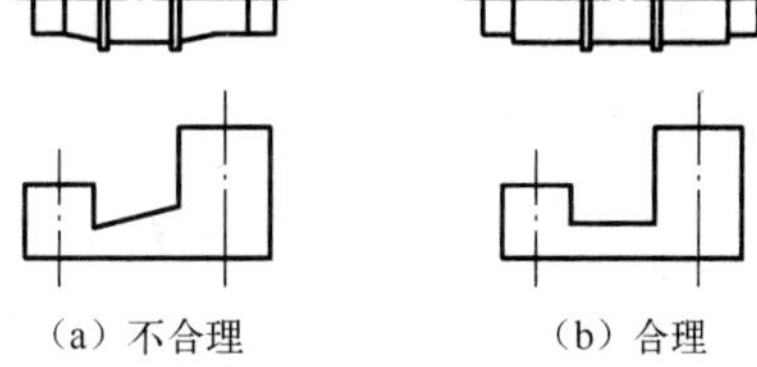
(a) 不合理　(b) 合理

图 2-38　平直、对称的结构设计

(1) 自由锻件尽量采用平直、简单、对称的结构，因为自由锻不容易锻出锥形和楔形，如图 2-38 所示。

(2) 自由锻件上的相交表面应采用平面与平面或圆面相交，避免曲面相交的空间曲线，如图 2-39 所示。

(3) 自由锻件上应避免加强筋、小凸台等复杂结构，如图 2-40 所示。

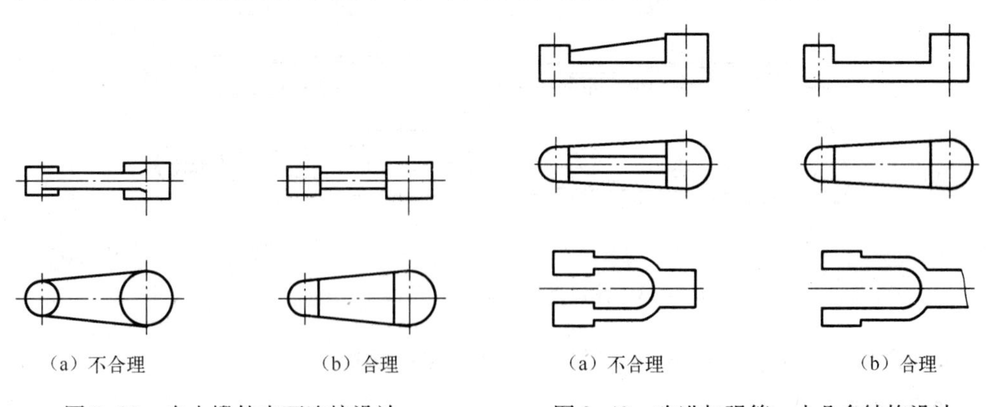
(a) 不合理　(b) 合理　(a) 不合理　(b) 合理

图 2-39　自由锻件表面连接设计　图 2-40　改进加强筋、小凸台结构设计

(4) 对于形状比较复杂的锻件，可设计成简单的组合体再用焊接或其他机械连接方式构成整体零件，如图 2-41 所示。

2. 模锻件结构工艺性

模锻件在专门的模膛内成形，可以成形比较复杂的轮廓形状，模锻件的结构设计应符合以下原则：

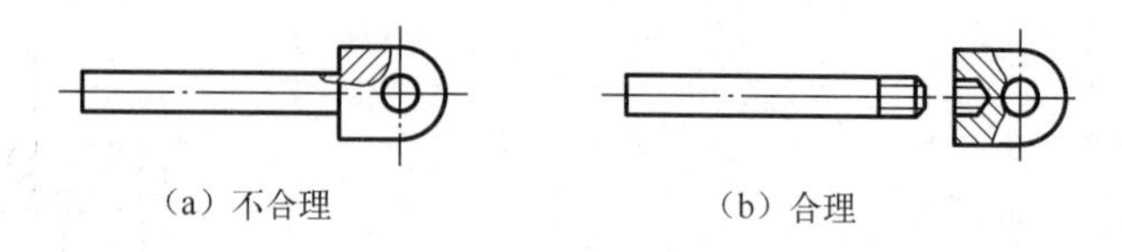

图 2–41　自由锻组合体设计

(1) 模锻件应有合理的分模面、锻模斜度、圆角半径等，来保证锻件易于从锻模中取出，如图 2–42 所示。

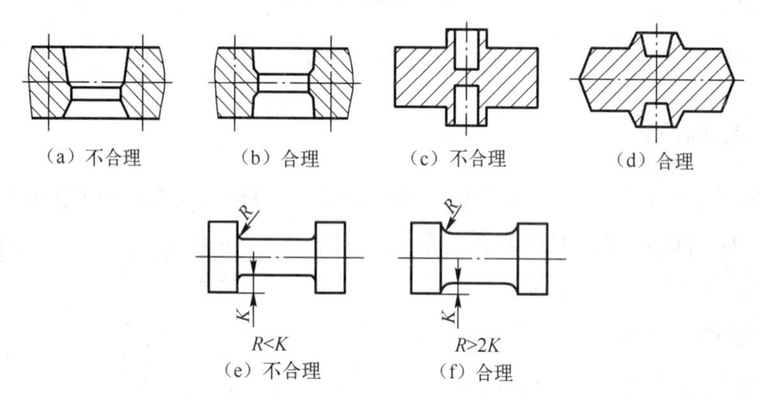

图 2–42　模锻件结构工艺性

(2) 为使金属容易充满模膛，模锻件应避免截面间相差过大的薄壁、高筋、凸起等结构，如图 2–43 所示。

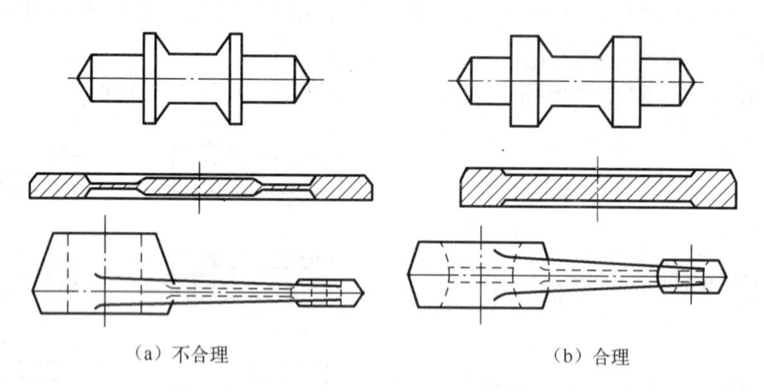

图 2–43　改进薄壁、高筋、凸起结构设计

(3) 模锻件上应尽量避免窄沟、深槽、深孔和多孔结构。

3. 冲压件结构设计

冲压件在生产上一般都是大批量生产，良好的冲压件设计不仅要保证产品质量，模具简单，工序少，还应节省材料、提高生产率。设计冲压件时，要考虑以下原则：

(1) 对冲裁件要求：冲孔件或落料件的形状应力求简单、规则、对称，尽量采用圆形、方形等规则形状，且转角处要以圆弧过渡，要避免大的平面以免刚度不足，如图 2–44 所示。另外，排料要力求废料最少。

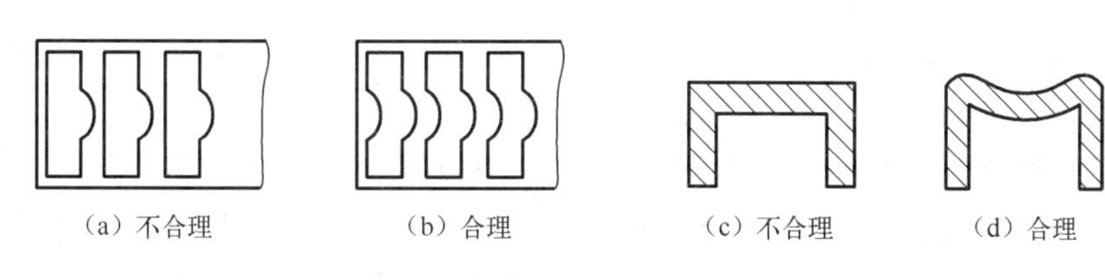

图 2–44　冲裁件结构设计

（2）对弯曲件要求：弯曲件形状应尽量对称，弯曲半径不能小于材料许可的最小弯曲半径；弯曲时，应注意材料的纤维方向，应尽量使坯料纤维方向与弯曲线垂直，以免弯裂；弯曲带孔件时，为避免孔的变形，孔的位置应在圆角的圆弧之外，且应先弯曲后冲孔，如图 2–45所示。

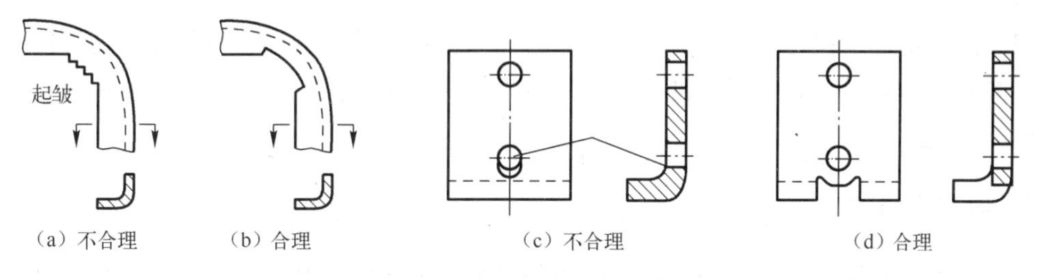

图 2–45　弯曲件结构设计

（3）对拉深件要求：拉深件外形应简单、对称，且不宜过高；拉深件转角处圆角半径不宜过小，拉深件周边凸缘的大小尺寸要合适，边缘宽度最好相同，如图 2–46 所示。

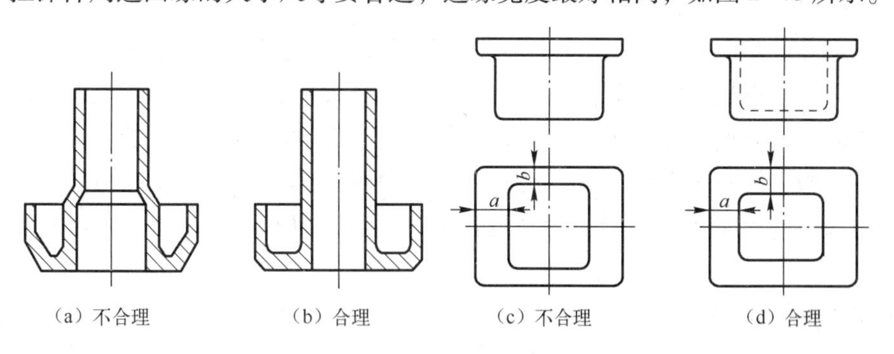

图 2–46　拉深件结构设计

2.3　焊　　接

焊接是金属材料借助于原子间的结合力连接起来的一种工艺方法。焊接适应性好，省工省时，结构重量轻，是生产生活中常用的实现永久连接方法，广泛用于制造各种金属零部件，如锅炉、船舶、桥梁、压力容器、化工设备等。

2.3.1　焊接概述

通过加热或加压，或者两者并用，并且用或不用填充材料，使连接件达到原子结合的加工方法，称为焊接。其实质是使被焊金属的原子之间相互扩散，相互结合，并形成整体的过程。与其他金属连接方法相比，焊接有以下优点：

焊接接头的致密性好，可以制作密封容器，以及双金属结构件；节省材料与工时，减轻结构的质量；生产率高，适应性强，便于实现机械化。但是由于焊接过程是局部加热与冷却的过程，容易产生焊接应力、变形及焊接缺陷，有些金属的焊接，要求比较复杂的工艺措施才能保证焊接质量。

焊接方法的种类很多，通常按焊接过程的特点分为熔化焊、压力焊和钎焊三大类。

(1) 熔化焊是将待焊处的母材金属熔化以形成焊缝的焊接方法。

(2) 压力焊是在焊接过程中必须对焊件施加压力（加热或不加热），以完成焊接的方法。

(3) 钎焊是采用比母材熔点低的金属材料作为钎料，将焊件和钎料加热到高于钎料熔点低于母材熔点的温度，利用液态钎料润湿母材，填充接头间隙，并与母材互相扩散，实现连接的焊接方法。

2.3.2 焊条电弧焊

焊条电弧焊是用手工操作焊条进行焊接的电弧焊方法，它利用电弧产生的热熔化被焊金属，使之形成永久结合。焊条电弧焊所需设备简单、操作灵活，是目前最基本的、应用最广泛的焊接方法。

1. 焊接电弧

电弧焊的热源是电弧，电弧能有效地把电能转换成熔化焊焊接过程的热能和机械能。所谓电弧，是发生在电极之间（焊条与工件之间）的强烈持久的气体放电现象。常态下的气体不含带电粒子，要使气体导电，首先要有使它产生带电粒子的过程。操作中一般采用接触引弧。先将电极（焊条或钨棒）和焊件接触形成短路并迅速拉开，在电场力的作用下空气电离产生电流。阳离子和阴离子在运动过程中，不断碰撞和结合，产生大量光和热，形成电弧。

焊接电弧的结构如图 2-47 所示，它是由阴极区、阳极区和弧柱区三部分组成的。阴极区是发射电子的区域。由于发射电子要消耗一定的能量，所以阴极区的能量低于阳极区。在焊条电弧焊焊接钢材时，阴极区的平均温度为 2 400 K，阴极区热量约占总热量的 36%。阳极区因受电子轰击和吸入电子而获得较多的能量，温度可达 2 600 K，该区热量约占总热量的 43%。弧柱区是阴极区和阳极区之间的电弧长度，温度高达 6 000 ～ 8 000 K，弧柱区的热量约占总热量的 21%。由于电弧在阴极和阳极上产生的热量不同，因而用直流弧焊机焊接时，就有正接和反接两种方式，如图 2-48 所示。正接是工件接到电源正极，焊条接到电源负极；反接是将工件接到电源负极，焊条接到电源正极。正接时，电弧中的热量较大部分集中在焊件上，可以加速焊件的熔化，因而多用于焊接较厚的焊件；反接法常用于薄件焊接，以及非铁合金、不锈钢、铸铁等的焊接。

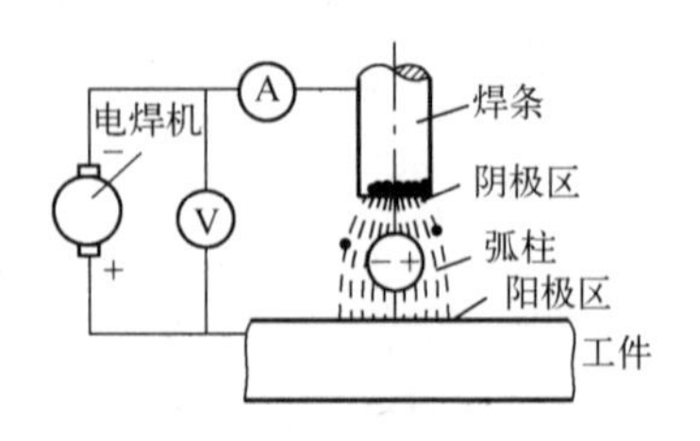

图 2-47 焊接电弧结构

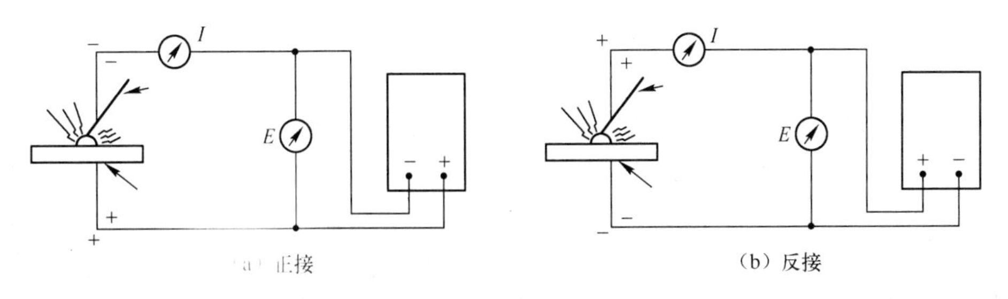

图 2–48　直流弧焊时的正接和反接

2. 电弧焊的焊接过程

焊条电弧焊在焊接时，焊工手握夹持着焊条的焊钳进行焊接，焊条和焊件接触引弧，电弧引燃后，应维持一定的电压，使电弧连续稳定的燃烧，在焊条不断向下送进、前移中电弧向前移动，焊接连续进行，如图 2–49 所示。在焊接过程中，电弧在焊条与被焊工件之间燃烧，电弧热使工件和焊条同时熔化形成熔池。焊条药皮熔化后与液态金属发生物理化学反应，形成的熔渣不断从熔池中浮起，分解产生的大量 CO_2、CO 和 H_2 等气体围绕在电弧周围，熔渣和气体能防止空气中的氧和氮侵入，起保护熔化金属的作用。

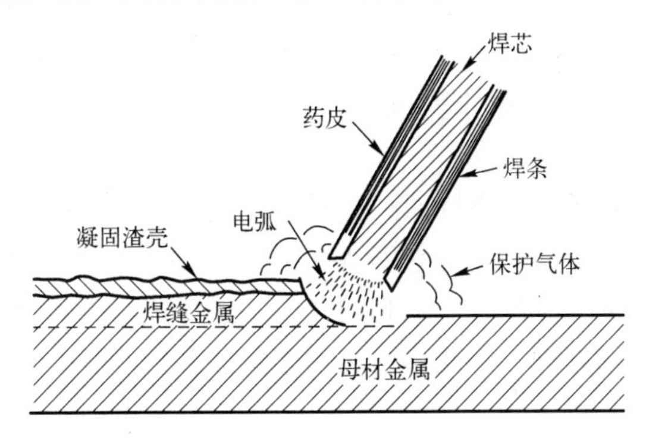

图 2–49　焊条电弧焊过程

当电弧向前移动时，工件和焊条不断熔化汇成新的熔池。原来的熔池不断冷却凝固，构成连续的焊缝。覆盖在焊缝表面的熔渣也逐渐凝固成为固态渣壳。这层熔渣和渣壳对焊缝成形和减缓金属的冷却速度有重要的作用。

3. 焊条

1）焊条的组成和作用

焊条由焊芯和药皮（涂层）两部分组成。焊芯采用专用的金属丝（称为焊丝），其作用：一是作为电极，起导电作用；二是作为充填材料与熔化母材共同组成焊缝金属。焊条药皮是压涂在焊芯上的涂料层，这种涂料是由多种矿石、铁合金、有机物和化工产品等按一定比例配制成的。药皮的主要作用：一是改善焊接工艺性能，药皮中含有稳弧剂，使起弧容易，稳弧，减少飞溅；二是对焊接区起保护作用，药皮中含有造气剂、造渣剂，在高温下造气、造渣，防止空气进入金属熔池，以保护焊缝；三是起有益的冶金化学作用，药皮中含有脱氧剂、合金剂、稀渣剂等，使熔化金属顺利进行脱氧、脱硫、去氢等冶金化学反应，并补充被烧损的合金元素，改善焊缝的质量。

2）焊条的种类及型号

焊条按用途可分为碳钢焊条、低合金钢焊条、不锈钢焊条、铸铁焊条、堆焊焊条、镍和镍合金焊条、铜和铜合金焊条、铝和铝合金焊条等。按焊条熔渣的化学性质不同，焊条分为酸性焊条和碱性焊条两大类：药皮中含有较多酸性氧化物的焊条，熔渣呈酸性，称为酸性焊条；药皮中碱性氧化物较多，熔渣呈碱性的焊条，称为碱性焊条。酸性焊条能交、直流焊机两用，焊接工艺性好，但是焊缝金属冲击韧性较差，适用于一般低碳结构钢。碱性焊条一般需要用直流电源，焊接工艺性较差，对水分、铁锈敏感，使用时必须严格烘干，但是焊缝金属抗裂性较好，适用于焊接重要结构件。

焊条型号是国家标准中规定的焊条代号，可查阅有关国家标准。例如，GB/T 5117—1995 规定，碳钢焊条型号由字母 E 加四位数字组成。例如 E4303，E 表示焊条（Electride）；前两位数字“43”表示焊缝金属抗拉强度不低于 430 MPa；第三位数字表示焊接位置，“0”或“1”表示焊条适用于全位置焊接（平焊、立焊、仰焊、横焊），“2”表示焊条适用平焊及平角焊，“4”表示焊条适用于向下立焊；第三位与第四位数字组合表示焊接电流种类及药皮类型。

4. 焊接接头

焊缝及其周围受不同程度加热和冷却的母材（焊缝的热影响区），统称为焊缝接头，它产生在两块被焊母材连接的地方。

在电弧高温作用下，焊条和工件同时产生局部熔化，形成熔池，随着电弧向前移动，熔池液态金属冷却结晶，形成焊缝。从母材和焊条的加热熔化，到熔池的形成、停留、结晶，熔化焊焊接过程中焊缝的形成会发生一系列的化学冶金反应，而焊缝附近区域的金属材料相当于受到一次不同规范的热处理，因此会引起相应组织和性能的变化。

1）焊缝

焊缝组织是由熔池液体金属结晶成的铸态组织。由于焊接熔池小，冷却快，焊缝组织比通常铸钢件组织细小。结晶时各个方向的冷却速度不同，形成柱状晶；结晶是从低部的半熔化区开始逐渐进行，低熔点的硫、磷和氧化铁等易偏析集中在焊缝中心区，这就会影响到焊缝的力学性能。另一方面，焊接时，熔池受到搅动（例如电弧焊时，电弧和保护气体的吹动），柱状晶的生长受到干扰，呈倾斜状且晶粒有所细化，这对焊缝的力学性能有利。因此，如能合理选择焊接材料和母材，恰当控制冶金反应，可以使焊缝中的有害元素（例如钢中的硫、磷）低于母材，而有益元素（锰、硅等）高于母材，焊缝强度可以超过母材，但冲击韧性比轧制母材稍差。

2）热影响区

焊接热影响区是指焊缝附近因焊接热作用而发生组织和性能变化的区域。由于热影响区各部位的最高加热温度不同，因此其组织变化也不同。低碳钢的热影响区可分为熔合区、过热区、正火区和部分相变区。

5. 焊接应力与变形

焊接时，焊接过程是一个极不平衡的热循环过程，焊件各部位被加热的温度不同，随后的冷却速度也不同，因此各部位的热胀、冷缩不均匀，从而导致焊接应力和变形的产生，且两者是伴生的，影响焊件的质量。

焊接应力的存在将影响焊接构件的质量、使用性能，使其承载能力大为降低，甚至导致整个构件断裂。焊接应力的存在会引起焊件的变形，焊接变形不仅给装配工装带来困难，还会影响构件的工作性能。变形量超过允许数值时必须进行矫正，矫正无效时只能报废。

常见的焊接变形有收缩变形、角变形、弯曲变形、波浪变形和扭曲变形等类型，如图 2–50 所示。焊件变形与焊件结构、焊缝位置、焊接工艺和应力分布等因素有关。

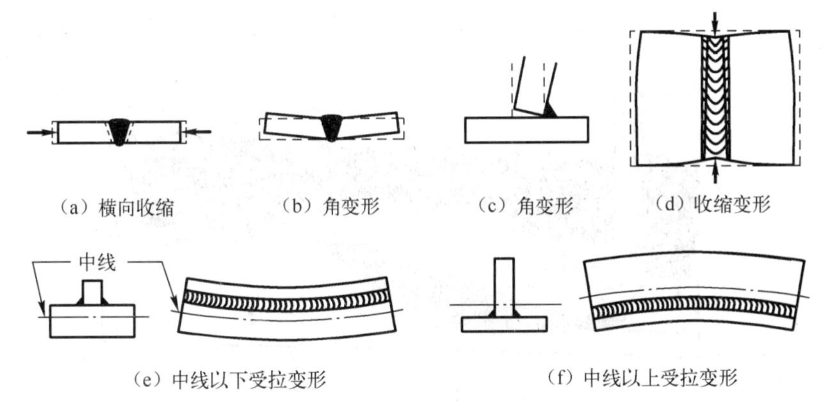

图 2–50　几种基本类型的焊接变形

设计和施工中必须采取相应措施预防和减少焊接应力。首先，焊接结构设计应避免使焊缝密集交叉，避免焊缝截面过大和焊缝过长；其次，在施焊时应采用正确的焊接次序，焊前对焊件进行适当预热，以减小焊件各部位之间的温差；最后，对于承受重载的重要构件、压力容器等，焊接以后可以采用消除应力退火等工艺措施来彻底消除焊接应力。

焊件出现变形将影响使用，过大的变形量会使焊件报废，因此必须加以防止和消除。防止和消除焊接变形的主要方法：预防和减小焊接应力；当对焊接变形有比较严格的限定时，应采用对称结构、大刚度结构或焊缝对称分布的焊接结构，焊接时采用反变形措施或刚性夹持法焊接；对于焊后变形量已经超过允许值的焊件，可以采用机械矫正法或火焰加热矫正法消除焊接变形，如图 2–51 所示。

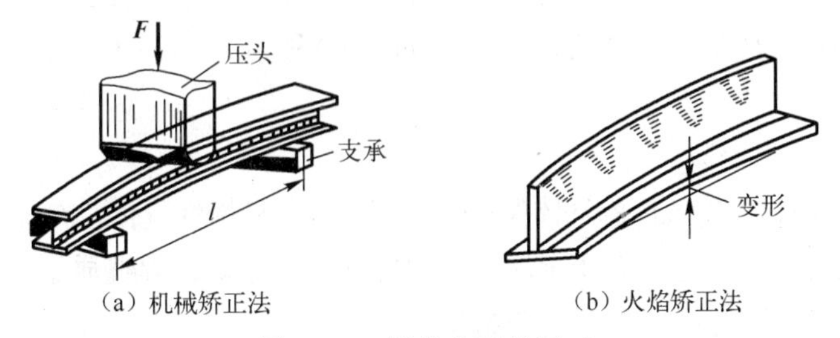

图 2–51　焊接变形的矫正

2. 3. 3　其他常见焊接方法

1. 埋弧焊

埋弧焊是使电弧在熔剂层下燃烧进行焊接的方法，如图 2–52 所示。焊接时，在焊接区的上方覆盖一层颗粒状焊剂，焊丝插入焊剂中，电弧在焊剂层下燃烧。当电弧被引燃以后，电弧热将焊丝端部、焊剂和焊件熔化，形成熔池，部分金属和焊剂汽化形成气泡，气泡上覆盖一层熔渣，这样就将熔池与外界空气隔绝并埋蔽弧光，有效保护熔池并改善了劳动条件。随着焊接的进行，焊丝均匀地沿坡口移动，或焊丝不动，工件移动。在焊丝前方，焊剂从漏斗中不断流出撒在被焊部位，部分溶剂熔化形成熔渣覆盖在焊缝表面，大部分溶剂不熔化，可以重新回收使用。埋弧自动焊焊接时，焊接电弧的引燃、焊丝的送进和沿焊接方向移动电弧（或移动工件）全部由焊机自动完成。

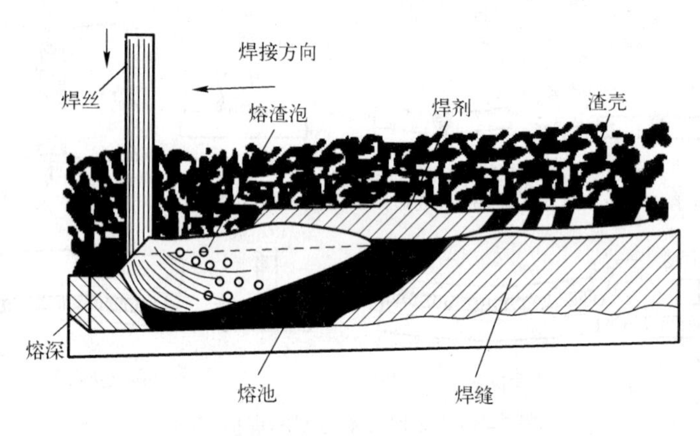

图 2–52　埋弧焊示意图

与焊条电弧焊比较，埋弧自动焊有焊缝质量好、焊接速度快、劳动条件好、生产率高等优点，但是埋弧自动焊适应性比较差，通常只适用于焊接大型工件的直缝和环状焊缝，不能焊接空间焊缝和不规则焊缝，而且焊前试验、调整等工作量较大。

埋弧焊广泛用于碳钢、低合金结构钢、不锈钢和耐热钢等的焊接。由于熔渣可降低接头冷却速度，故某些高强度结构钢、高碳钢也可采用埋弧焊焊接。

2. 气体保护电弧焊

气体保护电弧焊是指利用外加气体作为电弧介质并保护电弧和焊接区的电弧焊方法，简称气体保护焊。常用的气体保护焊方法有非熔化极气体保护焊和熔化极气体保护焊。根据使用的保护气体，气体保护焊又可分为氩气保护焊（简称氩弧焊）和 CO_2 气体保护焊（CO_2 保护焊）。

1）氩弧焊

氩弧焊是以氩气作为保护气体的气体保护焊。氩气是一种惰性气体，在高温下，它不与金属和其他任何元素起化学反应，也不溶于金属液。因此保护效果好，焊缝质量高。图 2–53（a）所示为熔化极氩弧焊，图 2–53（b）所示为非熔化极氩弧焊。

非熔化极氩弧焊采用钨棒或铈钨棒作为电极，也称钨极氩弧焊。焊接时电极不熔化，只起导电和产生电弧的作用，另有焊丝熔化充填熔池。因电极通过的电流有限，所以只适用于焊接厚度 6 mm 以下的工件。熔化极氩弧焊以连续送进的焊丝作为电极进行焊接，可以采用较大的电流焊接 25 mm 以下的工件。

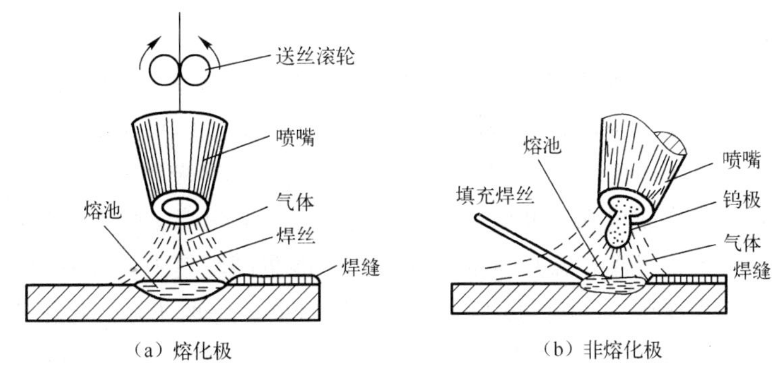

图 2-53　氩弧焊的原理示意图

氩弧焊主要有以下特点：

(1) 氩弧焊电弧稳定，飞溅少，焊缝致密，成形美观。

(2) 电弧和熔池区用气流保护，明弧可见，便于操作，容易实现自动化焊接。

(3) 电弧在气流压缩下燃烧，热量集中，熔池小，热影响区小，工件焊接变形小。

(4) 适用于焊接各类合金钢、易氧化的有色金属及稀有金属。

由于氩气价格较高，目前氩弧焊主要用于铝合金、铜合金、钛合金、镁合金，以及不锈钢、耐热钢和一部分重要低合金钢构件的焊接。

2) CO_2 保护焊

CO_2 保护焊是利用 CO_2 作为保护气体的电弧焊，图 2-54 所示为全自动 CO_2 保护焊。CO_2保护焊是熔化极焊接，利用焊丝作电极，由送丝机构送进。CO_2 气体从焊炬喷嘴中以一定流量喷出，包围电弧和熔池，防止空气对液态金属的侵害。但是，CO_2 是氧化性气体，在高温下能分解为 CO 和氧原子。氧原子与熔池中的铁、碳及其他一些合金元素反应，易造成焊缝吸氧、合金元素烧损，气孔和强烈飞溅等现象。为了保证焊接质量和焊缝的合金元素，应采用锰、硅等合金元素含量较高的焊丝。

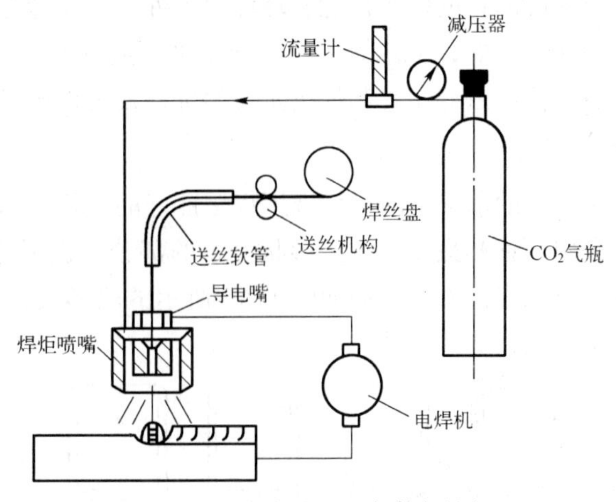

图 2-54　全自动 CO_2 气体保护焊

CO_2 保护焊常用于焊接低碳钢和低合金结构钢，还可使用 Ar 和 CO_2 混合气体保护，焊接强度级别较高的合金钢或不锈钢。

3. 等离子弧焊

等离子弧焊是一种利用等离子弧作为热源的不熔化极电弧焊，它利用电极和工件之间的压缩电弧实现焊接。所用电极通常是钨极，产生等离子弧的气体可用氩气、氮气、氦气或其中两者的混合气。等离子电弧发生装置如图 2-55 所示，在钨极和工件之间加一较高电压，经高频振荡使气体电离形成电弧。此电弧通过具有细孔道的喷嘴，并在保护性冷气流的包围下，被强迫压缩。因此，等离子弧焊接的电弧很细，能量高度集中，弧内的气体完全电离为电子和离子（称为等离子弧），其温度高达 16 000 K 以上。等离子弧焊接不仅具有氩弧焊的优点，还具有以下特点：

（1）等离子弧能量集中，弧柱温度高，穿透能力强，因此焊接厚度 10 ～ 20 mm 的工件可以不开坡口，一次焊透双面成形。

（2）等离子弧焊接速度快，生产率高，焊后焊缝宽度和高度均匀一致，焊缝表面光洁。

（3）当电流小到 0.1 A 时，电弧仍然能稳定燃烧，所以等离子弧焊可焊接很薄的箔材。

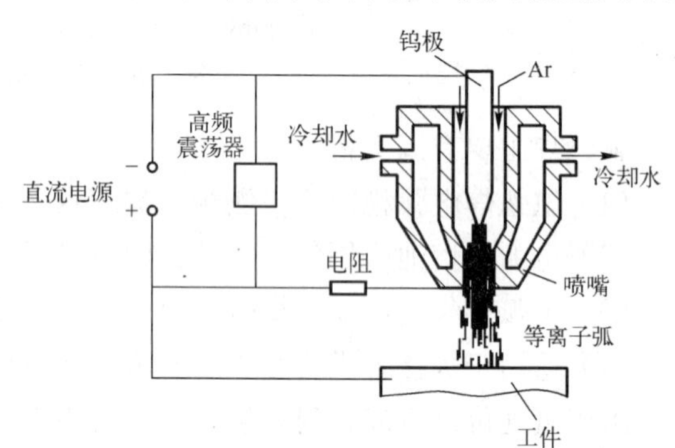

图 2-55　等离子弧发生装置原理图

但是，等离子弧焊需要专用的焊接设备和焊丝，设备比较复杂，气体消耗量大，只适合在室内焊接。

等离子弧焊广泛用于化工、精密仪器、仪表、原子能及尖端技术领域的不锈钢、耐热钢、铜合金、铝合金、钛合金及钨、钼、铬、镍等材料的焊接。此外，利用高温高速的等离子弧还可以切割任何金属和非金属材料，且切口窄而光滑，切割效率高。

2.3.4　焊接结构工艺设计

焊接结构的设计除应考虑结构的使用性能、环境要求外，还应考虑结构的工艺性和现场实际情况，要力求达到焊接质量好，工艺简单，生产率高，成本低。焊接结构件工艺设计，一般包括焊接结构材料的选择、焊缝布置和焊接接头的选择及坡口形式设计等方面。

1. 焊接结构材料的选择

焊接结构在满足使用要求的前提下应尽量选用焊接性好的材料，如低碳钢、低合金钢等材料；焊接结构应尽量采用钢管和型钢，对于形状复杂的部分，也可选用冲压件或铸锻件，这样可以减少焊缝数量，简化焊接工艺。例如图 2-56 所示的箱形梁，图 2-56（b）所示的方案比图 2-56（a）所示的方案更为合理。

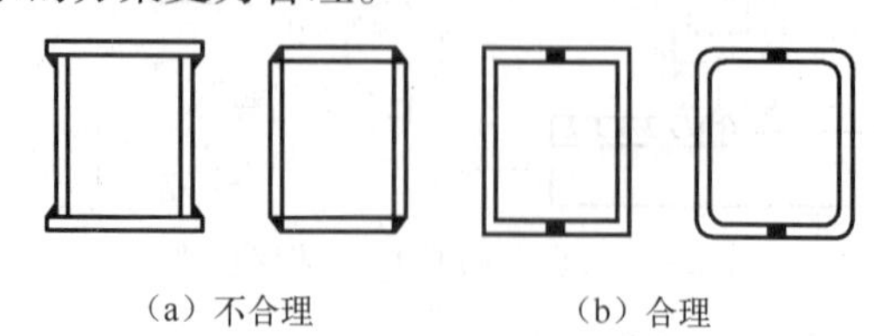

（a）不合理　　（b）合理

图 2-56　箱形梁结构设计

2. 焊缝布置

焊缝位置布置是否合理，对结构件的焊接质量和生产率都有很大影响。在考虑焊缝布置时应注意以下原则：

（1）焊缝应布置在便于焊接和检验的地方，应尽量处于平焊位置，因平焊操作最方便。

（2）要尽量减少焊缝数量及长度，缩小不必要的焊缝截面尺寸，以减少焊接应力与变形，如图 2-56 所示的箱形梁。

（3）焊缝布置应分散，避免密集或交叉，以改善焊接接头组织性能，如图 2-57 和图 2-58 所示。

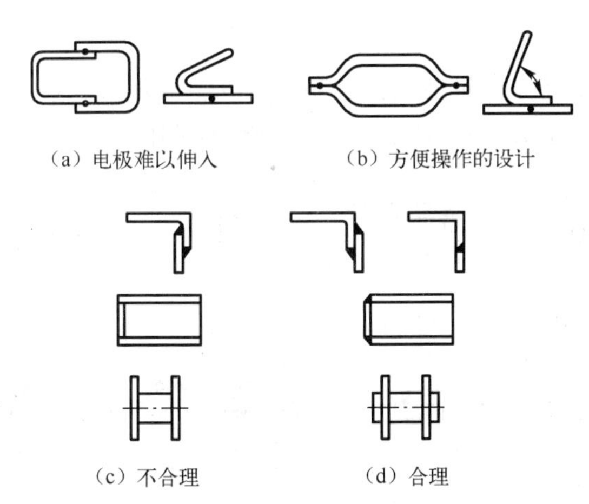

图 2-57　焊缝的布置

（4）焊缝的位置应尽量对称分布，以减少焊接变形，如图 2-59 所示。在图 5-29（a）中的焊缝布置在焊件的非对称位置，会产生较大弯曲变形，不合理；在图 2-59（b）、（c）中将焊缝对称布置，均可减少弯曲变形。

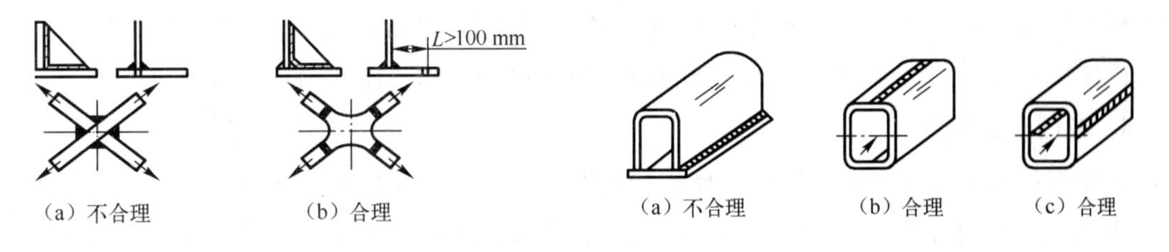

图 2-58　焊缝布置应避免密集和交叉　　图 2-59　焊缝布置应对称

（5）焊缝应尽量避开最大应力位置或应力集中位置，如图 2-60 所示，图 2-60（b）、（d）所示结构比图 2-60（a）、（c）所示结构合理。

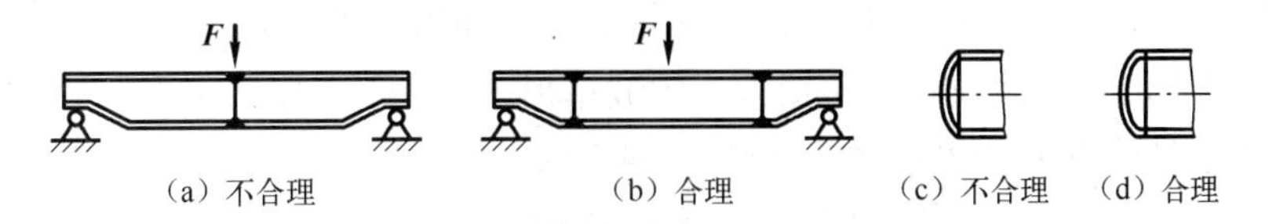

图 2-60　焊缝应避开应力集中处

（6）焊缝布置应避开机械加工表面，有些焊件某些部位需切削加工，如采用焊接结构制造的零件如轮毂等，图 2-61（b）、（d）所示结构比图 2-61（a）、（c）所示结构合理。

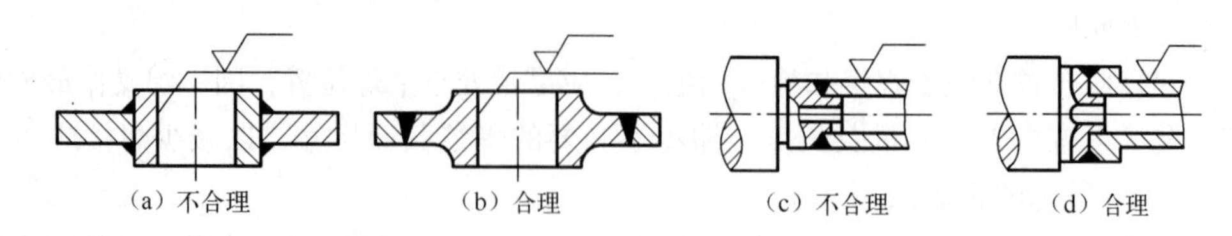

图 2-61　焊缝布置应避开机加工表面

3. 焊接接头的选择

焊接接头按其结合形式分为对接接头、角接接头、T 形接头、搭接接头、十字形接头、盖板接头和卷边接头等，如图 2-62 所示。其中前四种常用。

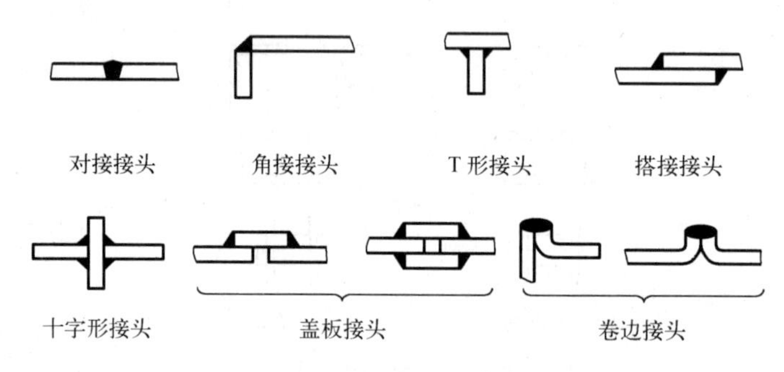

图 2-62　焊接接头形式

对接接头应力分布均匀，节省材料，接头质量易于保证，应用较多，锅炉、压力容器等焊件常采用对接接头。搭接接头不在同一平面，应力分布不均，接头强度降低，且重叠处多耗费材料，但对下料尺寸和焊前定位装配尺寸要求低，薄板、细杆焊件如厂房金属屋架、桥梁等桁架结构常用搭接接头。角接接头和 T 形接头根部易出现未焊透，因此接头处常开坡口，以保证焊接质量，常用于接头成直角或交角连接的结构，比如箱式结构。

4. 坡口形式设计

为使焊接接头根部焊透，同时也使焊缝成形美观，在焊接接头边缘常加工坡口，加工坡口常用气割、切削等方法。电弧焊的对接接头、角接接头和 T 形接头中有各种形式的坡口，其选择主要取决于焊件板材厚度和采用的焊接方法。设计坡口形式主要考虑焊缝能否焊透、坡口加工难易程度、焊后变形大小、生产率等因素。

（1）对接接头坡口形式设计。对接接头的坡口形式有 I 形、Y 形、双 Y 形、带钝边 U 形、带钝边双 U 形、单边 V 形、双单边 V 形等形式，如图 2-63 所示。

（2）角接接头坡口形式设计。角接接头的坡口形式有 I 形、错边 I 形、Y 形、带钝边单边 V 形、带钝边双单边 V 形等形式，如图 2-64 所示。

（3）T 形接头坡口形式设计。T 形接头的坡口形式有 I 形、Y 形、带钝边单边 V 形、带钝边双单边 V 形等形式，如图 2-65 所示。

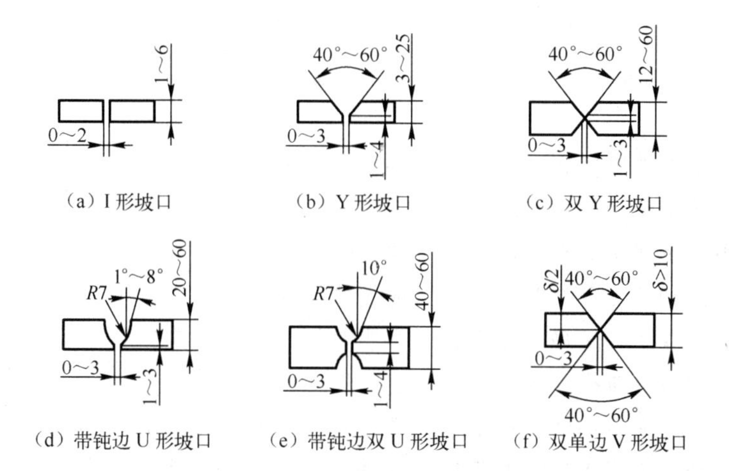

（a）I 形坡口　（b）Y 形坡口　（c）双 Y 形坡口

（d）带钝边 U 形坡口　（e）带钝边双 U 形坡口　（f）双单边 V 形坡口

图 2-63　几种对接接头坡口形式

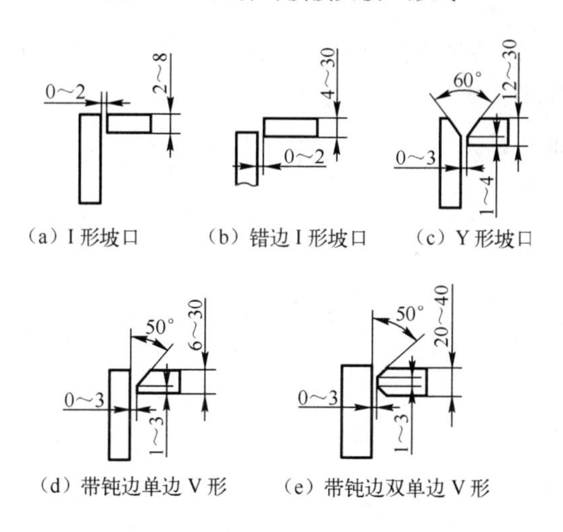

（a）I 形坡口　（b）错边 I 形坡口　（c）Y 形坡口

（d）带钝边单边 V 形　（e）带钝边双单边 V 形

图 2-64　几种角接接头坡口形式

（4）对于不同厚度的板材，为保证焊接接头两侧受热均匀，接头两侧板厚截面应尽量相同或相近，如图 2-66 所示。

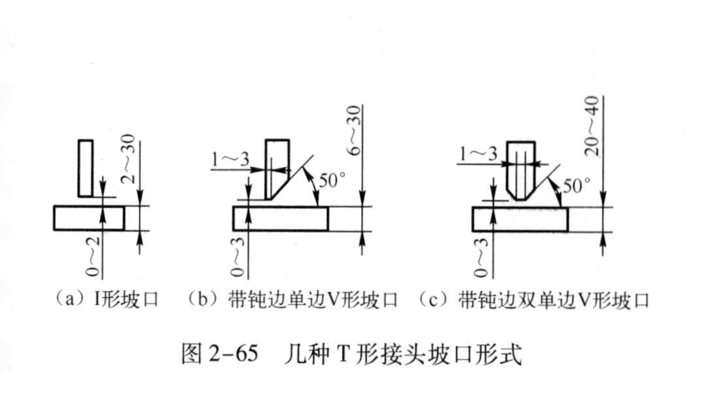

（a）I形坡口　（b）带钝边单边V形坡口　（c）带钝边双单边V形坡口

图 2-65　几种 T 形接头坡口形式

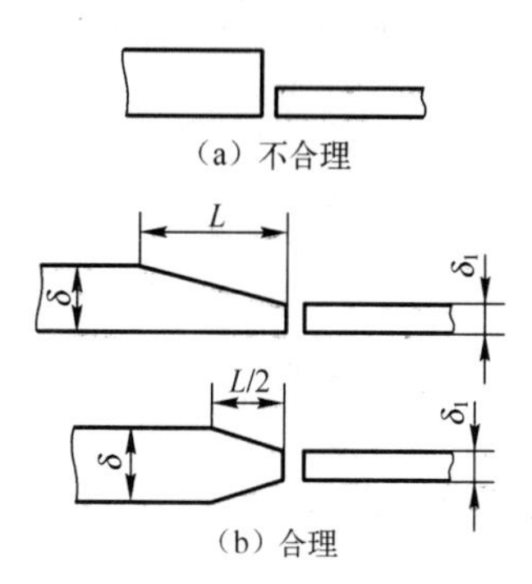

（a）不合理

（b）合理

图 2-66　不同板厚对接形式

习　题

1. 试述铸造生产的特点，并举例说明其应用情况。

2. 简述砂型铸造生产的工艺过程。

3. 熔模铸造、金属型铸造、压力铸造和离心铸造各有哪些特点？应用范围如何？

4. 锻压生产的特点是什么？举例说明锻压件的应用。

5. 自由锻有哪些主要工序？各适合于哪些锻件？

6. 试比较自由锻造与模锻的特点及应用范围。

7. 板料冲压生产有哪些特点？基本工序有哪些？应用范围如何？

8. 焊接电弧是如何产生的？电弧中各区的温度有多高？用直流电或交流电焊接效果一样吗？

9. 焊芯的作用是什么？其化学成分有什么特点？焊接药皮有哪些作用？

10. 如何防止焊接变形？减少焊接应力的工艺措施有哪些？

11. 你所了解的其他焊接方法有哪些？各有什么特点？

第❸章 机械零件毛坯的选择

机械中大多数零件的制造是由毛坯经过切削加工而成，毛坯成形直接影响产品的制造质量、使用性能、生产周期和成本。正确选择毛坯的类型和制造方法是机械制造中的重要问题。本章主要介绍各类毛坯的特点与适用范围、毛坯的选择原则及典型零件毛坯的选择。

3.1 常见零件毛坯的分类与比较

3.1.1 毛坯类型及制造方法的比较

任何零件都是由毛坯经过加工，从而获得各种符合形状、位置、尺寸精度和表面质量要求的成品。为了降低加工成本就需要毛坯的尺寸要尽可能的靠近零件。机械加工中常用的毛坯按加工方法可分为铸件、锻件、挤压件、冲压件、轧制型材、焊接件、粉末冶金等。不同的毛坯制造方法所适应的材料、零件形状结构和尺寸大小有很大差别，其生产成本和生产率也不同。各类毛坯制造方法及其主要特点如表 3-1 所示。

表 3-1 各类毛坯制造方法及其主要特点

比较类型＼毛坯类型	铸　件	锻　件	冲 压 件	焊 接 件	轧 制 件
成形特点	液态下成形	固态下塑性成形	固态下塑性成形	永久性成形	固态下塑性成形
常用材料	灰铸铁、中碳钢、有色合金等	低、中碳钢及合金结构钢等	低碳钢及有色金属薄板	低碳钢、低合金钢、不锈钢及铝合金等	低、中碳钢、合金钢、有色合金等
金属组织性能	晶粒粗大、疏松	晶粒细小、致密	变形部分晶粒细化	焊缝区为铸态组织	晶粒细小、致密
力学性能	力学性能差	比相同成分的铸件好	变形部分强度、硬度提高，结构刚度好	接头的力学性能可达到或接近母材	比相同成分的铸钢件好
结构特征	形状可以复杂	形状一般较简单	结构轻巧、形状可以较复杂	尺寸、形状一般不受限制	形状简单、横向尺寸变化小
适用范围	主要用于受冲击载荷不大或承压为主的零件	用于对力学性能、强度、韧性要求较高的零件	主要用于以薄板成形的各种零件	主要用于制造各种金属构件或毛坯	形状简单的零件
应用举例	机架、床身、底座、导轨、变速箱、泵体、曲轴、齿轮、带轮等	机床主轴、传动轴、曲轴、连杆、齿轮、凸轮、螺栓、弹簧等	车身外壳、电器及仪表壳体及零件、油箱、水箱、各种薄壁金属件	锅炉、压力容器、管道、构架、桥梁、车身、船体、机架、立柱等	光轴、丝杠、螺栓、螺母、销轴等

由于每种类型的毛坯可以有多种制造方法。各类毛坯在某些方面的特征，可以在一定程度上变化。表中所列特点只是就一般情况而言，并不是绝对。比如：铸件中的砂型铸件，晶粒组织粗大、疏松；但压力铸造的铸件，晶粒细小致密。一般铸件的力学性能差，但一些球墨铸铁的强度较高，甚至可以超过碳钢的锻件。

3.1.2 毛坯生产成本的比较

一个零件的制造成本包括其本身的材料费及动力费用、人工费、各项折旧费及其他辅助费用等分摊到该零件的份额。选择毛坯时不仅要求毛坯本身成本低，而且要在保证零件使用要求的前提下，提高生产率，降低总生产成本。通常是在几个可供选择的方案中选择成本较低的方案。

降低毛坯成本的主要途径有下面五个方面：

（1）零件在设计时应认真考虑毛坯的结构工艺性，使其便于生产。

（2）根据毛坯的结构、使用性能及批量，选择适当的毛坯制造方法。

（3）对选材进行比较，在满足产品功能的条件下，选择最低成本的材料。

（4）设法改善毛坯生产工艺，以求降低废品率、节约原材料，提高生产率。

一般改变毛坯生产工艺的同时，要添置一些新设备，这些费用要作为成本由各合格产品分担，所以，改用新工艺必须要考虑产品的批量。

（5）采用科学的生产管理，合理使用人力、物力，来降低原材料的浪费、废品率，提高生产率，减少非生产性开支。

3.2 毛坯选择的原则

机械零件常用的毛坯类型有铸件、锻件、冲压件、焊接件等，每种类型的毛坯都可以有多种成形方法。在选择毛坯成形方法时，遵循的原则是在保证毛坯质量的前提下，力求选用高效、低成本、制造周期短的毛坯生产方法。

3.2.1 满足材料的工艺性能要求

金属是制造机械零件的主要材料，零件材料的选择与毛坯的选择关系密切。材料的工艺性能直接影响着毛坯生产方法的选择。常用金属材料适用的毛坯生产方法如表 3-2 所示。

表 3-2 常用金属材料适用的毛坯生产方法

材料 毛坯生产方法	低碳钢	中碳钢	高碳钢	灰铸铁	铝合金	铜合金	不锈钢	工具钢 模具钢	塑料	橡胶
砂型铸造	⊙	⊙	⊙	⊙	⊙	⊙	⊙	⊙		
金属型铸造				⊙	⊙	⊙				
压力铸造					⊙	⊙				
熔模铸造	⊙	⊙	⊙				⊙	⊙		
锻压	⊙	⊙	⊙		⊙	⊙	⊙	⊙		

续表

毛坯生产方法＼材料	低碳钢	中碳钢	高碳钢	灰铸铁	铝合金	铜合金	不锈钢	工具钢 模具钢	塑料	橡胶
冷冲压	⊙	⊙	⊙		⊙	⊙	⊙			
粉末冶金	⊙	⊙	⊙		⊙	⊙		⊙		
焊接	⊙	⊙			⊙	⊙	⊙	⊙		
挤压型材	⊙				⊙	⊙			⊙	⊙
冷拉型材	⊙	⊙	⊙		⊙	⊙			⊙	⊙
备注									可压制或吹塑	可压制

注：表中“⊙”表示材料适宜或可以采用的毛坯生产方法。

根据表 3–2 可以粗略地估计各种材料所能适应的毛坯生产方法和各种毛坯生产方法所能适应的材料。例如，铸铁、铸铝等铸造合金焊接性一般较差，因此，在采用“铸 – 焊”方法生产毛坯时，主要选用各种铸钢。

3. 2. 2　满足零件的使用要求

机械产品是由若干零件组成的，保证零件的使用要求是保证产品使用要求的基础。因此，毛坯选择首先要保证满足零件的使用性能要求。零件的使用要求主要包括零件的结构形状和尺寸要求、零件的工作条件（受力情况、工作环境和接触介质等）以及对零件性能的要求。

1. 结构形状和尺寸的要求

不同的机械零件，结构形状和尺寸各不相同，各种毛坯制造方法对零件形状和尺寸的适应性也不相同。因此选择毛坯时，应认真分析零件的结构形状和尺寸特点，选择与之相适应的毛坯制造方法。

对于结构形状复杂的中小型零件，一般选择铸件毛坯，可使毛坯形状与零件较为接近，然后根据使用性能等要求具体选择砂型铸造、金属型铸造或熔模铸造等方法；对于结构形状较为复杂，工作中受冲击载荷，抗疲劳强度要求较高的中小型零件，宜选择模锻件毛坯；对于结构形状相当复杂且轮廓尺寸又较大的大型零件，一般选择组合毛坯。

2. 力学性能的要求

力学性能要求较高，特别是工作时要承受冲击和交变载荷的零件，为提高零件抗冲击和抗疲劳破坏的能力，宜选用组织致密的锻造毛坯，如机床、汽车的各类传动轴和齿轮等零件；如果采用铸件，则应选择能满足要求的铸造方法，如金属型铸造、压力铸造和离心铸造等。比如材料为钢的齿轮零件，当其力学性能要求不高时，既可以选用型材，也可采用铸造成形生产齿轮坯件；而力学性能要求高时，则应选锻造加工毛坯。

3. 表面质量的要求

现代工业中，机械产品对于非配合表面有尽量不加工的趋势，即实现少、无切削加工。为了保证这类表面的外观质量，对于中小型的有色金属件，宜选择金属型铸造、压力铸造或精密模锻；对于尺寸较小的钢铁件，则宜选择熔模铸造或精密模锻。

4. 其他方面的要求

对于具有某些特殊要求的零件，必须结合毛坯材料和生产方法来满足零件的要求。例如，某些有耐压要求的套筒零件，要求零件金相组织致密，不能有气孔、砂眼等缺陷，如果零件选材为钢材，则宜选择型材（如液压油缸，毛坯常采用无缝钢管）；如果零件选材为铸铁，则宜选择离心铸造（如内燃机的汽缸套，毛坯常用离心铸件）。又如，耐酸泵的叶轮、壳体等零件，如果选用不锈钢制造，要用铸造成形；如选用塑料制造，则可采用注射成形；如果要求其即耐蚀又耐热，那么就应选用陶瓷制造，可相应地选用注浆成形工艺。

3.2.3 满足经济性的要求

考虑零件的经济性，即要降低毛坯的生产成本，在选择毛坯时，必须综合分析零件的使用要求及所用材料的价格、结构工艺性、生产批量大小等各方面情况，尽可能使零件的生产和使用的总成本最低、经济效益最高。

1. 生产批量较小时的毛坯选择

单件、小批量生产毛坯时，主要考虑的是减少设备、模具等方面的投资，可使用通用的设备和价格较低的模具，来降低生产成本。宜选用型材、砂型铸件、自由锻件、焊接结构件等作为毛坯。

2. 生产批量较大时的毛坯选择

对于成批、大量生产的产品，可选用精度和生产率都比较高的成形工艺，虽然这些成形工艺装备的制造费用比较高，但投资费用可以由每个产品材料消耗的降低和切削量的减少来补偿。这样总的生产率和材料的利用率提高，废品率降低，可有效降低毛坯的单件生产成本。例如，大量生产锻件，应选用模锻、冷轧、冷拔及冷挤压等成形工艺；大量生产非铁合金铸件，应选用金属型铸造、压力铸造或低压铸造等成形工艺。

3.2.4 符合生产条件

根据零件使用要求和制造成本分析所选定的毛坯成形方法是否可用，还必须考虑本企业现有的实际生产条件（现有生产条件是指生产产品的设备能力、人员技术水平及外协可能性等）。如果通过外协或外购，产品价格低于本企业的生产成本，且又能满足交货期要求，可向外订货，以降低成本。

随着市场需求的日益增大，用户对产品品种和质量要求提高，现代生产已由成批、大量变为多品种、小批量。因此，为了缩短生产周期，更新产品类型及质量，在可能的条件下应采用精密铸造、精密锻造、精密冲裁、超塑成形、注射成形、粉末冶金等新工艺、新技术，采用少、无余量成形，可显著提高产品质量和经济效益。

要合理选用毛坯成形工艺，必须对各类成形工艺的特点、适用范围以及涉及成形工艺成本与产品质量的因素有比较清楚的了解。总之，毛坯选择时，应在保证毛坯质量的前提下，力求做到质量好、成本低和制造周期短。

3.3 典型零件毛坯的选择

下面介绍机械上常用的几类零件，轴杆类、盘套类和机架箱体类这几类典型零件的毛坯选择方法。

3.3.1 轴杆类零件的毛坯选择

轴杆类零件是长度远大于直径的回转体零件，常见的轴类零件有机床主轴、传动轴、丝杠、光杠、齿轮轴、凸轮轴、曲轴、摇臂、螺栓、销子等，如图3-1所示。

轴杆类零件在机械产品中一般起着支承回转零件并传递运动和转矩的作用。在工作时会承受载荷和冲击。轴类零件的选材依其承载及功能不同，主要选用中碳调质钢（适于中等载荷或一般要求的轴）、合金结构钢（适于重载、冲击及耐磨要求的轴）等材料。

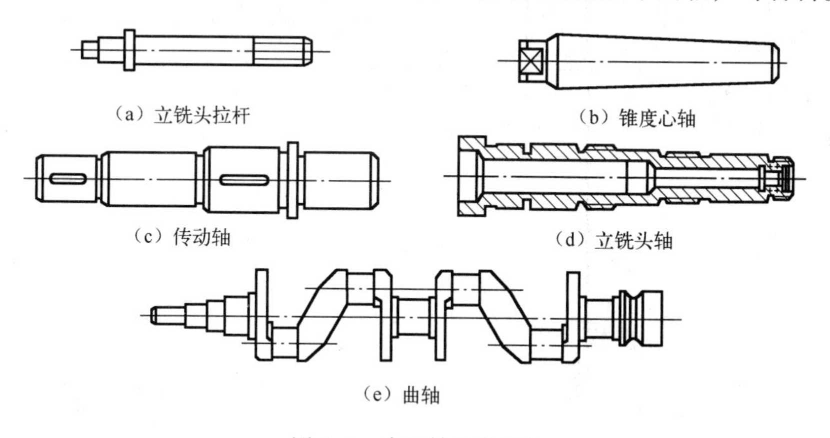

图3-1 常见轴杆类零件

轴杆类零件常用的毛坯是型材和锻件，对于光滑的或有阶梯但直径相差不大的一般轴，常用型材（圆钢）作为毛坯；对于直径相差较大的阶梯轴或要承受冲击载荷和交变应力的重要轴，宜采用锻件作为毛坯。当生产批量较小时，应采用自由锻件；生产批量较大时，应采用模锻件。对于结构形状复杂的大型轴类零件，其毛坯可采用砂型铸造件、焊接结构件或铸－焊结构毛坯。

下面举例说明轴杆类零件毛坯的选择方法。

【例3-1】 图3-2所示为减速器传动轴，工作载荷基本稳定，材料为45钢，小批量生产。

分析：由于该轴各阶梯轴颈相差不大，且工作时不承受冲击载荷，工作性质一般，因此可选用热轧圆钢作为毛坯。

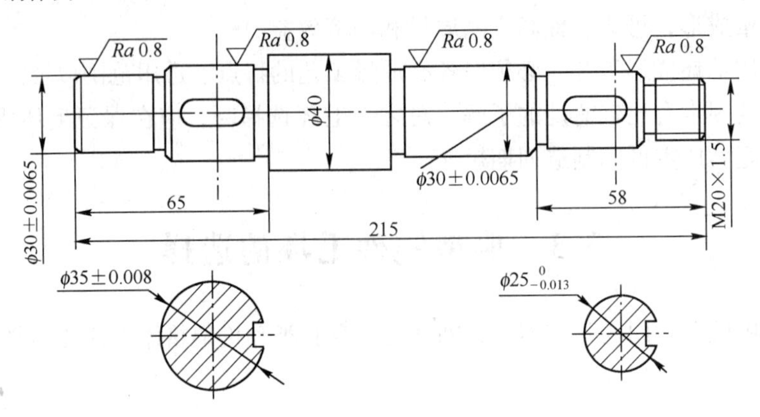

图 3–2　减速器传动轴

【例 3–2】 图 3–3 所示为磨床砂轮主轴，生产批量中等。该零件精度要求高，工作中将承受弯曲、扭转、冲击等载荷，要求较高的强度、硬度和耐磨性。根据以上要求，材料选择合金钢 38CrMoAlA，毛坯采用模锻件。

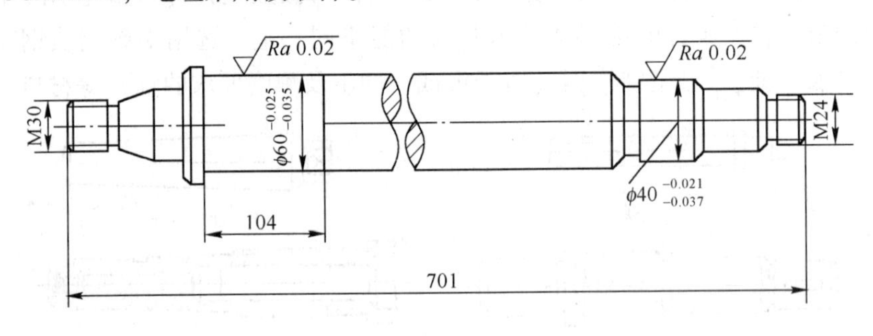

图 3–3　磨床砂轮主轴

3.3.2　盘套类零件的毛坯选择

盘套类零件是指直径尺寸较大而长度尺寸相对较小的回转体零件，常见的盘套类零件有各种齿轮、带轮、飞轮、法兰盘、联轴器、套筒、手轮、绳轮、端盖、垫圈等，如图 3–4 所示。这些零件由于使用功能不同，对所用材料性能要求各异，因此选用材料和毛坯生产方法也各不相同。下面讨论几种常见盘套类零件的毛坯选择方法。

1. 齿轮的毛坯选择

齿轮是机器上用途很广的一类重要零件。齿轮的主要作用是传递运动和动力，改变运动的速度和方向。所有齿轮在工作中齿根均要承受交变应力的作用，齿面要受到交变应力和摩擦力作用。在启动、转向、变速和制动时受到冲击载荷的作用。因此，齿轮整体应具有良好的综合力学性能。

齿轮的毛坯选择取决于齿轮的选材、结构形状、尺寸大小、使用条件及生产批量等因素。

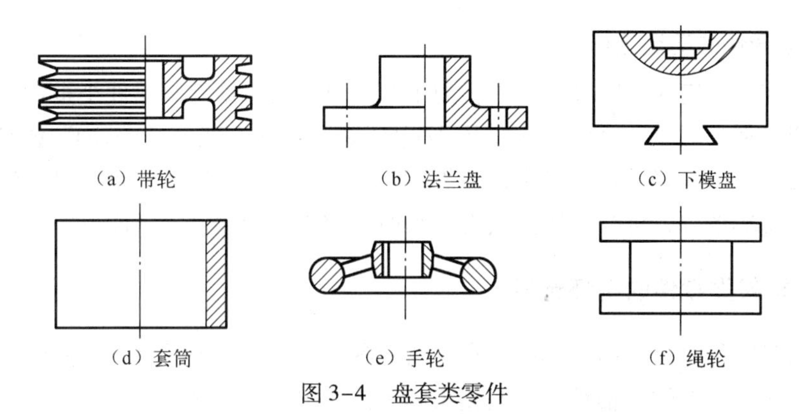

图3-4　盘套类零件

(1) 对于要求传动精确、结构小巧的仪表齿轮，大批量生产时可以用黄铜板料精冲而成，或铝合金压铸制成。

(2) 一般齿轮选用调质钢、渗碳钢等制造，毛坯生产方法主要是锻造成形。生产批量较小或尺寸较大的齿轮采用自由锻；生产批量较大的中小尺寸齿轮采用模锻；对于形状简单或小型的齿轮可采用轧材（圆钢）经切削制成；对于大直径、结构复杂的齿轮，可采用铸钢毛坯或焊接组合毛坯。

【例3-3】　图3-5所示为车床主轴箱中的三联滑动齿轮。该齿轮主要用来传递动力并改变转速，载荷不大，工作条件较好，所以对齿轮的耐磨性及冲击韧性要求不高，而且该齿轮尺寸较小。因此该齿轮材料可选用中碳钢，用热轧圆钢作为毛坯。

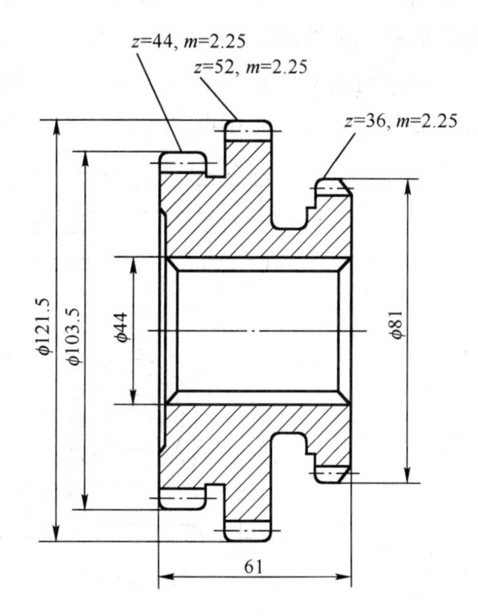

图3-5　车床主轴箱中的三联滑动齿轮

【例3-4】　图3-6所示为解放牌汽车变速齿轮。汽车变速箱中的齿轮主要用来调节发动机曲轴和主轴凸轮的转速比，以改变汽车的运行速度，其工作较为繁重，因此其在疲劳极限、耐磨性以及抗冲击等性能方面均要求较高，所以汽车变速齿轮的材料大多选用合金渗碳钢。因在生产中大批量生产，所以生产方法可采用模锻。

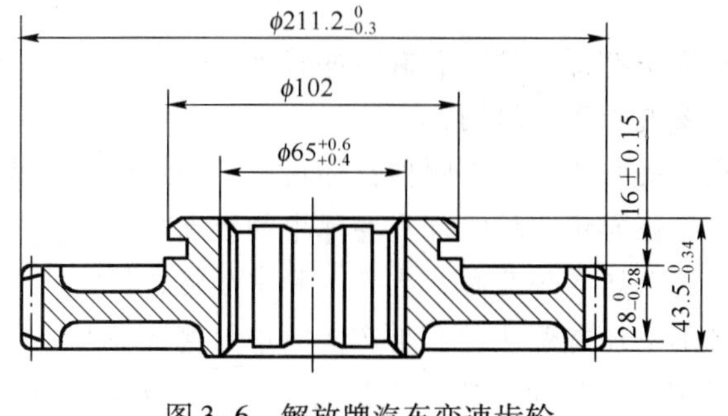

图3-6　解放牌汽车变速齿轮

2. 其他盘套件的毛坯选择

如带轮、飞轮、链轮等零件，由于受力不大，可采用铸铁件，单件小批量生产时可用低碳钢焊接而成。例如对于中小带轮多采用 HT150 制造，其毛坯一般采用砂型铸造；对于结构尺寸大的带轮，为减轻重量可采用钢板焊接毛坯。法兰盘、套筒、垫圈等零件根据受力情况、形状、批量等条件，可分别用铸铁件、钢锻件或直接用型材加工成形。

3.3.3 箱体机架类零件的毛坯选择

箱体机架类零件是机器的基础件，常见的有各种机械的机架、机身、机座、床身、工作台、齿轮箱、阀体、泵体、轴承座、变速箱体等，如图 3-7 所示。

这类零件一般结构比较复杂，工作条件根据其使用情况差异较大。如机床、机身、底座等基础件主要承受压力，要求有良好的刚度和减震性；轴承座、导轨等有相对滑动的部分，则要求有一定的耐磨性；阀体、泵体等壳体类零件要求有良好的密封性。

为达到结构形状方面的要求，一般箱体、机架类零件多采用铸铁件，毛坯生产常选用砂型铸造方法。当单件小批量生产、新产品试制或结构尺寸很大时，也可采用钢材焊接毛坯。

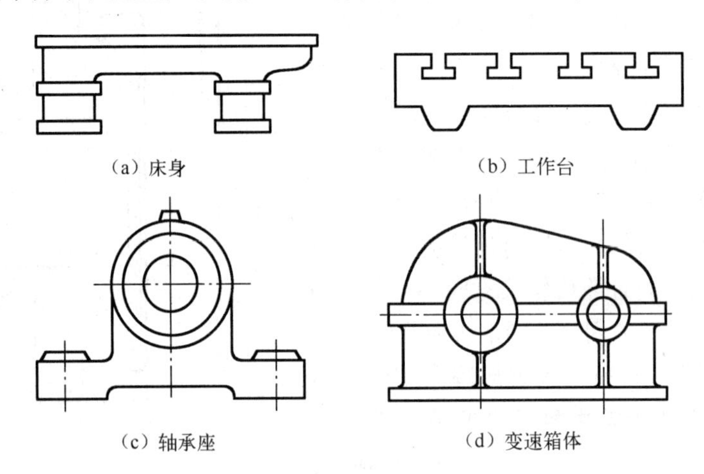

图 3-7　机架、箱体类零件

习　　题

1. 常用的毛坯生产方法有哪几种？各有哪些特点？
2. 选择零件毛坯需要遵循哪些原则？
3. 影响毛坯生产成本的主要因素有哪些？如何降低毛坯的生产成本？
4. 轴类零件的常用毛坯有哪几种？生产实际中如何选择？
5. 盘套类零件的常用毛坯有哪几种？生产实际中如何选择？
6. 箱体类零件的常用毛坯有哪几种？生产实际中如何选择？
7. 图 3-8 所示为机床上的双联齿轮，大批量生产，试为其选用适合的材料及毛坯生产方法。

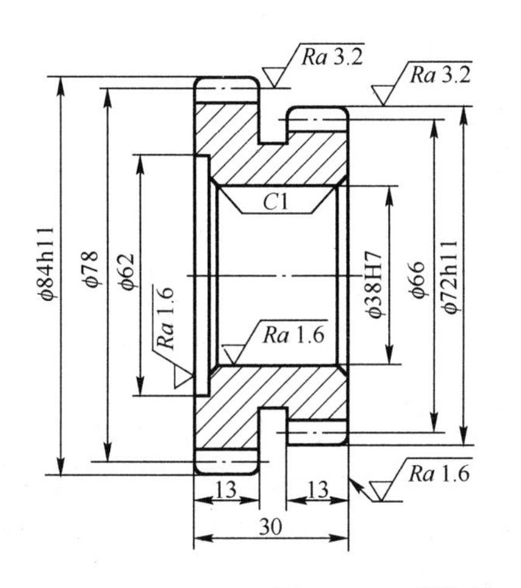

图 3-8　双联齿轮

8. 图 3-9 所示为车床尾架结构图，试为其主要零部件选用适合的材料及毛坯生产方法。

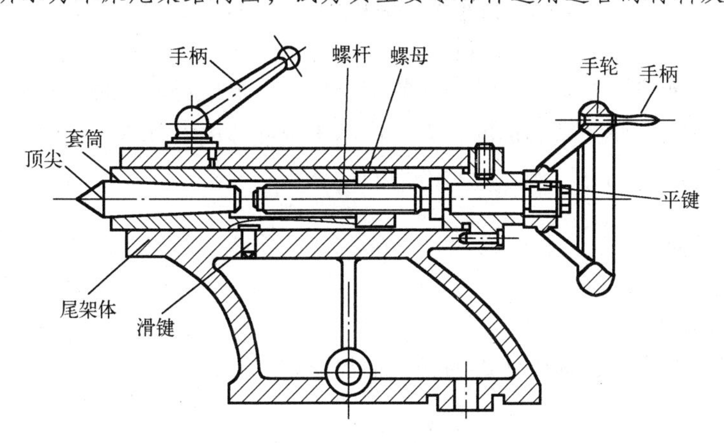

图 3-9　车床尾架结构图

第❹章　公差与配合

在加工零件的过程中，由于各种因素的影响，零件的几何参数不可能做得完全准确，总是有或大或小的误差。为了提高机械产品的质量，就要将零件的几何参数限制在某一规定的范围内变动，即规定恰当的公差。本章主要从三个方面讨论零件几何参数的误差和公差，以及零件相互之间的配合关系。

4.1　光滑圆柱体的尺寸公差与配合

机械制造中，光滑圆柱体内、外表面的结合是应用最广泛的一种结合形式，圆柱公差与配合是机械工程方面重要的基础标准，它不仅用于圆柱体内、外表面的结合，也用于其他结合中由单一尺寸确定的部分，例如键与键槽的结合。

4.1.1　极限与配合

1. 孔和轴的定义

在尺寸公差与配合中，通常所讲的孔与轴都具有广义性。

（1）孔

孔是指圆柱形内表面，也包括非圆柱形内表面（由两平行面或切面形成的包容面）。

（2）轴

轴是指圆柱形外表面，也包括非圆柱形外表面（由两平行面或切面形成的被包容面）。

在公差与配合中，孔和轴的关系表现为包容和被包容的关系，即孔为包容面，轴为被包容面。在加工过程中，随着余量的切除，孔的尺寸由小变大，轴的尺寸由大变小。

由尺寸 D_1、D_2、D_3、D_4和 D_5等所确定的内表面都视作孔，由尺寸 d_1、d_2、d_3、d_4等所确定的外表面都视作轴，如图 4-1 所示。

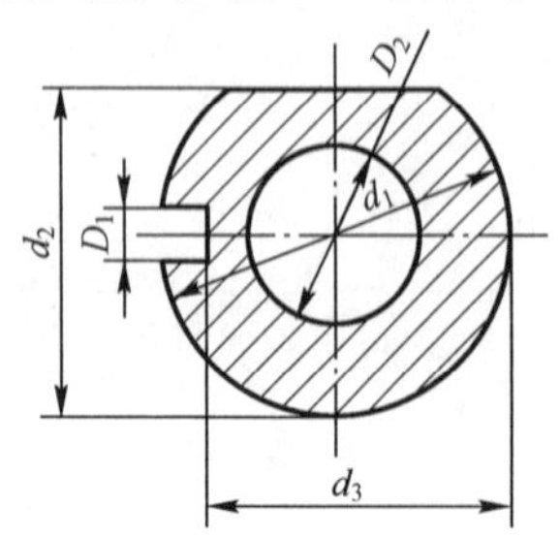

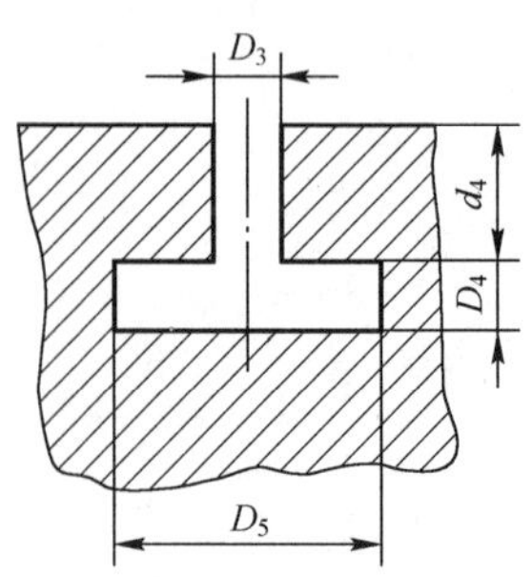

图 4-1　孔和轴

2. 有关尺寸的术语和定义

1）尺寸

尺寸是指用特定单位表示长度值的数字。国家标准规定在技术图样上所标注的长度尺寸均以毫米（mm）为单位。

2）公称尺寸

设计给定的尺寸称为公称尺寸。孔和轴的公称尺寸分别用 D 和 d 表示。公称尺寸是根据使用要求，通过计算和结构方面的考虑，或根据试验和经验而确定的，公称尺寸一般应按标准尺寸选取。

3）实际尺寸

通过测量而获得的尺寸称为实际尺寸。实际尺寸是用一定的的测量器具和方法，在一定的环境下获得的数值。孔和轴的实际尺寸分别用 D_a 和 d_a 表示。由于存在测量误差，所以不同的人、不同的测量器具和测量方法测得的尺寸值也可能不同。

4）极限尺寸

允许尺寸变化的两个界限值称为极限尺寸。孔、轴允许的最大尺寸为上极限尺寸，分别用 D_{max}、d_{max} 表示；孔、轴允许的最小尺寸为下极限尺寸，分别用 D_{min}、d_{min} 表示。

极限尺寸是用来限制加工零件的尺寸变动范围，零件实际尺寸在两个极限尺寸之间则为合格。

3. 有关偏差和公差的术语和定义

1）偏差

某一尺寸（实际尺寸、极限尺寸等）减其公称尺寸所得的代数差称为偏差。偏差可分为实际偏差和极限偏差，由于实际尺寸和极限尺寸可能大于、等于或小于公称尺寸，所以偏差值可能为正、负或零，在书写偏差值时必须带有正负号。

2）极限偏差

极限尺寸减其公称尺寸所得的代数差称为极限偏差。极限偏差分为上极限偏差和下极限偏差。

上极限尺寸减其公称尺寸所得的代数差称为上极限偏差，下极限尺寸减其公称尺寸所得的代数差称为下极限偏差。孔的上、下极限偏差代号用大写字母 ES、EI 表示，轴的上、下极限偏差代号用小写字母 es、ei 表示，如图 4-2 所示。

孔的上、下极限偏差：$ES = D_{max} - D$　　$EI = D_{min} - D$

轴的上、下极限偏差：$es = d_{max} - d$　　$ei = d_{min} - d$

3）实际偏差

实际尺寸减其公称尺寸所得的代数差称为实际偏差。孔、轴的实际偏差分别用 E_a、e_a 表示。

孔的实际偏差：$E_a = D_a - D$

轴的实际偏差：$e_a = d_a - d$

实际偏差应位于极限偏差范围之内，极限偏差用于控制实际偏差。

4）尺寸公差

允许尺寸的变动量称为尺寸公差，简称公差。孔和轴的公差分别用 T_h 和 T_S 表示。尺寸公差等于上极限尺寸减下极限尺寸之差，或上极限偏差减下极限偏差之差。尺寸公差是一个没有符号的绝对值。

孔的公差：$T_h = D_{max} - D_{min} = ES - EI$

轴的公差：$T_s = d_{max} - d_{min} = es - ei$

5）公差带

表示零件的尺寸相对其公称尺寸所允许变动的范围，称为公差带。用图所表示的公差带，称为公差带图，如图 4–2 所示。通常，孔公差带用斜线表示，轴公差带用网点表示。

在公差带图中，代表公称尺寸的一条直线，称为零线。零线以上的偏差为正偏差；零线以下的偏差为负偏差。公差带图中的公称尺寸的单位为 mm，偏差和公差的单位通常为 μm。

6）基本偏差

确定公差带相对零线位置的那个极限偏差称为基本偏差。它可以是上极限偏差或下极限偏差，一般为靠近零线的那个偏差。

【例 4–1】 已知一对公称尺寸为 50 mm 的孔与轴，孔的上极限尺寸 D_{max} =50. 03 mm，下极限尺寸 D_{min} =50 mm，轴的上极限尺寸 d_{max} =49. 99 mm，下极限尺寸 d_{min} =49. 971 mm，求孔与轴的极限偏差及公差，并画出公差带图。

解：孔的极限偏差：

$ES = D_{max} - D = 50.03\ mm - 50\ mm = +0.030\ mm = +30\ \mu m$

$EI = D_{min} - D = 50\ mm - 50\ mm = 0$

轴的极限偏差：

$es = d_{max} - d = 49.99\ mm - 50\ mm = -0.010\ mm$

$ei = d_{min} - d = 49.971\ mm - 50\ mm = -0.029\ mm$

孔的公差：$T_h = D_{max} - D_{min} = 50.03\ mm - 50\ mm = 0.030\ mm = 30\ \mu m$

轴的公差：$T_s = d_{max} - d_{min} = 49.99\ mm - 49.971\ mm = 0.019\ mm = 19\ \mu m$

画出的公差带图如图 4–3 所示。

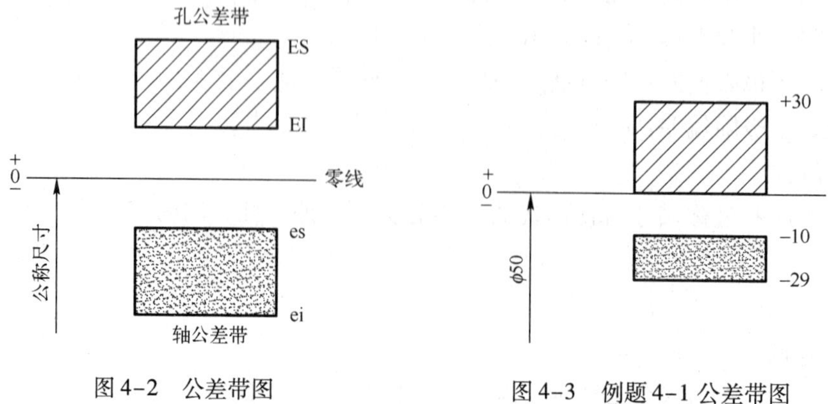

图 4–2　公差带图　　图 4–3　例题 4–1 公差带图

4. 有关配合的术语和定义

1）间隙和过盈

（1）孔的尺寸减去相配合的轴的尺寸之差为正时称为间隙，用符号 X 表示。

① 最大间隙 X_{max}：孔的上极限尺寸减去轴的下极限尺寸所得的代数差。表达式为

$$X_{max}=D_{max}-d_{min}=\mathrm{ES}-\mathrm{ei}$$

② 最小间隙（X_{min}）：孔的下极限尺寸减去轴的上极限尺寸所得的代数差。表达式为

$$X_{min}=D_{min}-d_{max}=\mathrm{EI}-\mathrm{es}$$

（2）孔的尺寸减去相配合的轴的尺寸之差为负时称为过盈，用符号 Y 表示。

① 最大过盈（Y_{max}）：孔的下极限尺寸减去轴的上极限尺寸所得的代数差。表达式为

$$Y_{max}=D_{min}-d_{max}=\mathrm{EI}-\mathrm{es}$$

② 最小过盈（Y_{min}）：孔的上极限尺寸减去轴的下极限尺寸所得的代数差。表达式为

$$Y_{min}=D_{max}-d_{min}=\mathrm{ES}-\mathrm{ei}$$

2）配合

公称尺寸相同的、相互结合的孔和轴公差带之间的关系称为配合。

根据孔和轴公差带之间的关系，配合可分为间隙配合、过渡配合和过盈配合三类。

（1）间隙配合。具有间隙（包括最小间隙等于零）的配合称为间隙配合。此时，孔的公差带在轴的公差带之上，如图 4-4 所示。

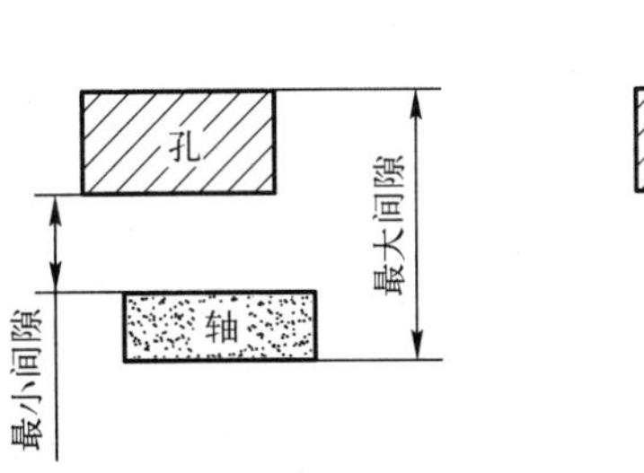

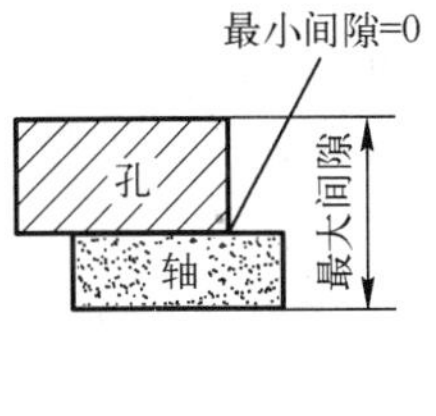

图 4-4　间隙配合公差带图

（2）过盈配合。具有过盈（包括最小过盈等于零）的配合称为过盈配合。此时孔的公差带在轴的公差带之下，如图 4-5 所示。

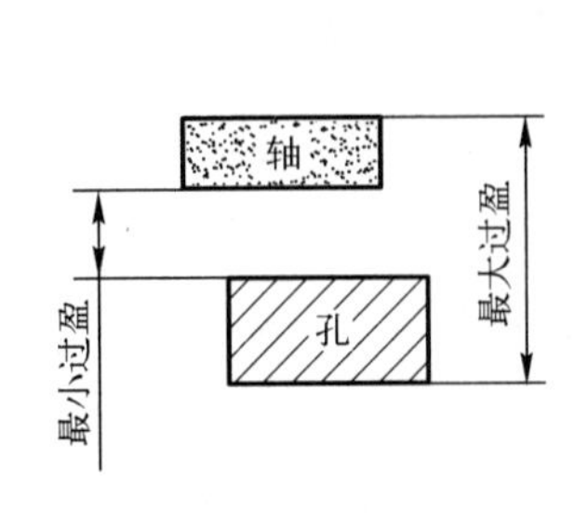

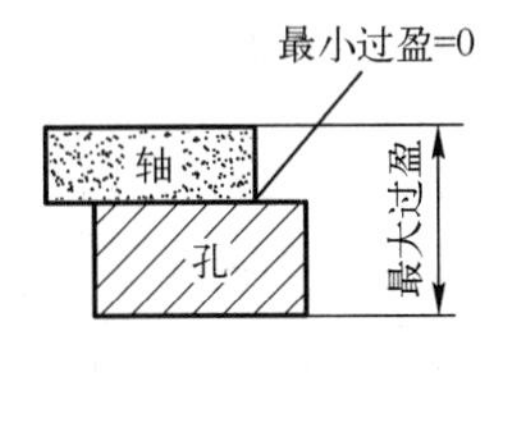

图 4-5　过盈配合公差带图

（3）过渡配合。可能具有间隙或过盈的配合称为过渡配合。孔的公差带和轴的公差带相互交叠，它可能具有间隙或过盈，但间隙或过盈都不大，如图 4-6 所示。

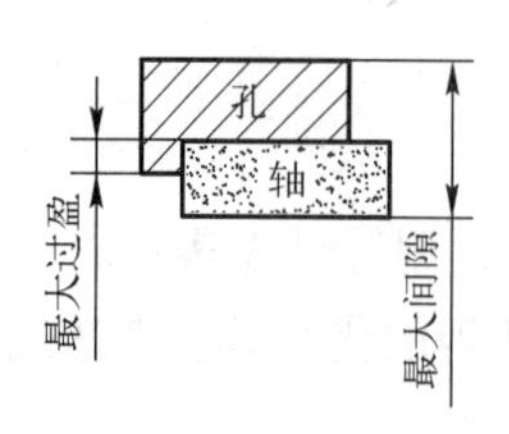

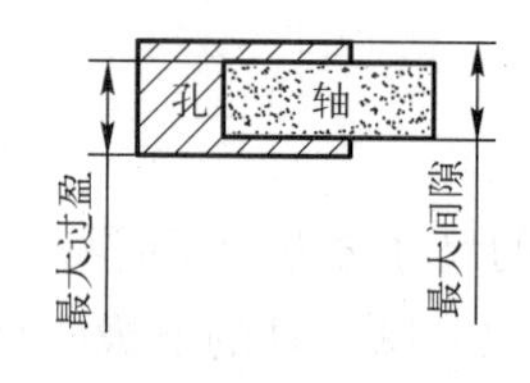

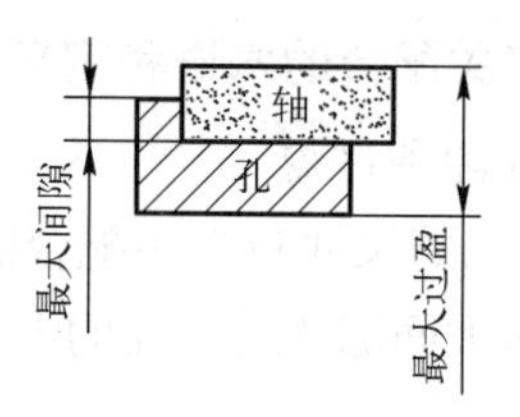

图 4-6　过渡配合公差带图

过渡配合的性质用最大间隙 X_{max}、最大过盈 Y_{max} 和平均间隙（X_m）或平均过盈（Y_m）表示。表达式为：

$$X_{max} = D_{max} - d_{min} = ES - ei$$

$$Y_{max} = D_{min} - d_{max} = EI - es$$

$$X_m(\text{或 } Y_m) = (X_{max} + Y_{max})/2$$

3）配合公差

组成配合的孔、轴公差之和称为配合公差。它用 T_f 表示，是一个没有符号的绝对值。配合公差是允许间隙或过盈的变动量，表示配合松紧均匀程度要求。

间隙配合：　$T_f = |X_{max} - X_{min}| = T_h + T_s$

过盈配合：　$T_f = |Y_{max} - Y_{min}| = T_h + T_s$

过渡配合：　$T_f = |X_{max} - Y_{max}| = T_h + T_s$

【例 4-2】 计算 $\phi 30^{+0.021}_{0}$ 的孔与 $\phi 30^{+0.015}_{+0.002}$ 的轴配合的最大间隙、最大过盈、平均间隙或平均过盈、配合公差，并画出公差带图。

解： 最大间隙：$X_{max} = ES - ei = (+0.021)\,mm - (+0.002)\,mm = +0.019\,mm$

最大过盈：$Y_{max} = EI - es = 0\,mm - (+0.015)\,mm = -0.015\,mm$

平均间隙：$X_m = (X_{max} + Y_{max})/2 = (+0.019 - 0.015)/2\,mm = +0.002\,mm$

配合公差：$T_f = |X_{max} - Y_{max}| = |(+0.019) - (-0.015)|\,mm = +0.034\,mm$

画出的公差带图如图 4-7 所示。

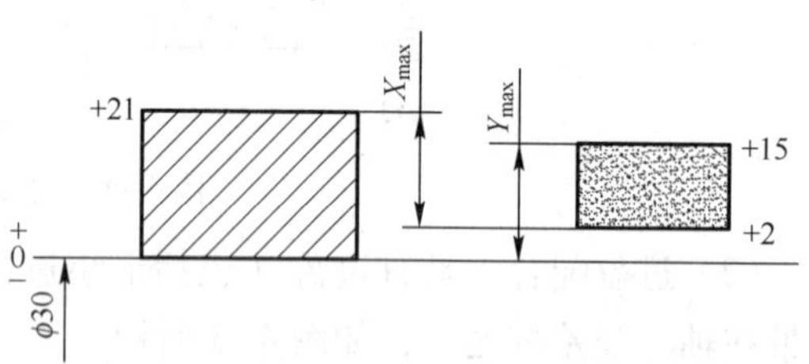

图 4-7　例题 4-2 公差带图

4.1.2　公差与配合的国家标准

为了对孔、轴尺寸公差带的大小和公差带的位置进行标准化。因此，国家标准规定了《极限与配合》标准，按标准公差系列（公差带大小）和基本偏差系列（公差带位置）分别标准化的原则制定的。它适用于圆柱和非圆柱形光滑工件的尺寸、公差、尺寸的检验以及由它们组成的配合。

1. 标准公差系列

1）标准公差

在《极限与配合》国家标准中所规定的任一公差，即大小已经标准化的公差值，称为标准公差。标准公差用来确定公差带大小，由“标准公差等级”和“公称尺寸”决定。

2）标准公差等级

标准公差用符号 IT 和公差等级数字表示，如 IT8。当其与代表基本偏差的字母一起组成公差带时，省略 IT 字母，如 H8。

标准公差等级分 IT01，IT0，IT1，IT2，…，IT18 共 20 级。从 IT01 至 IT18 等级，精度依次降低，而相应的标准公差数值依次增大。

同一公差等级，虽然公差值随着公称尺寸的不同而变化，但它们具有相同的精度等级。同一公差等级、同一尺寸分段内各公称尺寸的标准公差数值是相同的。

国家标准规定的标准公差值如表 4-1 所示。

表 4-1　标准公差数值表（GB/T 1800.3—2009）

公称尺寸 mm	公差等级																			
	IT01	IT0	IT1	IT2	IT3	IT4	IT5	IT6	IT7	IT8	IT9	IT10	IT11	IT12	IT13	IT14	IT15	IT16	IT17	IT18
	μm													mm						
≥3	0.3	0.5	0.8	1.2	2	3	4	6	10	14	25	40	60	0.10	0.14	0.25	0.40	0.60	1.0	1.4
>3~6	0.4	0.6	1	1.5	2.5	4	5	8	12	18	30	48	75	0.12	0.18	0.30	0.48	0.75	1.2	1.8
>6~10	0.4	0.6	1	1.5	2.5	4	6	9	15	22	36	58	90	0.15	0.22	0.36	0.58	0.90	1.5	2.2
>10~18	0.5	0.8	1.2	2	3	5	8	11	18	27	43	70	110	0.18	0.27	0.43	0.70	1.10	1.8	2.7
>18~30	0.6	1	1.5	2.5	4	6	9	13	21	33	52	84	130	0.21	0.33	0.52	0.84	1.30	2.1	3.3
>30~50	0.6	1	1.5	2.5	4	7	11	16	25	39	62	100	160	0.25	0.39	0.62	1.00	1.60	2.5	3.9
>50~80	0.8	1.2	2	3	5	8	13	19	30	46	74	120	190	0.3	0.46	0.74	1.20	1.90	3.0	4.6
>80~120	1	1.5	2.5	4	6	10	15	22	35	54	87	140	220	0.35	0.54	0.87	1.40	2.20	3.5	5.4
>120~180	1.2	2	3.5	5	8	12	18	25	40	63	100	160	250	0.40	0.63	1.00	1.60	2.50	4	6.3
>180~250	2	3	4.5	7	10	14	20	29	46	72	115	185	290	0.46	0.72	1.15	1.85	2.90	4.6	7.2
>250~315	2.5	4	6	8	12	16	23	32	52	81	130	210	320	0.52	0.81	1.30	2.10	3.20	5.2	8.1
>315~400	3	5	7	9	13	18	25	36	57	89	140	230	360	0.57	0.89	1.40	2.30	3.60	5.7	8.9
>400~500	4	6	8	10	15	20	27	40	63	97	155	250	400	0.63	0.97	1.55	2.50	4.00	6.3	9.7

注：公称尺寸小于 1 mm 时，无 IT14 至 IT18。

从表4-1中可看出，标准公差值与公称尺寸和公差等级有关，公差等级相同时，公称尺寸越大，公差值也越大。

2. 基本偏差系列

1）基本偏差

基本偏差是用以确定公差带相对零线位置的那个极限偏差。当公差带在零线以上时，基本偏差是下极限偏差；公差带在零线以下时，基本偏差为上极限偏差。设置基本偏差是为了将公差带相对于零线的位置标准化，以满足各个不同配合性质的需要。

2）基本偏差的代号

GB/T 1800.2—2009对孔和轴分别规定了28种基本偏差，其代号用拉丁字母表示，大写表示孔，小写表示轴。28种基本偏差代号，由26个拉丁字母中去掉5个容易与其它含义混淆的字母I、L、O、Q、W（i、l、o、q、w），再加上7个双写字母CD（cd），EF（ef），FG（fg），JS（js），ZA（za），ZB（zb），ZC（zc）组成。这28种基本偏差代号反映28种公差带的位置，构成了基本偏差系列，如图4-8所示。

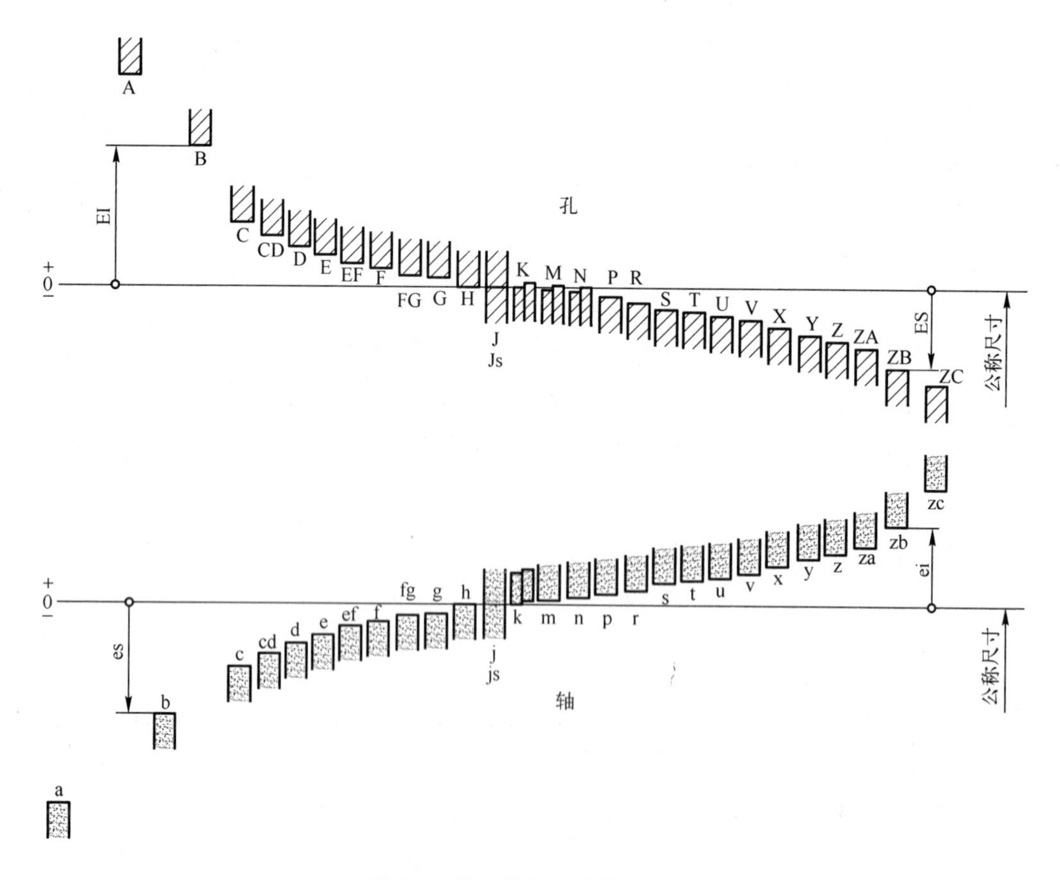

图4-8　孔和轴的基本偏差系列

基本偏差系列图中，基本偏差是“开口”公差带，这是因为基本偏差只确定公差带的位置，而不能表示公差带的大小，另一端的界线将由公差带的标准公差等级来决定。因此，任何一个公差带都用基本偏差代号和公差等级数字表示，如：孔公差带 H7，轴公差带 h6。

3）基本偏差系列的特点

基本偏差中 H 的基本偏差为下极限偏差且等于零，h 的基本偏差为上极限偏差且等于零。H 代表基准孔，h 代表基准轴。

孔的基本偏差中，A ～ H 为下极限偏差 EI，J ～ ZC 为上极限偏差 ES；轴的基本偏差中，a ～ h 为上极限偏差 es，j ～ zc 为下极限偏差 ei 。

JS、js 形成的公差带在各个公差等级中，完全对称于零线，所以上极限偏差 + IT/2 或下极限偏差 - IT/2 均可作为基本偏差。

J、j 的公差带与 JS、js 的公差带很相近，但其公差带不以零线对称，一般在基本偏差系列图中，将 J、j 分别与 JS、js 的基本偏差代号放在同一位置。

4）轴和孔的基本偏差的确定

轴的基本偏差数值是以基孔制配合为基础，根据各种配合性质经过理论计算、实验和统计分析得到的，见表 4-2。

基本偏差 a ～ h 的轴与基准孔（H）组成间隙配合，其中 a、b、c 用于大间隙配合，d、e、f 主要用于旋转运动，g 主要用于滑动和半液体摩擦，或用于定位配合；cd、ef、fg 适用于尺寸较小的旋转运动件，如钟表行业；h 与 H 形成最小间隙等于零的一种间隙配合，常用于定位配合；j ～ n 主要用于过渡配合，以保证配合时有较好的对中及定心，装拆也不困难，其中 j 只用于 IT5 ～ IT8，主要应用于和轴承相配合的孔和轴，其数据纯属经验数据。p ～ zc 与 H 相配合形成过盈配合。

当轴的基本偏差确定后，轴的另一个极限偏差可根据下列公式计算：

$$T_s = es - ei$$

【例 4-3】 根据标准公差数据表（见表 4-1）和轴的基本偏差数值表（见表 4-2），确定 ϕ50n7 的极限偏差。

解： 从表 4-2 查得，轴的基本偏差 n 为下极限偏差 ei = +17 μm，

从表 4-1 查得，轴的标准公差 IT7 = 25 μm，

轴的另一个极限偏差为上极限偏差 $es = ei + T_s = ei + IT7 = (+17 + 25)\ \mu m = +42\ \mu m$。

孔的基本偏差是由轴的基本偏差换算得到，如表 4-3 所示。

当孔的基本偏差确定后，孔的另一个极限偏差可根据下列公式计算：

$$T_h = ES - EI$$

3. 基准制

为了以尽可能少的标准公差带形成多种配合，国家标准规定了基孔制和基轴制两种基准制。

1）基孔制

基本偏差为一定的孔的公差带，与不同基本偏差的轴的公差带形成各种配合的一种制度称为基孔制，如图 4-9（a）所示。在基孔制配合中，孔为基准孔，其基本偏差用 H 表示。

表 4-2　轴的基本偏差数值表

（单位：μm）

公称尺寸/mm		基本偏差数值																														
		上极限偏差 es												下极限偏差 ei																		
		所有标准公差等级												IT5和IT6	IT7	IT8	IT4至IT7	≤IT8 >IT7	所有标准公差等级													
大于	至	a	b	c	cd	d	e	ef	f	fg	g	h	js	j			k		m	n	p	r	s	t	u	v	x	y	z	za	zb	zc
—	3	-270	-140	-60	-34	-20	-14	-10	-6	-4	-2	0	偏差 = ±$\frac{IT_n}{2}$	-2	-4	-6	0	0	+2	+4	+6	+10	+14		+18		+20		+26	+32	+40	+60
3	6	-270	-140	-70	-46	-30	-20	-14	-10	-6	-4	0		-2	-4		+1	0	+4	+8	+12	+15	+19		+23		+28		+35	+42	+50	+80
6	10	-280	-150	-80	-56	-40	-25	-18	-13	-8	-5	0		-2	-5		+1	0	+6	+10	+15	+19	+23		+28		+34		+42	+52	+67	+97
10	14	-290	-150	-95		-50	-32		-10		-6	0		-3	-6		+1	0	+7	+12	+18	+23	+28		+33		+40		+50	+64	+90	+130
14	18																									+39	+45		+60	+77	+108	+150
18	24	-300	-160	-110		-65	-40		-20		-7	0		-4	-8		+2	0	+8	+15	+22	+28	+35		+41	+47	+54	+63	+73	+98	+136	+188
24	30																							+41	+48	+55	+64	+75	+88	+118	+160	+218
30	40	-310	-170	-120		-80	-50		-25		-9	0		-5	-10		+2	0	+9	+17	+26	+34	+43	+48	+60	+68	+80	+94	+122	+148	+200	+274
40	50	-320	-180	-130																				+54	+70	+81	+97	+114	+136	+180	+242	+325
50	65	-340	-190	-140		-100	-60		-30		-10	0		-7	-12		+2	0	+11	+20	+32	+41	+53	+66	+87	+102	+122	+144	+172	+226	+300	+405
65	80	-360	-200	-150																		+48	+59	+75	+102	+120	+146	+174	+210	+274	+360	+480
80	100	-380	-220	-170		-120	-72		-36		-12	0		-9	-15		+3	0	+13	+23	+37	+51	+71	+91	+124	+146	+178	+214	+258	+333	+445	+585
100	120	-410	-240	-180																		+54	+79	+104	+144	+172	+210	+254	+310	+400	+525	+690
120	140	-460	-260	-200		-145	-85		-43		-14	0		-11	-18		+3	0	+15	+27	+43	+63	+92	+122	+170	+202	+248	+300	+365	+470	+620	+800
140	160	-520	-280	-210																		+65	+100	+134	+190	+228	+280	+340	+415	+535	+700	+900
160	180	-580	-310	-230																		+68	+108	+146	+210	+252	+310	+380	+465	+600	+780	+1 000
180	200	-660	-340	-240		-170	-100		-50		-15	0		-12	-21		+4	0	+17	+31	+50	+77	+122	+166	+236	+284	+350	+425	+520	+670	+880	+1 150
200	225	-740	-380	-260																		+80	+130	+180	+258	+310	+385	+470	+575	+740	+960	+1 200
225	250	-820	-420	-280																		+84	+140	+196	+294	+340	+425	+520	+640	+820	+1 060	+1 350
250	280	-920	-480	-300		-190	-110		-56		-17	0		-16	-26		+4	0	+20	+34	+56	+94	+158	+218	+315	+385	+475	+580	+710	+920	+1 200	+1 550
280	315	-1 050	-540	-330																		+98	+170	+240	+350	+425	+525	+650	+790	+1 000	+1 300	+1 700
315	355	-1 200	-600	-360		-210	-125		-62		-18	0		-18	-28		+4	0	+21	+37	+62	+108	+190	+268	+390	+475	+590	+730	+900	+1 150	+1 500	+1 900
355	400	-1 350	-680	-400																		+114	+208	+294	+433	+530	+660	+820	+1 000	+1 300	+1 650	+2 100

续表

公称尺寸/mm		基本偏差数值																														
		上极限偏差 es												下极限偏差 ei																		
大于	至	所有标准公差等级												IT5和IT6	IT7	IT8	IT4至IT7	≤IT8 >IT7	所有标准公差等级													
		a	b	c	cd	d	e	ef	f	fg	g	b	js	j			k		m	n	p	r	s	t	u	v	x	y	z	za	zb	zc
400	450	-1 500	-740	-440		-230	-135		-68		-20	0		-20	-32		+5	0	+23	+40	+68	+126	+232	+330	+450	+595	+740	+920	+1 100	+1 450	+1 850	+2 400
450	500	-1 650	-840	-480																		+132	+252	+360	+540	+660	+820	+1 100	+1 250	+1 600	+2 100	+2 600
500	560					-260	-145		-76		-22	0					0	0	+26	+44	+78	+150	+280	+400	+600							
560	630																					+155	+310	+450	+660							
630	710					-290	-160		-80		-24	0					0	0	+30	+50	+88	+175	+340	+500	+740							
710	800																					+185	+380	+560	+840							
800	900					-320	-170		-86		-26	0					0	0	+34	+56	+100	+210	+430	+620	+940							
900	1 000																					+220	+470	+680	+1 050							
1 000	1 120					-350	-195		-98		-28	0					0	0	+40	+66	+120	+250	+520	+780	+1 150							
1 120	1 250																					+266	+580	+840	+1 300							
1 250	1 400					-390	-220		-110		-30	0					0	0	+48	+78	+140	+300	+640	+950	+1 450							
1 400	1 600																					+330	+720	+1 050	+1 600							
1 600	1 800					-430	-240		-120		-32	0					0	0	+58	+92	+170	+370	+820	+1 200	+1 850							
1 800	2 000																					+400	+920	+1 350	+2 000							
2 000	2 240					-480	-260		-130		-34	0					0	0	+68	+110	+195	+440	+1 000	+1 500	+2 300							
2 240	2 500																					+460	+1 100	+1 650	+2 500							
2 500	2 800					-520	-290		-145		-38	0					0	0	+76	+135	+240	+550	+1 250	+1 900	+2 900							
2 800	3 150																					+580	+1 400	+2 100	+3 200							

注:1. 公称尺寸小于或等于 1 mm 时,基本偏差 a 和 b 均不采用。

2. 公差带 js7 ~ js11,若 IT 的数值(μm)为奇数,则取 $js = \pm\frac{IT_n - 1}{2}$。

表 4-3　孔的基本偏差数值表

（单位：μm）

公称尺寸/mm		基本偏差数值																																		a算					
		下极限偏差 EI												上极限偏差 ES																											
		所有标准公差降低												IT6	IT7	IT8	≤IT6	>IT7	≤IT8	>IT8	≤IT8	>IT8	≤IT7	标准公差等级大于 IT7												标准公等等级					
大于	至	A	B	C	CD	D	E	EF	F	FG	G	H	JS	J			K		M		N		P至ZC	P	R	S	T	U	V	X	Y	Z	ZA	ZB	ZC	IT3	IT4	IT5	IT6	IT7	IT8
—	3	+270	+140	+60	+34	+20	+14	+10	+6	+4	+2	0	偏差 = ± $\frac{IT_n}{2}$	+2	+4	+8	0	0	-2	-2	-4	-4	在大于 IT7 的相应数值上增加一个 Δ 值	-8	-10	-14		-18		-20		-26	-32	-40	-50	0	0	0	0	0	0
3	6	+270	+140	+70	+46	+30	+20	+14	+10	+6	+4	0		+5	+5	+10	-1+Δ		-4+Δ	-4	-8+Δ	0		-12	-15	-19		-23		-3		-36	-42	-50	-60	1	1.5	1	3	4	6
6	10	+280	+150	+80	+56	+40	+25	+18	+13	+8	+5	0		+5	+8	+12	-1+Δ		-4+Δ	-6	-10+Δ	0		-15	-19	-23		-28		-34		-42	-52	-67	-97	1	1.5	2	3	4	7
10	14	+290	+150	+95		+50	+32		+10		+6	0		+6	+10	+16	-2+Δ		-7+Δ	-7	-12+Δ	0		-18	-23	-28		-33		-		-50	-64	-90	-130	1	2	3	3	5	9
14	18																												-36	-45		-60	-77	-102	-160						
18	24	+300	+160	+110		+65	+40		+20		+7	0		+8	+12	+20	-2+Δ		-8+Δ	-8	-15+Δ	0		-22	-29	-35		-41	-43	-54	-76	-73	-88	-160	-188	1.5	2	3	4	6	12
24	30																										-41	-58	-66	-64	-75	-88	-118	-200	-215						
30	40	+310	+170	+120		+80	+50		+25		+9	0		+10	+14	+24	-2+Δ		-9+Δ	-9	-17+Δ	0		-26	-34	-43	-46	-60	-68	-	-94	-112	-148	-242	-274	1.5	3	4	5	9	14
40	50	+320	+180	+130																							-54	-70	-91	-97	-114	-138	-180	-300	-325						
50	65	+340	+190	+140		+100	+60		+30		+10	0		+15	+18	+28	-3+Δ		-11+Δ	-11	-20+Δ	0		-32	-41	-53	-66	-87	-102	-122	-144	-172	-226	-360	-405	2	3	5	6	11	16
65	80	+360	+200	+150																					-43	-59	-76	-102	-120	-146	-176	-210	-274	-365	-440						
80	100	+380	+220	+170		+120	+72		+36		+12	0		+16	+22	+34	-3+Δ		-22+Δ	-13	-22+Δ	0		-37	-61	-71	-93	-124	-145	-175	-214	-255	-335	-445	-435	2	4	5	7	12	19
100	120	+410	+240	+180																					-64	-79	-101	-144	-172	-210	-254	-210	-400	-525	-650						
120	140	+460	+260	+200																					-65	-92	-122	-170	-202	-248	-300	-255	-430	-600	-800						
140	160	+520	+280	+210		+145	+85		+43		+14	0		+18	+26	+41	-3+Δ		-25+Δ	-15	-27+Δ	0		-42	-66	-100	-134	-	-238	-280	-340	-415	-535	-650	-900	3	4	6	7	15	23
160	180	+580	+310	+230																					-68	-106	-146	-	-262	-340	-390	-455	-600	-700	-1000						
180	200	+660	+340	+240																					-77	-122	-165	-	-284	-330	-425	-530	-670	-780	-1150						
200	225	+740	+380	+260		+170	+100		+50		+15	0		+22	+30	+45	-4+Δ		-27+Δ	-17	-31+Δ	0		-50	-80	-110	-180	-	-310	-365	-470	-575	-740	-800	-1250	3	4	6	9	17	26
225	250	+820	+420	+280																					-84	-140	-195	-	-340	-425	-520	-640	-820	-990	-1350						
250	280	+920	+480	+300																					-94	-158	-218	-	-385	-475	-590	-710	-920	-1000	-1550						
280	315	+1050	+540	+330		+190	+110		+56		+17	0		+25	+35	+55	-4+Δ		-28+Δ	-20	-34+Δ	0		-56	-96	-179	-240	-	-425	-525	-650	-790	-1000	-1100	-1700	4	4	7	9	20	29
315	355	+1200	+600	+360																					-105	-190	-268	-	-476	-550	-730	-900	-1150	-1500	-1900						
355	400	+1350	+680	+400		+210	+125		+62		+18	0		+29	+39	+60	-4+Δ		-20+Δ	-21	-37+Δ	+		-62	-114	-200	-294	-	-530	-660	-820	-1000	-1300	-1650	-2000	4	5	7	11	21	32

续表

公称尺寸/mm		基本偏差数值																																		a算					
		下极限偏差 EI												上极限偏差 ES																										
		所有标准公差降低												IT6	IT7	IT8	≤IT6	>IT7	≤IT8	>IT8	≤IT8	>IT8	≤IT7	标准公差等级大于 IT7												标准公等等级					
大于	至	A	B	C	CD	D	E	EF	F	FG	G	H	JS	J			K		M		N		P 至 ZC	P	R	S	T	U	V	X	Y	Z	ZA	ZB	ZC	IT3	IT4	IT5	IT6	IT7	IT8
400	450	+1 500	+740	+440		+230	+135		+68		+20	0		+33	+43	+66	-5+Δ		-23+Δ	-23	-48+Δ	-0		-66	-128	-202	-280	-450	-595	-740	-900	-1 100	-1 450	-1 850	-2 400	5	6	7	13	23	34
450	500	+1 650	+840	+480																					-132	-252	-360	-540	-600	-830	-1 000	-1 200	-1 600	-2 000	-2 600						
500	560					+260	+145		+76		+22	0					0		-26		-44			-78	-160	-280	-400	-620													
560	630																								-165	-310	-450	-680													
630	710					+290	+160		+80		+24	0					0		-30		-50			-88	-175	-340	-500	-740													
710	800																								-185	-380	-560	-800													
800	900					+320	+170		+86		+26	0					0		-34		-56			-100	-210	-430	-620	-900													
900	1 000																								-230	-470	-680	-1 050													
1 000	1 120					+350	+195		+98		+28	0					0		-40		-66			-120	-250	-520	-750	-1 150													
1 120	1 250																								-280	-560	-840	-1 200													
1 250	1 400					+390	+220		+110		+30	0					0		-48		-78			-140	-300	-600	-960	-1 450													
1 400	1 600																								-330	-720	-1 050	-1 600													
1 600	1 800					+430	+240		+120		+32	0					0		-58		-88			-170	-370	-800	-1 200	-1 850													
1 800	2 000																								-400	-920	-1 350	-2 000													
2 000	2 240					+480	+260		+130		+34	0					0		-68		-110			-195	-440	-1 000	-1 500	-2 300													
2 240	2 500																								-460	-1 150	-1 650	-2 500													
2 500	2 800					+520	+290		+145		+38	0					0		-76		-115			-200	-530	-1 250	-1 900	-2 900													
2 800	3 150																								-580	-1 400	-2 100	-3 200													

注：1. 公称尺寸小于或等于 1 mm 时，基本偏差 A 和 B 及大于 IT8 的 N 均不采用。

2. 公差带 JS7～JS11，若 IT_n 数值是奇数，则取 $js=\pm\frac{IT_n-1}{2}$。

3. 当公称尺寸大于 250～315 mm 时，M6 的 ES 等于 -9（不等于 -11）。

2）基轴制

基本偏差为一定的轴的公差带，与不同基本偏差的孔的公差带形成各种配合的一种制度称为基轴制，如图 4-9（b）所示。在基轴制配合中，轴为基准轴，其基本偏差用 h 表示。

在实际使用中，应优先选择基孔制。

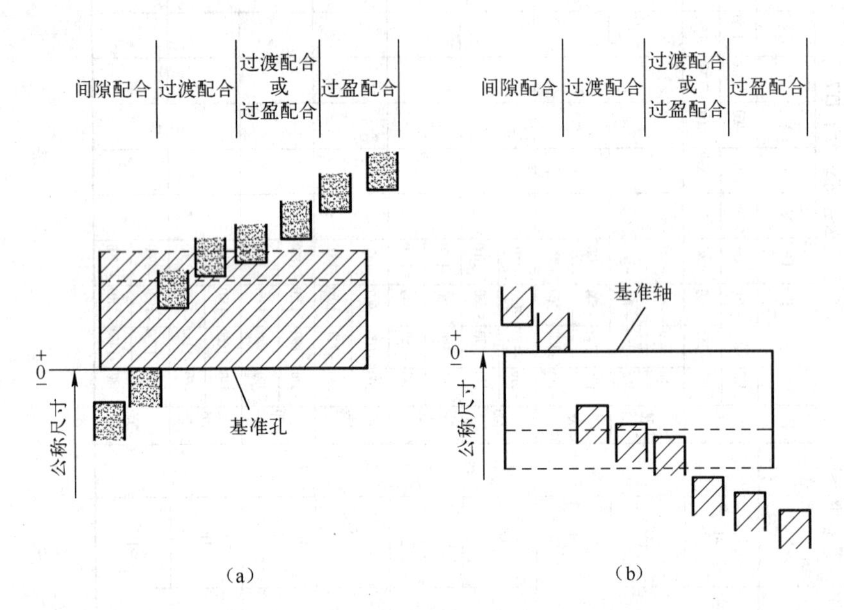

图 4-9　基孔制配合和基轴制配合公差带

【例 4-4】 试用查表法确定 ϕ30H7/p6 和 ϕ30P7/h6 孔和轴的基本偏差，计算孔、轴的极限偏差及两种配合的最大过盈 Y_{max} 和最小过盈 Y_{min}，并画出公差带图。

解： 相配合的孔和轴的公称尺寸为 30 mm。

（1）孔和轴的标准公差。

查表 4-1 得 IT7 = 21 μm，IT6 = 13 μm

（2）孔和轴的基本偏差。

孔：查表 4-3 得，H 的基本偏差 EI = 0 μm，P 的基本偏差 ES = −22 μm + Δ = (−22 + 8) μm = −14 μm

轴：查表 4-2 得，h 的基本偏差 es = 0 μm，p 的基本偏差 ei = +22 μm

（3）计算孔和轴的另一个极限偏差。

孔：H7 的另一个极限偏差 ES = EI + IT7 = (0 + 21) μm = +21 μm

P7 的另一个极限偏差 EI = ES − IT7 = (−14−21) μm = −35 μm

轴：h6 的另一个极限偏差 ei = es − IT6 = (0 − 13) μm = −13 μm

p6 的另一个极限偏差 es = ei + IT6 = (+22 + 13) μm = +35 μm

（4）求最大过盈 Y_{max} 和最小过盈 Y_{min}。

① ϕ30H7/p6：

$Y_{max} = EI - es = (0 - 35)\ \mu m = -35\ \mu m$

$Y_{min} = ES - ei = (+21 - 22)\ \mu m = -1\ \mu m$

② ϕ30P7/h6：

$Y_{max} = EI - es = (-35 - 0)\ \mu m = -35\ \mu m$

$Y_{min} = ES - ei = [-14 - (-13)]\ \mu m = -1\ \mu m$

通过计算可知，两种配合采用的基准制不同，但配合所形成的极限过盈相同，所以其配合性质相同。

(5) 画出公差带图，如图 4-10 所示。

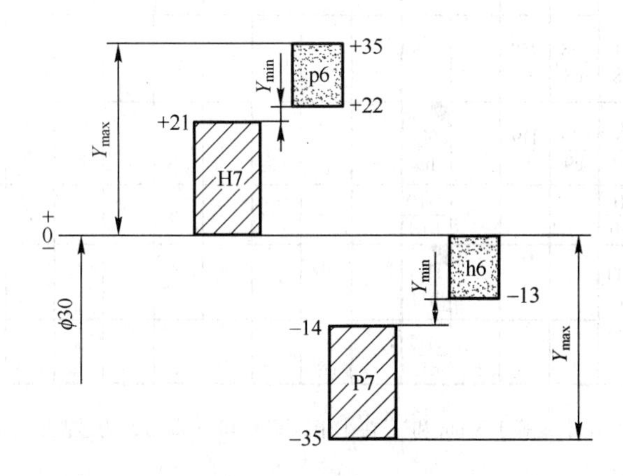

图 4-10　例题 4-4 公差带图

4.1.3　优先、常用和一般用途的公差带与配合

国家标准规定的 20 个公差等级的标准公差和 28 个基本偏差原则上可组合成 500 多个轴和孔的公差带。这么多公差带如果都应用，显然是不经济的。为了简化标准和使用方便，以利于互换，并尽可能减少定值刀具、量具的品种和规格，GB/T 1801—2009 对尺寸至 500 mm 的孔和轴规定了优先、常用和一般用途的公差带。

孔的一般公差带有 105 种，其中常用公差带有 44 种，常用公差带又包含 13 种优先公差带。

轴的一般公差带有 116 种，其中常用公差带有 59 种，常用公差带又包含 13 种优先公差带。

在此基础上，标准有规定了基孔制 59 种常用配合，13 种优先配合，如表 4-4 所示，基轴制常用配合 47 种，优先配合 13 种，如表 4-5 所示。表中带黑三角标示的配合为优先配合。

在选用公差带和配合时，应按优先、常用、一般公差带的顺序选取。对于某些特殊需要，如果一般公差带中没有满足要求的公差带，则标准允许采用两种基准制以外的非基准制配合，如 M8/f7、G8/n7 等等。

表 4-4　基孔制优先、常用配合（GB/T 1801—2009）

基准孔	轴																				
	a	b	c	d	e	f	g	h	js	k	m	n	p	r	s	t	u	v	x	y	z
	间隙配合								过渡配合			过盈配合									
H6						H6/f5	H6/g5	H6/h5	H6/js5	H6/k5	H6/m5	H6/n5	H6/p5	H6/r5	H6/s5	H6/t5					
H7						H7/f6	◤H7/g6	◤H7/h6	H7/js6	◤H7/k6	H7/m6	◤H7/n6	◤H7/p6	H7/r6	◤H7/s6	H7/t6	◤H7/u6	H7/v6	H7/x6	H7/y6	H7/z6
H8					H8/e7	◤H8/f7	H8/g7	◤H8/h7	H8/js7	H8/k7	H8/m7	H8/n7	H8/p7	H8/r7	H8/s7	H8/t7	H8/u7				
				H8/d8	H8/e8	H8/f8		H8/h8													
H9			H9/c9	◤H9/d9	H9/e9	H9/f9		◤H9/h9													
H10			H10/c10	H10/d10				H10/h10													
H11	H11/a11	H11/b11	◤H11/c11	H11/d11				◤H11/h11													
H12		H12/b12						H12/h12													

注：1. H6/n5，H7/p6在公称尺寸小于或等于 3 mm 和H8/r7在小于或等于 100 mm 时，为过渡配合。

2. 标注◤的配合为优先配合。

表 4-5　基轴制优先、常用配合（GB/T 1801—2009）

基准轴	孔																				
	A	B	C	D	E	F	G	H	JS	K	M	N	P	R	S	T	U	V	X	Y	Z
	间隙配合								过渡配合			过盈配合									
h5						F6/h5	G6/h5	H6/h5	JS6/h5	K6/h5	M6/h5	N6/h5	P6/h5	R6/h5	S6/h5	T6/h5					
h6						F7/h6	◤G7/h6	◤H7/h6	JS7/h6	◤K7/h6	M7/h6	◤N7/h6	◤P7/h6	R7/h6	◤S7/h6	T7/h6	◤U7/h6				
h7					E8/h7	◤F8/h7		◤H8/h7	JS8/h7	K8/h7	M8/h7	N8/h7									
h8				D8/h8	E8/h8	F8/h8		H8/h8													
h9				◤D9/h9	E9/h9	F9/h9		◤H9/h9													
h10				D10/h10				H10/h10													
h11	A11/h11	B11/h11	◤C11/h11	D11/h11				◤H11/h11													
h12		B12/b12						H12/h12													

注：标注◤的配合为优先配合。

4.1.4　配合的选择

1. 配合类别的选择

（1）间隙配合。当孔轴有相对运动要求的，一般应选用间隙配合。要求精确定位又便于拆卸的静连接，结合件间只有缓慢移动或转动的动连接可选用间隙小的间隙配合。如果对配合精度要求不高，只为了装配方便，可选用间隙大的间隙配合。

（2）过渡配合。要求精确定位、结合件间无相对运动、可拆卸的静连接，可选用过渡配合。

（3）过盈配合。装配后需要靠过盈传递载荷的，又不需要拆卸的静连接，可选用过盈配合。具体选择配合类别可参考表4-6所示内容。

表4-6　配合类别选择表

<table>
<tr><td rowspan="4">无相对运动</td><td rowspan="3">需要传递力矩</td><td rowspan="2">精确定心</td><td>不可拆卸</td><td>过盈配合</td></tr>
<tr><td>可拆卸</td><td>过渡配合或基本偏差为H(h)的间隙配合，加键、销紧固件</td></tr>
<tr><td colspan="2">不需要精确定心</td><td>间隙配合，加键、销紧固件</td></tr>
<tr><td colspan="3">不需要传递力矩</td><td>过渡配合或过盈量较小的过盈配合</td></tr>
<tr><td rowspan="2">有相对运动</td><td colspan="3">缓慢转动或移动</td><td>基本偏差为H(h)、G(g)等间隙配合</td></tr>
<tr><td colspan="3">转动、移动或复合运动</td><td>基本偏差为D～F（d～f）等间隙配合</td></tr>
</table>

2. 各类配合的特性与应用

表4-7所示为基孔制轴的基本偏差选用情况。表4-8所示为尺寸至500 mm基孔制常用和优先配合的特征及应用。表4-9所示为工作情况对间隙或过盈的影响。

表4-7　基孔制轴的基本偏差选用

配合	基本公差	特性及应用说明
间隙配合	a，b	配合间隙很大，应用较少
	c，d	用于工作条件较差，受力变形，或为了便于装配；可以得到很大的配合间隙，一般用于较松的动配合；也适用于大直径滑动轴承配合及其他重型机械中的一些滑动支承配合。也用于热动间隙配合
	e	用于要求有明显间隙，易于转动的支承配合，如大跨距、多点支承、重载等的配合。多用于IT7～IT9
	f	适用于一般转动配合，广泛应用于普通润滑油（或润滑脂）润滑的支承，如齿轮箱、小电动机、泵等的转轴与支承的配合。多用于IT6～IT8
	g	适用于不回转的精密滑动轴承、定位销等定位配合，配合间隙小，制造成本较高，除很轻负荷的精密装置外一般不推荐用于转动配合，多用于IT5～IT7
	h	广泛用于无相对转动的零件，作为一般的定位配合，若没有温度、变形等的影响，也用于精密滑动配合，如车床尾座套筒与尾座体间的配合。多用于IT4～IT11

续表

配合	基本公差	特性及应用说明
过渡配合	js	偏差对称分布，平均间隙小，多用于要求间隙较小并允许略有过盈的精密零件的定位配合，一般可用手或木锤装配。多用于 IT4～IT7
	k	平均间隙接近于零，推荐用于稍有过盈的定位配合，一般可用木锤装配。多用于 IT4～IT7
	m	平均过盈较小，适用于不允许游动的精密定位配合，组成的配合定位好。例如不允许窜动的轴承内、外圈的配合。一般可用木锤装配。多用于 IT4～IT7
	n	平均过盈比 m 稍大，很少得到间隙，用于定位要求较高且不常拆卸的配合。一般可用锤或压力机装配。多用于 IT4～IT7
过盈配合	p	用于小过盈配合。与 H6 或 H7 组成过盈配合，而与 H8 组成过渡配合。对非铁类零件，为较轻的压入配合，对钢、铁或铜、钢组件类装配是标准压入配合。多用于 IT5～IT7
	r	用于传递大扭矩或受冲击载荷需要加键联结的配合。对铁类零件为中等打入配合，对非铁类零件为轻打入配合。如蜗轮与轴的配合。多用于 IT5～IT7
	s	用于钢铁类零件的永久性或半永久性装配，可产生大的结合力，用压力机或热涨法装配。例如曲柄销与曲拐轴的配合。多用于 IT5～IT7
	t～z	过盈量依次增大，除 u 外，一般不推荐采用

表 4-8　尺寸至 500 mm 基孔制常用和优先配合的特征及应用

配合类别	配合特征	配合代号	应用
间隙配合	特大间隙	$\frac{H11}{a11}$ $\frac{H11}{b11}$ $\frac{H12}{b12}$	用于高温或工作时要求大间隙的配合
	很大间隙	$\left(\frac{H11}{c11}\right)$ $\frac{H12}{d12}$	用于工作条件较差、受力变形或为了便于装配而需要大间隙的配合和高温工作的配合
	较大间隙	$\frac{H9}{c9}$ $\frac{H10}{c10}$ $\frac{H8}{d8}$ $\left(\frac{H9}{d9}\right)$ $\frac{H10}{d10}$ $\frac{H8}{e7}$ $\frac{H8}{e8}$ $\frac{H9}{e9}$	用于高速重载的滑动轴承或大直径的滑动轴承，也可用于大跨距或多支点支承的配合
	一般间隙	$\frac{H6}{f5}$ $\frac{H7}{f6}$ $\left(\frac{H8}{f7}\right)$ $\frac{H8}{f8}$ $\frac{H9}{f9}$	用于一般转速的动配合。当温度影响不大时，广泛应用于普通润滑油润滑的支承处
	较小间隙	$\left(\frac{H7}{g6}\right)$ $\frac{H8}{g7}$	用于精密滑动零件或缓慢间歇回转的零件的配合部位
	很小间隙和零间隙	$\frac{H6}{g5}$ $\frac{H6}{h5}$ $\left(\frac{H7}{h6}\right)$ $\left(\frac{H8}{h7}\right)$ $\frac{H8}{h8}$ $\left(\frac{H9}{h9}\right)$ $\frac{H10}{h10}$ $\left(\frac{H11}{c11}\right)$ $\frac{H12}{h12}$	用于不同精度要求的一般定位件的配合和缓慢移动和摆动零件的配合

续表

配合类别	配合特征	配合代号	应　　用
过渡配合	绝大部分有微小间隙	$\frac{H6}{js5}$ $\frac{H7}{js6}$ $\frac{H8}{js7}$	用于易于装拆的定位配合或加紧固件后可传递一定静载荷的配合
	大部分有微小间隙	$\frac{H6}{k5}\left(\frac{H7}{k6}\right)\frac{H8}{k7}$	用于稍有振动的定位配合。加紧固件可传递一定载荷，装拆方便可用木锤敲入
	大部分有微小过盈	$\frac{H6}{m5}$ $\frac{H7}{m6}$ $\frac{H8}{m7}$	用于定位精度较高且能抗振的定位配合。加键可传递较大载荷。可用铜锤敲入或小压力压入
	绝大部分有微小过盈	$\left(\frac{H7}{n6}\right)\frac{H8}{n7}$	用于精确定位或紧密组合件的配合。加键可传递大力矩或冲击性载荷。只在大修时拆卸
	绝大部分有较小过盈	$\frac{H8}{p7}$	加键后能传递很大力矩，且承受振动和冲击的配合、装配后不再拆卸
过盈配合	轻型	$\frac{H6}{n5}$ $\frac{H6}{p5}\left(\frac{H7}{p6}\right)\frac{H6}{r5}$ $\frac{H7}{r6}$ $\frac{H8}{r7}$	用于精确的定位配合。一般不能靠过盈传递力矩。如果要传递力矩需要加紧固件
	中型	$\frac{H6}{s5}\left(\frac{H7}{s6}\right)\frac{H8}{s7}$ $\frac{H6}{t5}$ $\frac{H7}{t6}$ $\frac{H8}{t7}$	不需要加紧固件就可传递较小力矩和轴向力。加紧固件后可承受较大载荷或动载荷的配合
	重型	$\left(\frac{H7}{u6}\right)\frac{H8}{u7}$ $\frac{H7}{v6}$	不需要加紧固件就可传递和承受大的力矩和动载荷的配合。要求零件材料有高强度
	特重型	$\frac{H7}{x6}$ $\frac{H7}{y6}$ $\frac{H7}{z6}$	能传递和承受很大力矩和动载荷的配合，需要经试验后方可应用

注：1. 括号内的配合为优先配合。
　　2. 国家标准规定的 47 种基轴制配合的应用与本表中的同名配合相同。

表 4–9　工作情况对间隙或过盈的影响

工 作 状 况	间隙应增或减	过盈应增或减
材料许用应力小	—	减
经常拆卸	—	减
有冲击负荷	减	增
工作时孔的温度高于轴的温度（零件材料相同）	减	增
工作时轴的温度高于孔的温度（零件材料相同）	增	减
组合长度较大	增	减
配合表面形位误差大	增	减
零件装配时可能偏斜	增	减
旋转速度较高	增	增
有轴向运动	增	—
润滑油的黏度较大	增	—
表面粗糙	减	增
装配精度较高	减	减
装配精度较低	增	增

4.2　几 何 公 差

在加工过程中，机械零件不仅会有尺寸误差，而且还会产生几何误差。严重的几何误差，将使零件装配造成困难，影响机器的工作精度和使用寿命。因此，为了保证机械产品的质量和零件的互换性，不仅要限制零件的尺寸误差，还必须对零件的形位误差加以控制，规定一个比较经济、合理的许可变动范围，这就是几何公差。

4.2.1　几何公差的研究对象

几何要素是指构成零件几何特征的点、线和面，简称要素。例如图4-11所示零件的顶点、球心、轴线、素线、球面、圆锥面、圆柱面、端面等。几何要素就是几何公差的研究对象。

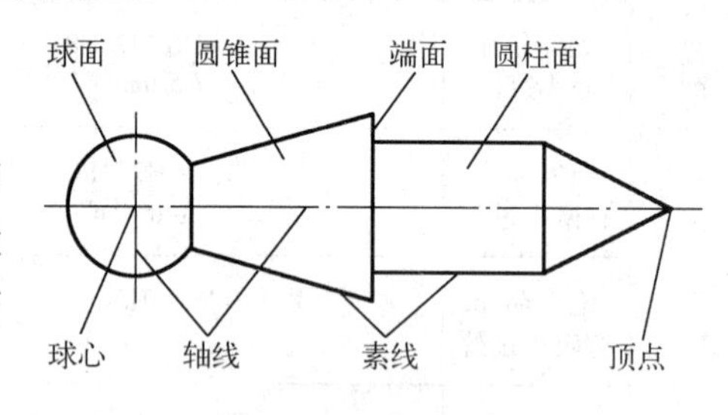

图4-11　零件的几何要素

几何要素可从不同角度分类，可分为以下四类。

1）按几何特征不同可以分为轮廓要素和中心要素

（1）轮廓要素是指构成零件外形的点、线、面各要素，例如图4-11中的球面、圆锥面、圆柱面，端面以及圆柱面和圆锥面的素线。

（2）中心要素是指轮廓要素对称中心所表示的点、线、面各要素，例如图4-11中的球心 、圆柱面和圆锥面的轴线等。中心要素虽然不能被人们直接所感受到，但它们是随着轮廓要素的存在而客观存在着。

2）按存在状态不同可以分为理想要素和实际要素

（1）理想要素是指具有几何学意义的要素，它们不存在任何误差。图样上表示的要素一般均为理想要素。

（2）实际要素是指零件实际存在的要素。由于测量误差的存在，所以完全符合定义的理想要素是测量不到的，通常用测量得到的要素来代替实际要素。

3）按所处地位不同可以分为被测要素和基准要素

（1）被测要素是指图样上给出几何公差要求的要素，即需要研究确定其几何误差的要素。

（2）基准要素是指用来确定被测要素方向或（和）位置的参照要素。

4）按功能关系不同可以分为单一要素和关联要素

（1）单一要素是指仅对其本身给出形状公差要求的要素，即只研究确定其形状误差的要素。

（2）关联要素是指与基准要素有功能关系的要素，即需要研究确定其方向误差或位置误差或跳动误差的要素。

需要注意的是，根据研究对象的不同，某一要素可以是单一要素，也可以是关联要素。

4.2.2　几何公差的项目及符号

根据国家标准 GB/T 1182—2008《产品几何技术规范（GPS）几何公差　形状、方向、位置和跳动公差标注》的规定，几何公差项目分为 14 种，各项目的名称及符号如表 4-10 所示。

表 4-10　几何公差特征项目符号

公差类型	几何特征	符　　号	有无基准	公差类型	几何特征	符　　号	有无基准
形状公差	直线度	⏤	无	位置公差	位置度	⌖	有或无
	平面度	⏥	无		同心度（用于中心点）	◎	有
	圆度	○	无		同轴度（用于轴线）	◎	有
	圆柱度	⌭	无		对称度	⌯	有
	线轮廓度	⌒	无		线轮廓度	⌒	有
	面轮廓度	⌓	无		面轮廓度	⌓	有
方向公差	平行度	//	有	跳动公差	圆跳动	↗	有
	垂直度	⊥	有		全跳动	⌰	有
	倾斜度	∠	有				
	线轮廓度	⌒	有				
	面轮廓度	⌓	有				

国家标准规定几何公差在图样上一般采用代号标注，无法采用代号标注时，允许在技术要求中用文字说明。几何公差的标注结构由公差框格、被测要素指引线、公差特征符号、几何公差值及有关符号、基准代号和相关要求符号等组成。

4.2.3　几何公差的公差带

几何公差带是用来限制被测要素变动的区域。它是一个几何图形，只要被测要素完全落在给定的公差带内，就表示该要素的形状和位置符合要求。

几何公差带具有形状、大小、方向和位置四个要素。几何公差带的形状由被测要素的理想形状和给定的公差特征项目所确定。常见的几何公差带的形状如表 4-11 所示。

几何公差带的方向和位置根据有无基准要求分为以下两种情况：

（1）几何公差带的方向或位置可以随实际被测要素的变动而变动，这时公差带的方向或位置就是浮动的。几何公差（未标基准）的公差带的方向和位置一般是浮动的。

（2）几何公差带的方向或位置必须与基准要素保持一定的几何关系，这时公差带的方向或位置则是固定的。方向公差、位置公差和跳动公差（标有基准）的公差带的方向或位置一般是固定的。

表 4–11　几何公差带形状

区　域	公差带形状	图　示	应用举例
平面区域	两平行直线（t）	t	给定平面内素线的直线度公差
	两等距曲线（t）	t	线轮廓度公差
	两同心圆（t）	t	圆度公差
	一个圆（t）	ϕt	给定平面内点的位置度公差
空间区域	一个球（$S\phi t$）	$s\phi t$	空间内点的位置度公差
	两平行平面（t）	t	面的平行度公差
	两等距曲面（t）	t	面的轮廓度公差
	一个圆柱（ϕt）	ϕt	轴线的直线度、垂直度公差
	两同轴圆柱（t）	t	圆柱度公差

注：几何公差带的大小是由公差值 t 确定的，公差值 t 指的是公差带的宽度或直径。

4.2.4　形状公差和公差带

形状公差包括直线度、平面度、圆度、圆柱度、线轮廓度和面轮廓度六个项目。除了有基准要求的线轮廓度和面轮廓度以外，均是限制单一要素的形状误差的。

1. 形状公差带的特点

形状公差带是限制实际被测要素变动的一个区域，根据形状公差带的特点，形状公差可分为以下两种类型：

1）直线度、平面度、圆度、圆柱度

这四个项目是对单一实际要素的形状所提出的，不涉及基准问题，它们的公差带没有方向或位置的约束，即公差带可以任意浮动，并且构成公差带几何图形的理想要素都不涉及尺寸。

2）线轮廓度和面轮廓度

轮廓度公差不是单纯的形状公差，具有两重性：当它们用于限制被测要素的形状时，不标注基准，其理想形状由理论正确尺寸确定，公差带的位置是浮动的；当它们用于限制被测要素的形状和位置时，要标注基准，其理想形状由基准和理论正确尺寸确定，公差带的位置是确定的。

形状公差带的定义、标注和解释如表 4-12 所示。

表 4-12　形状公差带的定义、标注示例和说明

项目	公差带定义		标注示例和说明
直线度	在给定平面内　公差是距离为公差值 t 的两平行直线之间的区域	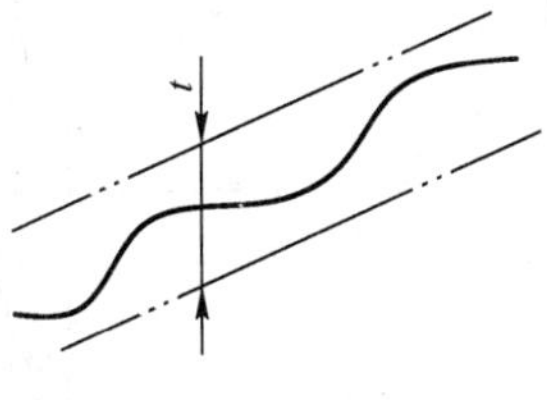	被测圆柱面的任一素线必须位于轴向平面内、距离为公差值 0.1 mm 的两平行直线之间。 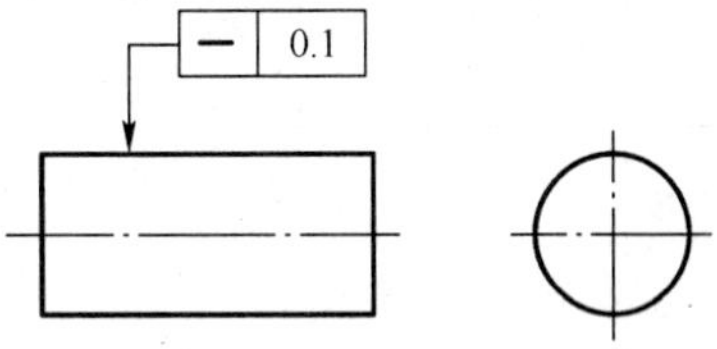
	在给定方向上公差带是距离为公差值 t 的两平行平面之间的区域	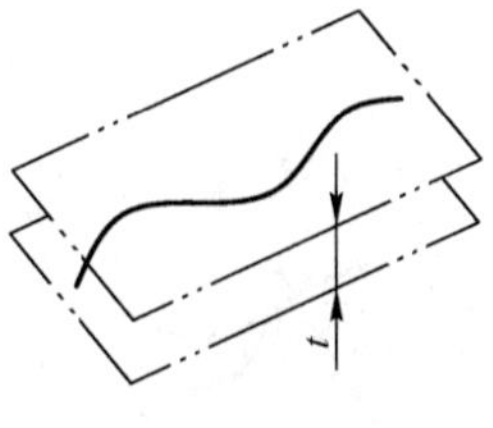	被测棱线必须位于垂直于箭头方向、距离为公差值 0.1 mm 的两平行平面之间。 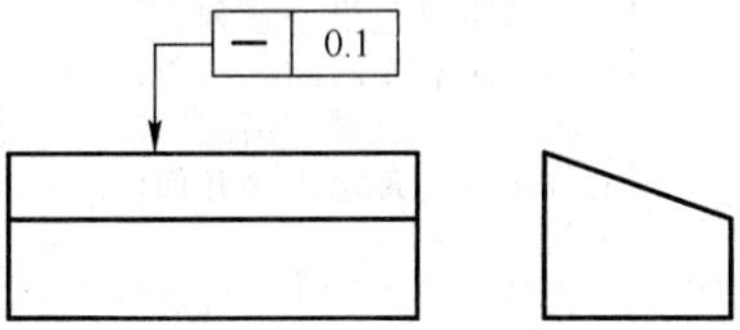
	在任意方向上公差带是直径为公差值 t 的圆柱面内的区域	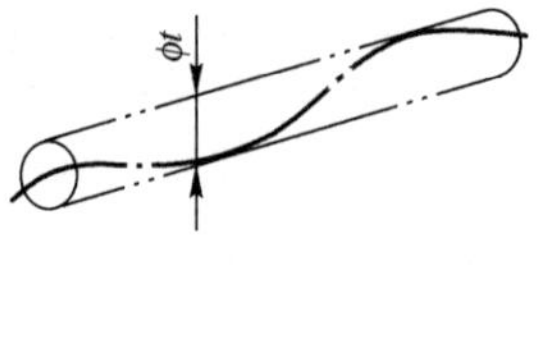	被测圆柱体的轴线必须位于直径为公差值 ϕ0.08 mm 的圆柱面内。 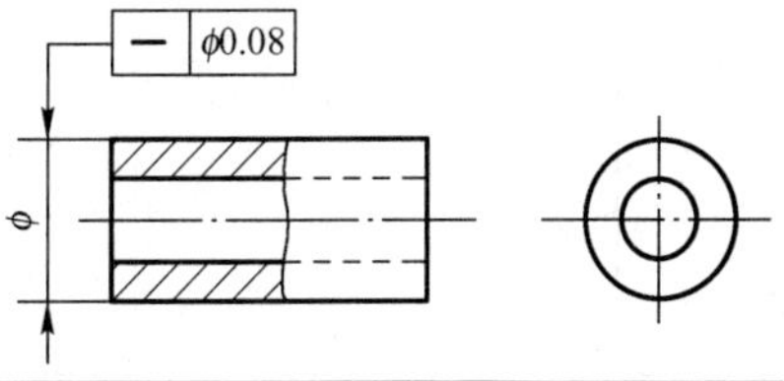

续表

项目	公差带定义		标注示例和说明
平面度	公差带是距离为公差值 t 的两平行平面之间的区域	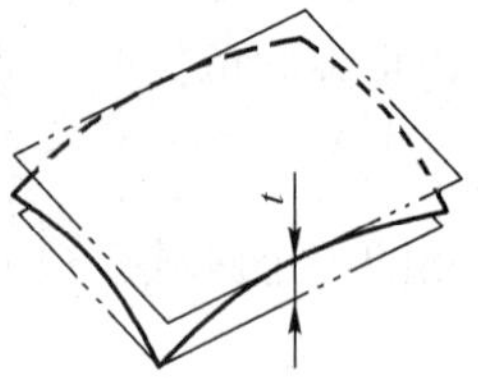	被测表面必须位于距离为公差值 0.08 mm 的两平行平面之间 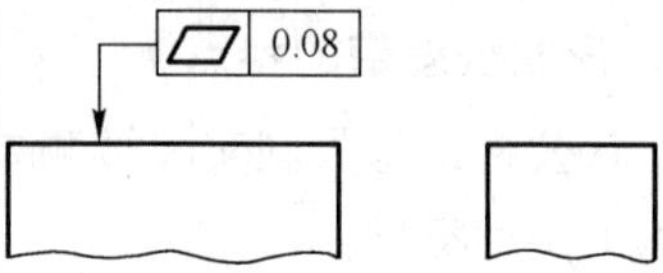
圆度	公差带是在同一正截面上半径差为公差值 t 的两同心圆之间的区域	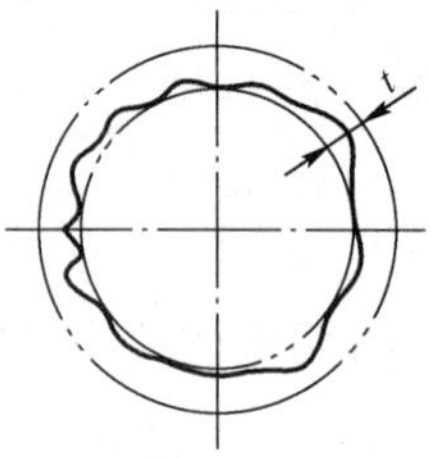	被测圆锥面的任一正截面的圆周必须位于半径差为公差值 0.03 mm 的两同心圆之间 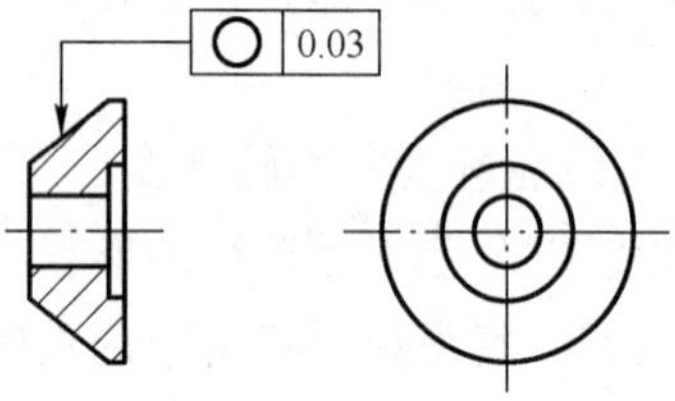
圆柱度	公差带是半径差为公差值 t 的两同轴圆柱面之间的区域	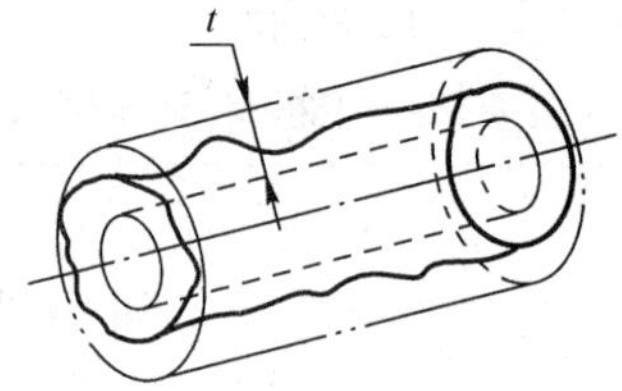	被测圆柱面必须位于半径差为公差值 0.1 mm的两同轴圆柱面之间 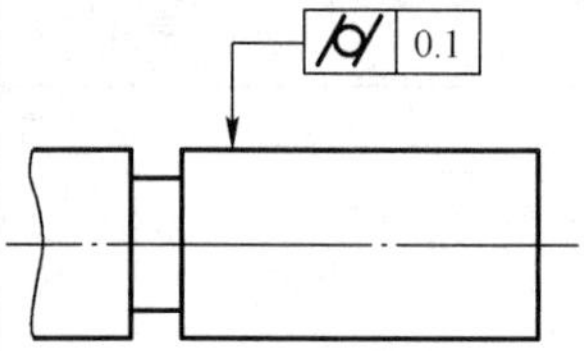
线轮廓度	公差带是包络一系列直径为公差值 t 的圆的两包络线之间的区域，诸圆圆心位于具有理论正确几何形状的线上。 无基准要求的线轮廓度公差见右图（a），有基准要求的线轮廓度公差见右图（b）	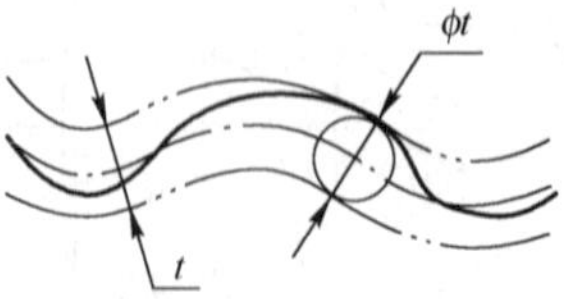	在平行于图样所示投影面的任一截面上，被测轮廓线必须位于包络一系列直径为公差值 0.04 mm 并且圆心位于具有理论正确几何形状的理想轮廓线上的两包络线之间 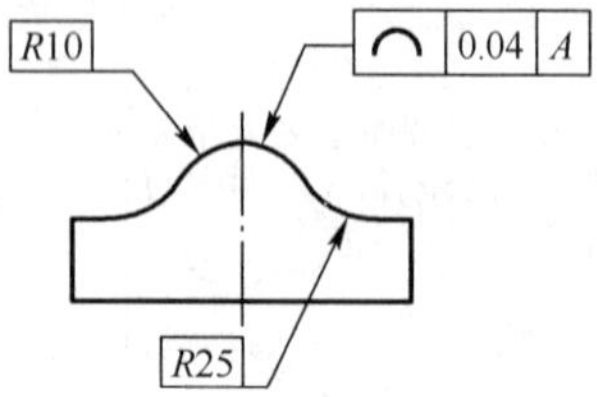 （a） 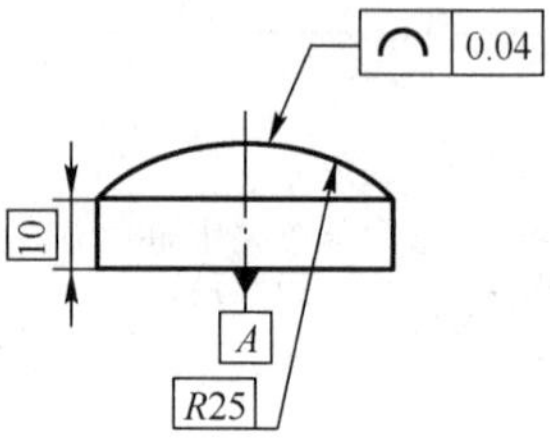 （b）

续表

项目	公差带定义		标注示例和说明
面轮廓度	公差带是包络一系列直径为公差值 t 的球的两包络面之间的区域，诸球的球心位于具有理论正确几何形状的面上。 无基准要求的面轮廓度公差见右图（a），有基准要求的面轮廓度公差见右图（b）		被测轮廓面必须位于包络一系列球的两包络面之间，诸球的直径为公差值 0.02 mm 并且球心位于具有理论正确几何形状的理想轮廓面上 （a） （b）

2. 形状误差的评定

1）形状误差的评定准则

形状误差是被测实际要素的形状对其理想要素的变动量，只要形状误差值不大于相应的公差值，则认为合格。

在确定被测实际要素的变动量时，必须将其与理想要素进行比较，但是由于理想要素相对于实际要素的位置不同，得到的最大变动量也会不同，从而使形状误差值的评定结果不唯一。因此，国家标准规定，“最小条件”准则是评定形状误差的基本准则。“最小条件”就是即被测实际要素对其理想要素的最大变动量为最小。

2）最小包容区域

为了方便，同时又与公差带相联系，在评定形状误差时，根据“最小条件”的要求，一般用最小包容区域的宽度或直径表示形状误差的大小。最小包容区域是指与公差带形状相同、包容被测实际要素，且具有最小宽度或直径的区域，简称最小区域，如图 4-12 所示。

（1）轮廓要素（线、面轮廓度除外）。如图 4-12 所示，与被测要素比较，理想要素是直线，其位置可能有多种情况，h_1、h_2、h_3是对应于理想要素处于不同位置的最大变动量，且 $h_1 < h_2 < h_3$，如果 h_1为最小值，根据“最小条件”的要求，则理想要素处于 A_1位置时两平行线之间的包容区域的宽度最小，所以 h_1为直线度误差值。

（2）中心要素。如图 4-13 所示，与被测要素比较，理想要素是轴线，理想轴线的变动区域在包含实际中心要素的圆柱体之内，如 ϕd_1、ϕd_2，若 ϕd_1为最小值，则理想要素处于 ϕd_1圆柱体之内的包容区域的直径最小，则理想轴线 L_1符合“最小条件”，所以 ϕd_1为直线度误差值。

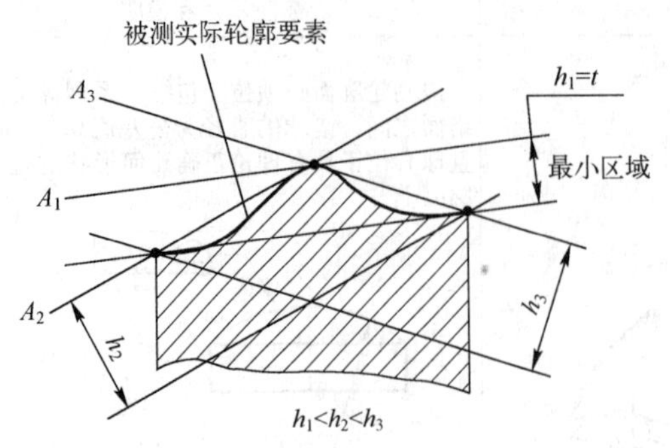

图 4-12　轮廓要素的最小包容区域

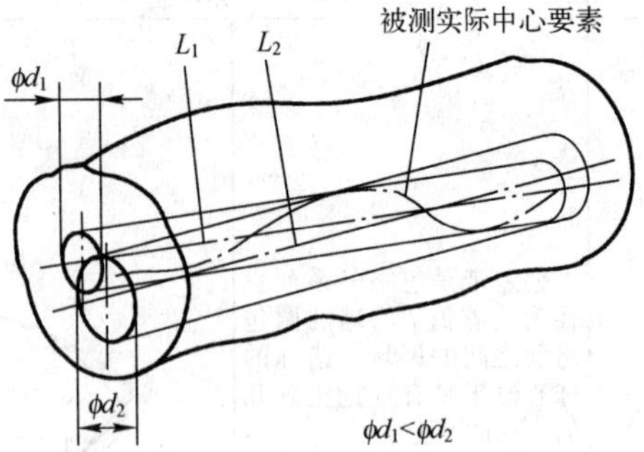

图 4-13　中心要素的最小包容区域

（3）最小包容区域的判别。如何判别最小包容区域，应根据被测实际要素与包容它的理想要素的接触状态来判别。根据实际分析和理论证明，得出了各项形状误差符合最小条件的判断准则。

例如在给定平面内评定直线度误差，由两平行直线包容被测实际要素时，实现高低相间、至少三点（高、低、高或低、高、低）与两平行直线接触，即构成最小包容区域，如图 4-14 所示。

在评定圆度误差时，做出两同心圆包容被测实际要素时，实际圆应至少有内、外相间的四个点与两包容圆接触，这个包容区域就是最小包容区域，如图 4-15 所示。两同心圆的半径差即为圆度误差。

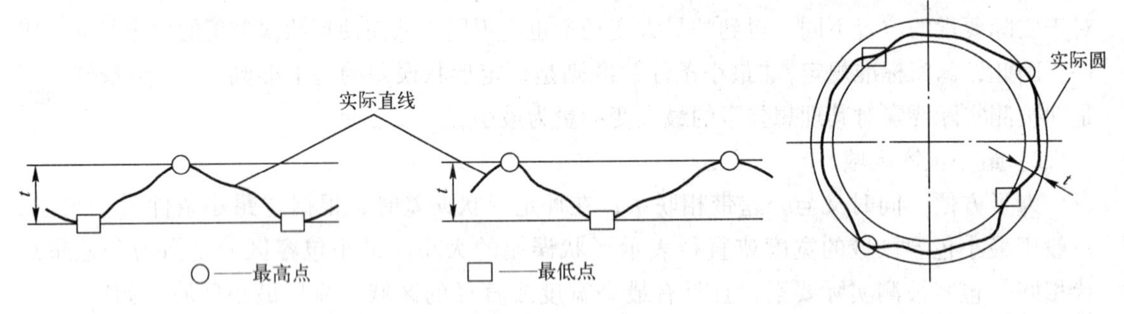

图 4-14　直线度的最小包容区域

图 4-15　圆度的最小区域

4.2.5　方向公差和公差带

方向公差包括平行度、垂直度、倾斜度、线轮廓度和面轮廓度，是被测实际要素对基准要素在方向上的允许变动量。基准要素的方向由基准及理论正确尺寸确定。被测实际要素和基准要素有直线和平面之分，所以方向公差有被测表面对基准平面（面对面）、被测直线或轴线对基准平面（线对面）、被测表面对基准轴线（面对线）、被测轴线对基准轴线（线对线）等四种形式。

方向公差带具有如下特点：

（1）方向公差带相对于基准有确定的方向。平行度、垂直度和倾斜度的被测实际要素对基准要素保持平行、垂直和倾斜度一个理论正确角度的关系，如图 4–16 所示。在相对于基准保持定向的条件下，方向公差带的位置是可以浮动的。

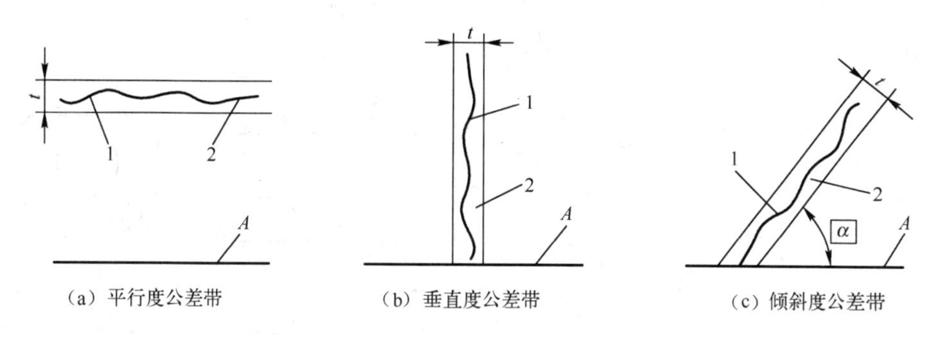

（a）平行度公差带　（b）垂直度公差带　（c）倾斜度公差带

图 4–16　方向公差带示例

A—基准；t—公差值；1—被测实际要素；2—公差带

（2）方向公差带具有综合控制被测要素的方向和形状的功能。被测要素的方向和形状的误差同时受到方向公差带的约束。在保证使用要要求的前提下，对被测要素给出方向公差后，通常不再对该要素提出形状公差要求。如果需要对被测要素的形状精度有进一步的要求时，可以同时给出形状公差，但是形状公差值应小于方向公差值。

方向公差带的定义、标注和解释如表 4–13 所示。

表 4–13　方向公差带的定义、标注示例和说明

项目	公差带定义	标注示例
平行度	面对面公差带是距离为公差值 t 且平行于基准面的两平行平面之间的区域	被测表面必须位于距离为公差值 0.03 mm，且平行于基准平面 A 的两平行平面之间
	线对面公差带是距离为公差值 t 且平行于基准面的两平行平面之间的区域	被测轴线必须位于距离为公差值 0.05 mm，且平行于基准平面 A 的两平行平面之间

续表

<table>
<tr><th>项目</th><th colspan="2">公差带定义</th><th>标注示例</th></tr>
<tr><td rowspan="3">平行度</td><td>面对线公差带是距离为公差值 t 且平行于基准线的两平行平面之间的区域</td><td> 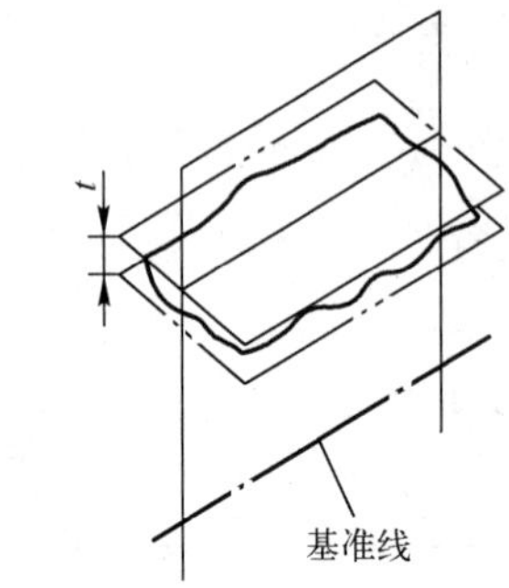t
基准线</td><td>被测平面必须位于距离为公差值 0.05 mm，且平行于基准线 A 的两平行平面之间 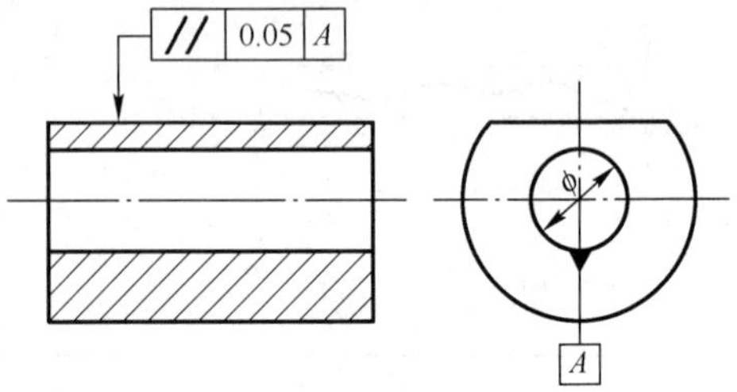
// 0.05 A
A</td></tr>
<tr><td>线对线（在给定方向上）公差带是距离为公差值 t 且平行于基准线，并位于给定方向上的两平行平面之间的区域</td><td> 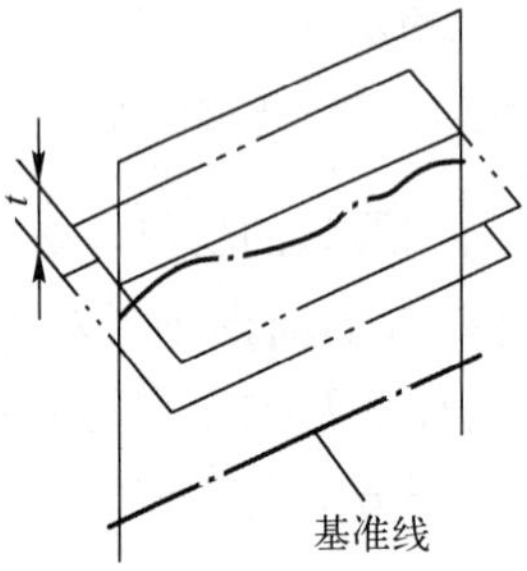t
基准线</td><td>被测轴线必须位于距离为公差值 0.1 mm，且在给定方向上平行于基准轴线 A 的两平行平面之间 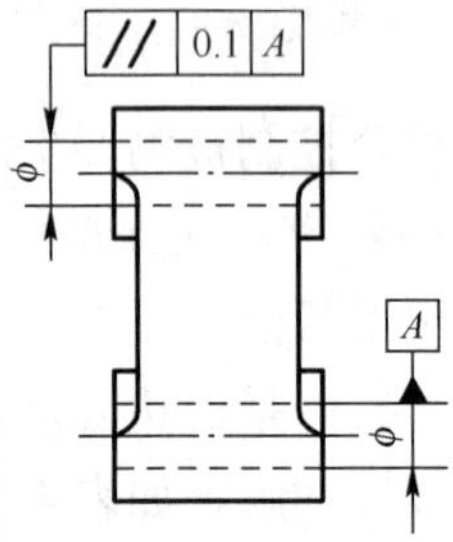
// 0.1 A
A</td></tr>
<tr><td>线对线（在任意方向上）公差带是直径为公差值 t 且平行于基准线的圆柱面内的区域</td><td> 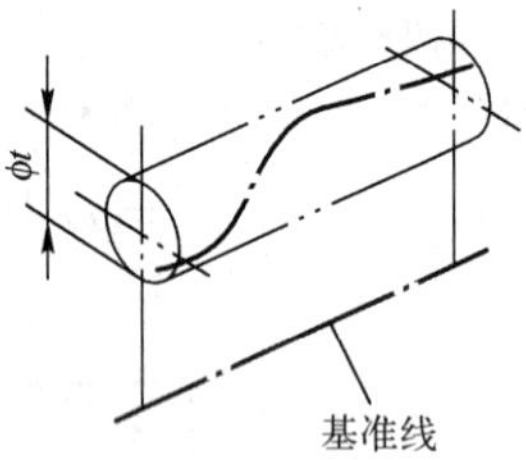φt
基准线</td><td>被测轴线必须位于直径为公差值 φ0.03 mm，且平行于基准轴线 A 的圆柱面内 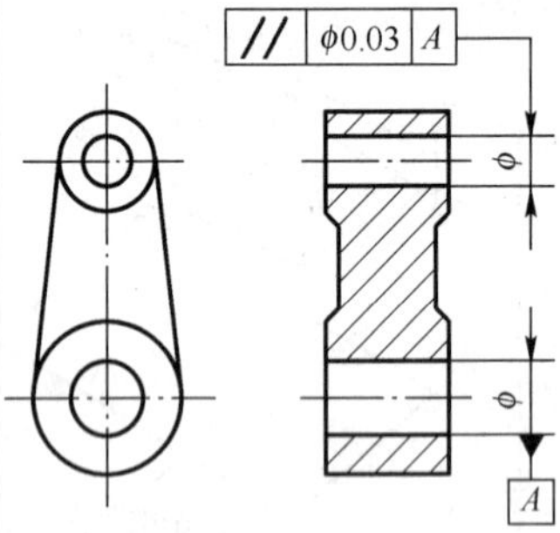
// φ0.03 A
A</td></tr>
<tr><td>垂直度</td><td>线对线公差带是距离为公差值 t 且垂直于基准线的两平行平面之间的区域</td><td> 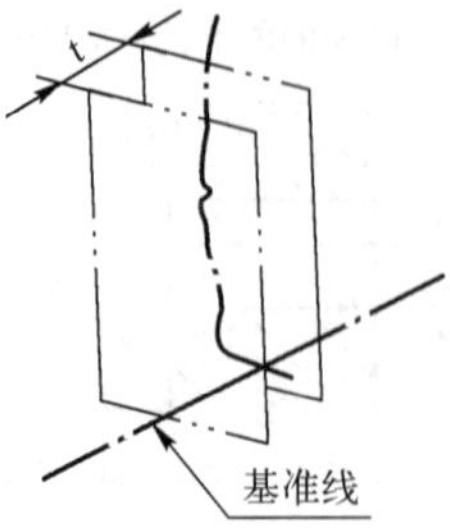t
基准线</td><td>被测轴线必须位于距离为公差值 0.06 mm，且垂直于基准线 A 的两平行平面之间 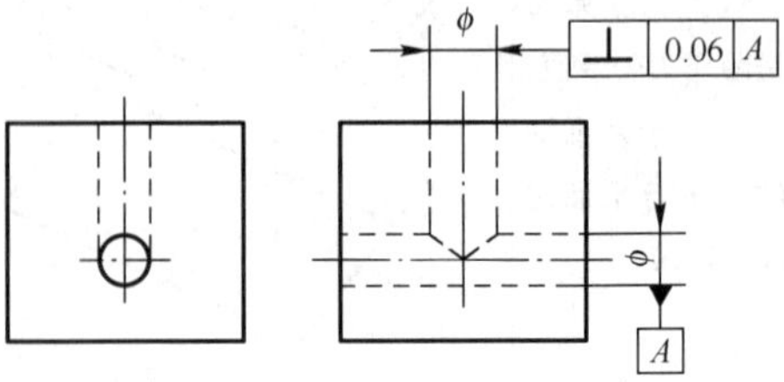
⊥ 0.06 A
A</td></tr>
</table>

续表

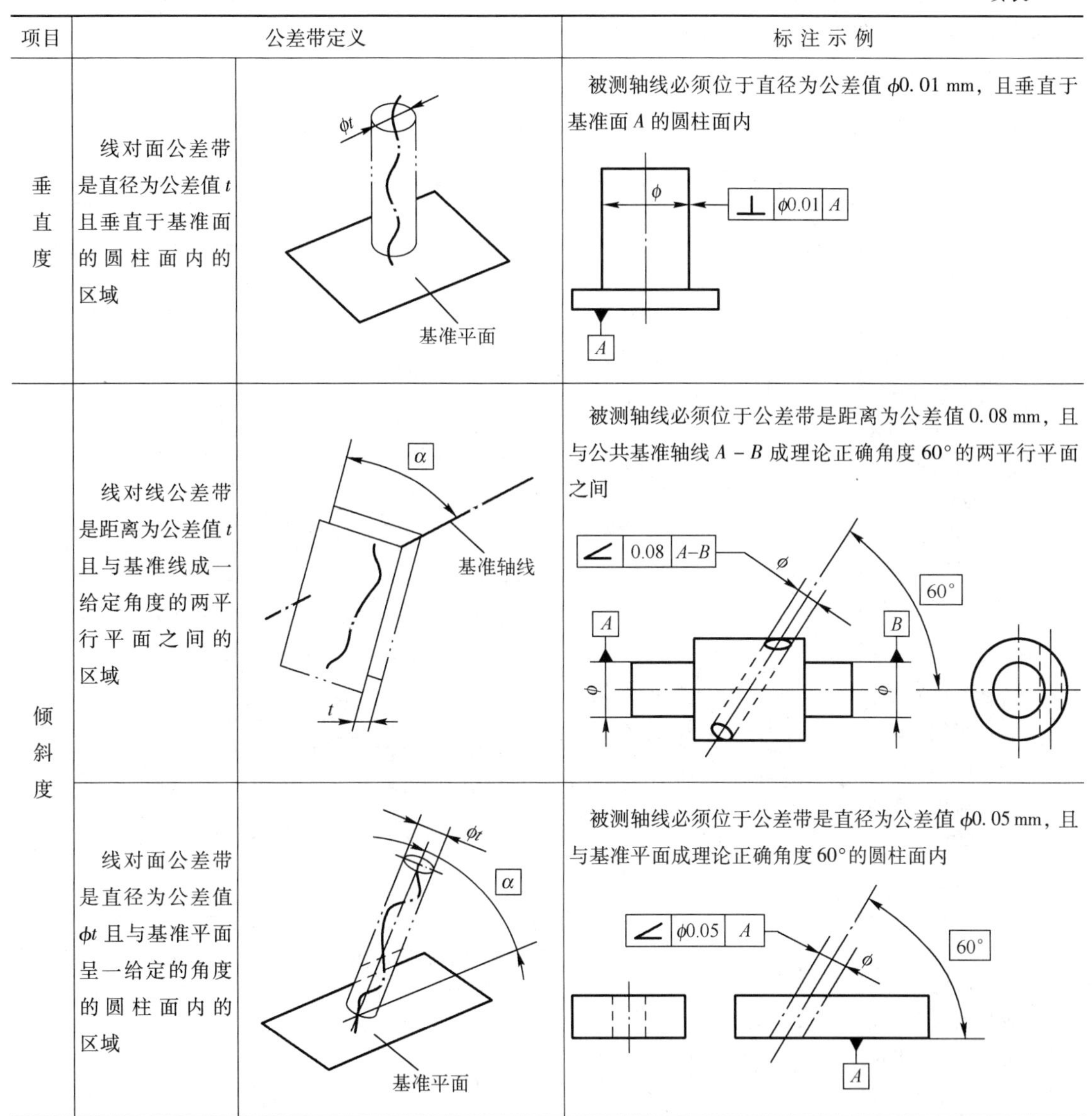

项目	公差带定义		标 注 示 例
垂直度	线对面公差带是直径为公差值 t 且垂直于基准面的圆柱面内的区域		被测轴线必须位于直径为公差值 ϕ0.01 mm，且垂直于基准面 A 的圆柱面内
倾斜度	线对线公差带是距离为公差值 t 且与基准线成一给定角度的两平行平面之间的区域		被测轴线必须位于公差带是距离为公差值 0.08 mm，且与公共基准轴线 $A-B$ 成理论正确角度 60° 的两平行平面之间
	线对面公差带是直径为公差值 ϕt 且与基准平面呈一给定的角度的圆柱面内的区域		被测轴线必须位于公差带是直径为公差值 ϕ0.05 mm，且与基准平面成理论正确角度 60° 的圆柱面内

4.2.6 位置公差和公差带

位置公差包括同轴度、对称度、位置度、线轮廓度和面轮廓度，是被测实际要素对基准要素在位置上的允许变动量。被测实际要素和基准要素对于同轴度而言是点和直线，对于对称度而言是直线和平面，对于位置度而言是点、直线和平面。

位置公差带具有如下特点：

(1) 位置公差带相对于基准具有确定的位置，其中，位置度公差带的位置由理论正确尺寸确定，同轴度和对称度的理论正确尺寸为零，图上可省略不注。

(2) 位置公差带具有综合控制被测要素的位置、方向和形状的功能。被测要素的位置、方向和形状的误差同时受到位置公差带的约束。在保证使用要求的前提下，对被测要素给出位置公差后，通常不再对该要素提出方向和形状公差要求。如果需要对被测要素的方向和形状精度有进一步的要求时，可以同时给出方向公差和形状公差，但是方向公差值和形状公差值都应小于位置公差值。

位置公差带的定义、标注和解释如表 4-14 所示。

表 4-14　位置公差带的定义、标注示例和说明

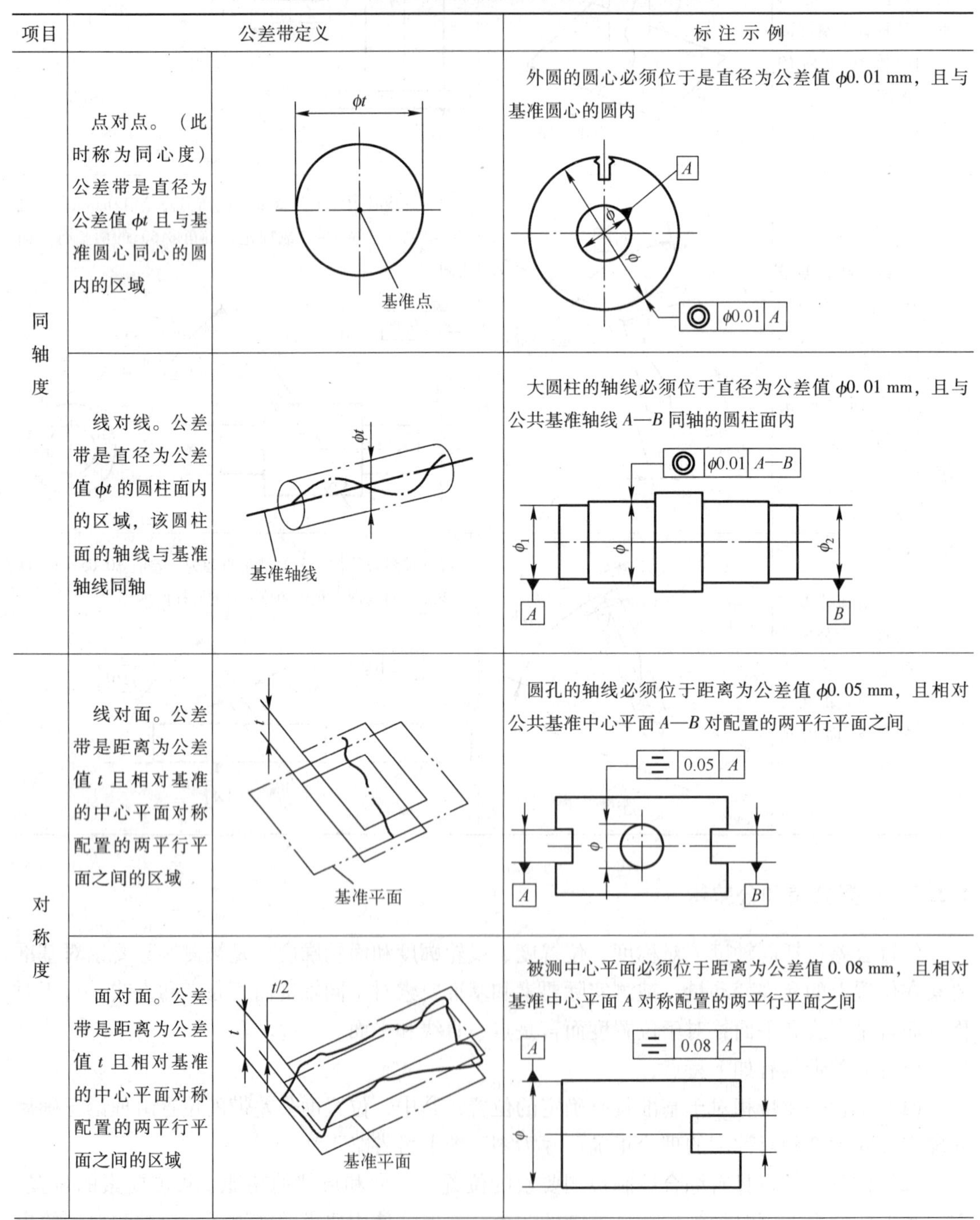

项目	公差带定义		标注示例
同轴度	点对点。（此时称为同心度）公差带是直径为公差值 ϕt 且与基准圆心同心的圆内的区域		外圆的圆心必须位于是直径为公差值 $\phi 0.01$ mm，且与基准圆心的圆内
	线对线。公差带是直径为公差值 ϕt 的圆柱面内的区域，该圆柱面的轴线与基准轴线同轴		大圆柱的轴线必须位于直径为公差值 $\phi 0.01$ mm，且与公共基准轴线 A—B 同轴的圆柱面内
对称度	线对面。公差带是距离为公差值 t 且相对基准的中心平面对称配置的两平行平面之间的区域		圆孔的轴线必须位于距离为公差值 $\phi 0.05$ mm，且相对公共基准中心平面 A—B 对配置的两平行平面之间
	面对面。公差带是距离为公差值 t 且相对基准的中心平面对称配置的两平行平面之间的区域		被测中心平面必须位于距离为公差值 0.08 mm，且相对基准中心平面 A 对称配置的两平行平面之间

续表

项目	公差带定义	标注示例
位置度	点的位置度公差带是直径为公差值 t 的圆球面内的区域，球公差带的中心点的位置由相对于基准 A 和基准 B 的理论正确尺寸确定	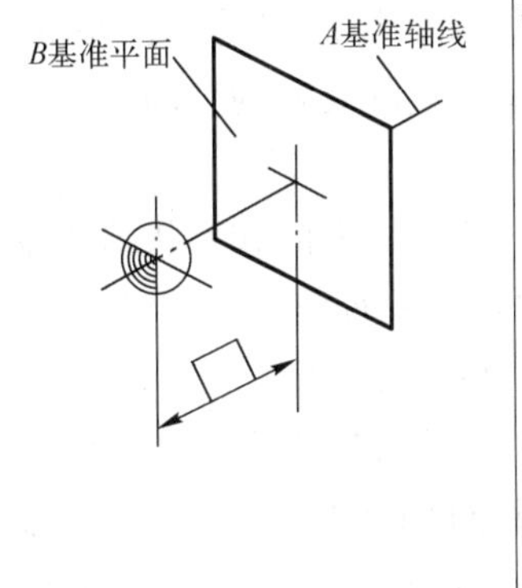 被测圆球面的球心必须位于直径为公差值 $S\phi0.1$ mm 的球内，该球的球心位于相对于基准 A 和基准 B 所确定的理想位置上 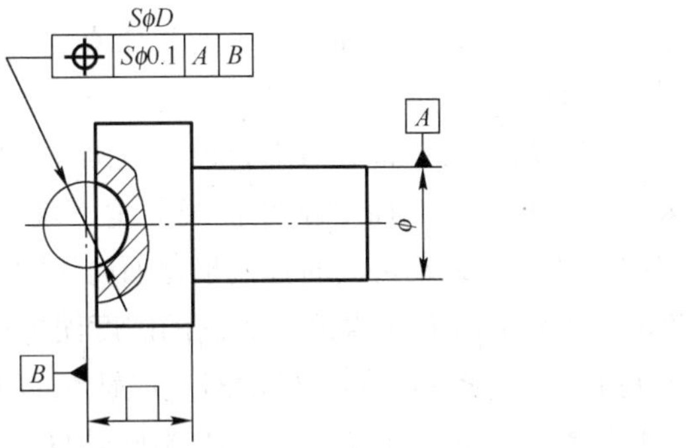
	线的位置度公差带是直径为公差 t 的圆柱面内的区域，公差带的轴线位置由相对于三基准面体系的理论正确尺寸确定	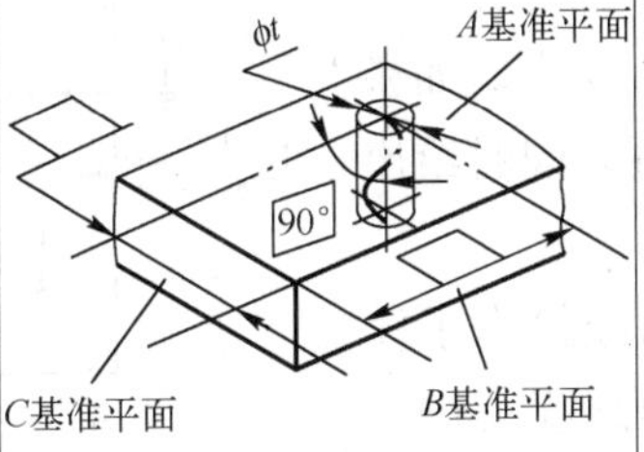 被测轴线必须位于直径为公差值 $\phi0.08$ mm，且相对于 A、B、C 基准平面所确定的理想位置为轴线的圆柱面内 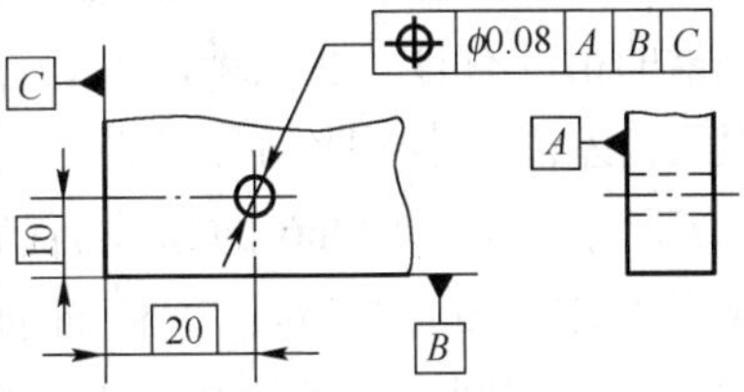
	面的位置度公差带是距离为公差值 t，且以面的理想位置为中心配置的两平行平面之间的区域，面的理想位置由相对于基准 A 和基准 B 的理论正确尺寸确定	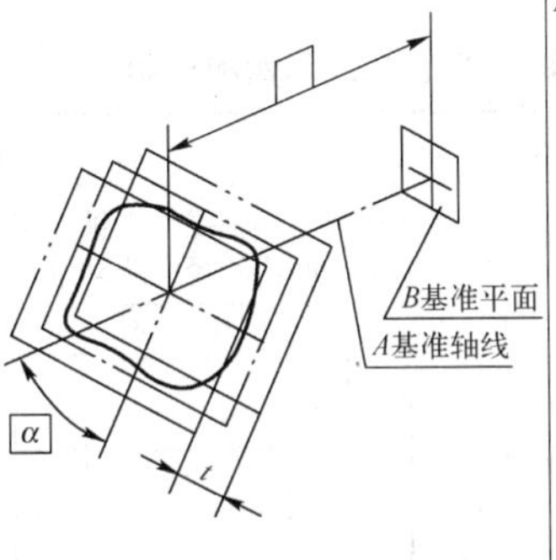 被测倾斜面必须位于距离为公差值 0.05 mm，且相对于 A、B 基准所确定的理想位置为中心配置的两平行平面之间 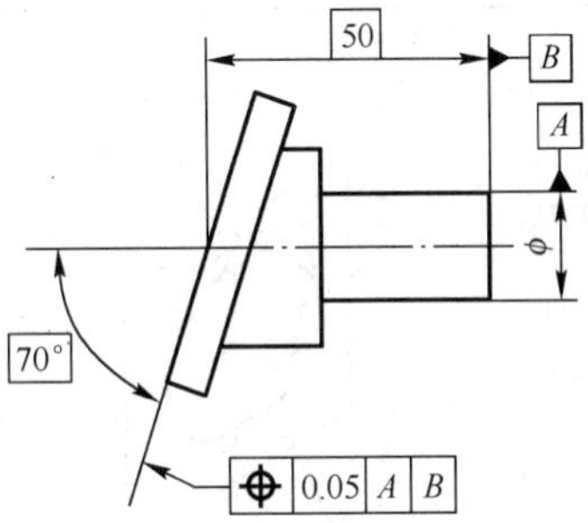

4.2.7　跳动公差和公差带

跳动公差包括圆跳动和全跳动两项，它是以检测方法规定的公差项目，即被测实际要素绕基准轴线回转过程中，沿给定方向测量其对某参考点或参考线的变动量。变动量由测量仪器的指示表的最大值与最小值之差反映出来。被测实际要素是回转表面和端面，基准要素是轴线。

圆跳动是指被测实际要素在某个测量截面内相对于其理想要素的变动量。它不能反映整个测量面上的误差。圆跳动可分为径向圆跳动、端面圆跳动和斜向圆跳动。

全跳动是指被测实际要素的整个表面相对于其理想要素的变动量。全跳动可分为径向全跳动和端面全跳动。

跳动公差带具有如下特点：

（1）跳动公差带相对于基准具有确定的位置。例如，径向圆跳动公差带的圆心在基准轴线上，径向全跳动公差带的轴线与基准轴线同轴，端面圆跳动公差带（两平行平面）垂直于基准轴线。另一方面公差带的半径或宽度又随实际要素的变动而变动，所以公差带的位置是浮动的。

（2）跳动公差带具有综合控制被测要素的位置、方向和形状的功能。例如，端面全跳动公差可同时控制端面对基准轴线的垂直度和它的平面度误差；径向圆跳动可同时控制横截面内轮廓中心相对于基准轴线的偏离（位置误差）和它的圆度误差；端面圆跳动公差带可同时控制圆周上轮廓对基准轴线的垂直度和它的形状误差；径向全跳动公差可控制同轴度、圆柱度误差。在保证使用要求的前提下，对被测要素给出跳动公差后，通常不再对该要素提出位置、方向和形状公差要求。如果需要对被测要素的精度有进一步的要求时，可以同时给出有关公差，但是公差值应小于跳动公差值。

如图 4–17 所示，对 ϕ100h6 的圆柱面已经给出了径向圆跳动公差值 0. 015 mm，但对该圆柱面的圆度有进一步要求，所以又给出了圆度公差值 0. 004 mm。

跳动公差带的定义、标注和解释如表 4–15 所示。

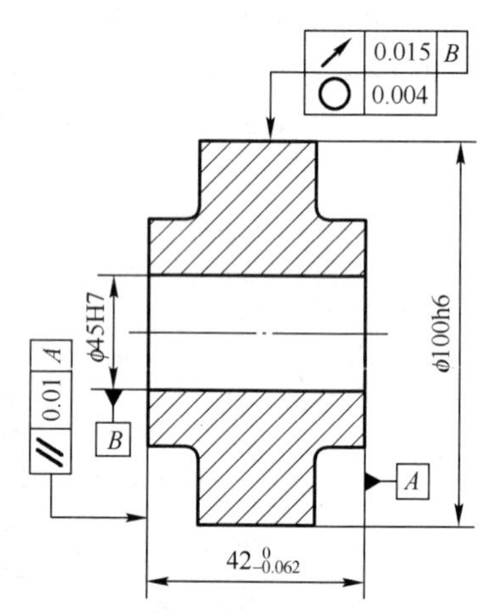

图 4–17　跳动公差和形状公差同时标注示例

表 4–15　跳动公差带的定义、标注示例和说明

项目	公差带定义		标 注 示 例
圆跳动	径向圆跳动公差带是垂直于基准轴线的任一测量面内半径差为公差值 t 且圆心在基准轴线上的两同心圆之间的区域	基准轴线 测量平面	当零件绕基准轴线作无轴向移动回转时，被测圆柱面在任一测量平面内的径向跳动量均不得大于公差值 0. 05 mm 0.05 A
	端面圆跳动公差带是与基准轴线同轴的任一直径位置的测量圆柱面上沿母线方向宽度为公差值 t 的圆柱面区域	基准轴线 测量圆柱面	当零件绕基准轴线作无轴向移动回转时，被测端面在任一测量直径的轴向跳动量均不得大于公差值 0. 05 mm 0.05 A

续表

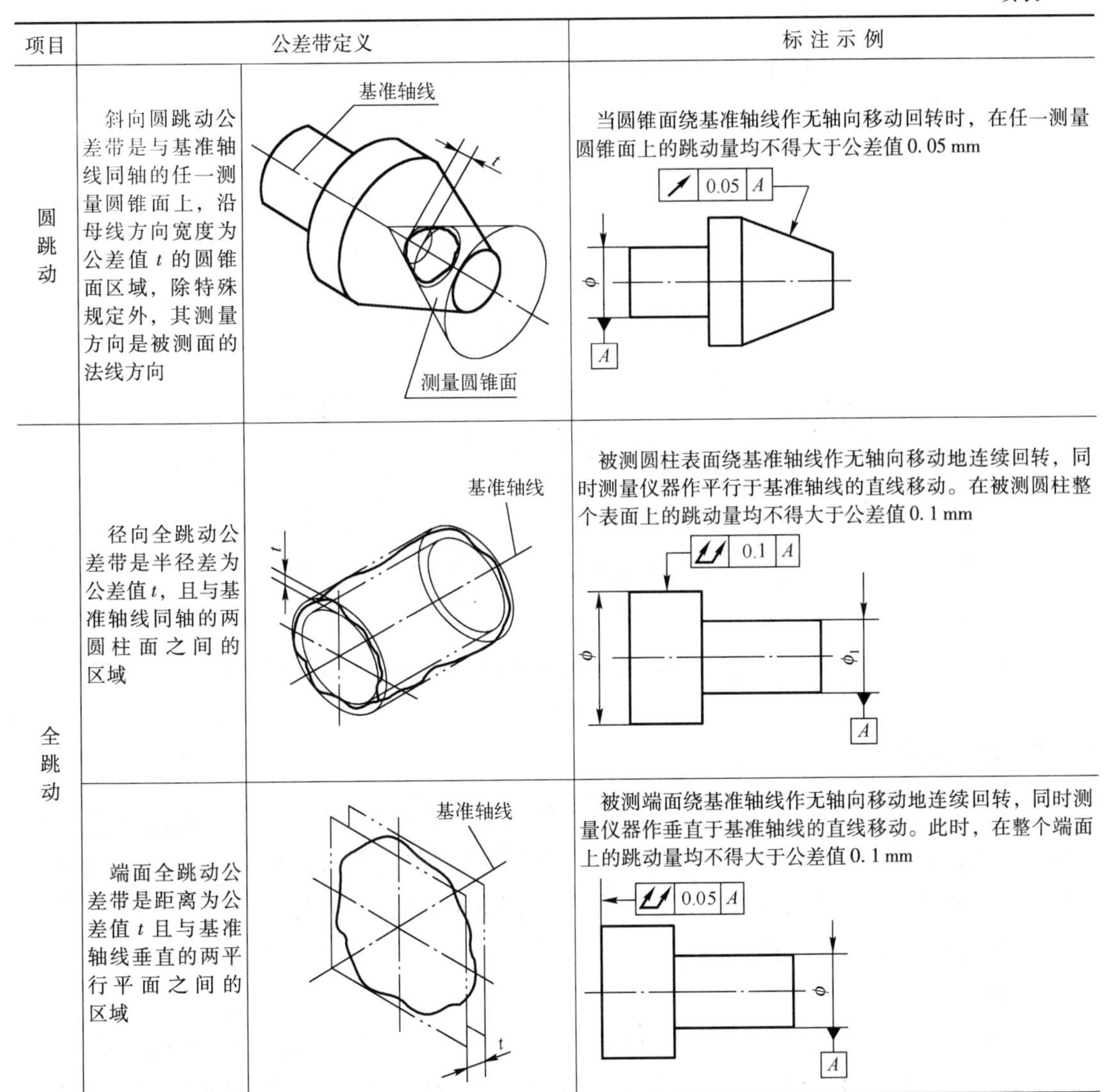

项目	公差带定义	标注示例
圆跳动	斜向圆跳动公差带是与基准轴线同轴的任一测量圆锥面上，沿母线方向宽度为公差值 t 的圆锥面区域，除特殊规定外，其测量方向是被测面的法线方向	当圆锥面绕基准轴线作无轴向移动回转时，在任一测量圆锥面上的跳动量均不得大于公差值 0.05 mm
全跳动	径向全跳动公差带是半径差为公差值 t，且与基准轴线同轴的两圆柱面之间的区域	被测圆柱表面绕基准轴线作无轴向移动地连续回转，同时测量仪器作平行于基准轴线的直线移动。在被测圆柱整个表面上的跳动量均不得大于公差值 0.1 mm
全跳动	端面全跳动公差带是距离为公差值 t 且与基准轴线垂直的两平行平面之间的区域	被测端面绕基准轴线作无轴向移动地连续回转，同时测量仪器作垂直于基准轴线的直线移动。此时，在整个端面上的跳动量均不得大于公差值 0.1 mm

4.2.8　方向误差和位置误差的评定

方向误差和位置误差是关联实际要素对其理想要素的变动量。理想要素的方向或位置确定的前提由基准确定。

方向误差和位置误差的大小，可以用与基准保持给定几何关系的最小包容区域的宽度或直径表示，并且最小包容区域的形状与公差带的形状相同。

如图 4-18 所示的面对面的垂直度误差是包容被测实际平面并且满足“最小条件”，同时与基准平面保持垂直的两平行平面之间的距离。这个包容区域成为定向最小包容区域。

如图 4-19 所示的阶梯轴，被测轴线的同轴度误差是包容被测实际轴线并且满足“最小条件”，同时与基准轴线同轴的圆柱面的直径。这个包容区域成为定位最小包容区域。

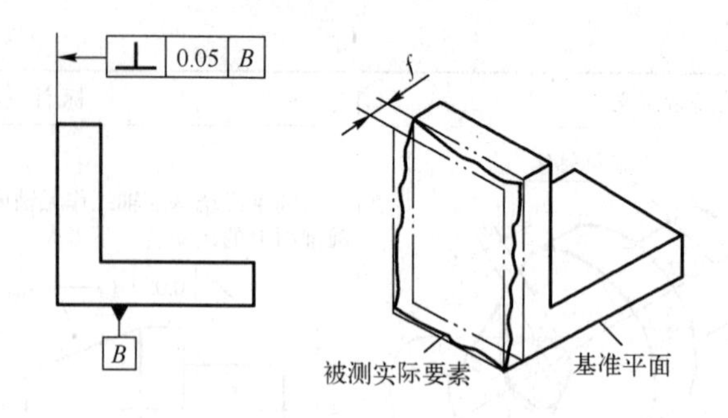

图 4-18　定向最小包容区域示例

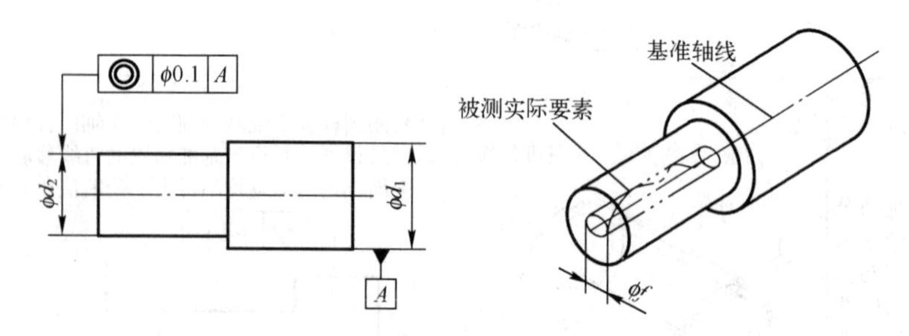

图 4-19　定位最小包容区域示例

4.2.9　公差原则

零件几何参数是否准确，取决于尺寸误差和几何误差的综合影响。所以在设计零件时，对同一被测要素除了应给定尺寸公差外，还应该根据需要给定几何公差。确定尺寸公差和几何公差的关系的原则称为公差原则，它分为独立原则和相关要求两类。

1. 有关公差原则的术语及定义

1）局部实际尺寸

在实际要素的正截面上，两对应点之间测得的距离称为局部实际尺寸，简称实际尺寸。内、外表面的实际尺寸分别用 D_a、d_a 表示，如图 4-20 所示。被测要素各处的实际尺寸往往是不同的。

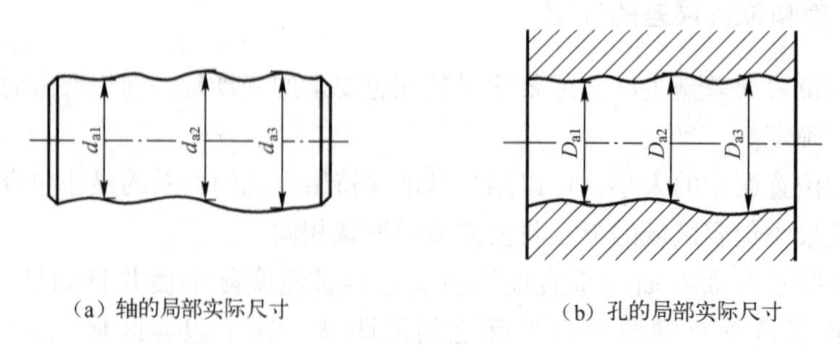

（a）轴的局部实际尺寸　　（b）孔的局部实际尺寸

图 4-20　局部实际尺寸

2）作用尺寸

一个完工的零件总会存在着尺寸误差和几何误差，如图 4-21 所示的轴和孔的配合，虽然轴的局部实际尺寸处处合格，但由于轴线存在着直线度误差，这相当于轴的轮廓尺寸增大，导致轴与孔在配合时不能满足配合要求，甚至装配不上。

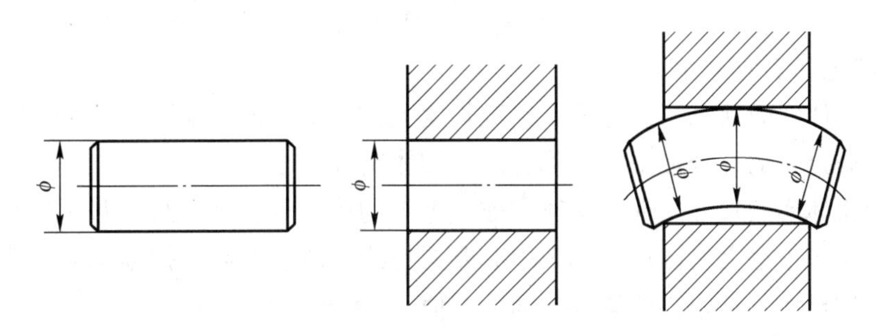

图4-21 实际尺寸和几何误差的综合影响

作用尺寸就是局部实际尺寸和几何误差的综合结果，是装配时起作用的尺寸。作用尺寸分为体外作用尺寸和体内作用尺寸。

（1）体外作用尺寸。体外作用尺寸是指在被测实际要素的给定长度上，与实际外表面体外相接的最小理想面或与实际内表面体外相接的最大理想面的直径或宽度，如图4-22所示。内、外表面的体外作用尺寸分别用D_{fe}、d_{fe}表示。对于关联要素，该理想面的轴线或中心平面必须与基准保持图样给定的几何关系。

（2）体内作用尺寸。体内作用尺寸是指在被测实际要素的给定长度上，与实际外表面体内相接的最大理想面或与实际内表面体内相接的最小理想面的直径或宽度，如图4-22所示。内、外表面的体内作用尺寸分别用D_{fi}、d_{fi}表示。对于关联要素，该理想面的轴线或中心平面必须与基准保持图样给定的几何关系。

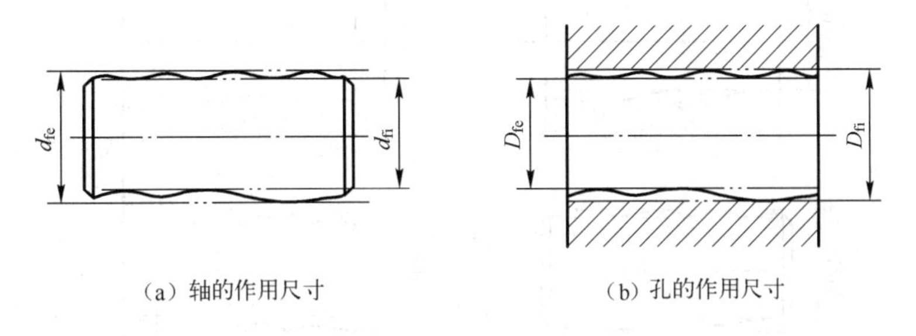

（a）轴的作用尺寸　（b）孔的作用尺寸

图4-22 作用尺寸

3）实体状态和实体尺寸

（1）最大实体状态。实际要素在给定的尺寸公差范围内，具有材料量最多的状态称为最大实体状态。

（2）最大实体尺寸。在最大实体状态下尺寸称为最大实体尺寸。内、外表面的最大实体尺寸分别用D_M、d_M表示。孔和轴的最大实体尺寸分别为孔的下极限尺寸和轴的上极限尺寸。

$$d_M = d_{max} \qquad D_M = D_{min}$$

（3）最小实体状态。实际要素在给定的尺寸公差范围内，具有材料量最少的状态称为最小实体状态。

（4）最小实体尺寸。在最小实体状态下尺寸称为最小实体尺寸。内、外表面的最小实体尺寸分别用 D_L、d_L表示。孔和轴的最小实体尺寸分别为孔的上极限尺寸和轴的下极限尺寸。

$$d_L = d_{min} \qquad D_L = D_{max}$$

4）实效状态和实效尺寸

（1）最大实体实效状态。实际要素给定长度上，处于最大实体状态，且中心要素的几何误差等于给定公差时的综合极限状态称为最大实体实效状态。

（2）最大实体实效尺寸。最大实体实效状态下的体外作用尺寸称为最大实体实效尺寸。对于内表面，它等于最大实体尺寸减其中心要素的几何公差值 t，用 D_{MV}表示；对于外表面，它等于最大实体尺寸加其中心要素的几何公差值 t，用 d_{MV}表示，即

$$D_{MV} = D_M - t = D_{min} - t$$

$$d_{MV} = d_M + t = d_{max} + t$$

5）边界的分类

由设计给定的具有理想形状的极限包容面称为理想边界。这里，包容面的定义是广义的，它既包括内表面（孔），又包括外表面（轴）。边界的尺寸为极限包容面的直径或距离。

设计时，根据零件的功能和经济性要求，一般有以下几种边界：

（1）最大实体边界。尺寸为最大实体尺寸的边界称为为最大实体边界，用 MMB 表示。

单一要素的最大实体边界没有方向或位置的约束，如图 4-23（a）所示的单一要素孔和轴的最大实体边界。关联要素的最大实体边界应与图样上的基准保持给定的正确几何关系，如图 4-23（b）所示的孔和轴的最大实体边界与基准 A 保持垂直关系。

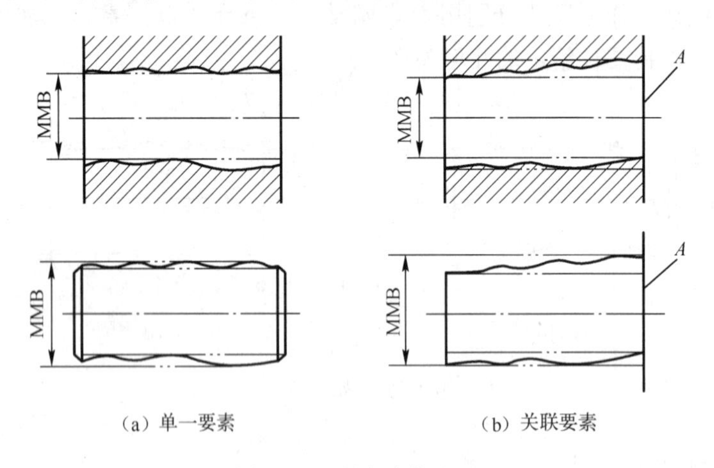

图 4-23　最大实体边界

（2）最大实体实效边界。尺寸为最大实体实效尺寸的边界称为最大实体实效边界，用 MMVB 表示。如图 4-24 所示的单一要素孔和轴的最大实体实效边界。

同理，对于关联要素，最大实体实效边界的中心要素必须与基准保持图样上给定的几何关系。

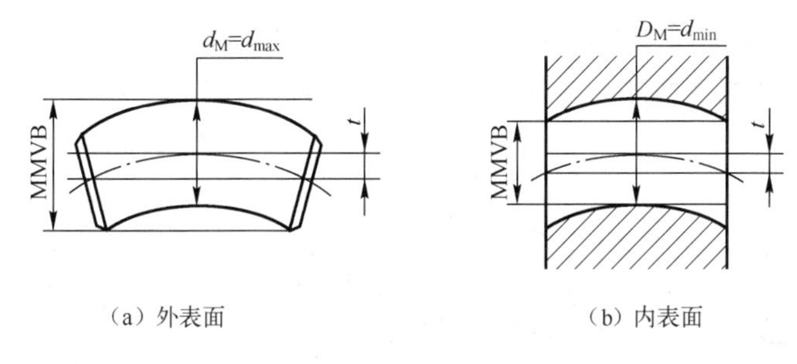

（a）外表面　　　　（b）内表面

图 4-24　单一要素的最大实体实效边界

2. 独立原则

独立原则是指图样上给出的尺寸公差与几何公差相互无关，被测要素应分别满足要求的公差原则。采用独立原则在标注时，不需要附加任何表示互相关系的符号。独立原则是尺寸公差和几何公差相互关系遵循的基本原则。

图 4-25 所示为独立原则的示例，图中，销轴外圆柱面的实际尺寸和实际轴线必须位于各自的公差范围内，才为合格。根据 $\phi10_{-0.03}^{\ 0}$ mm 标注所确定的尺寸公差带，限制圆柱面的实际尺寸必须在 $\phi9.97$ ～ $\phi10$ mm 之间，而不受轴线的直线度误差的影响。同理，不管销轴外圆柱面的实际尺寸为何值，轴线的直线度误差都不允许大于 $\phi0.015$ mm。

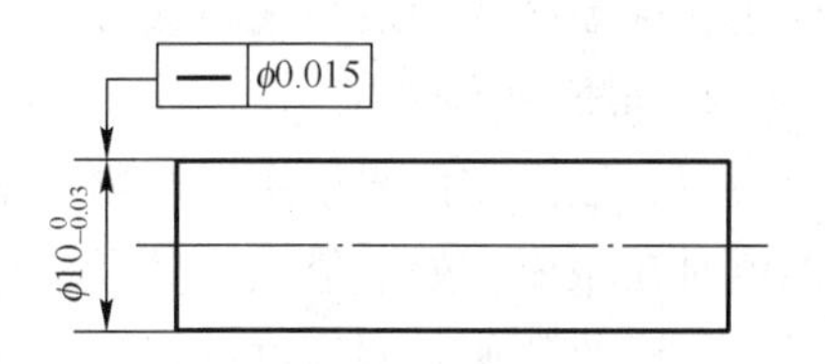

图 4-25　独立原则标注示例

3. 相关要求

相关要求是指图样上给出的尺寸公差与几何公差相互关联，用边界尺寸控制实际要素作用尺寸的设计要求。它分别为包容要求、最大实体要求、最小实体要求和可逆要求。可逆要求不能单独采用，只能与最大实体要求或最小实体要求联合使用。

1）包容要求

包容要求主要适用于单一要素，在图样上标注时，在尺寸极限偏差或公差带代号后面加注有符号Ⓔ时，则表示该单一要素遵守包容要求，如图 4-26（a）所示。

当被测要素符合要求时，应遵守最大实体边界。被测要素的体外作用尺寸不得超越其最大实体尺寸，它的局部实际尺寸不得超越其最小实体尺寸。用公式表示为

外表面：$d_{fe} \leqslant d_M = d_{max}$　　$d_a \geqslant d_L = d_{min}$

内表面：$D_{fe} \geqslant D_M = D_{min}$　　$D_a \leqslant D_L = D_{max}$

如图 4-26（a）所示，要求轴径 $\phi30_{-0.03}^{\ 0}$ mm 的尺寸公差和直线度公差之间遵守包容要求。在此条件下，轴径的实际尺寸允许在 $\phi29.97$ ～ $\phi30$ mm 之间变化，而轴线的直线度误差允许值视轴径的实际尺寸而定。如图 4-26（b）所示，当轴径的实际尺寸处处为最大实体尺寸时，轴线的直线度公差为零；当轴径的实际尺寸偏离最大实体尺寸时，允许的直线度误差可以相应增大，增加量为最大实体尺寸和实际尺寸的差值（取绝对值）；当轴径的实际尺寸处处为最小实体尺寸时，轴线的直线度误差可为 $\phi0.03$ mm。如图 4-26（c）所示为动

态公差图，它表达了实际尺寸和直线度公差之间变化的关系。例如，当实际尺寸偏离最大实体尺寸 ϕ0. 02 mm，即实际尺寸为 ϕ29. 98 mm 时，允许的直线度误差为 ϕ0. 02 mm。

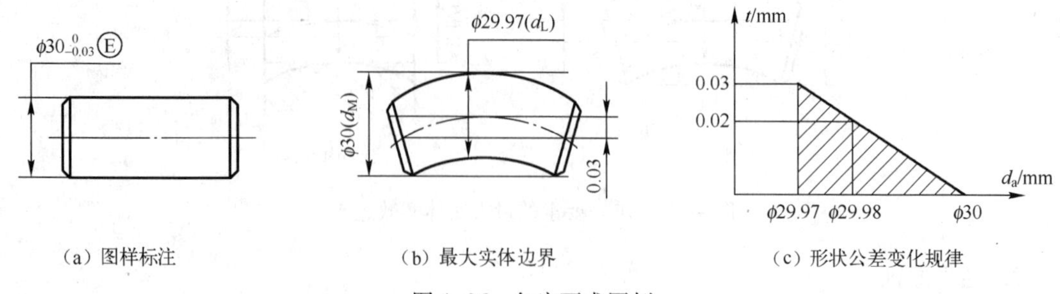

（a）图样标注　（b）最大实体边界　（c）形状公差变化规律

图 4-26　包容要求图例

包容要求主要适用于单一要素，它可以同时将尺寸误差和形状误差控制在尺寸公差的范围内。包容要求主要用于必须保证配合性质的场合，特别是要求精密配合的场合，用最大实体边界保证必要的最小间隙或最大过盈，用最小实体尺寸防止间隙过大或过盈过小。

2）最大实体要求

（1）最大实体要求用于被测要素。当被测要素采用最大实体要求时，被测要素的几何公差值时在该要素处于最大实体状态时给定的。当被测要素的实际尺寸偏离其最大实体状态时，允许的几何公差值可以相应地增加。在图样上标注时，应在几何公差值后加注符号Ⓜ，如图 4-27（a）所示。

当被测要素符合要求时，应遵守最大实体实效边界。被测要素的体外作用尺寸不得超越其最大实体实效尺寸，它的局部实际尺寸不得超越其最大实体尺寸和最小实体尺寸。用公式表示为

外表面：$d_{fe} \leqslant d_{MV} = d_{max} + t \qquad d_{max} \geqslant d_a \geqslant d_{min}$

内表面：$D_{fe} \geqslant D_{MV} = D_{min} - t \qquad D_{max} \geqslant D_a \geqslant D_{min}$

如图 4-27（a）所示，要求轴径 $\phi30_{-0.03}^{0}$ mm 的尺寸公差和直线度公差之间遵守最大实体要求。如图 4-27（b）所示，当轴处于最大实体状态，即轴径的实际尺寸处处为最大实体尺寸时，轴线的直线度公差为 ϕ0. 02 mm，轴的最大实体实效尺寸为 ϕ30. 02 mm；当轴径寸偏离最大实体尺寸时，直线度公差值可以得到一个补偿值，该补偿值等于最大实体尺寸和实际尺寸的差值（取绝对值）；当轴的实际尺寸为最小实体尺寸时，其轴线的直线度公差可达最大值，且等于给出的直线度公差与尺寸公差之和，为 0. 02 mm + 0. 03 mm = 0. 05 mm。如图 4-27（c）所示为动态公差图，它表达了实际尺寸和直线度公差之间变化的关系。例如，当实际尺寸偏离最大实体尺寸 ϕ0. 02 mm，即实际尺寸为 ϕ29. 98 mm 时，允许的直线度误差为 0. 02 mm + 0. 02 mm = 0. 04 mm。

尺寸 ϕ0. 02 mm，即实际尺寸为 ϕ29. 98 mm 时，允许的直线度误差为 ϕ0. 02 mm。

（2）最大实体要求用于基准要素。在图样上公差框格中基准字母后面标注符号Ⓜ时，表示最大实体要求用于基准要素，允许基准要素在一定范围内浮动，其浮动范围等于基准要素的体外作用尺寸与其相应边界尺寸之差。此时，基准应遵守相应的边界。

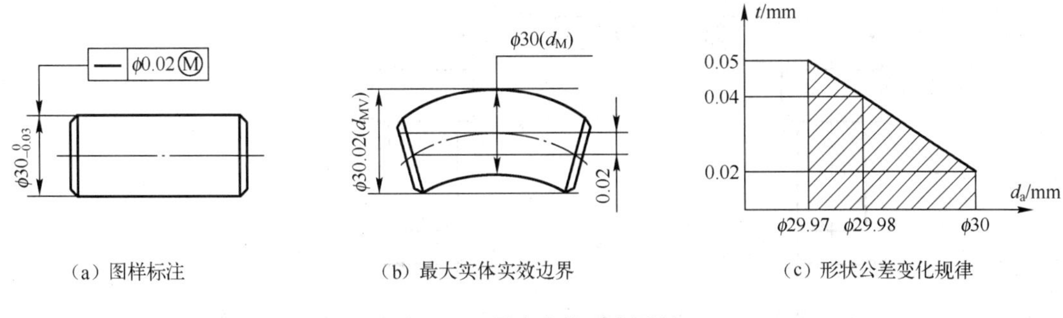

（a）图样标注　　（b）最大实体实效边界　　（c）形状公差变化规律

图 4-27　最大实体要求图例

① 基准要素本身采用最大实体要求。基准应遵守的边界为最大实体实效边界。如图 4-28 所示，被测要素为 $\phi30_{-0.03}^{\ 0}$ mm 轴的轴线，对基准要素 $\phi20_{-0.02}^{\ 0}$ mm 轴的轴线有同轴度要求，同时对基准要素本身轴线的直线度又提出了最大实体要求。需要注意的是，当基准要素本身采用最大实体要求，基准代号只能标注在基准要素公差框格的下端，而不能将基准代号于基准要素的尺寸线对齐。

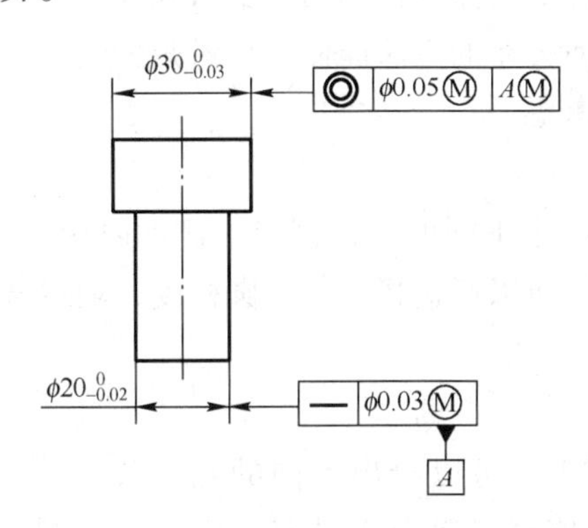

图 4-28　基准要素本身采用最大实体要求图例

此时被测要素的同轴度公差值 $\phi0.05$ mm 必须是在基准要素的边界尺寸为最大实体实效尺寸 $\phi20.03$ mm 时给定的，而不是处于最大实体尺寸 $\phi20$ mm 时给定的。当基准要素的尺寸偏离最大实体尺寸 $\phi20$ mm 时，允许基准要素的实际轮廓在尺寸偏离的区域内浮动。基准要素实际轮廓的这种浮动就会引起被测要素的同轴度误差值的变化。这个变化值不同于被测要素要素采用最大实体要求时的直接补偿，而是根据基准要素的实际影响确定其允许的误差值。

② 基准要素本身不采用最大实体要求。如图 4-29 所示的两种标注，都表示基准要素本身不采用最大实体要求，而是遵守独立原则或包容要求。此时基准要素应遵守最大实体边界。当基准要素偏离最大实体尺寸 $\phi20$ mm 时，其偏移量可作为基准要素的浮动的区域。

最大实体要求主要适用于中心要素。最大实体要求常用于对零件配合性质要求不严，但要求顺利保证零件可装配性的场合，例如用于法兰盘上的连接用孔组或轴承端盖上的连接用孔组的位置度公差。

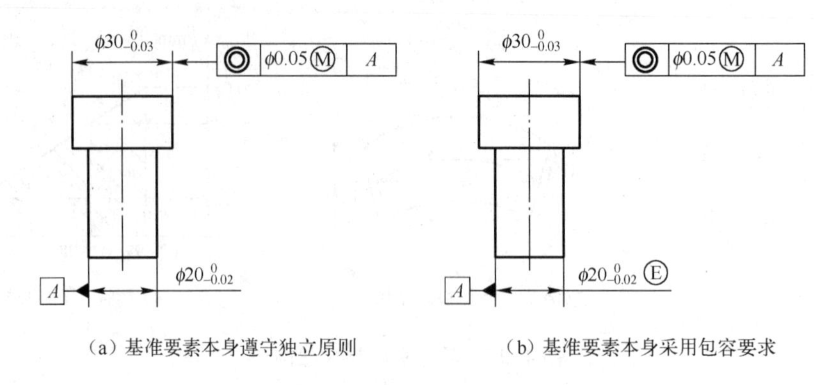

（a）基准要素本身遵守独立原则　　（b）基准要素本身采用包容要求

图 4-29　基准要素本身不采用最大实体要求图例

4.2.10　几何公差的选用

1. 几何公差项目的选择

几何公差项目应根据零件的具体结构和功能要求来选择。基本原则是在保证零件使用要求的前提下，应该使控制几何公差的方法简便，尽量减少图样上标注的几何公差项目。

一般可从以下几个方面考虑：

1）零件的几何特征

零件几何特征不同，会产生不同的几何误差。例如阶梯轴零件，它的轮廓要素是圆柱面、端面，中心要素是轴线，所以可选择圆度、圆柱度、轴线直线度及素线直线度等几何公差项目。

2）零件的功能要求

根据零件不同的功能要求，可以给出不同的几何公差项目。例如阶梯轴零件，其轴线有位置要求，可选用同轴度或跳动公差项目；又如机床导轨，其直线度误差会影响与其结合的零件的运动精度，可对其规定直线度公差。为保证齿轮的正确啮合，需要提出孔的中心线的平行度要求；为使箱体、端盖等零件上各螺栓孔能顺利装配，应规定孔组的位置度公差等。

3）检测的方便性

确定几何公差项目时，要考虑到检测的方便性与经济性。例如对阶梯轴零件，由于跳动误差检测方便，又能较好地控制相应的形状、方向和位置误差，所以可用径向全跳动综合控制圆柱度、同轴度；用端面全跳动代替端面对轴线的垂直度。

在满足功能要求的前提下，应尽量选择具有综合控制功能的几何公差，以减少公差项目，从而获得较好的经济效益。

2. 几何公差值的选择

几何公差值的大小是由几何公差等级确定的，而几何公差等级的大小代表了几何公差精度的高低。按国家标准规定，对 14 种几何公差项目，除线、面轮廓度和位置度未规定公差等级外，其余 11 项均有规定。一般划分为 12 个等级，即 1 ～ 12 级，精度依次降低。各种几何公差项目的标准公差值，如表 4-16 ～表 4-20 所示（摘自 GB/T 1184—1996）。

表 4-16　直线度和平面度公差值　　（单位：μm）

主参数 L mm	公差等级											
	1	2	3	4	5	6	7	8	9	10	11	12
≤10	0.2	0.4	0.8	1.2	2	3	5	8	12	20	30	60
>10～16	0.25	0.5	1	1.5	2.5	4	6	10	15	25	40	80
>16～25	0.3	0.6	1.2	2	3	5	8	12	20	30	50	100
>25～40	0.4	0.8	1.5	2.5	4	6	10	15	25	40	60	120
>40～63	0.5	1	2	3	5	8	12	20	30	50	80	150
>63～100	0.6	1.2	2.5	4	6	10	15	25	40	60	100	200
>100～160	0.8	1.5	3	5	8	12	20	30	50	80	120	250
>160～250	1	2	4	6	10	15	25	40	60	100	150	300
>250～400	1.2	2.5	5	8	12	20	30	50	80	120	200	400
>400～630	1.5	3	6	10	15	25	40	60	100	150	250	500
>630～1 000	2	4	8	12	20	30	50	80	120	200	300	600

注：主参数 L 是轴、直线、平面的长度。

表 4-17　圆度和圆柱度公差值　　（单位：μm）

主参数 $d(D)$ mm	公差等级												
	0	1	2	3	4	5	6	7	8	9	10	11	12
≤3	0.1	0.2	0.3	0.5	0.8	1.2	2	3	4	6	10	14	25
>3～6	0.1	0.2	0.4	0.6	1	1.5	2.5	4	5	8	12	18	30
>6～10	0.12	0.25	0.4	0.6	1	1.5	2.5	4	6	9	15	22	36
>10～18	0.15	0.25	0.5	0.8	1.2	2	3	5	8	11	18	27	43
>18～30	0.2	0.3	0.6	1	1.5	2.5	4	6	9	13	21	33	52
>30～50	0.25	0.4	0.6	1	1.5	2.5	4	7	11	16	25	39	62
>50～80	0.3	0.5	0.8	1.2	2	3	5	8	13	19	30	46	74
>80～120	0.4	0.6	1	1.5	2.5	4	6	10	15	22	35	54	87
>120～180	0.6	1	1.2	2	3.5	5	8	12	18	25	40	63	100
>180～250	0.8	1.2	2	3	4.5	7	10	14	20	29	46	72	115
>250～315	1.0	1.6	2.5	4	6	8	12	16	23	32	52	81	130
>315～400	1.2	2	3	5	7	9	13	18	25	36	57	89	140
>400～500	1.5	2.5	4	6	8	10	15	20	27	40	63	97	155

注：主参数 $d(D)$ 是轴（孔）的直径。

表 4-18　平行度、垂直度和倾斜度公差值　　（单位：μm）

主参数 L、$d(D)$ mm	公差等级											
	1	2	3	4	5	6	7	8	9	10	11	12
≤10	0.4	0.8	1.5	3	5	8	12	20	30	50	80	120
>10～16	0.5	1	2	4	6	10	15	25	40	60	100	150
>16～25	0.6	1.2	2.5	5	8	12	20	30	50	80	120	200
>25～40	0.8	1.5	3	6	10	15	25	40	60	100	150	250
>40～63	1	2	4	8	12	20	30	50	80	120	200	300
>63～100	1.2	2.5	5	10	15	25	40	60	100	150	250	400
>100～160	1.5	3	6	12	20	30	50	80	120	200	300	500
>160～250	2	4	8	15	25	40	60	100	150	250	400	600
>250～400	2.5	5	10	20	30	50	80	120	200	300	500	800
>400～630	3	6	12	25	40	60	100	150	250	400	600	1 000
>630～1 000	4	8	15	30	50	80	120	200	300	500	800	1 200

注：1. 主参数 L 为给定平行度时轴线或平面的长度，或给定垂直度、倾斜度时被测要素的长度。
　　2. 主参数 $d(D)$ 为给定面对线垂直度时，被测要素的轴（孔）的直径。

表 4-19　同轴度、对称度、圆跳动和全跳动公差值　　（单位：μm）

主参数 $d(D)$、B、L mm	公差等级											
	1	2	3	4	5	6	7	8	9	10	11	12
≤1	0.4	0.6	1.0	1.5	2.5	4	6	10	15	25	40	60
>1～3	0.4	0.6	1.0	1.5	2.5	4	6	10	20	40	60	120
>3～6	0.5	0.8	1.2	2	3	5	8	12	25	50	80	150
>6～10	0.6	1	1.5	2.5	4	6	10	15	30	60	100	200
>10～18	0.8	1.2	2	3	5	8	12	20	40	80	120	250
>18～30	1	1.5	2.5	4	6	10	15	25	50	100	150	300
>30～50	1.2	2	3	5	8	12	20	30	60	120	200	400
>50～120	1.5	2.5	4	6	10	15	25	40	80	150	250	500
>120～250	2	3	5	8	12	20	30	50	100	200	300	600
>250～500	2.5	4	6	10	15	25	40	60	120	250	400	800

注：1. 主参数 $d(D)$ 为给定同轴度时轴的直径，或给定圆跳动、全跳动时轴（孔）的直径。
2. 圆锥体斜向圆跳动公差的主参数为轴（孔）的平均直径。
3. 主参数 B 为给定对称度时槽的宽度。
4. 主参数 L 为给定两孔对称度时的孔心距。

对于位置度，国家标准只规定了公差值数系，而未规定公差等级，如表 4-20 所示。

表 4-20　位置度公差数系表　　（单位：μm）

1	1.2	1.5	2	2.5	3	4	5	6	8
1×10^n	1.2×10^n	1.5×10^n	2×10^n	2.5×10^n	3×10^n	4×10^n	5×10^n	6×10^n	8×10^n

注：n 为正整数。

在实际设计中，零件的几何公差等级常用类比法确定。表 4-21 ～表 4-24 列出了各种几何公差项目及其常用等级的应用实例，标准公差值，可供类比时参考选用。

表 4-21　直线度和平面度公差常用等级应用

公差等级	应用举例
5	1 级平板，2 级宽平尺，平面磨床的纵导轨、垂直导轨、立柱导轨及工作台，液压龙门刨床和转塔车床床身导轨，柴油机进气、排气阀门导杆
6	普通机床导轨，如普通车床、龙门刨床、滚齿机、自动车床等的床身导轨，立体导轨，柴油机壳体
7	2 级平板，机床主轴箱、摇臂钻床底座和工作台，镗床工作台，液压泵盖，减速器壳体结合面
8	机床传动箱体、交换齿轮箱体，车床溜板箱体，柴油机气缸体，连杆分离面，缸盖结合面，汽车发动机缸盖、曲轴箱结合面，液压管件和法兰连接面
9	3 级平板，自动车床床身底座，摩托车曲轴箱体，汽车变速箱壳体，手动机械的支承面

表 4-22　圆度和圆柱度公差常用等级应用

公差等级	应用举例
5	一般计量仪器主轴、测杆外圆柱面，陀螺仪轴颈，一般机床主轴轴颈及主轴轴承孔，柴油机、汽油机活塞、活塞销，与 6 级滚动轴承配合的轴颈
6	仪表端盖外圆柱面，一般机床主轴及前轴承孔，泵、压缩机的活塞、气缸，汽油发动机凸轮轴，纺机锭子，减速器转轴轴颈，高速船用柴油机、拖拉机曲轴主轴颈，与 6 级滚动轴承配合的外壳孔，与 0 级滚动轴承配合的轴颈

续表

公差等级	应用举例
7	大功率低速柴油机曲轴轴颈、活塞、活塞销、连杆、气缸，高速柴油机箱体轴承孔，千斤顶或压力油缸活塞，机车传动轴，水泵及通用减速器转轴轴颈，与 0 级滚动轴承配合的外壳孔
8	低速发动机、大功率曲柄轴轴颈、压力机连杆盖、连杆体，拖拉机气缸、活塞、炼胶机冷铸轴锟、印刷机传墨锟、内燃机曲轴轴颈，柴油机凸轮轴轴承孔、凸轮轴，拖拉机、小型船用柴油机气缸套
9	空气压缩机缸体，液压传动筒，通用机械杠杆与拉杆用套筒销子，拖拉机活塞环、套筒孔

表 4-23　平行度、垂直度和倾斜度公差常用等级应用

公差等级	应用举例
4、5	普通车床导轨、重要支承面，机床主轴轴承孔对基准的平行度，精密机床重要零件，计量仪器、量具、模具的基准面和工作面，机床床头箱重要孔，通用减速器壳体孔，齿轮泵的油孔端面，发动机轴和离合器的凸缘，气缸支承端面，安装精密滚动轴承的壳体孔的凸肩
6、7、8	一般机床的基准面和工作面，压力机和锻锤的工作面，中等精度钻模的工作面，机床一般轴承孔对基准的平行度，变速器的箱体孔，主轴花键对定心表面轴线的平行度，重型机械滚动轴承端盖，卷扬机、手动传动装置中的传动轴，一般导轨，主轴箱体孔，刀架、砂轮架、气缸配合面对基准轴线以及活塞销孔对活塞轴线的垂直度，滚动轴承内、外圈端面对轴线的垂直度
9、10	低精度零件，重型机械滚动轴承端盖，柴油机、煤气发动机箱体曲轴孔，曲轴大轴颈，花键轴和轴肩端面，带式运输机法兰盘等端面对轴线的垂直度，手动卷扬机及传动装置中轴承孔端面，减速器壳体平面

表 4-24　同轴度、对称度和跳动公差常用等级应用

公差等级	应用举例
5、6、7	这是应用范围较广的公差等级。用于几何精度要求较高、尺寸的标准公差等级为 IT8 及高于 IT8 的零件。5 级常用于机床主轴轴颈，计量仪器的测杆，涡轮机主轴，柱塞油泵转子，高精度滚动轴承外圈，一般精度滚动轴承内圈。7 级用于内燃机曲轴、凸轮轴、齿轮轴、水泵轴、汽车后轮输出轴，电机转子、印刷机传墨锟的轴颈，键槽
8、9	常用于几何精度要求一般、尺寸的标准公差等级为 IT9～IT11 的零件。8 级用于拖拉机发动机分配轴轴颈，与 9 级精度以下齿轮相配的轴，水泵叶轮，离心泵体，棉花精梳机前后滚子，键槽等。9 级用于内燃机气缸套配合面，自行车中轴

【例 4-5】 图 4-30 所示为一减速器的输出轴，根据对该轴的功能要求，标注有关几何公差。

分析：轴颈 $\phi55$（两处）与滚动轴承内圈配合，轴头 $\phi56$ 与齿轮内孔配合，为了满足配合性质要求，对轴头和两个轴颈的几何公差都按照包容要求给定。与滚动轴承内圈配合的轴颈，按规定应对形状精度提出进一步的要求，因为轴颈与 G 级滚动轴承配合，所以圆柱度公差值取 0.005 mm。同时，该两轴颈上安装滚动轴承后，将分别与减速器箱体的两孔配合。为了限制该两轴颈的同轴度误差，以保证配合性质，又给出了两轴颈的径向圆跳动公差 0.025 mm。

此外，在该轴的 $\phi56r6$ 处安装齿轮，为了保证齿轮传递运动的准确性，对 $\phi56$ 圆柱面相对于 $\phi55k6$ 两轴颈的公共基准轴线给出了径向圆跳动公差 0.025 mm。$\phi62$ 处的两轴肩都是止推面，起一定的定位作用，参照安装滚动轴承对轴肩的精度要求，给出两轴肩相对于基准轴线 A—B 的端面圆跳动公差 0.015 mm。键槽对称度通常取 7 ～ 9 级对称度公差。该轴两处键槽 14N9 和 16N9 都按照 8 级给出对称度公差，公差值为 0.02 mm。

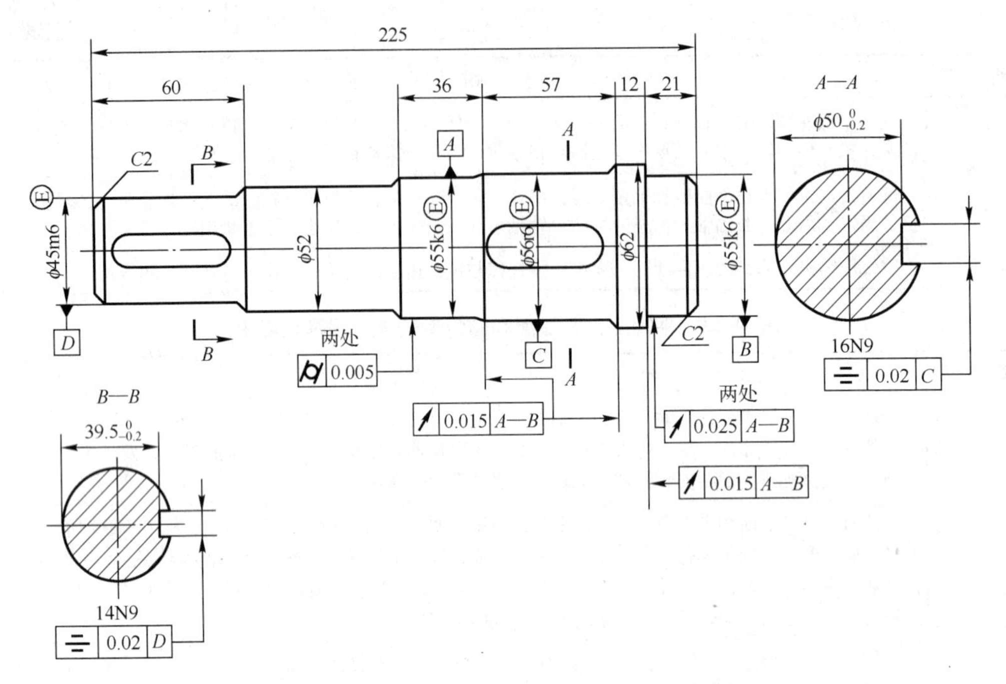

图 4-30　减速器输出轴上几何公差应用实例

4.3　零件的表面结构

在评定工件表面质量时，不仅要求它具有一定的尺寸、形状、方向和位置精度，而且应当有一定的表面结构要求。

我国的国家标准 GB/T 131—2006《产品几何技术规范（GPS）技术产品文件中表面结构的表示法》中规定了零件表面结构的表示法。

4.3.1　表面结构概述

1. 表面结构的定义

零件经过机械加工以后表面看似光滑平坦，但是如果在显微镜下看，会发现很多高低不平的凸峰和凹谷。零件表面具有这种较小间距的峰和谷所组成的微观几何特性，称为零件表面结构，如图 4-31 所示。零件表面结构与加工方法、所用刀具以及工件材料等因素有密切的关系。

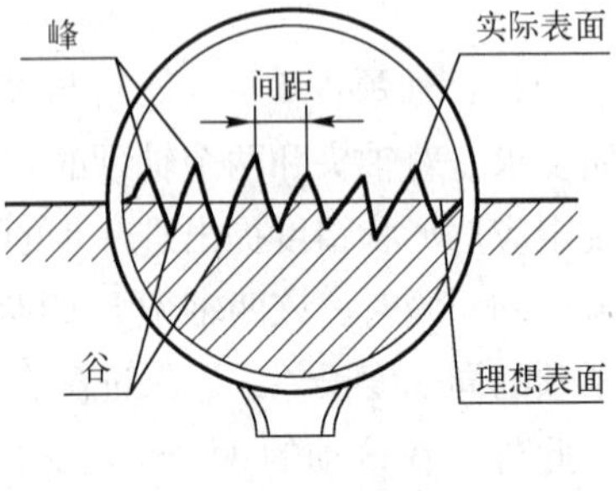

峰　实际表面　间距　谷　理想表面

图 4-31　零件表面结构示意图

2. 表面结构对零件使用性能的影响

1）对摩擦磨损的影响

零件实际表面越粗糙，摩擦系数就越大，用于表面峰谷之间的阻力所消耗的能量也就越大。此外，工作表面越粗糙，配合表面的实际有效接触面积就越小，单位面积压力就越大，表面更易磨损，从而影响机械的传动效率和使用寿命。但并不是表面越光滑越好，因为表面过于光滑，不仅增加了制造成本，而且会使金属分子之间的吸附力加大，接触表面间的润滑油层将会被挤掉而形成干摩擦，加速磨损。

2）影响机器和仪器的工作精度

粗糙表面易于磨损，使配合间隙增大，从而使运动件灵敏度下降，影响机器和仪器的工作精度。粗糙表面实际接触面积小，在相同压力下，表面变形大，接触刚度差，影响机器的工作精度。

3）对配合性质的影响

对于间隙配合，相对运动的表面由于粗糙，微小波峰会迅速磨损，致使间隙增大，特别是对尺寸小，公差小的配合，影响更大。

对于过渡配合，如果零件表面粗糙，在重复装拆过程中，使间隙扩大，从而会降低定心精度和导向精度。

对于过盈配合，由于装配时表面轮廓峰顶被挤平，塑性变形减小了实际有效过盈，降低了联结强度。

4）对零件强度的影响

零件表面越粗糙，凹谷越深，对应力集中越敏感，特别是在交变应力作用下，容易形成细小裂纹，甚至使工件损坏。交变应力还将引起工件粗糙表面脱落。

5）对零件抗腐蚀性的影响

表面越粗糙，则积聚在零件表面上的腐蚀性气体或液体就越多，并且通过表面的微观凹谷向零件表面层深处渗透，使腐蚀加剧。

此外，表面结构对零件密封性，导热性和外表美观性等都会有不同程度的影响。

4.3.2　表面结构的评定参数

1. 表面结构的评定基准

1）实际轮廓

实际轮廓是指平面与实际表面相交所得轮廓线，如图4-32所示，按照相截的方向不同可分为横向轮廓和纵向轮廓。在评定或检测表面结构时，通常都是指横向轮廓，即垂直于表面加工纹理的平面与表面相交所得的轮廓线，如图4-33所示。

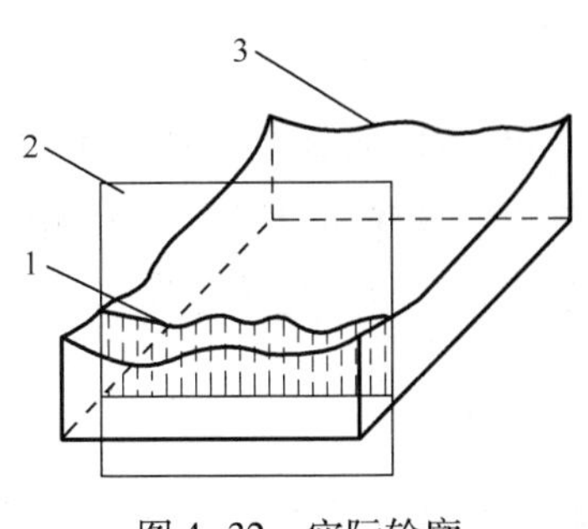

图4-32　实际轮廓

1—实际轮廓；2—平面；3—实际表面

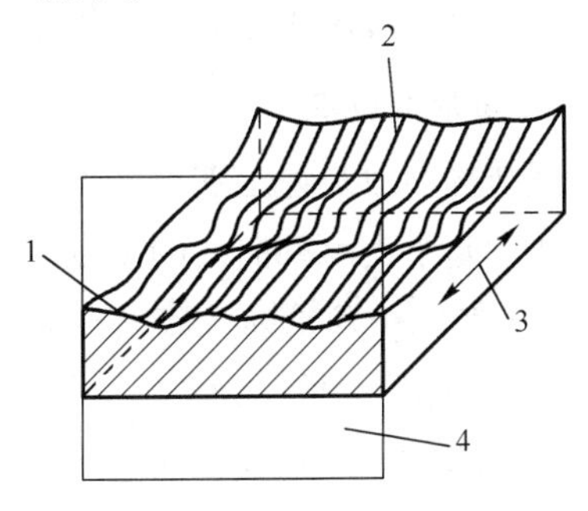

图4-33　横向轮廓

1—横向轮廓；2—实际表面；3—加工纹理方向；4—平面

2）取样长度 lr

取样长度 lr 是指测量或评定表面结构参数值时，所规定的一段基准线长度，如图 4-34 所示。表面越粗糙，就应取较长的取样长度。在取样长度 lr 内一般应有五个以上的峰和谷。

3）评定长度 ln

评定长度是指评定表面结构参数值所必需的一段长度，它包括一个或几个取样长度。

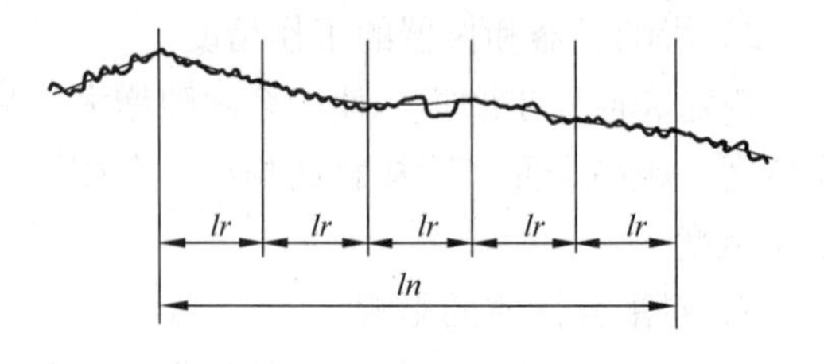

图 4-34　取样长度和评定长度

由于被测表面上微观起伏的不均匀性，在一个取样长度上测量，不能充分合理地反映实际表面结构特征。所以必须规定评定长度 ln 值，一般按 $ln=5lr$ 的关系来取值。这样分别在各个取样长度内所测得表面结构的数值，最后取其平均值作为被测表面的表面结构的测量结果。

4）基准线

评定表面结构参数值大小的一条参考线，称为基准线。基准线有两种：

（1）轮廓的最小二乘中线。轮廓的最小二乘中线是指具有几何轮廓形状并划分轮廓的基准线，在取样长度内使轮廓上各点的轮廓偏距 y_i 的平方和为最小，即 $\sum_{i=1}^{n} y_i^2 = \min$，如图 4-35 所示。

（2）轮廓的算术平均中线。轮廓的算术平均中线是指具有几何轮廓形状，在取样长度内与轮廓走向一致的基准线，在取样长度内由该线划分轮廓使上下两边的面积相等，即 $F_1 + F_2 + \cdots + F_n = S_1 + S_2 + \cdots + S_n$，如图 4-36 所示。

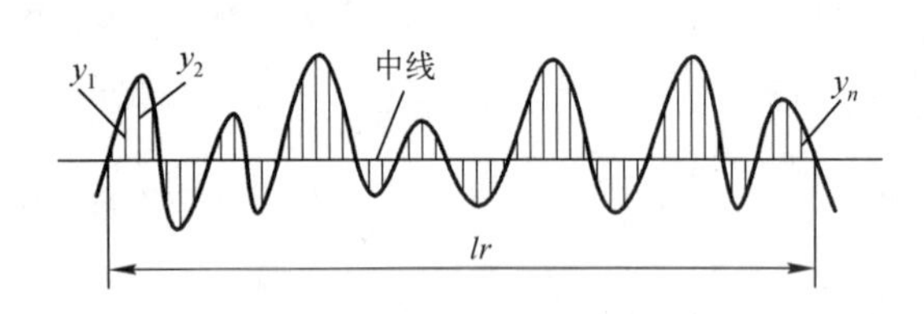

图 4-35　轮廓的最小二乘中线

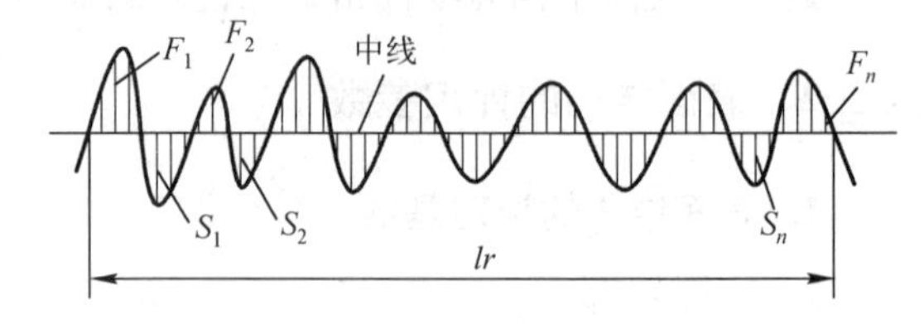

图 4-36　轮廓的算术平均中线

规定算术平均中线是为了用图解法近似地确定最小二乘中线。在轮廓图形上确定最小二乘中线的位置比较困难，而轮廓算术平均中线通常可用目测估计确定。

2. 表面结构参数

表面结构参数是评定零件表面结构质量的技术指标。表面结构参数有三种：轮廓参数、图形参数和基于支承率曲线的参数。轮廓参数包括 R 轮廓参数（粗糙度参数）、W 轮廓参数（波纹度参数）和 P 轮廓参数（原始轮廓参数）。常用的表面结构参数是轮廓算术平均偏差 Ra 和轮廓最大高度 Rz。

1）轮廓算术平均偏差 Ra

轮廓算术平均偏差 Ra 是指在取样长度 lr 内，轮廓上各点至基准线的距离 y_i 的绝对值的算术平均值，如图 4-37 所示。用公式表示为

$$Ra = \frac{1}{lr}\int_0^L |y(x)|\mathrm{d}x$$

或近似为

$$Ra = \frac{1}{n}\sum_{i=1}^{n}|y_i|$$

式中　n——在取样长度内所测点的数目。

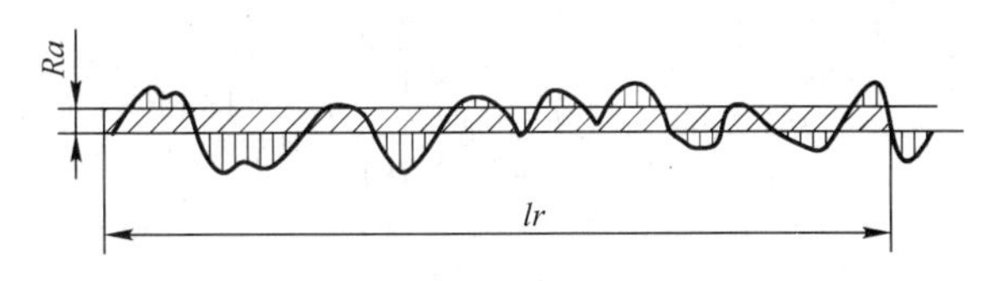

图 4-37　轮廓算术平均偏差 *Ra*

2）轮廓最大高度 *Rz*

轮廓最大高度 *Rz* 是指在取样长度 *lr* 内，轮廓峰顶线和轮廓谷底线之间的距离。平行于基准线并通过轮廓最高点（最低点）的线，称峰顶线（谷底线），如图 4-38 所示。

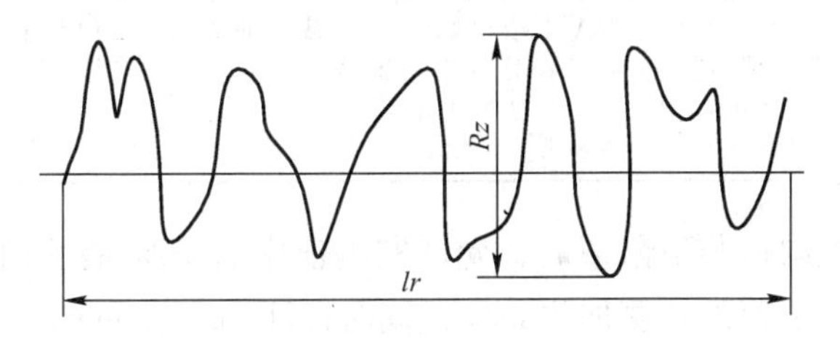

图 4-38　轮廓最大高度 *Rz*

4.3.3　表面结构要求在图样上的标注

1. 表面结构的图形符号

国家标准 GB/T 131—2006 规定了零件表面结构的图形符号，包括：基本图形符号、扩展图形符号、完整图形符号、表面（结构）参数和（表面）参数代号。表面结构完整图形符号和表面结构代号的标注示例如表 4-25 所示。

表 4-25　表面结构完整图形符号和表面结构代号

序号	代号示例	含义/解释	补 充 说 明
1	Ra0.8	表示不允许去除材料，单向上限值，默认传输带，*R* 轮廓，算术平均偏差为 0.8 μm，评定长度为 5 个取样长度（默认），**“16% 规则”**（默认）	参数代号与极限值之间应留空格。本例未标注传输带，应理解为默认传输带，此时取样长度可在 GB/T 10610—2009 和 GB/T 6062—2009 中查取
2	Rz 0.4	表示不允许去除材料，单向上限值默认传输带，轮廓最大高度 0.4 μm，评定长度为 5 个取样长度（默认），**“16% 规则”**（默认）	参数代号与极限值之间应留空格。本例未标注传输带应理解为默认传输带

续表

序号	代号示例	含义/解释	补充说明
3	Rz_{max} 0.2	表示去除材料，单向上限值，默认传输带，*R* 轮廓，轮廓最大高度的最大值为 0.2 μm，评定长度为 5 个取样长度（默认），**“最大规则”**	示例 1～4 均为单向极限要求，且均为单向上限值，则均可不加注“U”；若为单向下限值，则应加注“L”
4	0.008–0.8/*Ra* 3.2	表示去除材料，单向上限值，传输带 0.008 – 0.8 mm，*R* 轮廓，算术平均偏差值为 3.2 μm，评定长度为 5 个取样长度（默认），**“16% 规则”**（默认）	传输带“0.008 – 0.8”中的前后数值分别为短波和长波滤波器的截止波长（λs 和 λc），以示波长范围，此时取样长度等于 λc，即 *Lr* = 0.8 mm
5	–0.8/*Ra* 3 3.2	表示去除材料，单向上限值，传输带：取样长度 0.8 μm（λs 默认 0.0025 mm），算术平均偏差为 3.2 μm，评定长度包含 3 个取样长度，**“16% 规则”**（默认）	传输带仅注出一个截止波长值（本例 0.8 表示 λc 值）时，另一截止波长值 λs 应理解为默认值，由 GB/T 6062—2009 中查知 λs = 0.002 5 mm
6	U Ra_{max} 3.2 L *Ra* 0.8	表示不允许去除材料，双向极限值，两极限值均使用默认传输带，*R* 轮廓，上限值：算术平均偏差为 3.2 μm，评定长度为 5 个取样长度（默认），**“最大规则”**。下限值：算术平均偏差为 0.8 μm，评定长度为 5 个取样长度（默认），**“16% 规则”**（默认）	本例为双向极限要求，用“U”和“L”分别表示上限值和下限值，在不致引起歧义时，可不加注“U”“L”

当标注上限值或上限值与下限值时，允许实测值中有 16% 的测值超差；当不允许任何实测值超差时，应在参数值的左侧加注 max 或同时标注 max 和 min。

2. 表面结构在图样上的标注

表面结构要求对每一表面只标注一次，并尽可能标注在相应的尺寸及其公差的同一视图上。除非另有说明，否则所标注的表面结构要求均是对完工零件表面的要求。

表面结构要求在图样上的标注实例如表 4-26 所示。

表 4-26 表面结构要求在图样上的注法

方法	图例	方法	图例
注写在轮廓线或指引线上	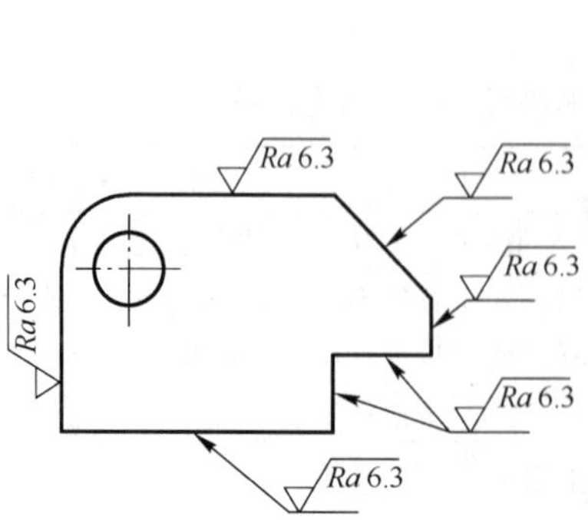 Ra 6.3	注写在尺寸线的延长线上	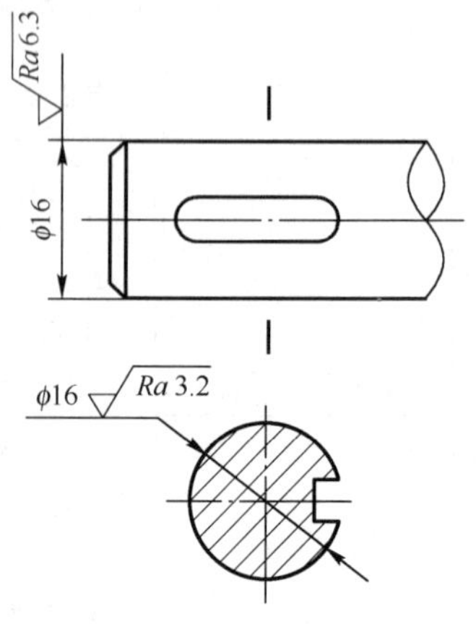 Ra 6.3 ϕ16 ϕ16 Ra 3.2

续表

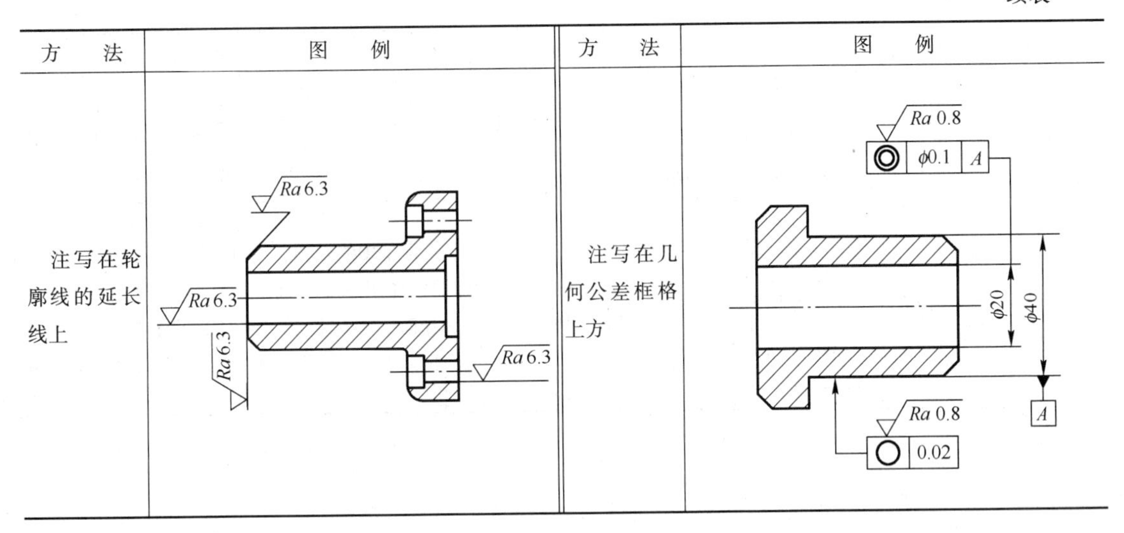

方　法	图　例	方　法	图　例
注写在轮廓线的延长线上		注写在几何公差框格上方	

4.3.4　表面结构参数的选用

零件表面结构参数值的选用原则是既要满足零件表面的功能要求，也要考虑到经济性，具体选择时可用类比法确定，一般选择原则如下：

（1）在满足零件功能要求的情况下，尽量选用较大的粗糙度参数值，以降低生产成本。

（2）同一零件上工作表面的粗糙度参数值应小于非工作表面的粗糙度参数值。

（3）摩擦表面比非摩擦表面的粗糙度参数值要小，滚动摩擦表面比滑动摩擦表面的粗糙度参数值要小；运动速度高，单位压力大的摩擦表面应比运动速度低，单位压力小的摩擦表面粗糙度参数值要小。

（4）受交变载荷的表面和易引起应力集中的部位，粗糙度参数值要小。

（5）配合性质要求高的结合表面，配合间隙小的配合表面以及要求联接可靠承受重载荷的过盈配合表面等，都应取较小的粗糙度参数值。

（6）配合性质相同，一般情况下，零件尺寸越小，粗糙度参数值也小，同一精度等级，小尺寸比大尺寸、轴比孔的粗糙度参数值要小。

表 4-27 列出了轮廓算术平均偏差 *Ra* 值与其对应的主要加工方法和应用举例，可供选用时参考。

表 4-27　*Ra* 值与表面特征、加工方法应用举例

Ra/μm	表面特征	表面形状	主要加工方法	应用举例
100	粗糙	明显可见刀痕	锯削、粗车、粗刨、粗铣、钻孔、毛锉、粗砂轮加工等	管的端部断面和其他半成品的表面、带轮法兰盘的结合面、轴的非接触端面、倒角、铆钉孔等
50		可见刀痕		
25		微见刀痕		
12.5	半光	可见加工痕迹	精车、精铣、精刨、粗铰、镗、粗磨、刮研等	支架、箱体、离合器、轴或孔的退刀槽、量板、套筒等非配合面、齿轮非工作表面、主轴的非接触外表面等
6.3		微见加工痕迹		
3.2		看不见加工痕迹		

续表

$Ra/\mu m$	表面特征	表面形状	主要加工方法	应用举例
1.6	光	可辨加工痕迹方向	精车、精铰、精拉、精镗、精磨等	轴承的重要表面、齿轮轮齿的工作表面、普通车床的导轨面、与滚动轴承配合的表面、发动机曲轴、凸轮轴的工作面、活塞外表面等
0.8		微辨加工痕迹方向		
0.4		不可辨加工痕迹方向		
0.2	最光	暗光泽面	研磨、抛光、超级精细研磨等	曲柄轴的轴颈、气门和气门座的支持表面、气缸的内表面、仪器导轨表面、液压传动件工作面、滚动轴承的滚道、滚动体表面、仪器的测量表面、量块的测量面等
0.1		亮光泽面		
0.05		镜状光泽面		
0.025		雾状光泽面		
0.012		镜面		

习　题

1. 公称尺寸、极限尺寸和实际尺寸有什么区别和联系？

2. 标准公差、基本偏差、公差带有什么区别和联系？

3. 什么是配合？国家标准规定了哪两种基准制？

4. 国家标准对孔、轴各规定了多少种基本偏差？孔和轴的基本偏差是如何确定的？

5. 根据下列配合，求孔与轴的公差带代号、极限偏差、基本偏差、极限尺寸、公差、极限间隙或极限过盈、平均间隙或过盈、配合公差和配合类别，并画出公差带图。

（1）$\phi30H9/f8$　　（2）$\phi20P8/h7$

6. 查表确定下列各尺寸的公差带代号。

（1）$\phi110^{+0.054}_{0}$（孔）　　（2）$\phi40^{-0.050}_{-0.075}$（轴）

7. 计算$\phi25^{+0.033}_{0}$孔与$\phi25^{-0.020}_{-0.033}$轴配合的极限间隙、平均间隙及配合公差，并画出公差带图。

8. 某配合的公称尺寸为$\phi70$ mm，孔的公差$T_h=30\ \mu m$，轴的下极限偏差$ei=+11\ \mu m$，孔与轴的配合公差$T_f=49\ \mu m$，最大间隙$X_{max}=+19\ \mu m$，试画出孔和轴的公差带图，并说明配合类型。

9. 几何公差规定了哪些项目？它们的符号是什么？

10. 几何公差带由哪些要素组成？几何公差带的形状有哪些？

11. 最小包容区域、定向最小包容区域和定位最小包容区域三者有什么差别？如果同一要素需要同时规定形状公差、方向公差和位置公差时，三者的关系如何？

12. 在选择几何公差值时，应考虑哪些情况？

13. 试述独立原则、包容要求和最大实体要求的应用场合。

14. 指出图4-39所示图形中的几何公差的标注错误，并改正。（注意：不能改变几何公差项目符号。）

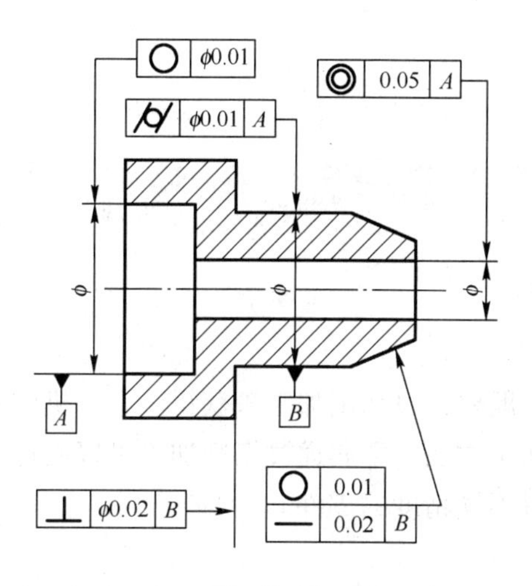

图　4-39

15. 什么是表面结构？表面结构对零件使用性能有何影响？
16. 评定表面结构时，为什么要规定取样长度、评定长度和轮廓中线？
17. 评定表面结构的参数有哪些？试述 *Ra* 和 *Rz* 的含义。

第5章 金属切削加工的基本知识

机器中绝大多数零件一般要经过切削加工来获得。它在机械制造中应用十分广泛，是机械制造过程中重要的一种加工方法。金属通过切削加工可以制造出多种形态的产品，也可以通过多种切削加工方法获得不同精度的零件。

5.1 金属切削加工的基本概念

金属切削加工就是利用工件和刀具之间的相对（切削）运动，用刀具上的切削刃切除工件上的多余金属层，从而获得具有一定加工质量零件的过程。

切削加工分为钳工和机械加工两大部分。钳工是由操作者手持工具对工件进行的切削加工；机械加工是由操作者操纵机床对工件进行的切削加工。

钳工使用的工具比较简单，加工方法也灵活，其主要方式有划线、錾削、锯切、锉削、刮削、研磨、钻孔、扩孔、铰孔、攻丝、套扣、机械装配和修理等。机械加工的主要方式有车削、钻削、铣削、刨削、磨削等，如图 5-1 所示。

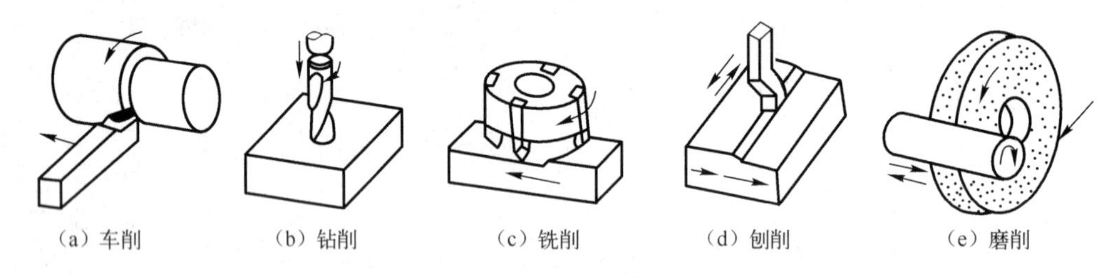

图 5-1 典型机械加工方法

5.1.1 切削运动及形成的表面

1. 切削运动

金属切削时，刀具和工件之间有相对切削运动，按其作用可分为主运动和进给运动。

1）主运动

主运动是指切削金属所必需的最主要的运动。

主运动速度是最高的，消耗功率也是最大。主运动只有一个。主运动的速度称为切削速度，用 v_c(m/min)表示。在机械加工中，车削工件时，工件的旋转是主运动，钻削加工时钻头的旋转也是主运动，而铣削时铣刀的旋转，磨削时砂轮的旋转同样是主运动。图 5-2 所示的外圆车削中，主运动为工件的回转运动。

2）进给运动

使工件不断的投入切削，并保证切削能持续进行，以形成所需表面的运动称为进给运动。一般进给运动速度比主运动低，消耗功率较小。进给运动的速度用 v_f（mm/min）表示。机械加工中的车削与钻削时车刀、钻头的移动，铣削与牛头刨床刨削时工件的移动，磨外圆时工件的旋转和轴向移动，都是进给运动。在图 5-2 所示加工中，进给运动为刀具沿工件轴线方向的直线运动。

在切削加工过程中，主运动通常只有一个，进给运动可能有一个或多个。例如车床的刀架运动分成纵向、横向两个进给运动。

3）合成切削运动

合成切削运动是主运动和进给运动的合成。刀具切削刃上选定点相对于工件的瞬时合成运动方向，称为合成切削运动方向，其速度称为合成切削速度。合成切削运动速度和方向用 v_e 表示，如图 5-2 所示，$v_e = v_c + v_f$。

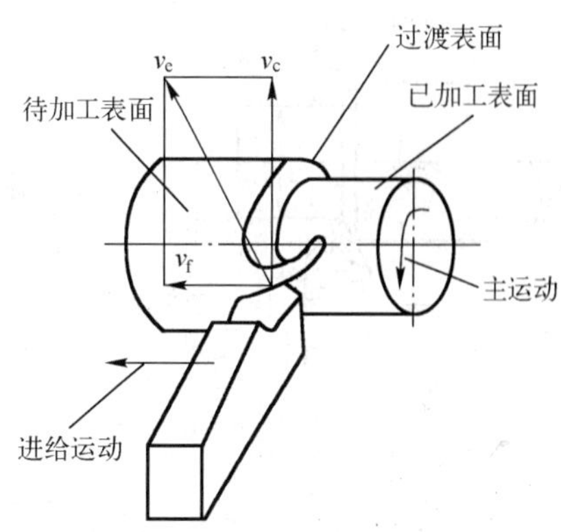

图 5-2　车削运动和工件表面

2. 工件表面

金属在被切削过程中会形成三个主要的表面，分别是待加工表面，切削表面和已加工表面，如图 5-2 所示。

（1）待加工表面：即将被切去的金属层表面。

（2）切削表面：切削刃正在切削而形成的表面，切削表面又称加工表面或过渡表面。

（3）已加工表面：已经切去多余金属层而形成的新表面。

这三个表面的形成是一个变化的过程，随着切削的不断进行，在切削运动的作用下，三个表面不断更新，直至加工过程结束。

5.1.2　切削用量与切削层参数

1. 切削用量

切削用量是机械加工过程中切削速度 v_c、进给量 f（或进给速度）和背吃刀量 a_p 的总称，常称为切削三要素，如图 5-3 所示。

1）切削速度 v_c

切削速度是指切削刃选定点相对于工件主运动的瞬时速度，可用单位时间内刀具或工件沿主运动方向的相对位移量来表示。假如主运动为旋转运动，则切削速度就是它最大的线速度。切削速度的在不同运动状态下计算公式如下：

（1）当主运动为旋转运动时，有

$$v_c = \pi d_w n / 1\,000 \tag{5-1}$$

式中　v_c——切削速度（m/min）；

d_w——工件待加工表面处或刀具的直径（mm）；

n——工件或刀具的转速（r/min）。

（2）当主运动是往复直线运动时，有

$$v_c = 2ln_r/1\ 000 \tag{5-2}$$

式中 l——往复运动的行程长度（mm）；

n_r——每分钟的往复次数（次/min）。

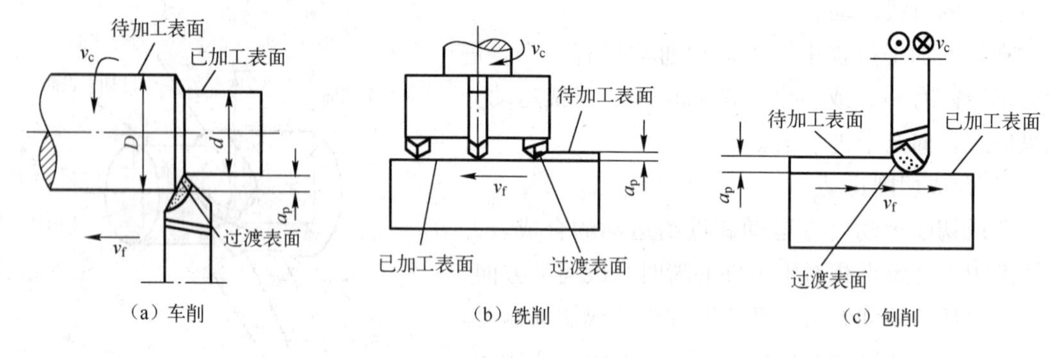

图 5-3 切削三要素

2）进给量 f

进给量是指刀具或工件在进给运动方向上相对于工件或刀具移动的距离，常用每转或每行程的位移量来表示，单位为 mm/r 或 mm/min。

（1）车削时，进给量 f 是工件每转一圈车刀沿进给方向移动的距离（mm/r）。

（2）钻削时，进给量 f 是钻头每转一圈钻头沿进给方向（轴向）移动的距离（mm/r）。

（3）刨削时，进给量 f 是刀具在每一行程中工件沿进给方向的位移量（mm/行程）。

（4）铣削时，进给量 f 可以用多齿铣刀中单个齿的进给量 f_z（mm/z），每转进给量 f_r（mm/r）和进给速度 v_f（mm/min）来表示，它们之间的关系为

$$v_f = f_r n = f_z z n \tag{5-3}$$

式中 z——铣刀齿数；

n——铣刀转速（r/min）。

3）背吃刀量 a_p

背吃刀量是通过切削刃的基准投影点并垂直于工作平面方向上测量的吃刀量，也即是待加工表面与已加工表面之间的垂直距离，单位为 mm。

车外圆时

$$a_p = (d_w - d_m)/2 \tag{5-4}$$

式中 d_w——工件待加工表面的直径（mm）；

d_m——工件已加工表面的直径（mm）。

2. 切削层参数

切削刃在每一次走刀中从工件上切下的一层材料称为切削层。切削层的各项截面尺寸则为切削层参数。在车削时，工件旋转一周，车刀移动一个单位进给量，主切削刃切削下来的切削

层在基面的横截面形状近似为平行四边形，如图 5-4 所示。切削层中的参数有以下几种。

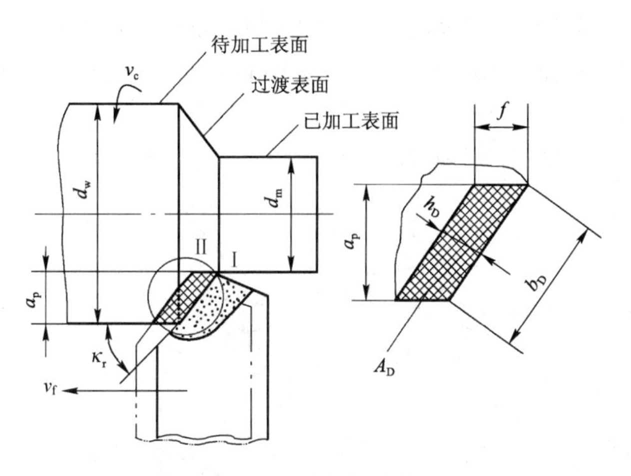

图 5-4　切削层参数

1）切削层公称厚度 h_D

垂直于过渡表面度量的切削层尺寸称为切削层公称厚度 h_D（简称切削厚度）。车外圆时，如车刀切削刃为直线，则反映了切削刃单位长度上的切削负荷。

$$h_D = f\sin\kappa_r \tag{5-5a}$$

2）切削层公称宽度 b_D

沿过渡表面度量的切削层尺寸称为切削层公称宽度 b_D（简称切削宽度）。如车刀切削刃为直线，则基本反映了主切削刃参加切削的长度。

$$b_D = \frac{a_p}{\sin\kappa_r} \tag{5-5b}$$

3）切削层公称横截面积 A_D

切削层在切削层尺寸度量平面内的横截面积称为切削层公称横截面积 A_D（简称切削面积），对车削则有

$$A_D = h_D b_D = f a_p \tag{5-6}$$

5.1.3　刀具切削部分的几何要素

金属切削刀具的种类很多而且形状各不相同。但是切削部分的几何角度却具有共性。以外圆车刀切削部分的形态为代表，作为其他各类刀具切削部分的特征参考。其他种类的刀具是在这样的基本形态上，按各自的切削特点演变过来的。因此，以外圆车刀为例来介绍金属切削刀具切削部分几何形状的一般术语。

1. 车刀的组成

车刀由刀柄和切削部分组成，如图 5-5 所示。刀柄是车刀的夹持部分，切削部分（又称刀头）一般由下面六个要素组成。

（1）前刀面 A_γ：切屑沿其流出的刀具表面。

（2）主后刀面 A_α：与工件上过渡表面相对的刀具表面。

（3）副后刀面 A'_{α}：与工件上已加工表面相对的刀具表面。

（4）主切削刃 S：前面与主后面的交线，它承担主要切削工作，也称主刀刃。

（5）副切削刃 S'：前面与副后面的交线，它协助主切削刃完成切削工作，并最终形成已加工表面，也称副刀刃。

（6）刀尖：主、副切削刃的连接部分。它可以是点、直线或圆弧。

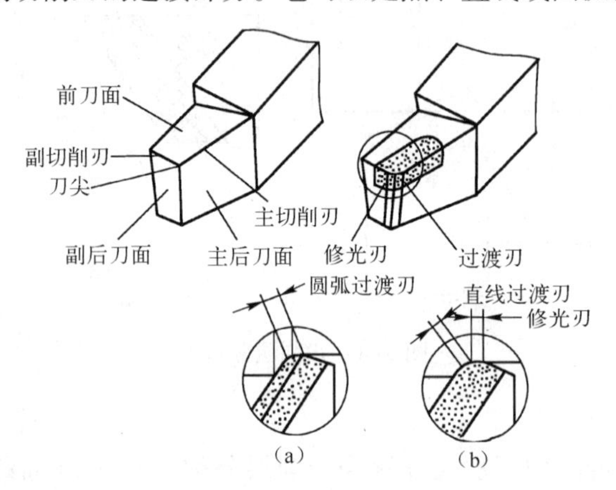

图 5-5　车刀的组成部分和各部分名称

2. 刀具标注角度参考系（即静止参考系）

为了确定切削时各刀面在空间中的位置，需要建立基准坐标平面，来作为刀具在切削时刀具角度参考系的基准。用基准坐标平面与各刀面间形成相应的角度，定出刀具的几何角度从而确定各刀面在空间的位置。

刀具标注角度参考系是指在设计刀具时，为标注刀具的几何角度而采用的参考系。也是制造、刃磨和测量刀具时用的参考系。通过参考系标注的刀具几何角度实为理想的切削刀具形态。

由于刀具的几何角度是要在切削过程中起作用的，因而基准坐标平面的建立应以切削运动为依据。首先根据加工要求给出假定工作条件（包括假定运动条件和假定安装条件），然后建立参考系。在该参考系中的刀具几何角度，称为刀具的标注角度，即静止角度。

1）假定运动条件

以切削刃选定位置位于工件中心高时的主运动方向作为假定主运动方向；以切削刃选定位置的进给运动方向，作为假定进给运动方向，不考虑进给运动的大小，以排除工作条件改变对刀具几何角度的影响。

2）假定安装条件

假定车刀安装绝对正确。即安装车刀应使刀尖与工件中心等高；车刀刀杆对称面垂直于工件轴线；车刀刀杆底面水平。

这样，标注角度参考系简化了切削运动和设立标准刀具位置。

3. 刀具标注角度参考系种类

1）正交平面参考系

正交平面参考系由以下三个平面组成：

（1）基面（P_r）：通过主切削刃上某个选定点垂直于该点的主运动方向的平面。车刀的基面都平行于它的底面。

（2）切削平面（P_s）：通过切削刃上选定点，包括切削刃或切于切削刃（曲线刃）且垂直于基面的平面。

（3）正交平面（P_o）：通过切削刃某选定点同时垂直于基面和切削平面的平面。

正交平面参考系的三个参考平面相互垂直，如图 5-6 所示。

2）法平面参考系

法平面参考系由 P_r、P_s 和法平面 P_n 组成。

法平面 P_n 是过切削刃某选定点垂直于切削刃的平面。

3）假定工作平面参考系

假定工作平面参考系由 P_r、P_f 和 P_p 组成。假定工作平面 P_f 是过切削刃某选定点平行于假定进给运动方向并垂直于基面的平面，如图 5-7 所示。背平面 P_p 是过切削刃某选定点并垂直于基面的平面和假定工作平面的平面。

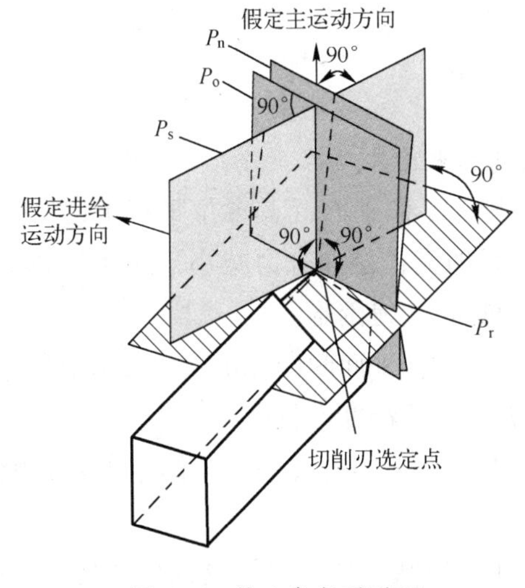

图 5-6　静止参考系平面

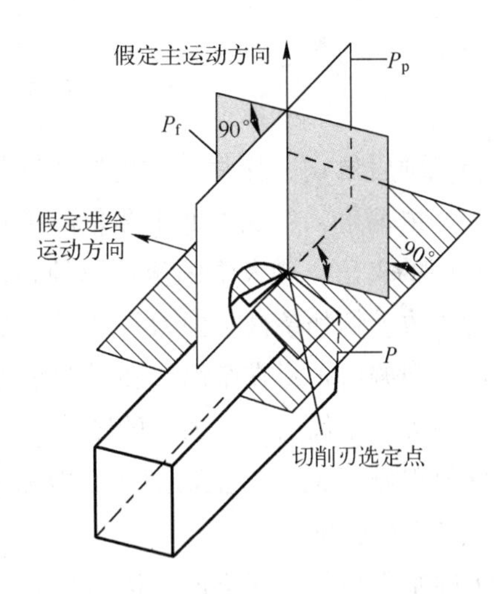

图 5-7　假定工作平面参考系

4. 车刀的角度

1）刀具的标注角度

在刀具标注角度参考系下测得的刀具角度称为刀具的标注角度，刀具的设计、制造、刃磨和测量一般参照该角度。刀具的正交平面参考系中定义了六个基本标注角度，如图 5-8 所示，其定义如下：

（1）前角 γ_o：在正交平面上测量的前面与基面的夹角。增大前角，则刀具锋利，切削轻快。但前角过大，刀刃强度降低。

一般情况下，如果工件材料硬度较低、塑性较好、刀头材料韧性较好及精加工时，前角可适当取大些，反之，前角取小些。

（2）后角 α_o：在正交平面上测量的后面与切削平面间的夹角。增大后角，可以减少刀具主后面与工件间的摩擦，但后角过大，刀刃强度降低。

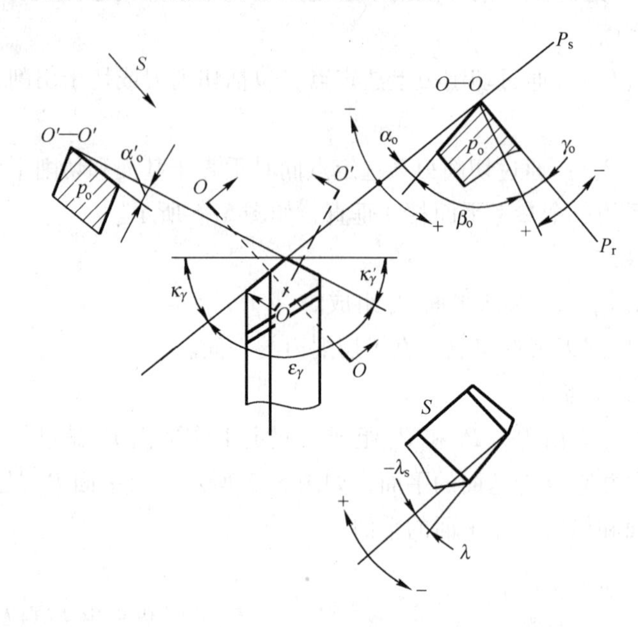

图 5-8　车刀的几何角度

（3）副后角 α_o'：副后刀面与副切削刃切削平面间的夹角。

（4）主偏角 κ_r：在基面中测量的主切削平面与假定工作平面（其方位平行于进给运动方向）间的夹角。增大主偏角可以使切削的轴向分力加大，径向分力减小，这样有利于减小振动，改善切削条件。但刀具磨损也随之加快，散热将变得困难。

（5）副偏角 κ_r'：在基面中测量的副切削平面与假定工作平面间的夹角。增大副偏角可减小副切削刃与工件已加工表面的摩擦，但同时工件表面的粗糙度也就增大。

（6）刃倾角 λ_s：在主切削平面中测量的主切削刃与基面间的夹角。刃倾角主要影响切屑流向和刀体强度。

上述基本角度能完整地表达出车刀切削部分的几何形状，反映出刀具的切削特点。ε_r、β_o为派生角度。

2）刀具的工作角度

刀具的标注角度是在假定运动条件和假定安装条件下建立的角度，在实际的加工过程中，包括了主运动和进给运动。在安装刀具时，机床上安装位置也可能有变化，因此标注角度参考系则需要随之做出改变。为了合理地表达在实际切削过程中起作用的刀具角度，应该按照合成切削运动方向来定义参考系及其角度，即刀具工作参考系和工作角度。为了区别于标注参考系，在表示刀具工作参考系和工作角度时，其符号要加注下标 e。

在一般安装情况下，刀具的工作角度近似地等于标注角度（差值不超过 1%），如普通车削、镗孔、端铣等一般情况，不计算工作角度。只有在一些特殊情况，如车螺纹或丝杠、铣削加工等角度变化值较大时，才需计算工作角度。目的是使刀具在实际加工过程中更加准确，通过刀具的工作角度换算出刀具的静止角度，以便于制造或刃磨。

刀具的实际安装位置对于加工的影响：

（1）刀尖安装高低的影响。如图 5-9 所示，假定车刀 $\lambda_s=0$，则当刀尖装得高于工件中心线时，在背平面 P_p 内，刀具的工作背前面 γ_{pe} 增大，工作背后角 α_{pe} 减小，两者的变化值均为 θ_p。

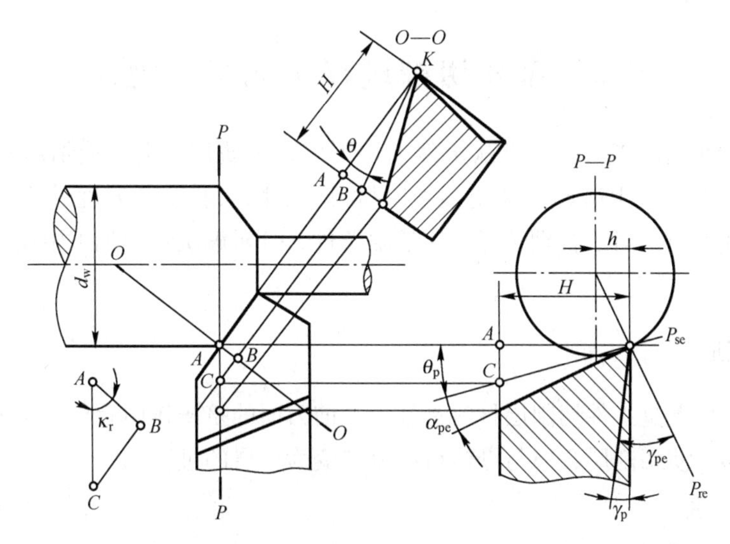

图 5-9　刀尖安装高低对刀具工作角度的影响

$$\gamma_{pe}=\gamma_p+\theta_p \tag{5-7}$$

$$\alpha_{pe}=\alpha_p-\theta_p \tag{5-8}$$

$$\tan\theta=\frac{h}{\sqrt{(d_w/2)^2-h^2}} \tag{5-9}$$

式中　h——刀尖高于工件中心线的数值。

如果刀尖低于工件轴线，则上述工作角度的变化情况恰好相反。

（2）刀杆中心线与进给方向不垂直时的影响。如图 5-10 所示，在基面内，如果刀具轴线在安装时不垂直于进给运动方向，则工作主偏角将增大（或减小），而工作副偏角将减小（或增大），其角度变化值为 G，即

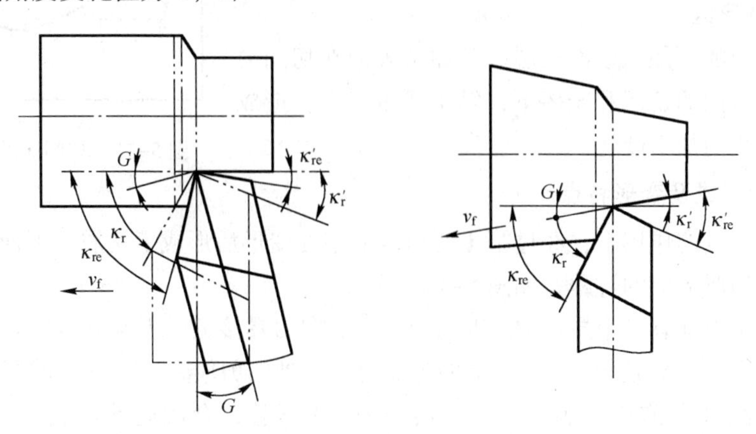

图 5-10　刀杆轴线不垂直于进给运动方向对刀具工作角度的影响

$$\kappa_{re} = \kappa_r \pm G \tag{5-10}$$

$$\kappa'_{re} = \kappa'_r \mp G \tag{5-11}$$

G 为刀杆中心线的垂线与进给方向的夹角。车圆锥时，进给方向与工件轴线不平行，也会使车刀主偏角和副偏角发生变化。

5.2 金属切削过程中的基本规律

金属在进行切削加工时，刀具从工件上切下多余金属层，会形成切屑并形成已加工表面。在这个过程中会产生诸如切削变形、切削力、切削热和切削温度、刀具磨损等系列现象。掌握好这些规律，对于合理选择金属切削条件，分析解决切削加工中质量、效率等问题具有重要意义。

5.2.1 切削变形

切削变形本质上是工件切削层材料受到刀具前刀面的挤压作用后，产生弹性变形、塑性变形和剪切滑移，使切削层金属与母体材料分离变为切屑的过程。

1. 切削变形区

为便于分析切削层变形的规律，通常把刀具切削刃附近的切削层划分为三个变形区。

1）第Ⅰ变形区

线段 OA 和线段 OM 之间的区域。从 OA 线开始发生塑性变形，到 OM 线终了，形成 AOM 塑性变形区，由于塑性变形的主要特点是晶格间的剪切滑移，所以又称其为剪切变形区，如图 5-11 所示。

2）第Ⅱ变形区

靠近刀具前面的切屑底面。切屑沿刀具前面流出时进一步受到前面的挤压和摩擦，再次发生剪切滑移变形，使切屑底面的金属晶粒变为与前面趋于平行的纤维状。由于该变形主要由摩擦引起，所以称为摩擦变形区。

3）第Ⅲ变形区

靠近切削刃的已加工表面表层。已加工表面在切削刃钝圆部分和后刀面的挤压和摩擦下，发生严重变形，造成表层金属纤维化与加工硬化。

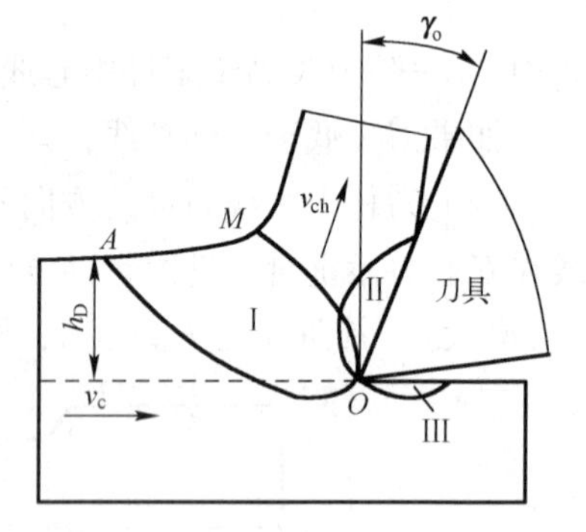

图 5-11 切削时的三个变形区

2. 切削的形成及变形特点

切削层在刀具的作用下，经过第Ⅰ变形区的塑性变形后形成了切屑。下面以直角自由切削为例，说明切屑形成的过程，如图 5-12 所示。

假设切削层内部有一个质点 P，以切削速度 v_c 向刀具接近，当点 P 未到达剪切区前只产生弹性变形，当点 P 到达滑移线 OA 上的 1 点时，该处的剪应力达到材料的屈服极限，过点 1 后，点 P 在继续向前移动的同时，也沿线段 OA 滑移，合成运动使其从点 1 流到点 2，2’—2 就是它的滑移量。然后，同理继续滑移至点 3、点 4 处，超过点 4 后，流动方向则与前面平行，不再滑移，这样沿前面流出成为切屑中的一个质点。切削层的其他质点也是这样，因而成为切屑。线段 *OA* 称为始滑移面，线段 *OM* 称为终滑移面。在一般切削速度范围内，第Ⅰ变形区的宽度仅 0.02 ～ 0.2 mm，所以常用一个剪切面 *OM* 来表示，如图 5-13 所示。剪切面 *OM* 与切削速度方向间的夹角称为剪切角，用 ϕ 表示。

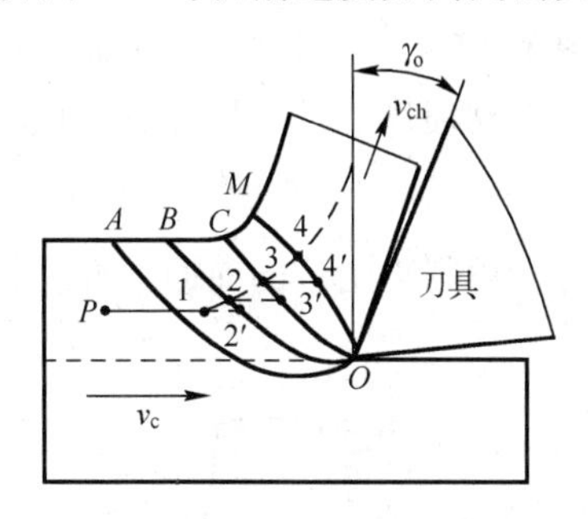

图 5-12　切屑形成过程

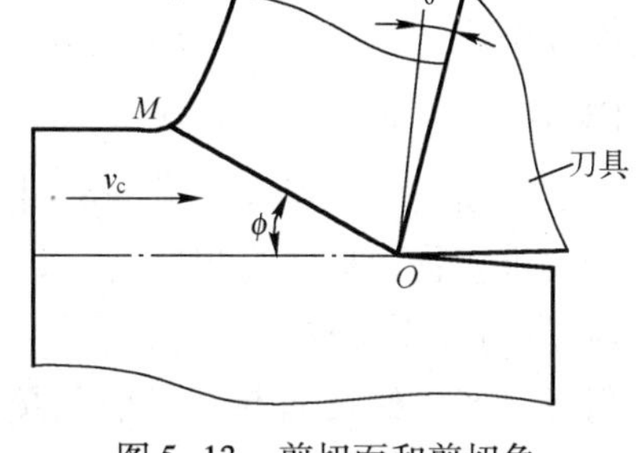

图 5-13　剪切面和剪切角

切削层形成切屑后，其厚度增加，长度缩短，而宽度基本不变，如图 5-14 所示。根据材料变形前后体积不变的规律，切屑厚度 h_{ch} 与切削层厚度 h_D 的比值和切削层长度 l 与切屑长度 l_c 的比值相等，将此比值定义为变形系数 ε，即

$$\varepsilon = \frac{h_{ch}}{h_D} = \frac{l}{l_c} \tag{5-12}$$

变形系数 ε 直观地反映了切削平均变形的程度，ε 越大，变形越大。

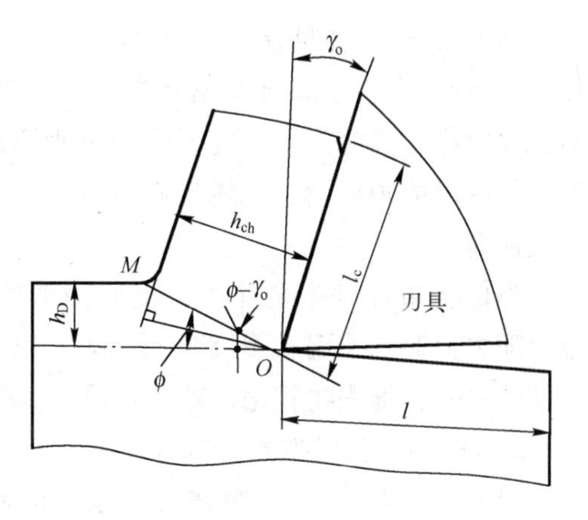

图 5-14　切削的收缩

3. 切屑的基本形态

金属在切削过程中，根据不同的材料特性，切削条件，所产生的切屑形态也不一样。但大致可归为以下四种基本形态：

（1）带状切削：切屑连续呈带状，底面光滑，背面呈毛茸状，是一种常见的切屑，如图 5-15（a）所示。一般加工塑性金属，切削层厚度较小、切削速度较高、刀具前角较大时，容易形成此类切屑。在形成这类切屑时，需要采取断屑措施，否则会产生切屑缠绕，产生安全问题。

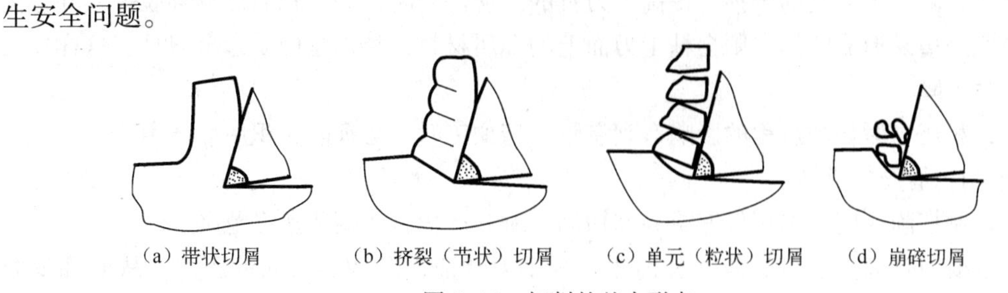

（a）带状切屑　（b）挤裂（节状）切屑　（c）单元（粒状）切屑　（d）崩碎切屑

图 5-15　切削的基本形态

（2）节状切屑：切屑的背面呈锯齿形，底面常见裂纹，又称挤裂切屑，如图 5-15（b）所示。一般在切削厚度较大、切削速度较低或者刀具前角较小时，容易产生此种切屑。出现

这种切屑说明切屑过程不稳定，加工表面质量较差。

（3）粒状切屑：又称单元切屑。此种切屑呈梯形颗粒状，一般是切削塑性较大的材料时，刀具的剪切应力大大超过材料断裂强度，产生裂纹后脱落，如图5–15（c）所示。这种切屑的产生也是切削过程不稳定造成。

（4）崩碎切屑：切屑呈碎块状，形状不规则，如图5–15（d）所示。产生此种切屑一般是在切削脆性金属时在拉应力作用下脆断而形成，此时容易损坏刀具，加工表面粗糙度大。

4. 积屑瘤

在一定切削速度下，切削具有一定塑性金属材料时，切削刃附近的前面上容易粘附一块高硬度的金属堆积物，称此为积屑瘤，如图5–16所示。

1）积屑瘤的形成及脱落

在切削时，产生的切屑与刀具前面接触处产生剧烈摩擦，使切屑的底层流速明显减慢，出现“滞流”现象，在这种情况下，当温度和压力继续增加，切屑底部与刀具前面出现粘结，经剪切滑移后，停留在刀具前面上，随着这个过程逐渐累积叠加，最后形成积屑瘤。积屑瘤在这种情况下，硬度大大提高。

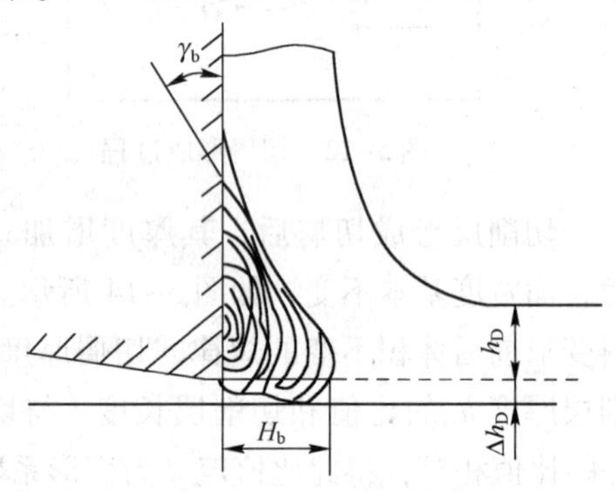

图5–16　积屑瘤

当切削条件发生变化时，例如切削速度提高，温度随之升高。当升高到500 ～ 600℃以上时，加工硬化消失，堆积物软化，被切屑带走，积屑瘤就会脱落或消失。

2）积屑瘤对切削过程的影响

（1）增大刀具前角：可减小切削变形和切削力。

（2）增大切削厚度：积屑瘤前端伸出了切削刃，使切削厚度增加，影响工件的尺寸精度。

（3）使加工表面粗糙度增大：由于积屑瘤外形不规则，使加工表面不平整，同时，脱落的积屑瘤碎片也有可能嵌入加工表面，使加工表面粗糙度增加。

（4）对刀具寿命的影响：积屑瘤包裹着切削刃和部分刀具前面，可代替刀具切削，从这个角度来看，减少了刀具的磨损，提高了刀具的寿命。同时，如果积屑瘤频繁脱落，并且由于刀面和积屑瘤易形成整体，则会粘走刀面上的金属材料，特别是硬质合金刀具，这样反而使刀具寿命下降。

因此，积屑瘤对切削过程的影响有利有弊。精加工时，必须防止积屑瘤产生。

3）控制积屑瘤的措施

（1）控制切削速度。选用低速或高速切削，避开产生积屑瘤的速度范围。

（2）改变刀具前角。可适当调整前角，减小刀具前面和切屑之间的压力，从而降低温度，抑制积屑瘤。

（3）降低材料的塑性。在选取材料是充分考虑其塑性，在满足力学性能基础上尽量避免塑性过大的材料。

（4）合理使用冷却液。使用冷却液可以减少摩擦，又能降低切削温度，从而抑制积屑瘤。

5.2.2　切削力

1. 切削力的来源、合力及其分力

在切削加工时，切削力主要是克服在切屑形成过程中工件材料对弹性变形和塑性变形的变形抗力和克服切屑与前刀面、已加工表面与后刀面的摩擦阻力。其中，变形力和摩擦力形成了作用在刀具上的合力 F。合力 F 是个不易确定大小和方向的量，一般情况下，常将合力 F 分解为互相垂直的 F_c、F_f和 F_p三个分力，便于表达和计算，如图 5-17 所示。

（1）切削力 F_c（主切削力 F_z）是在主运动方向上的分力，它与加工表面相切，并与基面垂直。

（2）进给力 F_f（进给抗力 F_x）是在进给运动方向上的分力，它在基面内在进给方向上。

（3）背向力 F_p（切深抗力 F_y）是在切深方向上的分力，它在基面内并垂直于进给运动方向。

由图 5-17 可以看出，进给力 F_f和背向力 F_p的合力 F_D作用在基面上且垂直于主切削刃。

F、F_D、F_f、F_p之间的关系为

$$F = \sqrt{F_c^2 + F_D^2} = \sqrt{F_c^2 + F_f^2 + F_p^2} \tag{5-13}$$

$$F_f = F_D \sin \kappa_r \quad F_p = F_D \cos \kappa_r \tag{5-14}$$

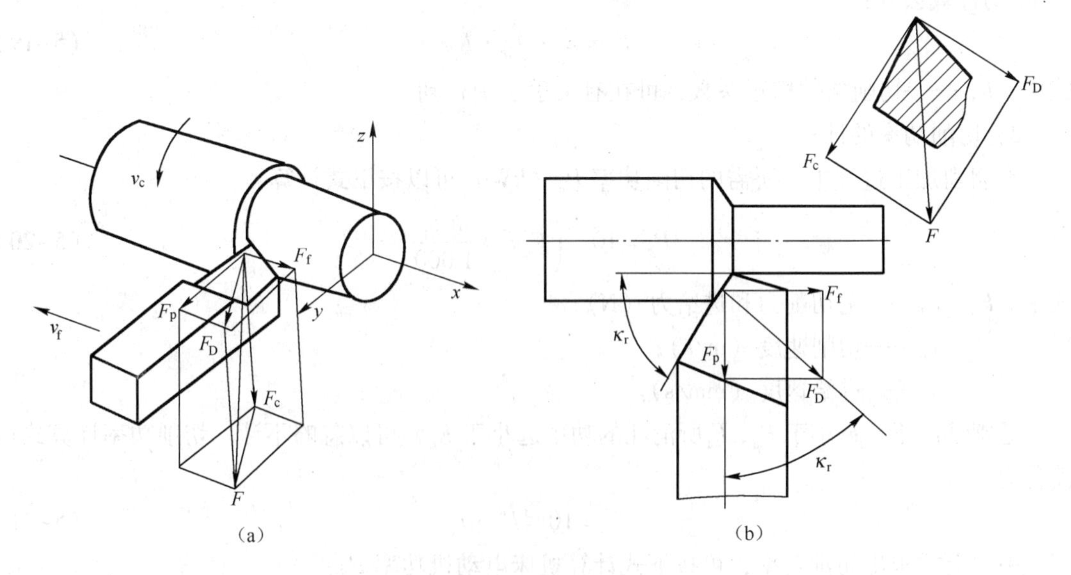

图 5-17　切削合力及其分力

2. 切削力的计算

对于切削力的计算，目前还没有准确的理论公式能够计算出切削力的大小，在精度要求不是很高的加工中，可以使用一些准确度相对较高的理论公式，但是为了计算方便，生产实际中一般还是采用经数据处理后得到的经验公式。经验公式一般可分为指数形式和单位切削

力形式两种。

1）指数形式公式

其形式如下：

$$F_c = C_{F_c} \cdot \alpha_p^{X_{F_c}} \cdot f^{Y_{F_c}} \cdot v_c^{Z_{F_c}} \cdot K_{F_c} \tag{5-15}$$

$$F_f = C_{F_f} \cdot \alpha_p^{X_{F_f}} \cdot f^{Y_{F_f}} \cdot v_c^{Z_{F_c}} \cdot K_{F_f} \tag{5-16}$$

$$F_p = C_{F_p} \cdot \alpha_p^{X_{F_f}} \cdot f^{Y_{F_p}} \cdot v_c^{Z_{F_c}} \cdot K_{F_p} \tag{5-17}$$

式中　C_{F_c}、C_{F_f}、C_{F_p}——取决于工件材料和切削条件的系数；

x_{F_c}、y_{F_c}、z_{F_c}——切削力分力 F_c 公式中背吃刀量 a_p、进给量 f 和切削速度 v 的指数；

x_{F_f}、y_{F_f}、z_{F_f}——切削力分力 F_f 公式中背吃刀量 a_p、进给量 f 和切削速度 v 的指数；

x_{F_p}、y_{F_p}、z_{F_p}——切削分力 F_p 公式中背吃刀量 a_p、进给量 f 和切削速度 v 的指数；

K_{F_c}、K_{F_f}、K_{F_p}——当实际加工条件与求得经验公式的试验条件不符时，各种因素对各切削分力的修正系数。

式中各种系数和指数和修正系数都可以在切削用量手册中查到。

2）单位切削力形式公式

切削层单位切削力 p_c（MPa）可按下式计算：

$$p_c = \frac{F_c}{A_D} = \frac{F_c}{f \cdot a_p} = \frac{F_c}{h_D \cdot b_D} \tag{5-18}$$

各种工件材料的切削层单位切削功率 P_c 可在有关手册中查到。根据上式，可得到切削力 F_c 的计算公式：

$$F_c = p_c \cdot A_D \cdot K_{F_c} \tag{5-19}$$

式中　K_{F_c}——切削条件修正系数，可在有关手册中查到。

3）切削功率的计算

在切削加工过程中，所需的切削功率 P_c（kW）可以按下式计算：

$$P_c = 10^{-3}\left(F_c v_c + \frac{F_f v_f}{1\,000}\right) \tag{5-20}$$

式中　F_c、F_f——主切削力和进给力（N）；

v_c——切削速度（m/s）；

v_f——进给速度（mm/s）。

通常情况下，F_f小于 F_c，F_f所消耗的功率远小于 F_c，可以忽略不计。切削功率计算式可简化为

$$P_c = 10^{-3} F_c \cdot v_c \tag{5-21}$$

根据上式求出切削功率，可按下式计算机床电动机功率 P_E：

$$P_E = P_c / \eta_c \tag{5-22}$$

式中　η_c——机床传动效率，一般取 $\eta_c = 0.75 \sim 0.85$。

4）影响切削力的主要因素

（1）工件材料。从材料的力学性能来说，工件材料的强度、硬度越高，剪切屈服强度 τ_s 也越高，切削时产生的切削力就越大。在加工 60 钢时，就比加工 45 钢切削力大。

如果工件材料的塑性、冲击韧性较大，则切屑与刀具间的摩擦增加，则切削力越大。例如不锈钢 1Cr18Ni9Ti 的塑性比 45 钢大，易产生加工硬化，产生的切削力比 45 钢大。

（2）刀具几何参数。前角 γ_o 增大，切削变形减小，切削力减小。主偏角对切削力 F_c 的影响较小，而对进给力 F_f 和背向力 F_p 影响较大，由图 5-18 可知当主偏角增大时，F_f 增大，F_p 减小。

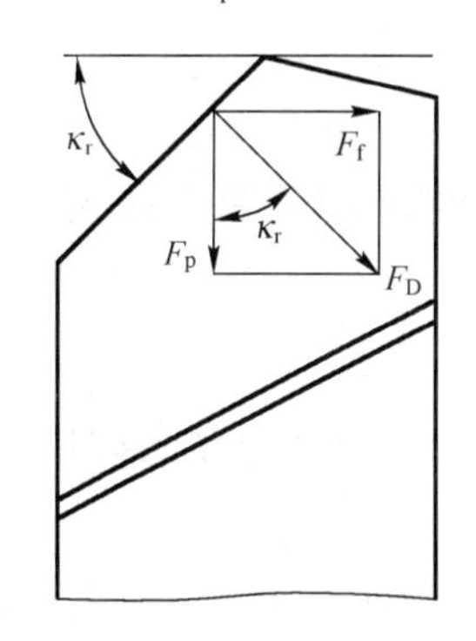

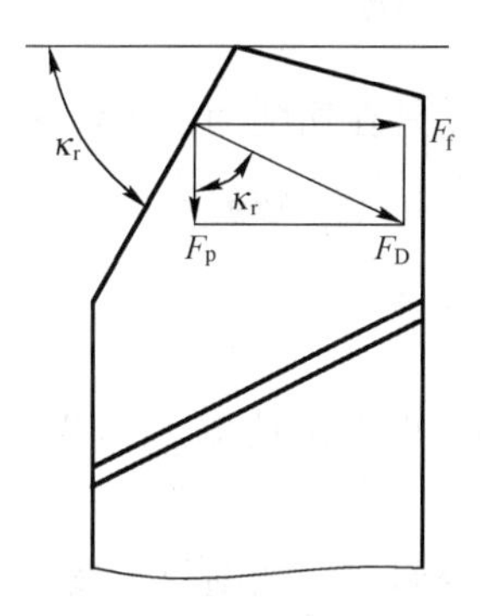

图 5-18　主偏角对 F_f 和 F_p 的影响

刃倾角 λ_s 在很大范围（$-40°\sim+40°$）内变化时，对 F_c 没有什么影响，但 λ_s 增大时，F_f 增大，F_p 减小。

（3）切削用量。切削用量对切削力的影响较大，无论是背吃刀量和还是进给量增加时，切削面积 A_D 都会增加，这样的话，刀具与工件间的变形抗力和摩擦力随之加大，使得切削力随之增大。

在切削塑性材料时，切削速度对切削力的影响较大。如图 5-19 所示，在低速加工时，随着切削速度的增加，积屑瘤逐渐长大，刀具实际前角增大，使切削力逐渐减小。在中速加工时，积屑瘤逐渐减小并消失，使切削力逐渐增至最大。在高速阶段，切削温度明显升高，而摩擦力逐渐减小，使切削力得到较好控制，相对降低。

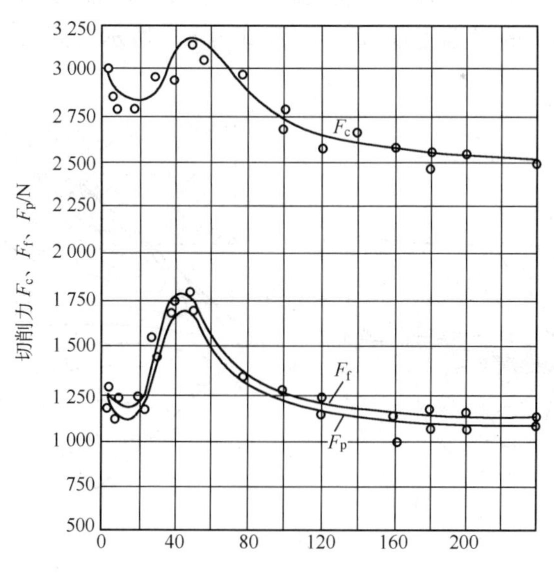

图 5-19　切削速度对切削力的影响

(4) 其他因素。不同的刀具材料在加工时，产生不一样的切削力。一般按立方碳化硼刀具、陶瓷刀具、涂层刀具、硬质合全刀具、高速钢刀具的顺序，切削力依次增大。

切削液通过减小摩擦系数使切削力降低。

5.2.3 切削热与切削温度

切削热和切削温度是在切削加工中产生的一种物理现象。它们的产生能够在一定程度上改变切削力和切削性能，影响积屑瘤的形成，也能够改变刀具磨损状态，从而改变工件加工表面的质量。

1. 切削热

切削热是在切削过程中由被加工材料的变形、分离及刀具和被加工材料间的摩擦而产生的。

通常在切削塑性材料时，切削热主要由剪切区和前刀面摩擦形成；切削脆性材料时，切削热主要是后刀面摩擦热占的比例较多。

切削热在热量传导过程中，切屑传导的热量最多，工件其次，刀具较少。随着切削速度的增加，切屑会带走更多的热量，这样有利于加工的连续性。

2. 切削温度

切削温度是指切削过程中切削区域的平均温度，用 θ 表示，该区域的平均温度高低受到切削热的产生量和传导的速度影响。对切削温度的控制，可以一定程度的延长刀具的使用寿命。

1）切削温度的分布

图 5-20（a）所示为某切削条件时用人工热电偶法测得的温度分布场。由图可见，切削温度分布极不均匀，在切屑中，底层温度最高，在刀具中，靠近切削刃处（约 1 mm）温度最高；在工件中，切削刃附近温度最高。图 5-20（b）所示为刀具前刀面上的切削温度分布图。

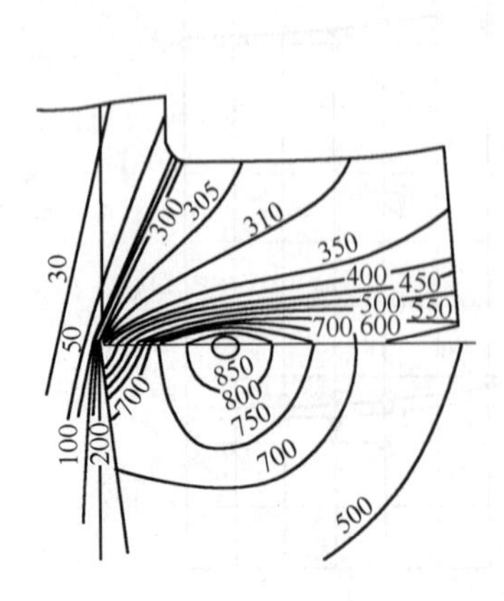

（a）刀具、切屑和工件的温度分布

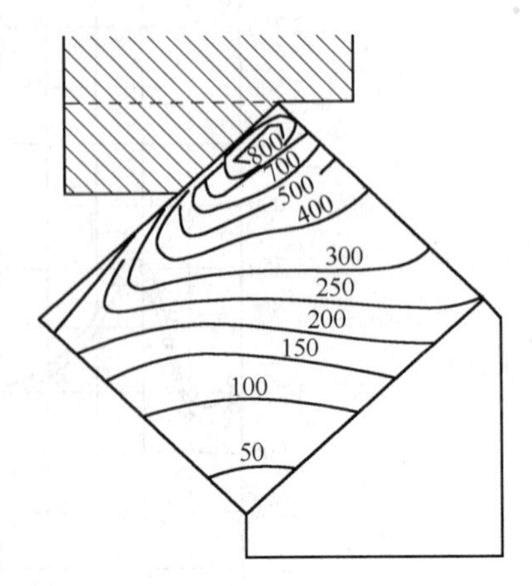

（b）刀具前刀面上的温度分布

图 5-20 切削温度的分布

在实际切削加工过程中，切削产生的切屑表面会产生一层氧化膜，在不同的切削温度下产生的切屑颜色不同，因此可以从切屑颜色大致判断切削温度高低。300℃以下切屑呈银白色，400℃左右呈黄色，500℃左右呈深蓝色，600℃左右呈紫黑色。

2）影响切削温度的因素

（1）工件材料。工件材料的强度和硬度越高，产生的切削热就越多，切削温度就越高。工件材料的导热性能越差，传导热量的速度就越慢，切削温度就越高。

（2）切削用量。增大切削用量时，产生的切削热增多，切削温度就越高。切削速度、进给量和背吃刀量对切削热的产生与传导根据不同情况，影响也不相同。总体来说，切削速度 v 对切削温度影响最大，进给量 f 次之，背吃刀量 a_p 最小。

（3）刀具几何参数。刀具的前角 γ_{o} 和主偏角对切削温度影响比较大。增大前角，能使切削变形减小也使切屑与前刀面的摩擦减小，因此产生的切削热减小，切削温度下降。但是如果过大时，会使刀头的散热面积减小，使切削温度升高。改变主偏角，会改变切削刃的工作长度，改变刀头的散热面积，从而改变切削温度。

（4）其他因素。除了以上因素外，刀具的磨损和切削速度的改变也会改变切削温度，使用冷却液可以有效降低切削温度。

5.2.4 刀具磨损与刀具寿命

金属切削加工时，刀具受到多种因素的影响，难免要发生磨损，磨损的过程是持续的，逐渐发展的，也是刀具使用过程中正常的现象。同时，刀具还可能发生破损现象，在加工时突然出现刀具的损坏。这种现象一般是随机发生。这里仅分析刀具的磨损。

1. 刀具的磨损形式

刀具的磨损有以下三种形式：

1）前刀面磨损

如果在切削加工中，选择塑性材料，一旦提高切削速度或者增加切削厚度，刀具前刀面上容易形成月牙洼磨损。此时切削温度最高点开始呈中心开始向前向后扩展。当月牙洼发展到其前缘与切削刃之间的棱边变得很窄时，切削刃强度降低，容易导致切削刃破损，如图 5-21（a）所示。

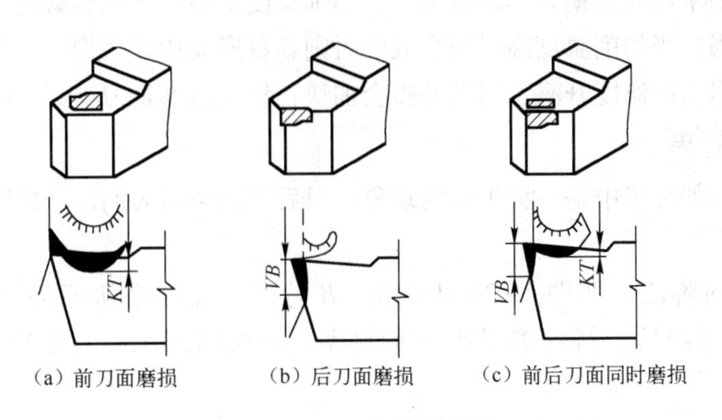

图 5-21 刀具磨损形式

2）后刀面磨损

后刀面与工件表面实际上接触面积很小，所以接触压力很大，因此，磨损就发生在这个接触面上，如图5–21（b）所示。后刀面磨损带宽度往往是不均匀的。

3）前后刀面同时磨损

在常规条件下，加工塑性金属常常出现图5–21（c）所示的前后刀面同时磨损的情况。

2. 刀具磨损原因

刀具磨损的原因主要有以下五种：

（1）机械作用的磨损。在工件材料中可能含有比刀具材料硬度高的硬质点（如TiC，TiN或SiO_2等）或者存在积屑瘤碎片，这些硬质部分会对刀具造成轻微损伤，使刀具磨损。在低速切削时，机械作用磨损是造成刀具磨损的主要原因。

（2）黏结磨损。在刀具加工过程中产生的热会使工件或切屑的表面与刀具表面之间形成黏结点，而加工运动在不断进行，这样就使黏结点发生分裂，分裂中会带走刀具的表面微粒而造成磨损。

（3）氧化磨损。刀具在加工时，产生的温度较高，刀具、工件和切屑在这个过程中不断产生新生表面，而新生表面很快又被氧化生成氧化膜，如果刀具上的氧化膜强度较低，就会被切屑破坏，形成磨损。

（4）扩散磨损。扩散磨损是由于在加工产生的高温作用下，刀具中的硬质金属元素会逐渐向工件和切屑扩散，这样，刀具的力学性能发生变化，表层硬度下降，加剧了刀具的磨损。

实际加工采用硬质合金刀具进行切削时，如果切削产生热量不高，则刀具以机械磨损为主，如果切削产生热量较高时，黏结磨损出现概率上升，温度升的更高时，氧化磨损与扩散磨损加剧。

（5）相变磨损。刀具材料本身有着自身发生相变的温度，如果在切削加工中，温度超过了刀具的相变温度后，刀具材料的金相组织就发生了变化，使得刀具的硬度也发生了变化，当刀具材料在金相组织发生变化时，硬度下降，则容易发生刀具磨损，这样的磨损形式称为相变磨损。

实际加工如果采用高速钢刀具进行加工，切削温度不高时以机械磨损为主，切削温度升高时发生黏结磨损，当切削温度高于相变温度时则容易形成相变磨损。

总体来看，当切削温度升高，刀具磨损会加快，切削温度是刀具磨损的主要原因。

3. 刀具磨损过程

刀具磨损在切削加工中是一种正常的现象，以后刀面磨损为例，分析磨损过程大致分为以下三个阶段：

（1）初期磨损阶段，即图5–22所示的*AB*阶段。在这个阶段刀具磨损速度较快，原因是刀具经过刃磨后，新的表层组织不耐磨，在切削加工时，很短的时间内就使新表层磨损。

（2）正常磨损阶段，即图5–22所示的*BC*阶段。在这个阶段，刀具磨损速度相对稳定，磨损量也相对均匀，并呈现逐步扩大的趋势。在切削加工过程中，刀具加工与磨损比较平衡，这个阶段也是刀具工作的最佳阶段。

(3) 急剧磨损阶段，即图 5-22 所示的 *CD* 阶段。在这个阶段刀具磨损速度重新加快，并且磨损量也在增加，原因是这个阶段的刀具已经磨损到钝化的程度，使得继续切削所产生的热量急剧升高，刀具磨损将更加严重。这个阶段的刀具加工质量大大降低，不是刀具加工的正常阶段，此时需要重磨刀具。

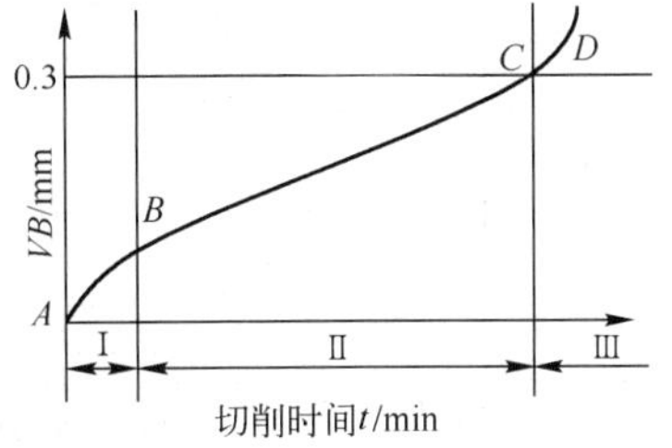

图 5-22　刀具后刀面磨损过程

4. 刀具寿命

刀具在加工中存在磨损，为了保证加工的质量，通常根据磨损的特点来界定刀具的寿命。刀具寿命 T 的定义为：刀具由刃磨后开始切削，一直到磨损量达到刀具的磨钝标准所经过的总切削时间，单位为 min。

刀具寿命体现了刀具在加工中的磨损速度。如果刀具寿命长，则刀具在加工中的磨损速度较慢，反之，则速度较快。刀具的寿命会受到很多因素的影响，因为切削加工本身就存在着变化。但是总体来看，主要还是受到切削温度和切削用量的影响较为明显。通过切削实验，可以得出 v_c、f、a_p对刀具寿命 T 的影响关系式：

$$T=\frac{C_\tau}{v_c^X f a_p^Z} \tag{5-23}$$

在公式中，切削速度、进给量和背吃刀量都会改变刀具寿命。刀具寿命对切削加工生产具有重要的参考意义，也是一个重要的参数，它能够用来确定换刀时间，可以用来衡量工件材料切削加工性和刀具材料切削性能优劣等。

5.3　金属切削过程中基本规律的应用

5.3.1　材料的可加工性衡量指标

评价材料的可加工性指标受到诸多因素影响，通常将其分为以下几种：

1. 刀具寿命指标

刀具材料在满足切削加工要求基础上，寿命越长，切削加工性越好。在表达刀具寿命指标时，通常是以抗拉强度 $\sigma_b=0.637$ MPa 的 45 钢的 V_{60}作为基准，写作$(V_{60})j$，将其他被切削材料的 V_{60}与其相比，得到该材料的相对切削加工性 K_r，即

$$K_r=\frac{V_{60}}{(V_{60})j} \tag{5-24}$$

当 $K_r>1$，该材料比 45 钢容易切削；当 $K_r<1$，该材料比 45 钢难切削。常用金属材料的相对加工性等级如表 5-1 所示。

表 5-1　工件材料的相对切削加工性及分级

加工性等级	名称及种类		相对加工性 K	代表性材料
1	很容易切削材料	一般有色金属	>3.0	5-5-5 钢铝合金，铜铝合金，铝镁合金
2	容易切削易削钢	易削钢	2.5～3.0	退火 1.5Cr：σ_b =0.372～0.441 GPa 自动机床用钢：σ_b =0.392～0.490 GPa
3		较易削钢	1.6～2.5	正火 30 钢：σ_b =0.441～0.549 GPa
4	普通材料	一般钢及铸铁	1.0～1.6	45 钢，灰铸铁，结构钢
5		稍难切削材料	0.65～1.0	2Gr13 调质：σ_b =0.8288 GPa 85 钢轧制：σ_b =0.8829 GPa
6	难切割材料	较难切削材料	0.5～0.65	45Cr 调质：σ_b =1.03 GPa 60Mn 调质：σ_b =0.9319～0.981 GPa
7		难切削材料	0.15～0.5	50GrV 调质，1Cr18Ni9Ti 未淬火 α 相钛合金
8		很难切削材料	<0.15	β 相铁合金，镍基高温合金

2. 已加工表面质量指标

通常情况下，以常用材料能否保证得到所要求的已加工表面质量，作为评定材料切削加工性的指标。对于精加工的零件，可用表面粗糙度值来评定材料的切削加工性的指标。

3. 切削力或切削温度指标

当加工材料出现了切削力加大、切削温度增高的情况时，就视为切削加工性差。在选用材料时，要特别参考这个指标。

4. 切屑控制性能指标

切屑在加工中对于工件的表面质量和加工的连续性有着重要的影响。因此将切屑控制的难易程度来评定材料的切削加工性，凡切屑容易被控制或折断的材料，其切削加工性就好。反之，则差。

工件材料一般不能满足所有指标要求，在选用材料时，需要综合考虑。当加工具有某一项或几项具体性能要求时，可以针对性的参考相应的指标。

5.3.2　冷却液

在切削加工时，通常使用冷却液对加工中的工件和刀具进行冷却、润滑、清洗和防锈等作用。

常见的冷却液主要有以下几种：

（1）水溶液。在水中加入少量防锈剂作为冷却液。特点是冷却能力强，但润滑性能差。

（2）乳化液。俗称肥皂水，它由乳化油加水稀释而成的白色液体。可根据切削加工的不同需要进行选择各种浓度的配制。优点是可以根据实际需要，在冷却和润滑之间找到平衡。

（3）油类切削液。常用采用矿物油，如机油、柴油和煤油等材料来作为润滑剂，润滑作用良好但其冷却能力偏低。

在选用冷却液时，可以根据具体的加工特点和加工要求来选用冷却液。例如，粗加工时，切削量大，切削热量高，刀具磨损严重，适合选用冷却效果好的水溶液和低浓度的乳化液；精加工时，注重工件表面加工质量，切削余量小，刀具磨损较轻，适合用高浓度的乳化液和油类冷却液进行润滑。

同时，要注意选用冷却液时，应避免选用容易和工件发生化学反应的种类。对于一些特殊材料加工时，不需要冷却液，例如硬质合金刀具和陶瓷材料刀具硬度高、耐热性能和耐磨性好，一般也不采用冷却液。

5.3.3 刀具几何参数的选择

刀具的几何参数的变化会影响整个切削加工的过程，包括加工质量、生产率、加工成本等因素。选择合理的刀具几何参数，可以优化加工中的各项指标，达到加工要求。

1. 前角的选择

一般情况下，适当的增大前角，有利于切削加工的进行，除了可以减小切削变形，减小切削力、切削热外，还可以抑制积屑瘤和鳞刺的产生。但是如果前角过大，造成楔角减小，切削刃与刀尖会承受更大的切削强度，容易崩刃，同时在刀尖及切削刃接触的部分，切削热量急剧上升，刀具的磨损加剧，减小刀具寿命。

因此合理的增大前角需要根据具体情况决定，选择原则如下：

（1）加工塑性材料时，应选较大的前角，加工脆性材料时，应取较小的前角。

（2）刀具材料的抗弯强度和冲击韧性较高时，应取较大的前角。

（3）粗加工应选用较小的前角。精加工应选用较大前角。机床的功率不足取较大的前角。

表5-2所示为硬质合金车刀合理前角的参考值。

表5-2 硬质合金车刀合理前角、后角的参考值

工件材料种类	合理前角参考值/（°）		合理后角参考值/（°）	
	粗车	精车	粗车	精车
低碳钢	20～25	25～30	8～10	10～12
中碳钢	10～15	15～20	5～7	6～8
合金钢	10～15	15～20	5～7	6～8
淬火钢	-15～-5		8～10	
不锈钢（奥氏体）	15～20	20～25	6～8	8～10
灰铸铁	10～15	5～10	4～6	6～8
铜及铜合金（脆）	10～15	5～10	6～8	6～8
铝及铝合金	30～35	35～40	8～10	10～12
钛合金（$\sigma_b \leq 1.77$ GPa）	5～10		10～15	

注：粗加工用的硬质合金车刀，通常都有负倒棱及负刃倾角。

2. 后角的选择

适当的增大后角，可以有效减小刀具后刀面与已加工表面间的摩擦，有利于提高刃口锋利程度，从而改善表面加工质量。但是如果后角过大，将产生相反的效果，恶化了加工条件。合理的选择后角具体原则如下：

（1）当加工强度、硬度较高的材料时，应选较小后角。加工塑性、韧性较大材料时，取较大的后角。加工脆性材料时，取较小的后角。

（2）粗加工选较小的后角。精加工选用较大的后角。

（3）在一般条件下，为了提高刀具耐用度，可增大后角。

表5-2所示为硬质合金车刀合理后角的参考值。

3. 主偏角与副偏角的选择

1）主偏角的选择原则

当工艺系统的刚度正好时主偏角可取小值，如 $K_r = 30° \sim 45°$，如果加工高强度、高硬度的材料时，可取 $K_r = 10° \sim 30°$。

当工艺系统的刚度较差时，主偏角可稍大，一般取 $K_r = 60° \sim 75°$。

2）副偏角的选择原则

在满足加工要求的条件下，一般副偏角尽量取小值。精加工时，取 $K_r' = 5° \sim 10°$；粗加工时，取 $K_r' = 10° \sim 15°$。

当工艺系统刚度较差时，副偏角可取 $K_r' = 30° \sim 45°$。

4. 刃倾角的选择

1）刃倾角的作用

（1）控制切屑的流出方向。

（2）控制切削刃在切入与切出时的平稳性。

（3）影响刀尖温度和散热条件。

（4）影响切削刃的锋利程度。

2）刃倾角的选择原则

粗车加工钢时，取 $\lambda_s = -5° \sim 0°$；精车加工钢时，取 $\lambda_s = 0° \sim 5°$；有冲击负荷时，取 $\lambda_s = -15° \sim -5°$。加工强度、刚度较大的材料时，取 $\lambda_s = -30° \sim -10°$。微量切削时，可取 $\lambda_s = 45° \sim 75°$。

5.3.4 切削用量的选择

在切削用量的选择上，主要依据不同的加工要求，采用不同的切削用量参数。通常粗加工时，应优先选择大的背吃刀量，其次选择较大的进给量。

1. 背吃刀量的选择

粗加工的背吃刀量应根据工件的加工余量确定，在保留半精加工余量的前提下，应尽量用一次走刀就切除全部粗加工余量；在半精、精加工的过程中，切削余量较小，其背吃刀量通常都是一次走刀切除全部余量。

2. 进给量的选择

表 5-3 所示为粗车时进给量的参考值。一般在半精加工和精加工时，进给量取得都较小。

表 5-3　硬质合金及高速钢车刀粗车外圆和端面时的进给量

工件材料	车刀刀杆尺寸 $B \times H$/mm	工件直径/mm	背吃刀量/mm ≤3	>3～5	>5～8	>8～12	>12
			进给量/（mm/r）				
碳素结构钢 合金结构钢	16×25	20	0.3～0.4				
		40	0.4～0.5	0.3～0.4			
		60	0.5～0.7	0.4～0.6	0.3～0.5		
		100	0.6～0.9	0.5～0.7	0.5～0.6	0.4～0.5	
		400	0.8～1.2	0.7～1.0	0.6～0.8	0.5～0.6	
	20×30 25×25	20	0.3～0.4				
		40	0.4～0.5	0.3～0.4			
		60	0.6～0.7	0.5～0.7	0.4～0.6		
		100	0.8～1.0	0.7～0.9	0.5～0.7	0.4～0.7	
		600	1.2～1.4	1.0～1.2	0.6～0.9	0.6～0.9	0.4～0.6
	25×40	60	0.6～0.9	0.5～0.8	0.4～0.7		
		100	0.8～1.2	0.7～1.1	0.6～0.9	0.5～0.8	
		1000	1.2～1.5	1.1～1.5	0.9～1.2	0.8～1.0	0.7～0.8
铸铁及铜合金	16×25	40	0.4～0.5				
		60	0.6～0.8	0.5～0.8	0.4～0.6		
		100	0.8～1.2	0.7～1.0	0.6～0.8	0.5～0.7	
		400	1.0～1.4	1.0～1.2	0.8～1.0	0.6～0.8	
	25×30 25×25	40	0.4～0.5				
		60	0.6～0.9	0.5～0.8	0.4～0.7		
		100	0.9～1.3	0.8～1.2	0.7～1.0	0.5～0.8	
		600	1.2～1.8	1.2～1.6	1.0～1.3	0.9～1.1	0.7～0.9

注：1. 加工断续表面及进行有冲击的加工时，进给量应乘系数 k =0.75～0.85。

2. 加工耐热钢及其合金时，不采用大于 1.0 mm/r 的进给量。

3. 加工淬硬钢，表内进给量应乘系数 k =0.8（当材料硬度为 44～56 HRC）或 k =0.5（当硬度为 57～62 HRC 时）。

3. 切削速度的选择

在背吃刀量和进给量确定以后，在保证刀具耐用度的条件下，应当选择合适的切削速度。粗加工时，背吃刀量和进给量都较大，切削速度一般较低。

精加工时，背吃刀量和进给量都取得较小，切削速度一般较高。

表 5-4 所示为车削外圆时切削速度的参考值。

表 5-4　硬质合金外圆车刀切削速度参考值

工件材料	热处理状态	$a_p=0.3\sim2$ mm	$a_p=2\sim6$ mm	$a_p=6\sim10$ mm
		$f=0.08\sim0.3$ mm/r	$f=0.3\sim0.6$ mm/r	$f=0.6\sim1$ mm/r
		v/（m/min）		
低碳钢 易切削钢	热扎	2.33～3.0	1.67～2.0	1.17～1.5
中碳钢	热扎	2.17～2.67	1.5～1.83	1.0～1.33
	调质	1.67～2.17	1.17～1.5	0.83～1.17
合金结构钢	热扎	1.67～2.17	1.17～1.5	0.83～1.17
	调质	1.33～1.83	0.83～1.17	0.67～1.0
工具钢	退火	1.5～2.0	1.0～1.33	0.83～1.17
不锈钢		1.17～1.33	1.0～1.17	0.83～1.0
灰铸铁	<190 HB	1.5～2.0	1.0～1.33	0.83～1.17
	190～225 HB	1.33～1.85	0.83～1.17	0.67～1.0
高锰钢			0.17～0.33	
铜及铜合金		3.33～4.17	2.0～0.30	1.5～2.0
铝及铝合金		5.1～10.0	3.33～6.67	2.5～5.0
铸铝合金		1.67～3.0	1.33～2.5	1.0～1.67

注：切削钢及灰铸铁时刀具耐用度约为 60～90 min。

习　题

1. 切割加工由哪些运动组成？它们各有什么作用？
2. 切削用量三要素是什么？它们的单位是什么？
3. 组成车刀切削的六个要素是什么？
4. 金屑切削过程中三个变形区是怎样划分的？各有哪些特点？
5. 切屑类型有哪四类？各有哪些特点？
6. 各切削分力对加工过程有何影响？试述背吃刀量与进给量对切削力的影响规律。
7. 切削热是如何产生的，它对切削过程有什么影响？
8. 试述背吃刀量与进给量对切削温度的影响规律。
9. 简述刀具磨损的原因。
10. 工件材料的切削加工性评定指标有哪些？
11. 说明前角和后角的大小对切削过程的影响。
12. 常用冷却液有哪几种？各适用什么场合？

第❻章 典型金属切削机床与刀具

金属切削机床，又称机床，是对金属毛坯进行切削加工的一种机器。机床是机械制造系统中最重要的组成部分，一般切削加工需要在机床上完成，它可以为切削运动的刀具与工件提供相对位置和相对运动，为改变工件形状、质量提供能量。

6.1 金属切削机床基础知识

6.1.1 机床的分类及型号编制方法

1. 机床的分类

随着现代机械制造过程中加工工艺水平的逐渐提高，机床的种类呈现出了多样化的特点。我国的传统分类方法主要是按加工性质和所用刀具进行分类，即将机床分为 11 大类，包括车床、钻床、镗床、磨床、齿轮加工机床、螺纹加工机床、铣床、刨插床、拉床、锯床、其他机床。

除了按加工性质和刀具分类外，也可以按其他方法分类。例如按照加工精度的不同，机床分为普通机床、精密机床和高精度机床；按照使用范围的不同，机床可分为通用机床、专门化机床和组合机床；按照自动化程度的不同，机床可分为一般机床、半自动机床和自动机床；按照机床重量的不同，机床可分为仪表机床、中小型机床、大型机床和重型机床等。

2. 机床型号的编制方法

我国的机床型号现在是按 2008 年颁布的标准 GB/T 15375—2008《金属切削机床 型号编制方法》编制的。此标准规定，机床型号由基本部分和辅助部分组成，中间用“/”隔开，机床型号的表示方法如图 6-1 所示。型号构成如下：

1）机床的类代号

机床的类代号用大写的汉语拼音字母表示，必要时，每类又可分为若干分类，分类代号在类代号之前，用阿拉伯数字表示，第一分类代号前的“1”省略，第“2”、“3”分类代号应该表示，如表 6-1 所示。

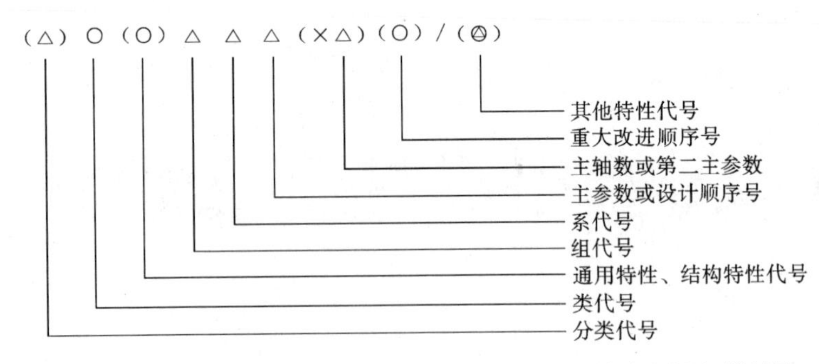

注：1. 有“( )”的代号或数字，当无内容时，则不表示。如果有内容则不带括号。
2. “○”为大写的汉语拼音字母。
3. “△”为阿拉伯数字。
4. “◎”为大写的汉语拼音字母或阿拉伯数字，或两者兼有之。

图 6–1　机床型号的表示方法

表 6–1　机床类代号和分类代号

类别	车床	钻床	镗床	磨床			齿轮加工机床	螺纹加工机床	铣床	刨插床	拉床	锯床	其他机床
代号	C	Z	T	M	2M	3M	Y	S	X	B	L	G	Q
读音	车	钻	镗	磨	二磨	三磨	牙	丝	铣	刨	拉	割	其

2）机床的通用特性和结构特性代号

通用特性代号位于类代号之后，用大写汉语拼音字母表示。当某种类型机床除有普通型外，还有如表 6–2 所示的某种通用特性时，则在类代号之后加上通用特性代号区分。如果某类型机床仅有某种通用特性，而无普通型式的，则不予表示。同时具有两种通用特性时，一般按重要程度排列。

对于主参数相同，而结构、性能不同的机床，在型号中用结构特性区分。结构特性代号无统一含义，它只在同类型机床中起区分结构、性能不同的作用。当型号中具有通用特性代号时，结构特性代号排在通用特性代号之后，用大写汉语拼音字母表示。例如 CA6140 中的“A”为结构特性代号，它表示为沈阳第一机床厂生产的基本型号的卧式车床。（通用特性代号已用的字母“I”“O”不能在结构特性代号中使用）

表 6–2　机床通用特性代号

通用特性	高精度	精密	自动	半自动	数控	加工中心（自动换刀）	仿形	轻型	加重型	柔性加工单元	数显	高速
代号	G	M	Z	B	K	H	F	Q	C	R	X	S
读音	高	密	自	半	控	换	仿	轻	重	柔	显	速

3）机床的组别、系别代号

每类机床划分十个组，每个组划分十个系。同类机床中主要布局和使用范围基本相同即为同组。同组机床中，主参数、主要结构和布局形式相同的机床即为同一系。机床的组用一位阿拉伯数字表示，位于类代号或通用特性代号、结构特性代号之后。机床的系，用一位阿拉伯数字表示，位于组代号之后。金属切削机床类、组划分如表 6–3 所示。（系别划分请查阅其他资料。）

4）机床主参数、设计顺序号及第二主参数

机床主参数是表示机床规格大小的一种尺寸参数。在机床型号主参数用折算值表示，位于机床组、系代号之后。各类主要机床的主参数及折算系数见表 6-4。如果某些通用机床无法用主参数表示时，则在型号中用设计顺序号表示。顺序号由 1 开始，当设计顺序号小于 10 时，由 01 开始编号。

第二主参数是对主参数的补充，一般不予给出。

5）机床的重大改进顺序号

当机床的性能及结构有更高要求，并按新产品重新设计、试制和鉴定时，才按改进的先后顺序选用汉语拼音字母 A、B、C…。加在型号基本部分的尾部用以区别原机床型号。

表 6-3　金属切削机床类、组划分表

类型＼型号	0	1	2	3	4	5	6	7	8	9
车床 C	仪表车床	单轴自动车床	多轴自动、半自动车床	回轮、转车床塔	曲轴及凸轮轴车床	立式车床	落地及卧式车床	仿形及多刀车床	轮、轴辊锭及铲齿车床	其他车床
钻床 Z	—	坐标镗钻床	深孔钻床	摇臂钻床	台式钻床	立式钻床	卧式钻床	铣钻床	中心孔钻床	其他钻床
镗床 T	—	—	深孔镗床	—	坐标镗床	立式镗床	卧式铣镗床	精镗床	汽车、拖拉机修理用镗床	其他镗床
磨床 M	仪表磨床	外圆磨床	内圆磨床	砂轮机	坐标磨床	导轨磨床	刀具刃磨床	平面及端面磨床	曲轴、凸轮轴、花键轴及轧辊磨床	工具磨床
磨床 2M	—	超精机	内圆珩磨机	外圆及其他珩磨机	抛光机	砂带抛光及磨削机床	刀具刃磨及研磨机床	可转位刀片磨削机床	研磨机	其他磨床
磨床 3M	—	球轴承套圈沟磨床	滚子轴承套圈滚道磨床	轴承套圈超精机	—	叶片磨削机床	滚子加工机床	钢球加工机床	气门、活塞及活塞环磨削机床	汽车、拖拉机修磨机床
齿轮加工机床 Y	仪表齿轮加工机	—	锥齿轮加工机	滚齿机及铣齿机	剃齿机及珩齿机	插齿机	花键轴铣床	齿轮磨齿机	其他齿轮加工机	齿轮倒角及检查机
螺纹加工机床 S	—	—	—	套丝机	攻丝机	—	螺纹铣床	螺纹磨床	螺纹车床	—
铣床 X	仪表铣床	悬臂及滑枕铣床	龙门铣床	平面铣床	仿形铣床	立式升降台铣床	卧式升降台铣床	床身铣床	工具铣床	其他铣床
刨插床 B	—	悬臂刨床	龙门刨床	—	—	插床	牛头刨床	—	边缘及模具刨床	其他刨床
拉床 L	—	—	侧拉床	卧式外拉床	连续拉床	立式内拉床	卧室内拉床	立式外拉床	键槽、轴瓦及螺纹拉床	其他拉床
锯床 G	—	—	砂轮片锯床	—	卧式带锯床	立式带锯床	圆锯床	弓锯床	锉锯床	—
其他机床 Q	其他仪表机床	管子加工机床	木螺钉加工机床	—	刻线机床	切断机床	多功能机床	—	—	—

表 6-4　各类主要机床的主参数和折算系数

机　　床	主参数名称	折 算 系 数
卧式车床	床身上最大回转直径	1/10
立式车床	最大车削直径	1/100
摇臂钻床	最大钻孔直径	1/1
卧式镗床	镗轴直径	1/10
坐标镗床	工作台面宽度	1/10
外圆磨床	最大磨削直径	1/10
内圆磨床	最大磨销孔径	1/10
矩台平面磨床	工作台面宽度	1/10
齿轮加工机床	最大工件直径	1/10
龙门铣床	工作台面宽度	1/100
升降台铣床	工作台面宽度	1/10
龙门刨床	最大刨削宽度	1/100
插床极及头刨床	最大插销及刨削长度	1/10
拉床	额定拉力（t_f）	1/1

6）其他特性代号

其他特性代号可用汉语拼音字母或阿拉伯数字或二者的组合来表示。企业代号与其他特性代号表示方法相同，位于机床型号尾部，用“—”与其他特性代号分开，读作“至”。

根据通用机床型号编制方法，举例如下：

MBE1432　表示最大磨削直径为 320 mm 的半自动万能外圆磨床。

MB8240 表示最大回转直径为 400 mm 的半自动曲轴磨床。根据加工的需要，在此型号机床的基础上交换的第一种形式的半自动曲轴磨床，型号为 MB8240/1，变换的第二种形式的型号为 MB8240/2，依次类推。

6.1.2　机床传动系统的基本概念

1. 零件表面的切削加工成形方法

机床在切削加工时，刀刃和工件相接触可以形成所需要的工件表面形状。从外观上看，刀刃的形状可以是一个切削点或一条切削线，这样根据刀刃形状加工工件表面，总体来说，可以分为以下三种情况：

（1）刀刃的形状为一切削点，如图 6-2（a）所示。切削过程中，刀刃与加工工件相接触部分可以看作点接触，刀具 2 沿轨迹运动而得到发生线 1。

（2）刀刃的形状为一切削线，如图 6-2（b）所示。在切削过程中，刀刃与被加工的工件表面作线接触，刀具无须作特殊运动，就可以得到所需的发生线形状。

（3）刀刃的形状仍然是一条切削线，但它与需要成形的发生线形状不一样，如图 6-2（c）所示。在切削加工时，刀刃与被加工的工件表面只是相切。刀刃相对工件作展成运动，它的包络线形成了发生线。

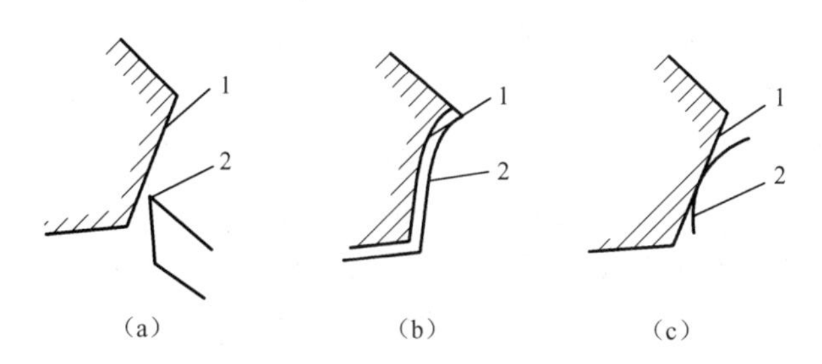

图 6-2　刀刃的形状与发生线

1—发生线；2—刀刃

发生线形成的方法可归纳为以下四种：

① 轨迹法，如图 6-3（a）所示。

② 相切法，如图 6-3（b）所示。

③ 成形法，如图 6-3（c）所示。

④ 展成法，如图 6-3（d）所示，采用展成法形成发生线只需要一个成形运动。

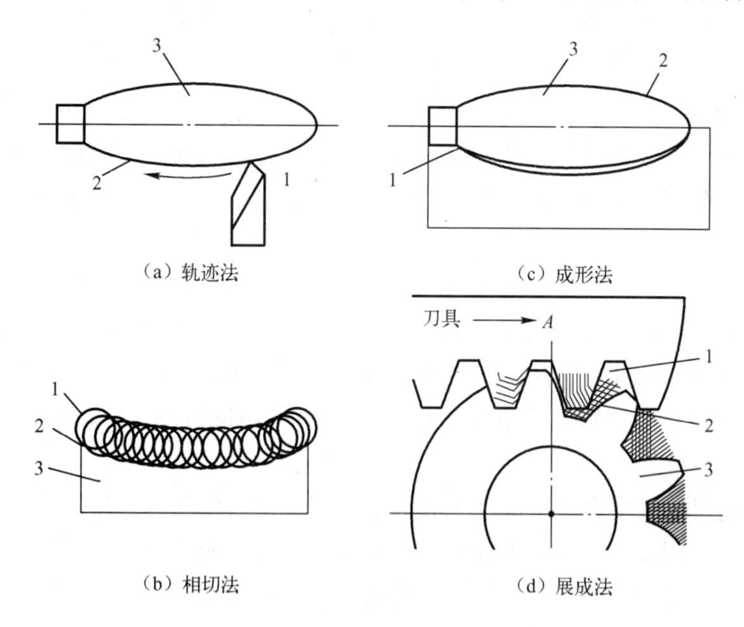

图 6-3　发生线形成

1—刀刃；2—发生线；3—工件

2. 机床运动

机床运动包括成形运动和辅助运动两种形式。

1）成形运动

通常将保证得到工件加工要求的表面形状所进行的运动称之为成形运动。成形运动有独立成形运动和复合成形运动两种形式。如果一个单独的成形运动只是使执行件作旋转或直线运动，则运动最简单。这个成形运动就是独立成形运动。如用普通车刀车外圆，工件的旋转运动和刀具的直线运动，都属于简单的成形运动，最终形成外圆柱表面。如果一个单独的成形运动，执行件运动相对复杂，需要分解为几个简单的运动来实现，则称这个成形运动为复合成形运动。如用车刀车削螺纹，导线为螺旋线，由轨迹法生成。加工时，车刀在不动的工件上作空间螺旋运动，加工的难度较大，需要将它分解为工件的等速旋转运动和刀具的等速直线运动，保持其严格的比例关系，所以用螺纹车刀车削螺纹需要一个复合成形运动。

2）辅助运动

为了配合机床加工，使得表面成形运动更加高效，需要在加工过程增加一系列辅助运动，例如进给运动过程中的快进和快退功能，能够调整刀具和工件之间相对位置的调位运动、刀具的切入运动、分度运动、将工件夹紧或者松开等的操纵控制运动。

3. 机床传动组成

机床传动必须具备以下三个基本部分：

（1）运动源：为执行件提供动力和运动的装置。通常为电动机。

（2）传动件：传递动力和运动的零件。如齿轮、链轮、带轮、丝杠等。

（3）执行件：夹持刀具或工件执行运动的部件。常用执行件有主轴、刀架、工作台等。

4. 机床的传动链

把运动源与执行件或者把执行件与执行件之间联系起来构成传动联系，把这种传动联系称为“传动链”。根据传动联系的性质，传动链可以分为内联系传动链和外联系传动链两类。

外联系传动链是联系运动源和执行件之间的传动链。机床的执行件的动力和转速由其提供，包括改变运动速度的大小和转动方向。但运动源和执行件之间不必有严格的传动比关系。例如用普通车床车削螺纹，从电动机到主轴之间的一系列零部件构成的传动链就是外联系传动链。传动时可采用皮带和皮带轮等摩擦传动或采用链传动，所以没有严格的传动比关系。

内联系传动链是联系复合成形运动中各分解部分之间的传动链，各部件之间的相对关系有严格的要求。例如用普通车床车削螺纹，主轴和刀架之间的运动就是复合成形运动，因此主轴和刀架之间的一系列零部件构成的传动链就是内联系传动链。在传动过程中要求严格的传动比关系，并且不允许出现相对摩擦打滑现象。

5. 传动原理图

为了清晰的表达机床运动中各部件之间的传动联系，通常需要用一些简明的符号来表示。通过这些符号表示出的整体传动联系，称之为传动原理图。图 6-4 所示为传动原理图常用的部分符号。

以卧式车床的传动原理图为例，说明传动原理图的画法和所表示的内容。图 6-5 所示，从电动机至主轴之间的传动属于外联系传动链，作用是为主轴提供动力的。即从电动机—1—2—u_v—3—4—主轴，这条传动链是主运动传动链，其中 1—2 和 3—4 段为传动比固定不变的定比传动结构，2—3 段是传动比可变的换置机构 u_v，调整 u_v 值可以改变主轴的转速。从主轴—4—5—u_f—6—7—丝杠—刀具，这里的刀具和工件间是复合成形运动，是一条内联系传动链，其中 4—5 和 6—7 段为定比传动机构，5—6 段是换置机构 u_f，调整 u_f 值可得到不同的螺纹导程。如果是车削外圆面或端面，主轴和刀具之间的传动联系没有严格的传动比要求。即为简单成形运动。因此，除了从电动机到主轴的主传动链外，另一条传动链可以看成是由电动机—1—2—u_v—3—5—u_f—6—7—刀具（光杠），此时的这条传动链是一条外联系传动链。

从这里可以看出，传动原理图用来分析、研究机床运动，可以很容易找出同一类型机床的共同特征。也很容易找出不同类型机床的区别。

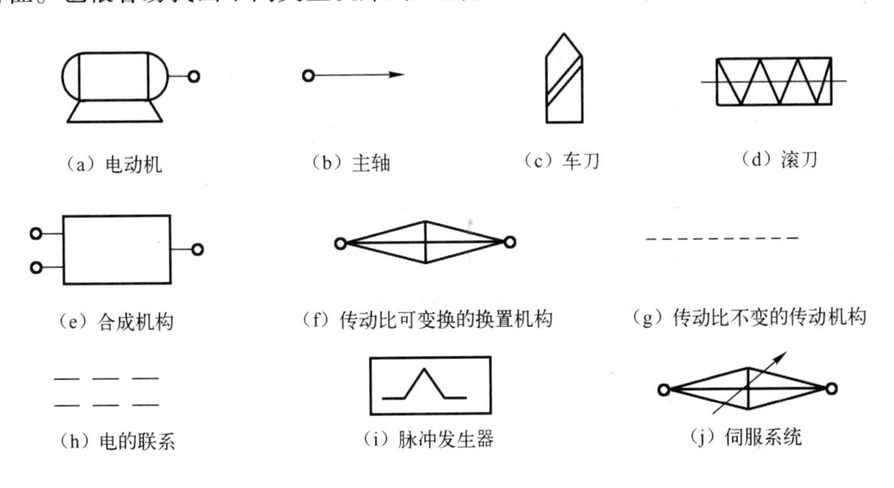

图 6-4　传动原理图中的常用符号

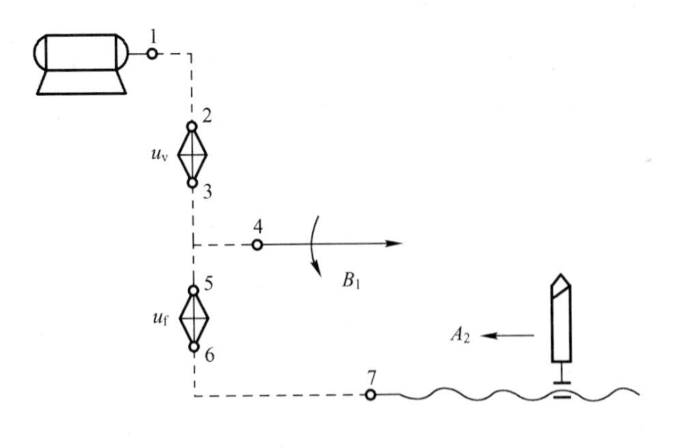

图 6-5　卧式车床传动原理图

6. 机床传动系统图

1）机床传动系统图

为了便于分析切削机床的运动情况和传动关系，通常用机床传动系统图来表示。因为机床传动系统图是机床全部运动传动关系的示意图。相对于传动原理图来说，其能够更准确、更清楚、更全面地反映了机床的传动关系。

机床传动系统图通常画在一个能反映机床外形和各主要部件相互位置的投影面上，并尽可能绘制在机床外形的轮廓线内。并且只表示传动关系，不代表各传动元件的实际尺寸和空间位置。在图中通常需要注明与传动有关的数据，如齿轮齿数、皮带轮直径、丝杠的螺距、电动机转数等。在编制传动关系时，需要用罗马数字Ⅰ、Ⅱ、Ⅲ、Ⅳ…为传动轴的编号，通常从运动源开始。

图 6-6 所示为一台普通卧式车床主传动系统图。

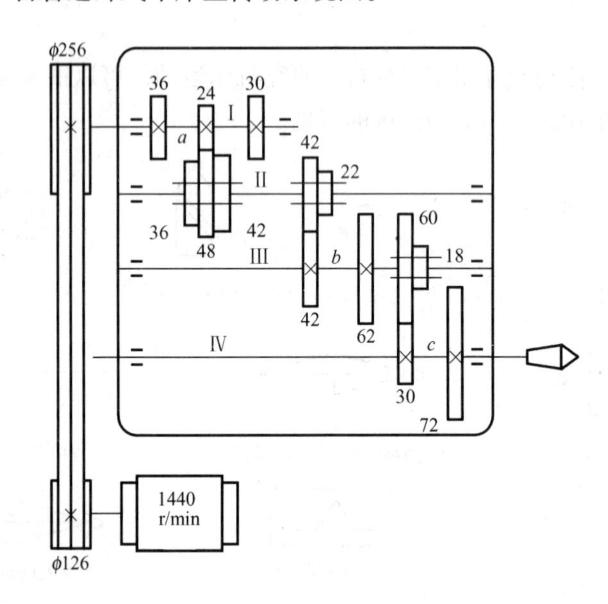

图 6-6　12 级变速车床主传动系统图

2）传动路线表达式

为了更方便的表达传动系统图的传动路线，通常会用数字的形式来表达传动路线，便有了传动路线表达式。车床主传动路线表达式为

$$\text{电动机}(1\,440\ \text{r/min})-\frac{\phi126}{\phi256}-\text{Ⅰ}-\begin{bmatrix}\frac{36}{36}\\ \frac{24}{48}\\ \frac{30}{42}\end{bmatrix}-\text{Ⅱ}-\begin{bmatrix}\frac{42}{42}\\ \frac{22}{62}\end{bmatrix}-\text{Ⅲ}-\begin{bmatrix}\frac{60}{30}\\ \frac{18}{72}\end{bmatrix}-\text{Ⅳ（主轴）}$$

3）主轴级数计算

根据车床主传动路线表达式，可以计算出主轴正反转时，齿轮间的各种组合关系，从而得到转数级数。按照之前的表达式可知，主轴正转：$3\times2\times2=12$ 级正转转速。主轴反转与正转相同，可得 12 级反转转速。

4）运动计算

根据前面的数据计算，最终可以得到机床在传动过程中，一系列执行件的运动速度和位移量。然后根据数据和运动关系得到传动链中置换机构的传动比，便于后期调整。

6.2　车床与车刀

6.2.1　车床

1. 车床的分类

车床主要是利用车刀加工各种回转表面和成形表面以及端面，有的车床还可以加工螺纹。一些特殊车床甚至可以使用各种孔加工刀具进行加工，因此它的通用性非常广，在现在的机械制造中非常普遍。其中用于金属切削机床的数量最多，根据它的结构和用途不同，主要分为普通车床、落地车床、立式车床、转塔车床、仿形车床、多轴半自动车床和多轴自动车床及各种专门化车床。

1）普通车床和落地车床

普通车床功能较多，可以用于加工诸如轴类、套筒类和盘类零件的回转表面。也可以切削端面及多种螺纹结构。甚至可以进行钻孔、扩孔、绞孔和滚花等加工。在加工细长的轴类零件回转表面时，其作用更是无以伦比。普通车床适合单件小批量生产，如图 6-7 所示。

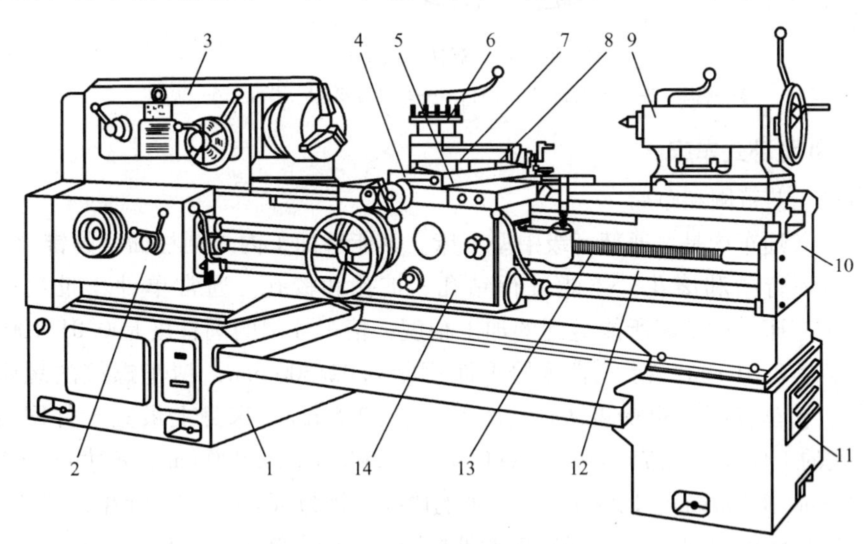

图 6-7　CA6140 型普通车床

1、11—床腿；2—进给箱；3—主轴箱；4—床鞍；5—中滑板；6—刀架；7—回转盘；8—小滑板；9—尾架；10—床身；12—光杠；13—丝杠；14—溜板箱

2）立式车床

利用车床加工大型盘状零件面时，使用落地车床来加工非常困难，无论是在装夹还是在装夹后的找正都及其不方便，并且在加工过程中，机床主轴及其轴承承受很大的弯矩，易变形，磨损快，难以长期地保持工作精度。而如果把机床主轴竖立起来，工件就可以水平旋转，不仅利于工件的装卸、观察，而且主轴及其轴承不受工件产生的弯矩作用，工件和工作台的质量由导轨和推力轴承承担。基于此种情况，将落地车床主轴立向放置，就有了立式车床。在这样的零件类型加工中，立式车床和落地车床相比，立式车床更能长期地保持工作精度。

立式车床按结构特点分为单柱立式车床和双柱立式车床两种。图 6-8 所示为双柱立式车床，工作台 2 装在底座 1 上，工件装夹在工作台上并由工作台带动做主运动。进给运动由垂直刀架 4 和侧刀架实现。侧刀架可在立柱 3 的导轨上垂直移动，也可在滑座的导轨上水平移动。垂直刀架 4 能在横梁 5 的导轨上作横向进给移动，并沿滑座的导轨作垂直进给移动。横梁 5 可根据工作要求沿立柱导轨调整刀架的高低位置。

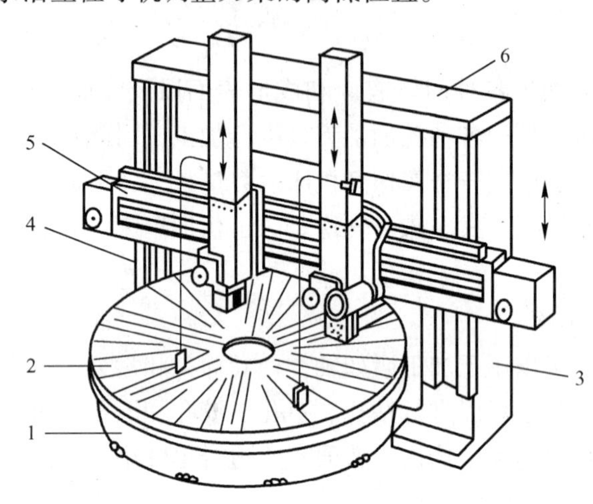

图 6-8　双柱立式车床

1—底座；2—工作台；3—立柱；4—垂直刀架；5—横梁；6—顶梁

2. CA6140 型卧式车床

1）机床的工艺范围和布局

CA6140 型普通车床是普通精度级中型车床。其能够加工内外圆柱面、圆锥面、端面和螺纹表面，切环行槽和滚花，还能进行钻孔、扩孔和铰孔。通常单件小批生产时使用 CA6140 型普通车床。此车床所能达到的加工精度：精车外圆的圆柱度是 0.01/100 mm；精车外圆的圆度是 0.01 mm；精车端面的平面度是 0.02/300 mm；精车螺纹的螺距精度是 0.04/100 mm；精车表面的粗糙度 Ra 值是 1.25 ～ 2.5 μm。床身上最大工件回转直径为 400 mm，最大的工件长度为 750 mm、1 000 mm、1 500 mm、2 000 mm，最大的切削长度为 650 mm、900 mm、1 400 mm、1 900 mm，主轴的内孔直径为 48 mm，主电动机功率为 7.5 kW。

如图 6-7 所示为 CA6140 型普通车床的外形图，它由主轴箱、床鞍、尾架、进给箱、溜板箱和床身等部件组成。

2）机床的传动系统

图 6-9 所示为 CA6140 型卧式车床的传动系统图。在图中左上方的方框内表示的是机床的主轴箱，里面表达了从主电动机到主轴的主传动链。左下方框内表示的是进给箱，右下方框表示溜板箱。在这一部分，构成了从主轴到刀架的进给传动链。进给换向机构和进给箱中的变换机构用于切换左旋、右旋螺纹加工和切换丝杠与光杠传动。溜板箱中的转换机构用来确定是纵向进给或是横向进给。

（1）主运动传动链。在主运动传动链的轴 Ⅰ 上，装有双向多片摩擦离合器 M1，其作用是使主轴正转、反转或停止。主运动传动链的传动路线表达式为

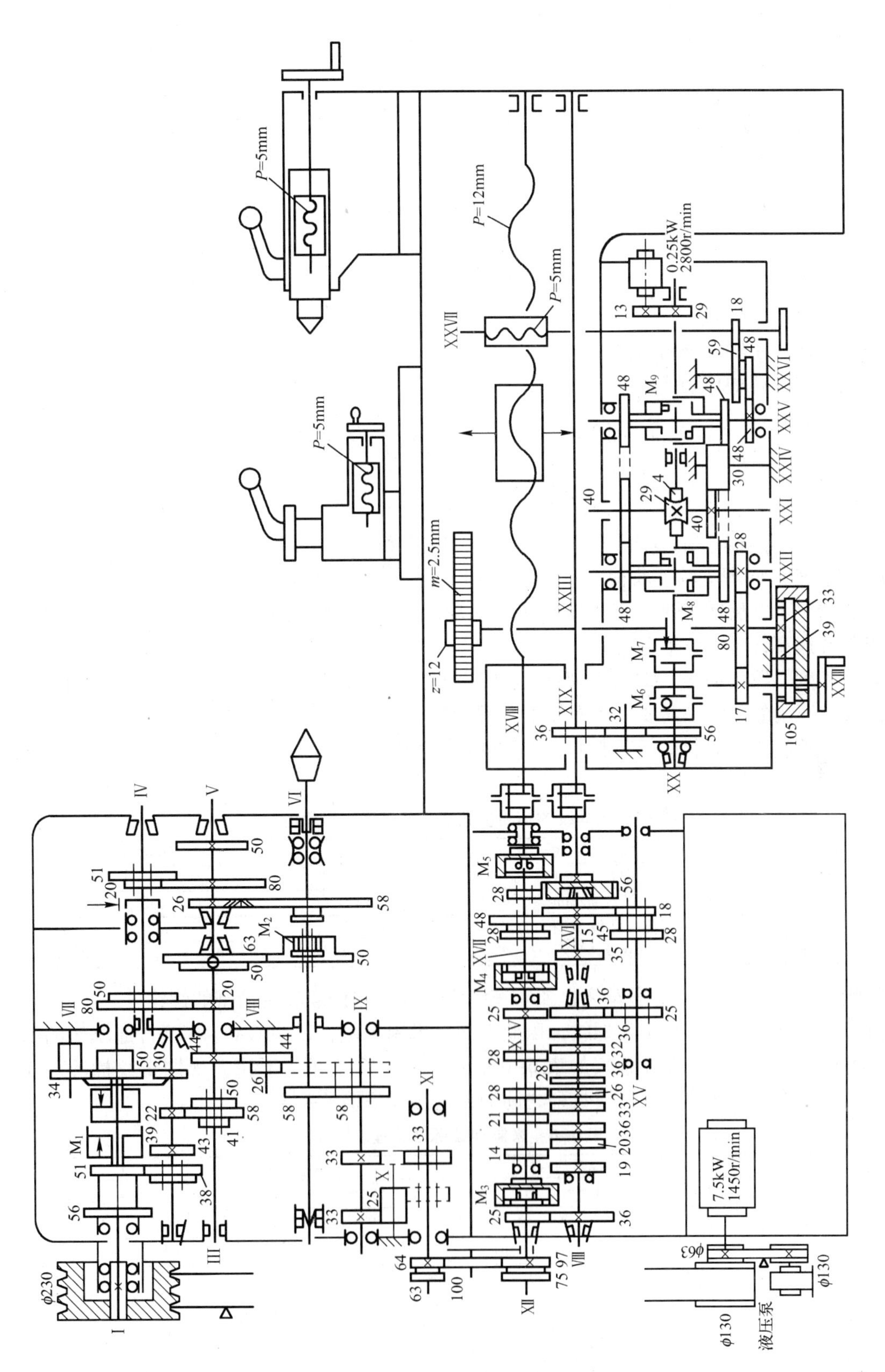

图6–9　CA6140型卧式车床的传动系统图

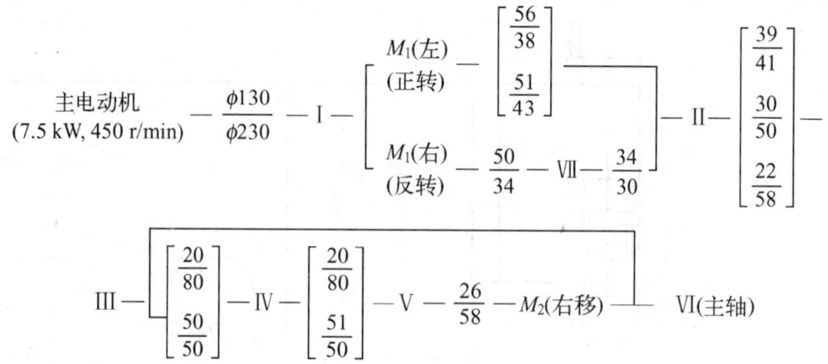

$$
\begin{array}{c}\text{主电动机}\\(7.5\ \text{kW},\ 450\ \text{r/min})\end{array}
-\frac{\phi130}{\phi230}-\mathrm{I}-
\left[\begin{array}{l}
\begin{array}{c}M_1(\text{左})\\(\text{正转})\end{array}-\left[\begin{array}{c}\frac{56}{38}\\ \frac{51}{43}\end{array}\right]\\
\begin{array}{c}M_1(\text{右})\\(\text{反转})\end{array}-\frac{50}{34}-\mathrm{VII}-\frac{34}{30}
\end{array}\right]
-\mathrm{II}-\left[\begin{array}{c}\frac{39}{41}\\ \frac{30}{50}\\ \frac{22}{58}\end{array}\right]-
$$

$$
\mathrm{III}-\left[\begin{array}{c}\frac{20}{80}\\ \frac{50}{50}\end{array}\right]-\mathrm{IV}-\left[\begin{array}{c}\frac{20}{80}\\ \frac{51}{50}\end{array}\right]-\mathrm{V}-\frac{26}{58}-M_2(\text{右移})-\mathrm{VI}(\text{主轴})
$$

由此看出，主轴应该可获得 $2\times3\times[(2\times2-1)]=30$ 级正转转速，其中有两组双联滑移齿轮变速组的四种传动比为

$$
u_1=\frac{20}{80}\times\frac{20}{80}=\frac{1}{16}\qquad u_2=\frac{20}{80}\times\frac{51}{50}\approx\frac{1}{4}
$$

$$
u_3=\frac{50}{50}\times\frac{20}{80}=\frac{1}{4}\qquad u_4=\frac{50}{50}\times\frac{50}{50}=1
$$

式中看出 $u_2=u_3$，所以实际是三种传动比，因此主轴实际获得 $2\times3[(2\times2-1)+1]=24$ 级正转转速。同理主轴可获得 $3\times[(2\times2-1)+1]=12$ 级反转转速。

一般情况下，反转转速大于正转转速。主轴反转一般用于车削螺纹时，退刀回位时使用。由于转速高，可节省辅助时间。

（2）车削螺纹传动链。CA6140 型普通车床能够车削米制、英制、模数制和径节制四种标准螺纹，车削的关键是需要获得螺纹的导程参数。

米制、英制、模数制和径节制四种螺纹的螺距参数及其与螺距 P、导程 Ph 之间的换算关系如表 6-5 所示。

表 6-5　各种标准螺纹的螺距参数及其与螺距、导程的换算关系

螺纹种类	螺距参数	螺距/mm	导程/mm
米制	螺距 P/mm	$P=P$	$Ph=KP$
模数制	模数 m/mm	$P_m=\pi m$	$Ph_m=KP_m=\pi Km$
英制	每英寸牙数 a(牙/in)	$P_a=25.4/a$	$Ph_a=KP_a=25.4K/a$
径节制	径节 D_P(牙/in)	$P_{D_P}=25.4\pi/D_P$	$Ph_{D_P}=KP_{D_P}=25.4\pi K/D_P$

除此之外，CA6140 型普通车床也能够车削大导程、非标准和较精密的螺纹。

由于米制螺纹是我国常用的螺纹，因此下面以米制为例，说明 CA6140 型普通车床的螺纹传动特点。米制螺纹标准导程表如表 6-6 所示。从表 6-6 可以看出，米制螺纹标准导程数列是按分段等差数列排列，各段数列之间的差值相互呈倍数关系。

表 6-6　米制螺纹标准导程表

段　数	螺距值/mm	螺距差值/mm	和上段比值
1	1　1.25　1.5　1.75　2　2.25	0.25	
2	2.5　3　3.5　4　4.5　5　5.5	0.5	2
3	6　7　8　9　10　11　12	1	2
4	14　16　18　20　22　24	2	2
5	26　32　36　40　44　48	4	2
6	56　64　72　80　88　96	8	2
7	112　128　144　160　176　192	16	2

在进给传动系统中安排了“基本变速组”“增倍变速组” 和“移换机构”。

① 基本变速组：由轴 14 和轴 15 之间的变速机构组成，可变换八种不同的传动比。这些传动比值成等差数列的规律排列。

$$i_{基1}=\frac{26}{28}=\frac{6.5}{7}\quad i_{基2}=\frac{28}{28}=\frac{7}{7}\quad i_{基3}=\frac{32}{28}=\frac{8}{7}\quad i_{基4}=\frac{36}{28}=\frac{9}{7}$$

$$i_{基5}=\frac{19}{14}=\frac{9.5}{7}\quad i_{基6}=\frac{20}{14}=\frac{10}{7}\quad i_{基7}=\frac{33}{21}=\frac{11}{7}\quad i_{基8}=\frac{36}{21}=\frac{12}{7}$$

② 增倍变速组：由轴 16 和轴 18 之间的变速机构组成，可变换八种不同的传动比。这些传动比值成倍数关系排列。

$$i_{倍1}=\frac{18}{45}\times\frac{15}{48}=\frac{1}{8}\qquad i_{倍2}=\frac{28}{35}\times\frac{15}{48}=\frac{1}{4}$$

$$i_{倍3}=\frac{18}{45}\times\frac{35}{28}=\frac{1}{2}\qquad i_{倍4}=\frac{28}{35}\times\frac{35}{28}=1$$

③ 移换机构：轴 13 与轴 14 之间的齿轮副 25/36、齿式离合器 M_3 及轴 14、15、16 上的齿轮副 25/36x36/25 和 36/25 组成，它通过对换主动、被动轴的位置，实现机床对导程按等差数列或调和数列排列。

米制螺纹时的运动平衡式：

$$1\times\frac{58}{58}\times\frac{33}{33}\left(\frac{33}{25}\times\frac{25}{33}\right)\times\frac{63}{100}\times\frac{100}{75}\times\frac{25}{36}\times i_{基}\times\frac{25}{36}\times\frac{36}{25}\times i_{倍}\times 12=S\quad(\text{mm})$$

式中　$i_{基}$——基本变速组的传动比；

　　$i_{倍}$——增倍变速组的传动比。

由上式可知，合理选择 $i_{基}$和 $i_{倍}$的值，就可车削出 1 ～ 12 mm 各种导程的米制螺纹。

6.2.2　车刀

车刀在车削加工中有着十分重要的作用。在实际加工中不同种类的车刀应对不同的工件材料和加工方法，才能够获得质量有保证的产品。因此车刀的种类比较多，下面对常见的车刀进行介绍。

1. 普通车刀的结构类型

1）整体车刀

整体车刀主要是高速钢车刀，俗称“白钢刀”，常见的截面为正方形或矩形，使用时根据不同用途进行修磨，以便于加工需要。

2）焊接车刀

焊接车刀是在普通碳钢刀杆上镶焊（钎焊）硬质合金刀片，经过刃磨而成，如图 6-10 所示。焊接车刀制造方便，利用硬质合金的性能，能够加工多种材料的工件。因此，在车刀中仍占相当大的比重。

硬质合金焊接车刀的缺点是其切削性能主要取决于工人刃磨的技术水平，不符合现代化生产特点。另外，外刀杆不能重复使用。

3）焊接装配式车刀

焊接装配式车刀是将硬质合金刀片钎焊在小刀块上，再将小刀块装配到刀杆上。这种结构多用于重型车刀。由于重型车刀体积和重量相对较大，采用焊接装配式结构则只需要装卸小刀块即可，刃磨方便。

4）机夹重磨车刀

机夹重磨车刀将硬质合金刀片用机械夹固的方法安装在刀杆上，如图6-11所示。其特点是车刀只有一条主切削刃，用钝后必须修磨。机夹车刀在结构上要保证刀片夹固可靠，特别是在重新刃磨以后，有时还要考虑断屑的要求。

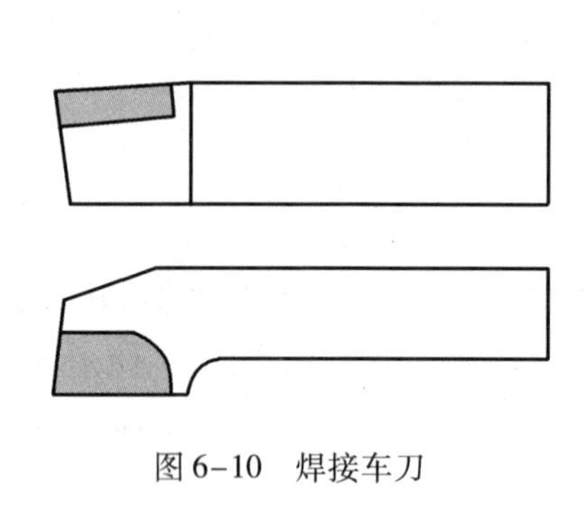

图6-10　焊接车刀

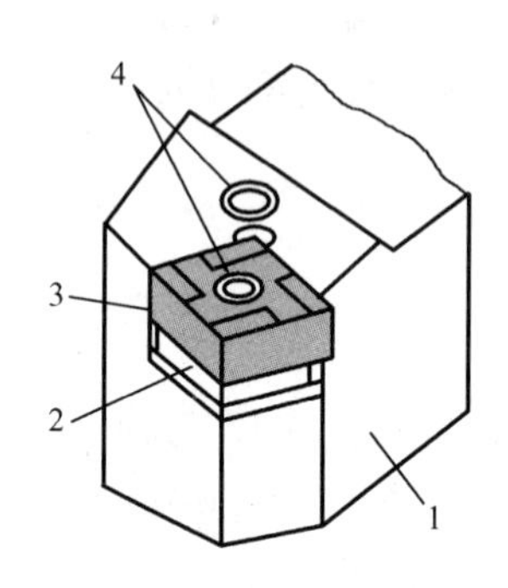

图6-11　机夹可转位车刀

1—刀杆；2—刀垫；3—刀片；4—夹固元件

5）机夹可转位车刀

机夹可转位车刀又称机夹不重磨车刀，将可转位刀片用机械夹固的方法安装在刀杆上。它与机夹重磨车刀的区别是其刀片为多边形，每一边都可作为切削刃，不需要经常刃磨，当每个切削刃都用钝后，再更换新刀片。使用机夹可转位车刀加工工件时，切削性能稳定，适合现代化生产。

2. 成形车刀的种类

成形车刀是加工回转体成形表面的专用刀具，它的切削刃形状是根据工件的廓形设计的。

成形车刀寿命较长，但是刀具的设计和制造较复杂，成本较高，常见成形车刀主要有下列三类：

1）平体成形车刀

平体成形车刀如图6-12所示，它的外形和普通车刀的外形相似，呈平条状，但其切削刃是根据工件的廓形设计的。螺纹车刀及铲齿车刀就是属于这类成形车刀。

2）棱体成形车刀

棱体成形车刀的外形是棱柱体，一般采用专用刀夹夹住车刀的燕尾部分，安装在车床刀架上。

3）圆体成形车刀

圆体成形车刀的外形是回转体，刀体通体为圆柱状，主要用于加工内成形表面和外成形表面。

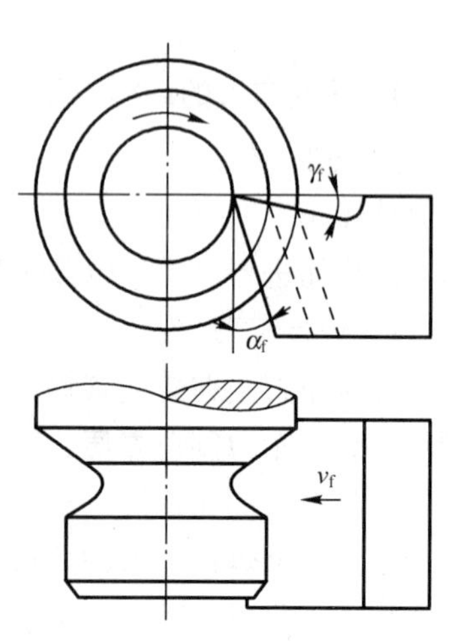

图6-12　平体成形车刀

6.3　铣床与铣刀

6.3.1　铣床

铣床是用铣刀进行切削加工的机床，其加工范围十分广泛。不同的铣刀，可加工多种不同的工件表面，如平面、斜面、沟槽、成形表面、花键、齿轮、螺旋面、凸轮、T 形槽、燕尾槽等。

1. 铣床的加工形式

铣床的主轴带动铣刀的旋转为主运动，工作台带动工件作进给运动。

通常铣刀是一种多刃刀具，主要的铣削形式如图 6-13 所示。

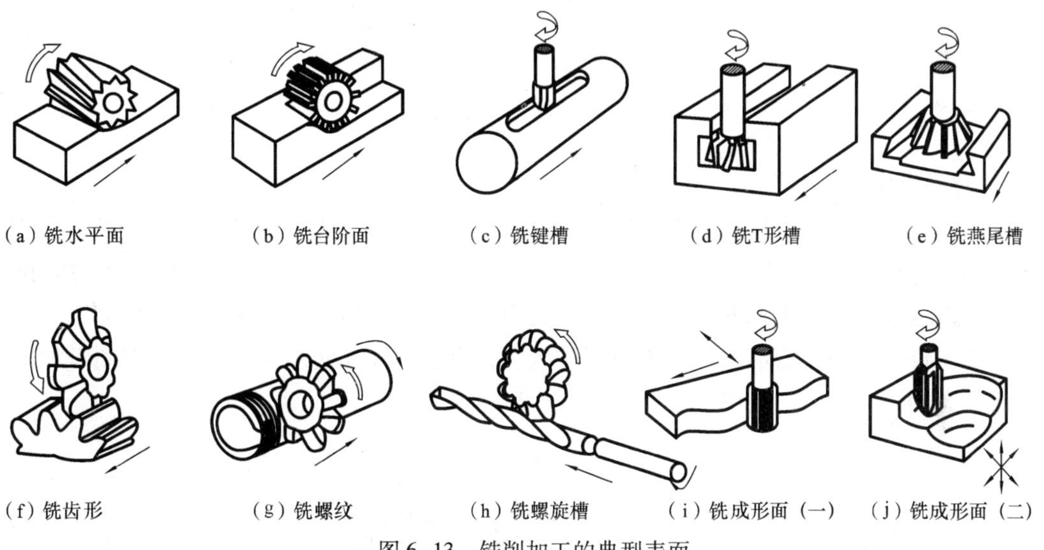

（a）铣水平面　（b）铣台阶面　（c）铣键槽　（d）铣T形槽　（e）铣燕尾槽

（f）铣齿形　（g）铣螺纹　（h）铣螺旋槽　（i）铣成形面（一）　（j）铣成形面（二）

图 6-13　铣削加工的典型表面

2. 铣床的分类

铣床主要类型有以下四种：

1）升降台式铣床

升降台式铣床安装工件的工作台带有升降台，如图 6-14 所示。升降台可沿床身上的导轨上、下移动。这样工作台便可以实现前后、左右、上下任一方向的进给运动。而主轴上安装铣刀并做旋转运动，位置一般固定不动。

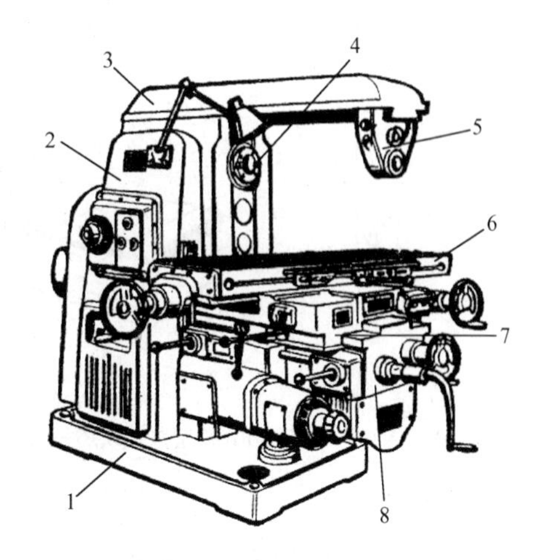

图 6-14　卧式升降台铣床

1—底座；2—床身；3—悬梁；4—主轴；5—支架；6—工作台；7—滑座；8—升降台

升降台式铣床根据不同的结构特点有卧式升降台铣床、万能升降台铣床和立式升降台铣床三大类。

2）工作台不升降铣床

与具有升降台的铣床相对应的有工作台不升降

铣床，该铣床主要加工零件尺寸较大且较重的工件。因为受升降力的限制，大型零件不宜在升降台式铣床上加工。工作台不升降铣床的工作台支座就是机床的床身，且固定不动，因此，承载能力较大，工作稳定。此种铣床只作纵向、横向或圆周进给运动，垂直方向的进给运动由主轴箱的升降来实现。图 6-15（a）所示为圆工作台式，图 6-15（b）所示为矩形工作台式。

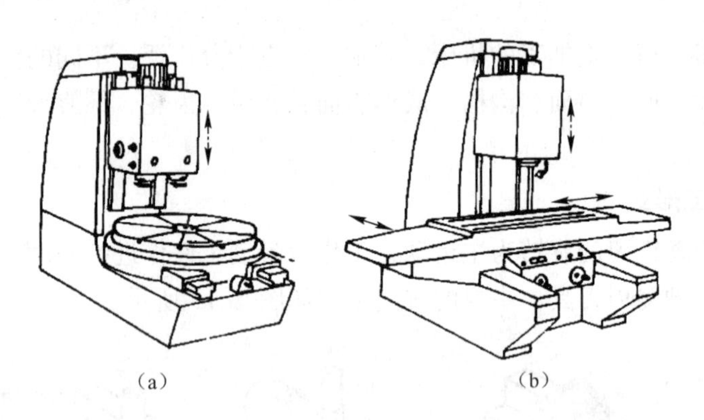

图 6-15　工作台不升降铣床

3）龙门铣床

龙门铣床是一种大型铣床，框架形似龙门，所以称之龙门铣床，主要用于大型工件的加工，如图 6-16 所示。在龙门铣床的横梁和立柱上分别安装了多个具有独立主运动的铣削头。每个铣削头都包括单独的驱动电动机、变速机构、传动机构及主轴部件。在加工时，工作台带动工件作纵向进给运动，由于龙门铣床上具有多个独立铣削头，因此可以同时加工几个表面，大大提高了生产效率。

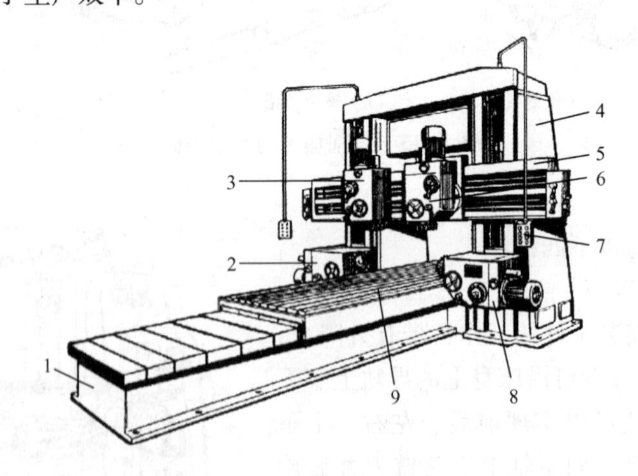

图 6-16　龙门铣床

1—床身；2、8—卧式铣削头；3、6—立式铣削头悬梁；4—立柱；5—横梁；7—按钮站；9—工作台

4）仿形铣床

仿形铣床主要加工各种成形表面，如盘形凸轮、曲线样板等。它是一种自动化程度很高的，结构较为复杂的机床。

6.3.2　铣刀

1. 铣刀的种类

铣床的加工范围较广，主要的铣刀的种类也相对较多，一般按用途分类。

(1) 圆柱铣刀：如图6-17 (a) 所示，圆柱铣刀的切削刃仅在圆柱表面上，主要用于在卧式铣床上加工平面。圆柱铣刀通常采用螺旋形刀齿，这种齿形有利于提高切削工作的平稳性。

(2) 端铣刀：如图6-17 (b) 所示，端铣刀轴线垂直于被加工表面，刀齿在铣刀的端部，端铣刀一般是在刀体上安装硬质合金刀片，切削速度比较高，故生产率较高。

(3) 盘形铣刀：如图6-17 (c)、(d)、(e)、(f) 所示，盘形铣刀分槽铣刀、两面刃铣刀、三面刃铣刀和错齿三面刃铣刀。

另外铣刀还有锯片铣刀、立铣刀、键槽铣刀、角度铣刀、成形铣刀等类型。

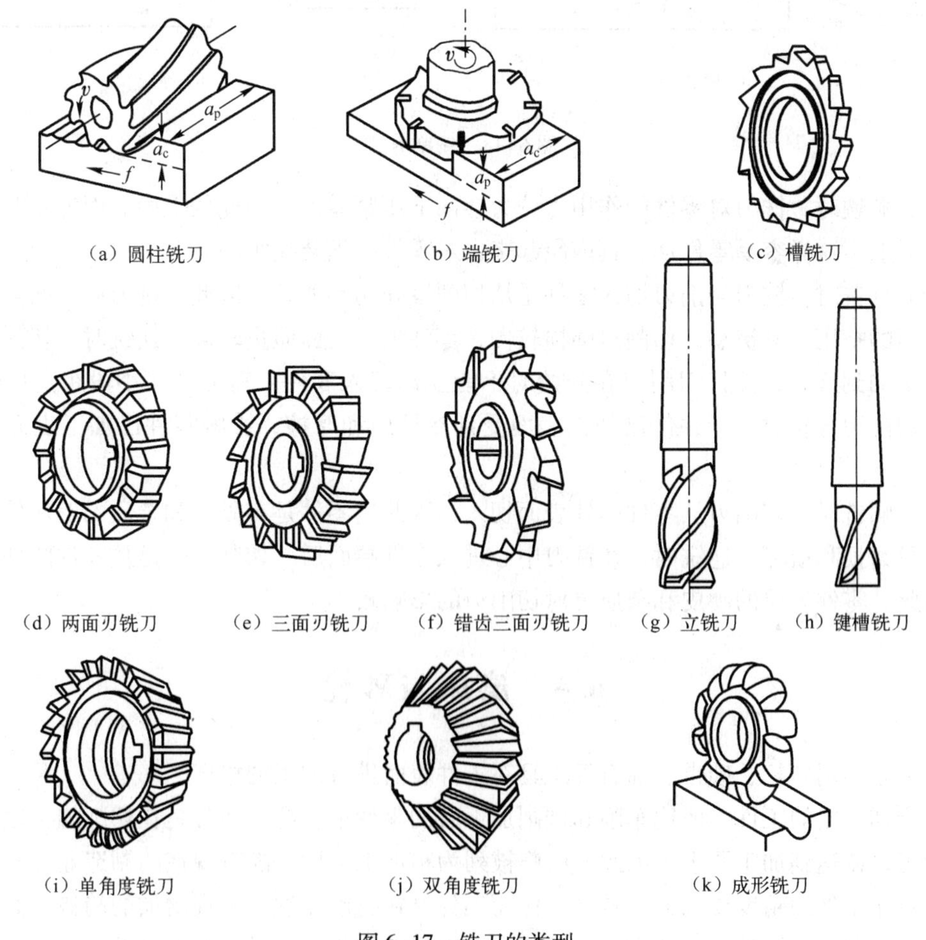

(a) 圆柱铣刀　(b) 端铣刀　(c) 槽铣刀

(d) 两面刃铣刀　(e) 三面刃铣刀　(f) 错齿三面刃铣刀　(g) 立铣刀　(h) 键槽铣刀

(i) 单角度铣刀　(j) 双角度铣刀　(k) 成形铣刀

图6-17　铣刀的类型

2. 铣削方式

铣削加工可分为圆周铣削（简称为周铣）和端面铣削（简称为端铣）两种方式。

周铣主要利用铣刀圆周上的刀齿进行铣削加工；端铣则是以铣刀端面上的刀齿进行切削加工，如图6-18所示。在周铣铣平面时，又分为顺铣和逆铣两种铣削方式。

顺铣是指铣刀旋转方向与零件进给方向相同时的铣削方式，如图6-18（a）所示；逆铣是指铣刀旋转方向与零件进给方向相反时的铣削方式，如图6-18（b）所示。顺铣和逆铣的特点如下：

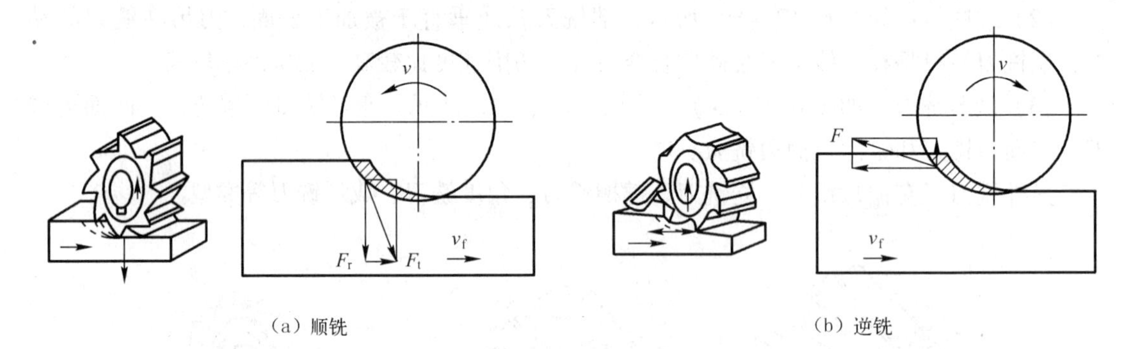

（a）顺铣　　（b）逆铣

图6-18　铣削方式

(1) 顺铣时，铣刀对零件的作用力分力会向下压紧零件，因此较平稳。而逆铣时，作用力分力向上，这样容易零件从夹具内翻起来，对零件必须装夹牢固。

(2) 顺铣时，铣刀切削刃切入零件是从切削厚处切到薄处，因此，铣刀后刀面与零件已加工表面的挤压、摩擦小，切削刃磨损较慢，零件加工表面质量较高。逆铣时，切削厚度由零逐渐增加到最大，并且切削刃在开始时不能立即切入零件，需滑动一小段距离后才能切入，使切削刃容易磨损，并使已加工表面受到冷挤压和摩擦，影响零件已加工表面的表面质量。

(3) 顺铣时，切削刃从零件的外表面切入，因此当零件是有硬皮和杂质的毛坯件时，容易使刀具磨损和损坏。逆铣时，在铣刀中心进入零件端面后，切削刃不是从零件的外表面切入，因此，零件表层的硬皮和杂质等对切削刃的影响较小。

6.4　磨床与砂轮

磨床是利用砂轮、砂带、油石等工具对工件表面进行加工的机床。

磨床加工出的工件一般比车削和铣削加工后的零件精度高，通常是在切削加工之后进行磨削加工，以达到加工要求。因此，磨削被列为精加工工序。随着现在的制造业技术水平的提高，对于工件的精度要求越来越高，然而工件材料的硬度逐渐呈现增加的趋势。面对这样的情况，有时会采用精密铸造和精密锻造技术来进行加工。这样，工件从毛坯直接铸造或锻造出来，不需要切削加工而直接由磨床加工，然后形成成品。由此看出，磨床在现代制造业中的应用将越来越普遍。

由于被加工零件的加工表面、结构形状、尺寸大小和生产批量的不同，磨床也有不同的种类。主要类型包括以下几种：

（1）外圆磨床：主要用于磨削外回转表面。

（2）内圆磨床：主要用于磨削内回转表面。

（3）平面磨床：用于磨削各种平面。

（4）导轨磨床：用于磨削各种形状的导轨。

（5）工具磨床：用于磨削各种工具，如样板、卡板等。

（6）刀具刃具磨床：主要用于刃磨各种刀具。

（7）各种专门化磨床：用于专门磨削某一类零件的磨床。

（8）精密磨床：用于对工件进行光整加工，获得很高的精度和细的表面结构。

6.4.1　万能外圆磨床

M1432A 型万能外圆磨床是很常用的磨床，它的工艺范围很广，可以磨削回转类零件的外圆面，也可以磨削端面等平面，万能外圆磨床能够达到 IT6 ～ IT7 级的尺寸精度。

如图 6-19 所示为 M1432A 型万能外圆磨床外形图。由图可见，在床身 1 的纵向导轨上装有工作台 3，台面上装有头架 2 和尾架 6，头架主要带动工件旋转。工作台由液压传动沿床身导轨进行往复移动。工作台的上部可相对下部在水平面内偏转一定的角度，以便磨削锥度不大的圆锥面。砂轮架 5 安装在滑鞍上，转动横向进给手轮，通过横向进给机构带动滑鞍及砂轮架作快速进退或循环自动切入进给。

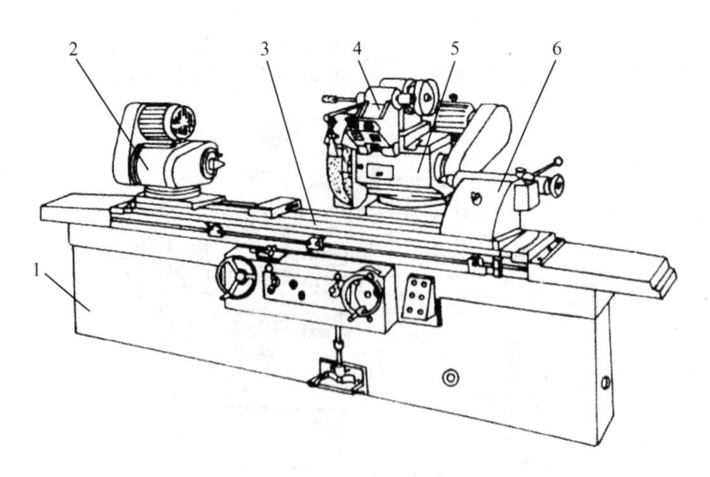

图 6-19　M1432A 型万能外圆磨床

1—床身；2—头架；3—工作台；4—内磨装置；5—砂轮架；6—尾架

万能外圆磨床的常见加工方法如图 6-20 所示。

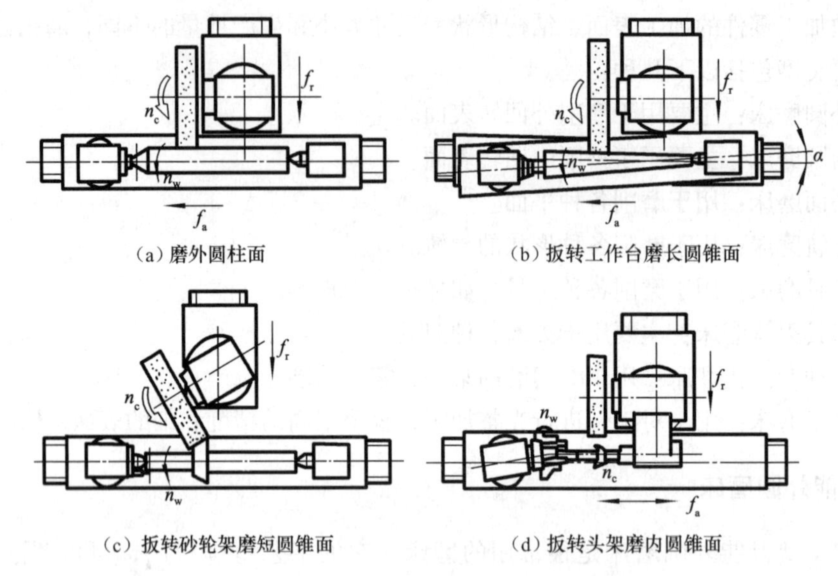

(a) 磨外圆柱面　(b) 扳转工作台磨长圆锥面

(c) 扳转砂轮架磨短圆锥面　(d) 扳转头架磨内圆锥面

图 6-20　万能外圆磨床加工示意图

6.4.2　其他类型的磨床

1. 内圆磨床

图 6-21 所示为普通内圆磨床外形图，它主要由床身 1、工作台 2、头架 3、砂轮架 4 和滑鞍 5 等组成。内圆磨床在磨削时，砂轮轴的旋转为主运动，头架带动工件旋转运动为圆周进给运动，工作台带动头架进行纵向进给运动。由砂轮架沿滑鞍的横向移动来实现横向进给运动。

普通内圆磨床的另一种形式为砂轮架安装在工作台上做纵向进给运动。

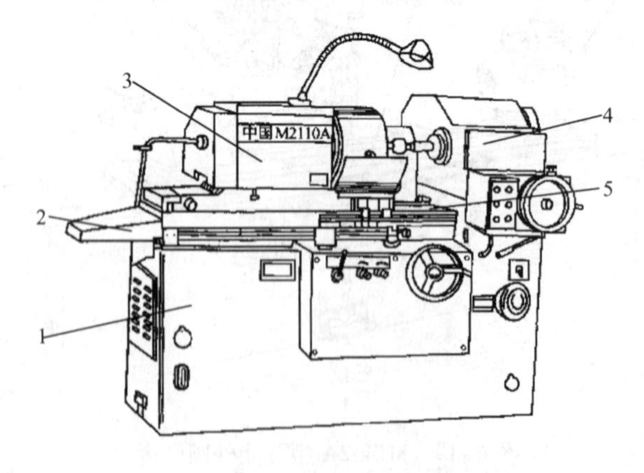

图 6-21　普通内圆磨床

1—床身；2—工作台；3—头架；4—砂轮架；5—滑鞍

2. 平面磨床

平面磨床用于零件的平面磨削。平面磨床没有头架和尾座，工件一般安装在电磁工作台上，靠电磁吸力来吸住工件，如图 6-22 所示。较大工件则用压紧装置固定在工作台上。

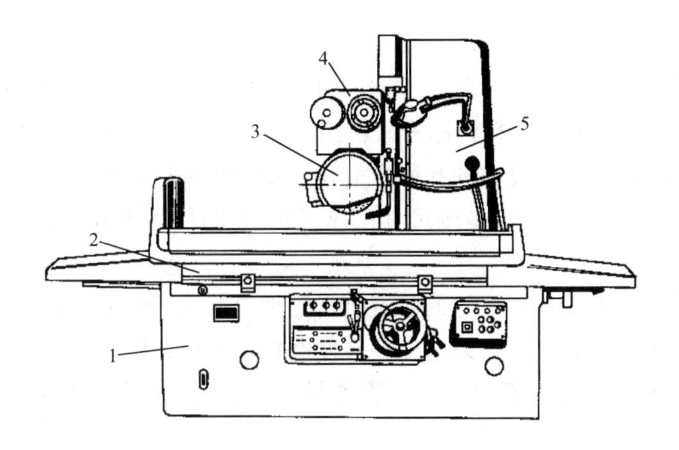

图6-22　平面磨床

1—床身；2—工作台；3—砂轮架；4—滑座；5—立柱

6.4.3　砂轮

1. 砂轮的特性与选择

砂轮是磨床进行加工时主要的工具，砂轮成多孔状，由磨料、结合剂通过不同的工艺方法加工而成。砂轮的特性各不相同，主要受到制造工艺的影响。因此，同类型砂轮磨削出的工件质量和生产效率会稍有不同。不同的砂轮在应用时，也有不同的范围。总体来说，砂轮的组成如下：

1）磨料

磨料是砂轮的主要组成成分，砂轮磨削时，主要依靠磨料的性能。因此，磨料应该具有很高的硬度、耐磨性、耐热性，常用磨料如表6-7所示。

表6-7　常用磨料

类别	名称	代号	特性	用途
刚玉类	棕刚玉	A (GZ)	含91%～96%氧化铝。棕色，硬度高，韧性好，价格便宜	磨削碳钢、合金钢、可锻铸铁、硬青铜等
	白刚玉	WA (GB)	含97%～99%的氧化铝。白色，比棕刚玉硬度高，韧性低，磨削时发热少	精磨淬火钢、高碳钢、高速钢、薄壁零件等
	铬刚玉	PA (GG)	粉红色，硬度与白刚玉相近，韧性比白刚玉好	磨高速钢、不锈钢、成形磨削、刀具刃磨、高表面质量磨削等
碳化硅类	黑碳化硅	C (TH)	含95%以上的碳化硅。呈黑色或深蓝色，有光泽。硬度比白刚玉高，性脆而锋利，导热性和导电性良好	磨削铸铁、黄铜、铝耐火材料、非金属材料等
	绿碳化硅	GC (TL)	含97%以上的碳化硅。呈绿色，硬度和脆性比TH更高，导热性和导电性好	磨削硬质合金、光学玻璃、宝石、玉石、陶瓷、珩磨发动机气缸套等
超硬类	人造金刚石	JR	无色透明或淡黄色、黄绿色、黑色。硬度高，比天然金刚石性脆。价格比其他磨料贵很多倍	磨削硬质合金、宝石等高硬质材料
	立方氮化硼	CBN	棕黑色。硬度略低于金刚石，磨料锋利。磨削难加工材料时效率比金刚石高出五倍以上	磨削高硬度、高韧性的难加工材料

2）粒度

粒度是表示磨料颗粒大小的单位。根据磨料的颗粒大小又可以分为磨粒和微粉两类。以40 μm为界限，大于40 μm的磨料，称为磨粒。小于40 μm的磨料，称为微粉。粒度分级是以磨粒通过的筛网上每英寸长度内的孔眼数表示。如粒度40号表示磨粒能通过每英寸长度上有40孔眼的筛网。微粉的分级是按尺寸用W和后面的数字来表示粒度号，如W20表示微粉实际尺寸为20 μm。

在磨削加工时，正确的选用砂轮的粒度会得到理想的加工效果。对于要求效率高，且对粗糙度要求不太高的磨削加工，可以选用粗粒度磨粒。相反，精磨时则选用细粒度磨粒。磨塑性较好的材料时，多选用粗磨粒，磨削脆硬材料时，则选用较细的磨粒。粒度的选用如表6-8所示。

表6-8　粒度的选用

粒度号	颗粒尺寸范围/μm	适合范围	粒度号	颗粒尺寸范围/μm	适合范围
12～36	2000～1600 500～400	粗磨、荒磨、切割钢坯、打磨毛刺	W40～W20	40～28 20～14	精磨、超精磨、螺纹磨、珩磨
46～80	400～315 200～160	粗磨、半精磨、精磨	W14～W10	14～10 10～7	精磨、精细磨、超精磨、镜面磨
100～200	165～125 50～40	精磨、成形磨、刀具刃磨、珩磨	W7～W3.5	7～5 3.5～2.5	超精磨、镜面磨、制作研磨剂等

3）结合剂

结合剂的作用是把磨粒黏结起来，形成砂轮外形。常用结合剂有树脂结合剂、陶瓷结合剂、橡胶结合剂、金属结合剂等。

2. 砂轮的形状和尺寸

砂轮各种形状及尺寸如表6-9所示。

表6-9　常用砂轮形状和代号

砂轮名称	代号	简图	主要用途
平行砂轮	1		用于磨外圆、内圆、平面、螺纹及无心磨等
双斜边型砂轮	4		用于磨削齿轮和螺纹
薄片砂轮	41		主要用于切断和开槽等
简型砂轮	2		用于立轴端面磨
碗型砂轮	11		用于导轨磨及刃磨刀具（铣刀、铰刀、拉刀）

1）砂轮特性的表示方法

砂轮的各种特性主要通过代号的形式标注在砂轮上。如：

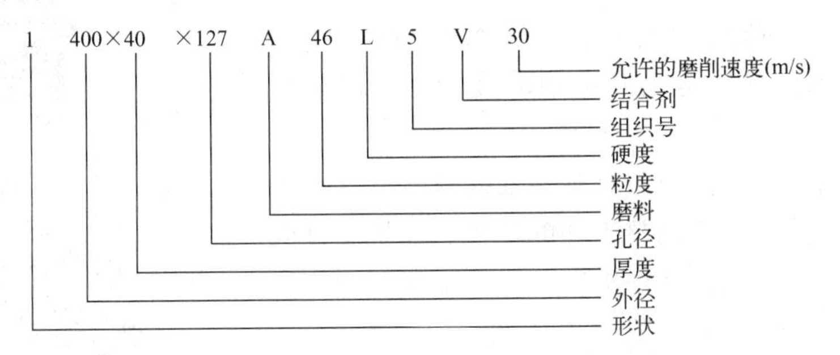

2）砂轮的平衡测试

为了使砂轮平稳工作，必须对砂轮进行静平衡测试，步骤如下：

（1）在进行静平衡测试前，先将法兰盘内孔、环形槽内、平衡块、平衡心轴和平衡架导轨等擦干净。

（2）将砂轮安装的机构进行准确校正。

（3）不断调整平衡块，如将砂轮转到任意位置砂轮都能停住，则砂轮的静平衡测试完毕。

6.5 钻床与钻头

6.5.1 钻床

钻床主要是用来加工孔机床。钻床加工孔的精度一般不高，但是可以加工较为复杂的零件，特别是非回转体类零件。在加工时，工件固定不动，刀具旋转形成主运动，同时沿轴向移动完成进给运动。钻床除了钻孔外，还能完成扩孔、铰孔、锪孔等加工方法。其主要加工方法如图 6-23 所示。

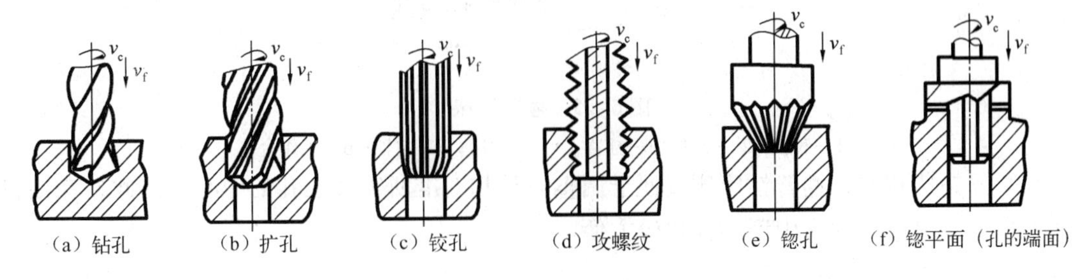

图 6-23 钻床的加工方法

钻床的主要类型有台式钻床、立式钻床、摇臂钻床以及深孔钻床等。

1）立式钻床

图 6-24 所示为立式钻床的外形图。从图中可以看出，立式钻床的主轴箱和工作台都是安装在立柱上。

首先由电动机带动主轴旋转，并且可以通过变速箱变速。进给箱可以做轴向进给，当切断进给系统时，还可以通过扳动手柄进行手动控制。工作台用于固定工件，通过进给箱的轴向进给运动和主轴的旋转主运动进行加工。

立式钻床加工时需要使刀具旋转轴线与被加工孔的中心线重合。因此，需要调整工件的位置。如果工件较大，则非常不便。因此，这种机床只适合于加工中小型零件上的孔。

立式钻床还有多轴立式钻床，它可完成多种孔加工工序，生产率较高，适用于成批生产。

2）摇臂钻床

摇臂钻床的外形如图 6-25 所示。摇臂钻床的主轴箱可以在水平导轨上沿导轨水平直线移动，并且摇臂可绕立柱轴线转动，也可上下移动。

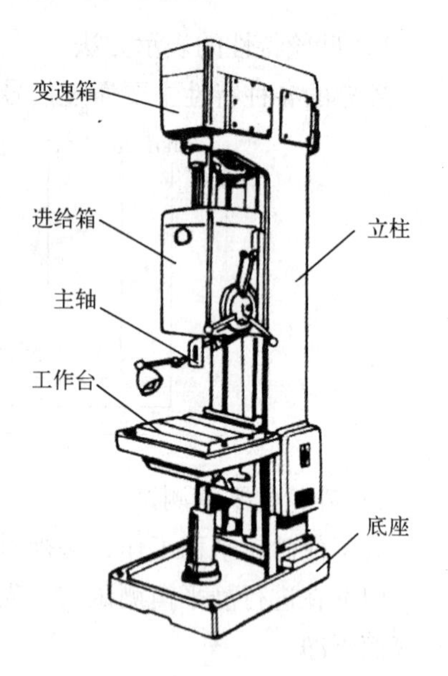

图 6-24　立式钻床

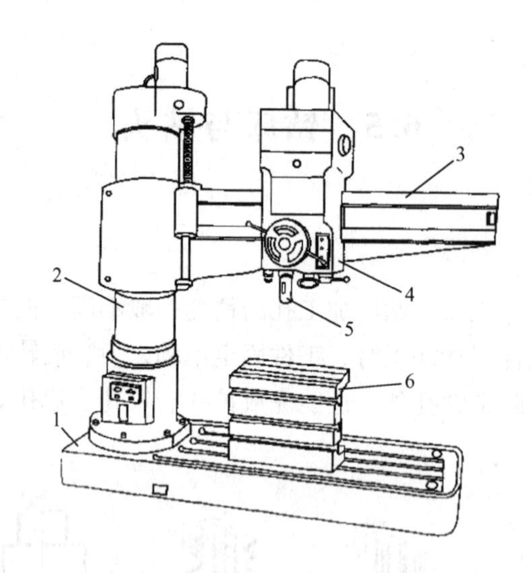

图 6-25　摇臂钻床

1—底座；2—立柱；3—摇臂；4—主轴箱；5—主轴；6—工作台

与立式钻床相比，摇臂钻床比较便于调整刀具和对准所需加工孔的中心。因此，在摇臂钻床上加工不易移动的大中型零件比较方便。

6.5.2　钻头与钻削刀具

1. 麻花钻

麻花钻是钻床上最常用的工具之一，如图 6-26 所示。用麻花钻钻孔属于粗加工。麻花钻由柄部、颈部和工作部分组成。柄部主要用于夹持，有直柄和锥柄两种。

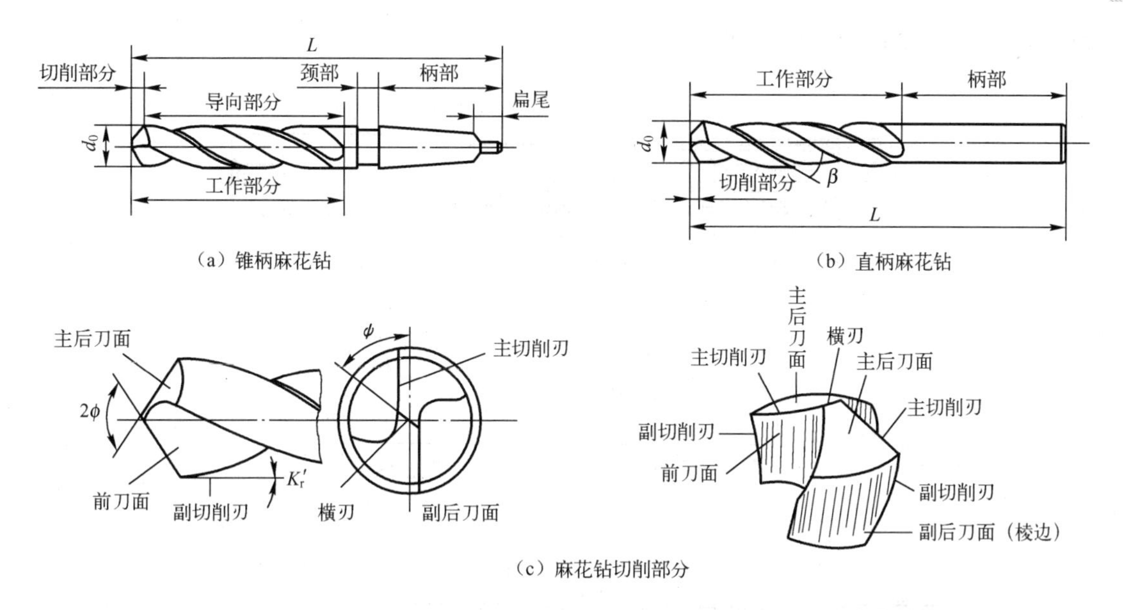

图 6-26　麻花钻的结构

麻花钻的工作部分包括切削部分和导向部分，其中切削部分担负主要的切削工作，麻花钻有两条对称的主切削刃，两条副切削刃和横刃。在实际加工过程中，主切削刃的磨损相对严重，也会影响钻孔的质量。除此之外，麻花钻钻削加工时，产生的切屑难以排出，因此，在麻花钻的导向部分有对称的螺旋槽，起到了排屑和输送冷却液作用。

2. 扩孔钻

扩孔钻是对工件上已经有的孔进行扩大加工的工具，如图 6-27 所示。扩孔钻的形状与麻花钻相似，所不同的是扩孔钻有 3 ～ 4 个刀齿，钻削平稳，没有横刃，改善了加工条件。由于扩孔的加工余量相对较小，螺旋槽较浅，所以扩孔时自身导向性也比麻花钻好。

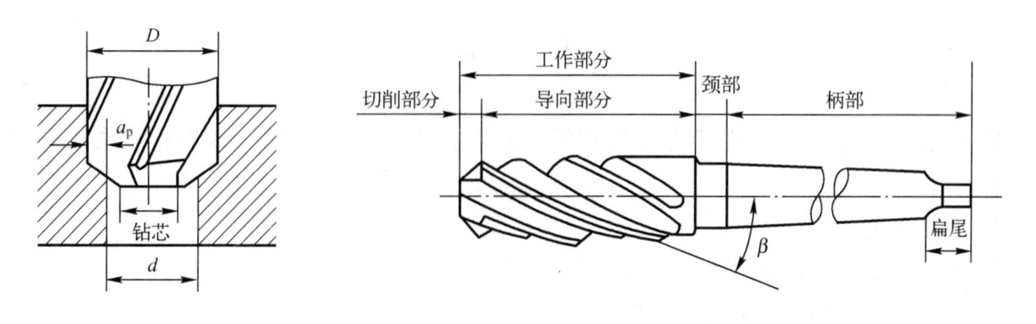

图 6-27　扩孔钻

3. 铰刀

铰刀可以对孔进行半精加工和精加工。铰刀导向性和刚性很好。铰刀分为手用铰刀和机用铰刀两种。手用铰刀为直柄，柄尾有方头，而机用铰刀多为圆柱形或锥柄。

铰刀的工作部分有引导部分、切削部分和修光部分。引导部分主要使铰刀头部进入孔内，进行引导。切削部分为锥形，担负主要切削工作。修光部分起校正孔径、修光孔壁和导向作用。铰刀的结构如图 6–28 所示。

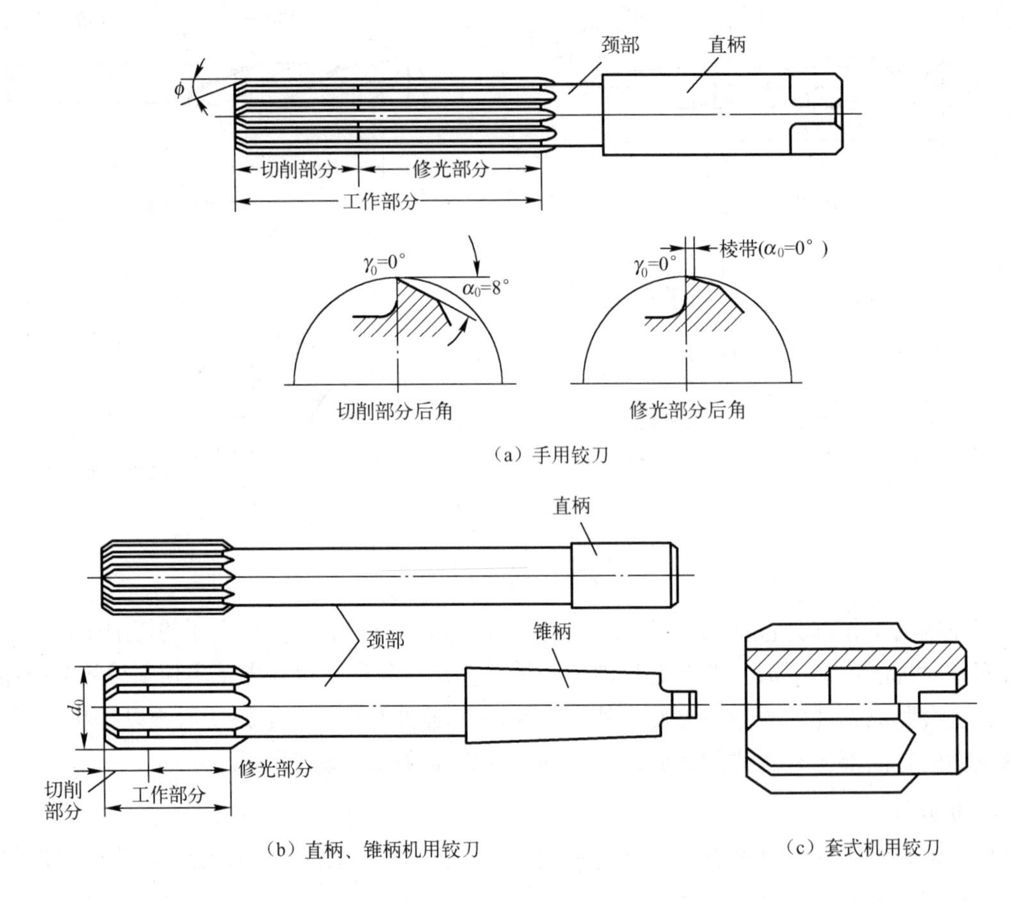

图 6–28　铰刀结构

习　题

1. 车床上丝杠和光杠都能使刀架作纵向运动，它们之间有什么区别？各适用在什么场合？
2. 比较各类车床特点和功用。
3. 铣削加工的主运动、进给运动是什么？
4. 立式铣床与卧式铣床有什么区别？
5. 万能外圆磨床由哪几部分组成？各有什么作用？
6. 砂轮的特性由哪些因素决定？如何选择砂轮的磨料和硬度？
7. 为什么软砂轮适于磨削硬材料？
8. 标准麻花钻的缺点是什么？

第7章 机械加工工艺规程

机械加工工艺规程是规定产品或零部件机械加工工艺过程和操作方法等的工艺文件。生产规模的大小，工艺水平的高低以及解决各种实际问题的方法都需要通过机械加工工艺规程来体现。因此，机械加工工艺规程设计是一项非常重要的工作，要求设计者本身必须具备丰富的理论知识和过硬的生产实践经验。

7.1 工艺过程与工艺规程

7.1.1 概述

1. 生产过程

生产过程是指把原材料转变为成品的各个相互关联的劳动过程的总和。机械产品的生产过程，一般包括以下步骤：

(1) 生产与技术的准备，如工艺设计和专用工艺装备的设计和制造，生产计划的编制，生产资料的准备。

(2) 毛坯的制造，如铸造，锻造，冲压等。

(3) 零件的加工，如切削加工，热处理，表面处理等。

(4) 产品的装配，如总装、部装、调试检验和油漆等。

(5) 生产的服务，如原材料、外购件和工具的供应、运输、保管等。

机械产品的生产过程一般比较复杂，目前很多产品往往不是在一个工厂内单独生产，而是由许多专业工厂共同完成的。例如飞机制造工厂就需要用到许多其他工厂的产品（如发动机，电器设备，仪表等），相互协作共同完成一架飞机的生产过程。因此，生产过程既可以指整台机器的制造过程，也可以是某一零部件的制造过程。

2. 工艺过程

工艺过程指的是在生产过程中，直接改变生产对象的形状、尺寸、相对位置和性质，使其成为成品（或半成品）的过程，机械制造工艺过程分为毛坯制造工艺过程、机械加工工艺过程、机械装配工艺过程等。

用机械加工的方法直接改变生产对象的形状，尺寸和表面质量，使之成为合格零件的工艺过程，称为机械加工工艺过程。将加工好的零件装配成机器使之达到所要求的装配精度并获得预定技术性能的工艺过程，称为装配工艺过程。这两项是机械制造工艺学研究的重要内容。

7.1.2 机械加工工艺过程的组成

机械加工工艺过程是由一个或若干个顺序排列的工序组成的，而工序又可分为若干个安装、工位、工步和走刀，毛坯就是依次通过这些工序的加工而成为成品的。

1. 工序

由一个（或一组）工人，在一个工作地对同一个（或同时对几个）工件进行连续加工时所完成的那一部分工艺过程称为工序。工序是加工过程的基本组成单元，划分是否为同一个工序的主要依据是工作地点是否变动和加工是否连续。例如图 7-1 所示的轴可以按不同批量选择生产加工方法。

（1）方案 1（单件加工）：对一个工件钻孔，然后调头车外圆 2。此方案中两个表面的加工属同一个工序。

（2）方案 2（批量加工）：对一批工件钻孔 1；对一批工件车外圆。此方案中两个表面的加工分属两个工序。

2. 安装和工位

工件在加工前，使其相对与机床、刀具占据一个正确位置的过程，称为定位。使工件在加工过程中保持所占据的正确位置不变的过程称为夹紧。定位后一般需要可靠夹紧才能进行加工，将工件在机床或夹具中每定位、夹紧一次所完成的那一部分内容称为安装。在一道工序中可以有一个或多个安装。工件加工中应尽量减少装夹次数，因为多一次装夹就多一次装夹误差，而且增加了辅助时间。因此生产中常用各种回转工作台，回转夹具或移动夹具等，以便在工件一次装夹后，可使其处于不同的位置加工。为完成一定的工序内容，一次装夹工件后，工件（或装配单元）与夹具或设备的可动部分一起相对刀具或设备固定部分所占据的每一个位置，称为工位。图 7-2 所示为一种利用回转工作台在一次装夹后顺序完成装卸工件（1）、钻孔（2）、扩孔（3）和铰孔（4）四个工位加工的实例。

3. 工步

在加工表面（或装配时的连接表面）和加工（或装配）工具不变的情况下，所完成的那一部分加工内容 ，称为工步。图 7-3 所示加工短轴的过程：车外圆 1，车端面 2，倒角 3，切断 4，每一项加工内容为一个工步，共分为四个工步。

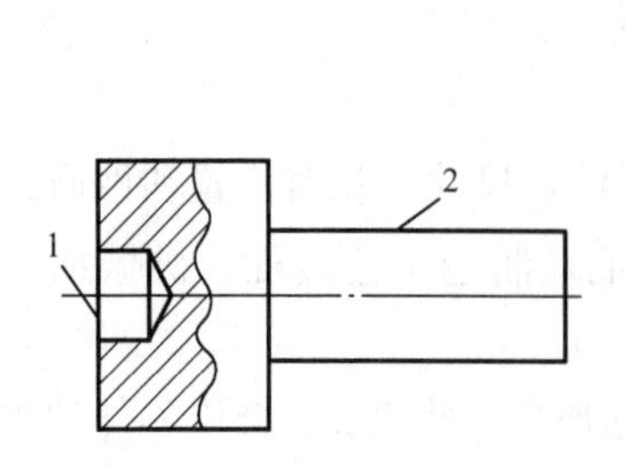

图 7-1 小轴加工工序划分

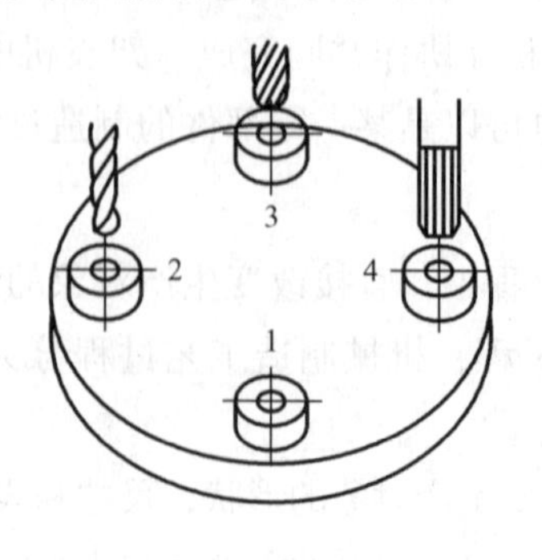

图 7-2 多工位加工

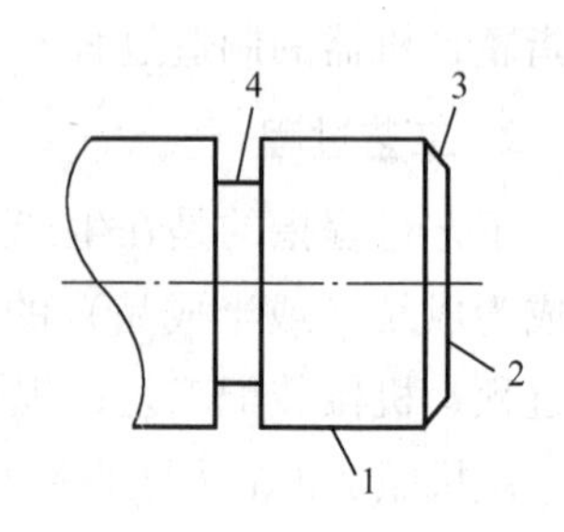

图 7-3 短轴的工步示例

有时为了提高生产效率，经常利用几把刀具同时分别加工几个表面的工步，称为复合工步，复合工步也视为一个工步。

4. 走刀

在一个工步内，若被加工表面切去的金属层很厚，需要分几次切削，则每进行一次切削就是一次走刀。一个工步可以包括一次走刀或几次走刀。

7.1.3　生产纲领与生产类型

1. 生产纲领

企业根据市场需求和本身的生产能力决定生产计划。企业在计划期内生产的产品的数量和进度计划称为生产纲领。零件的年生产纲领通常按下式计算：

$$N = Qn(1 + a\%)(1 + b\%)$$

式中　N——零件的年生产纲领（件/年）；

Q——产品的年生产纲领（台/年）；

n——每台产品中该零件的数量（件/台）；

$a\%$——备品的百分率；

$b\%$——废品的百分率。

年生产纲领是设计或修改工艺规程的重要依据，是车间设计的基本文件。它决定了各工序所需专业化和自动化的程度，决定了所应选用的工艺方法和工艺装备。

2. 生产类型

生产类型是指生产单位（企业、车间、工段、班组、工作地）生产专业化程度的分类。根据生产纲领和产品的大小，可分为单件生产、成批生产和大量生产三大类。

1）单件生产

单件生产是指单个地生产不同结构和不同尺寸的产品。它的特点是生产的产品种类繁多，每种产品的产量很少，而且很少重复生产。例如重型机械产品、专用设备制造，机械配件加工、新产品设计试制等。

2）成批生产

成批生产是指一年中分批地制造相同的产品 。它的特点是分批的生产相同的产品，生产呈周期性重复。如机床制造，电机制造等属于成批生产，成批生产又可按其批量大小分为小批量生产、中批量生产和大批量生产三种类型。其中，小批量生产和大批生产的工艺特点分别与单件生产和大量生产的工艺特点类似；中批量生产的工艺特点介于小批生产和大批生产之间。

3）大量生产

大量生产是指同一产品数量很大，结构和规格比较固定，大多数工作地点一直按照一定规则进行同一种零件的某一道工序的加工。它的特点是产量大、品种少、重复性高。例如汽车、拖拉机、轴承等的制造都属于大量生产。

生产类型取决于生产纲领，但也与产品的结构和尺寸有关。表7-1所示为生产类型与生产纲领的关系，表 7-2 所示为各种生产类型的工艺特点，可供编制工艺规程时参考。

表 7-1 生产类型与生产纲领的关系

生产类型		零件的年生产纲领/（件/年）		
		重型零件	中型零件	轻型零件
单件生产		<5	<10	<100
批量生产	小批生产	5 ～ 100	10 ～ 200	100 ～ 500
	中批生产	100 ～ 300	200 ～ 500	500 ～ 5 000
	大批生产	300 ～ 1 000	500 ～ 5 000	5 000 ～ 50 000
大量生产		>1 000	>5 000	>50 000

表 7-2 各种生产类型的工艺特点

特点	单件生产	成批生产	大量生产
加工对象	经常变换	周期性变换	固定不变
工件的互换性	主要靠钳工修配，缺乏互换性	大部分有互换性，少数用钳工修配	全部有互换性。某些精度较高的配合件用分组选择装配法
毛坯的制造方法及加工余量	铸件用木模手工造型；锻件用自由锻。毛坯精度低，加工余量大	部分铸件用金属模；部分锻件用模锻。毛坯精度中等；加工余量中等	铸件广泛采用金属模机器造型；锻件广泛采用模锻，以及其他高生产率的毛坯制造方法。毛坯精度高，加工余量小
机床设备	通用机床。按机床种类及大小采用“机群式”排列	部分通用机床和部分高生产率机床。按加工零件类别分工段排列	广泛采用高生产率的专用机床及自动机床。按流水线形式排列
夹具	通用或组合夹具	广泛采用专用夹具	广泛采用高生产率专用夹具
刀具与量具	采用通用刀具和万能量具	较多采用专用刀具及专用量具	广泛采用高生产率刀具和量具
对工人的要求	需要技术熟练的工人	需要一定熟练程度的工人	对操作工人的技术要求较低，对调整工人的技术要求较高
工艺规程	有简单的工艺路线卡	有简单的工艺规程	有详细的工艺规程
生产率	低	中	高
成本	高	中	低
发展趋势	箱体类复杂零件采用加工中心加工	采用集成技术、数控机床或柔性制造系统等进行加工	在计算机控制的自动化制造系统中加工，并可能实现在线故障诊断、自动报警和加工误差自动补偿

随着技术进步和市场需求的变化，生产类型的划分正在发生重大的改变，传统的大批量生产，往往不能适应产品更新换代的需要，单件生产的能力跟不上市场急需，因此各种生产类型都朝着生产过程柔性化的方向发展。

7.1.4　机械加工工艺规程制订

机械加工工艺规程是规定零件机械加工工艺过程和操作方法等的工艺文件之一，它是在具体的生产条件下，把较为合理的工艺过程和操作方法，按照规定的形式书写成工艺文件，经审批后用来指导实际生产。

1. 工艺规程的内容

机械加工工艺规程一般包括的内容：加工的工艺路线，各工序加工的内容与要求，所采用的设备和工艺装备，工件的检验项目及检验方法，切削用量及工时定额等。

2. 工艺规程的作用

机械加工工艺规程是企业生产中的指导性技术文件，是企业长期生产经验的总结，其作用如下：

（1）它是指导生产的主要技术文件。工艺规程是最合理的工艺过程的表格化，是在工艺理论和实践经验的基础上制订的。工人只有严格按照工艺规程进行生产，才能保证产品质量和经济效益。

（2）它是组织和管理生产的基本依据。生产计划的制订，产品投产前原材料和毛坯的供应，工艺装备的设计，制造与采购，机床设备的布置，作业计划的编排，劳动力的组织，工时定额的制订以及成本的核算等，都是以工艺规程作为基本依据的。

（3）它是新建和扩建工厂的基本技术资料。生产所需要的设备的种类和数量、机床的布置、车间的面积、生产工人的工种、等组长和数量以及辅助部门的安排等，都是以工艺规程为基础，根据生产类型来确定的。

除此之外，先进的工艺规程起着推广和交流先进经验的作用，典型工艺规程可指导同类产品的生产。

3. 工艺规程的格式

把工艺规程的内容填入一定格式的卡片，即成为生产准备和施工的工艺文件。目前，工艺文件还没有统一的格式，各厂都是按照一些基本内容，根据具体情况自行确定。各种工艺文件的基本格式如下：

1）机械加工工艺过程卡

机械加工工艺过程卡是以工序为单位，简要地列出了整个零件加工所经过的工艺路线（包括毛坯制造，机械加工和热处理等）。它是制订其他工艺文件的基础，也是生产技术准备，编排作业计划和组织生产的依据。

由于这种卡片中对各工序的说明不够具体，所以一般不能直接指导工人操作，而多作为生产管理方面使用。但是，在单件小批生产中，通常不编制其他较详细的工艺文件，可用来指导生产。其格式如表 7-3 所示。

表 7–3 机械加工工艺过程卡

（工厂名）	机械加工工艺过程卡片	产品名称及型号			零件名称			零件图号			
		材料	名称		毛坯	种类		零件质量/kg	毛重		第 页
			牌名			尺寸			净重		共 页
			性能		每料件数			每台件数		每批件数	

工序号	工序内容	加工车间	设备名称及编号	工艺装备名称及编号			技术等级	时间额定/min	
				夹具	刀具	量具		单件	准备—终结
更改内容									
编制		抄写		校对		审核		批准	

2）机械加工工艺卡

机械加工工艺卡是以工序为单位，详细说明整个工艺过程的工艺文件。它是用来指导工人生产和帮助车间管理人员和技术人员掌握整个零件加工过程的一种主要技术文件，广泛用于成批生产的零件和小批生产中的重要零件。其格式如表 7–4 所示。

表 7–4 机械加工工艺卡

（工厂名）	机械加工工艺卡片	产品名称及型号			零件名称			零件图号			
		材料	名称		毛坯	种类		零件质量/kg	毛重		第 页
			牌名			尺寸			净重		共 页
			性能		每料件数			每台件数		每批件数	

工序	安装	工步	工序内容	同时加工零件数	切削用量				设备名称及编号	工艺装备名称及编号			技术等级	时间额定/min	
					背吃力量/mm	进给量/(mm · r^{-1} 或 mm · mm^{-1})	切削速度/(r · mm^{-1} 或 双行程数 · mm^{-1})	切削速度/m · mm^{-1}		夹具	刀具	量具		单件	准备—终结
更改内容															
编制			抄写			校对		审核			批准				

3）机械加工工序卡

机械加工工序卡是在工艺过程卡的基础上为每一道工序制订的一种工艺文件。它更详细地说明整个零件每个工序的加工要求，是用来具体指导工人操作的一种最详细的工艺文件。在这种卡片上要画出工序简图，注明该工序的加工表面及应达到的尺寸精度、表面粗糙度、工件的安装方式、切削用量和工装设备等内容。它主要用于大批量生产的零件。其格式如表7-5所示。

表7-5 机械加工工序卡

（工作名）	机械加工厂 工序卡片	产品名称及型号	零件名称	零件图号	工序名称	工序号	第 页
							共 页
（画工序简图处）			车间	工段	材料名称	材料牌号	力学性能
			同时加工件数	每料件数	技术等级	单件时间/min	准备—终结时间/min
			设备名称	设备编号	夹具名称	夹具编号	工作液
			更改内容				

工步号	工步内容	计算数据/mm			走刀次数	切削用量				工时定额/min			刀具、量具及辅助工具				
		直径或长度	进给长度	单边余量		背吃刀量 min	进给量/(mm·r⁻¹或mm·min⁻¹)	切削速度/(r·min⁻¹或双行程数·min⁻¹)	切削速度/(m·min⁻¹)	基本时间	辅助时间	工作地服务时间	工步	名称	规格	编号	数量

编制		抄写		校对		审核		批准	

4. 制订机械加工工艺规程的原则

工艺规程制订的原则是优质，高产和低成本，即在保证产品质量的前提下，争取最好的经济效益。主要体现在以下四个方面：

（1）保证产品质量并有相当的可靠度。

（2）尽可能提高生产率，降低制造成本。

（3）在充分利用本企业现有生产条件的基础上，尽量吸收国内外先进工艺技术和经验。

（4）尽力改善工人的劳动条件，符合国家环境保护法的有关规定，避免环境污染。

5. 制订机械加工工艺规程所需的原始资料

制订机械加工工艺规程所需的原始资料包括以下内容：

（1）产品全套装配图和零件图。

（2）产品验收的质量标准。

（3）产品的生产纲领（年产量）。

（4）毛坯资料。毛坯资料包括各种毛坯制造方法的技术经济特征；各种型材的品种和规格，毛坯图样等；在无毛坯图的情况下，需要实际了解毛坯的形状，尺寸及性能等。

（5）工厂的生产条件。包括机床设备和工艺装备的规格与性能，工人的技术水平、专用设备的制造和工艺装备的制造能力等资料。

（6）国内外工艺技术水平资料。

（7）同类产品工艺手册及图册。

6. 制订机械加工工艺规程的步骤

制定机械加工工艺规程的工作主要包括准备工作、工艺过程的拟定和工序设计三个阶段，其内容和步骤如下：

（1）计算年生产纲领，确定生产类型。

（2）分析零件图及产品装配图。

（3）选择毛坯及制造方法。

（4）选择定位基准及加工设备。

（5）拟订工艺路线。

（6）确定各工序的加工余量，计算工序尺寸及公差。

（7）确定切削用量及工时定额。

（8）确定各工序的技术要求及检验方法。

（9）填写工艺文件。

7.1.5 零件的结构工艺性

零件结构工艺性是指在满足使用要求的前提下，它所具有的结构是否便于毛坯制造，是否便于机械加工，是否便于装配拆卸。它由零件结构要素的工艺性和零件整体结构的工艺性两部分组成，是评价零件结构设计好坏的一个重要指标。所谓结构工艺性好，是指在现有工艺条件下，既能方便制造出来，同时又有较低的制造成本。表 7-6 所示为常见的零件机械加工结构工艺性对比的一些例子。

表 7-6 常见零件结构工艺性比较实例

序号	零件结构			
	工艺性不好		工艺性好	
1	孔离箱壁太近：① 钻头在圆角处易引偏；② 箱壁高度尺寸大，需要加长钻头才能钻孔	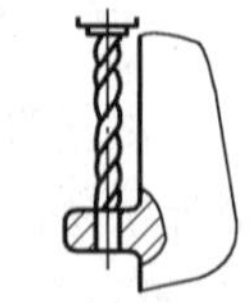	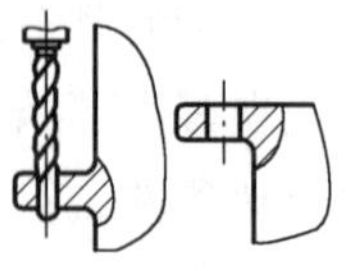	① 加长箱耳，不需加长钻头可钻孔；② 只要使用上允许，将箱耳设计在某一端，则不需加长箱耳，也可方便加工
2	车螺纹时，螺纹根部易打刀；工人操作紧张，且不能根除	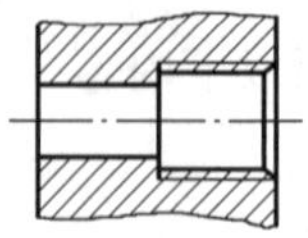	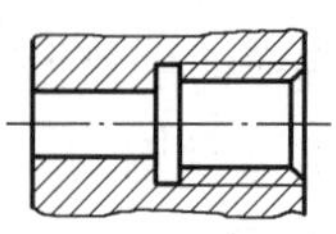	留有退刀槽，可使螺纹清根，操作相对容易，可避免打刀

续表

序号	零件结构			
	工艺性不好		工艺性好	
3	插键槽时，底部无退刀空间，易打刀	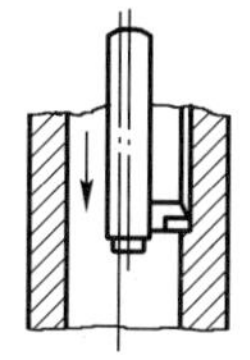	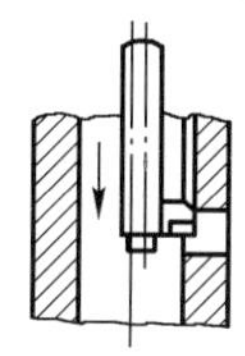	留出退刀空间，避免打刀
4	无退刀空间，小齿轮无法加工	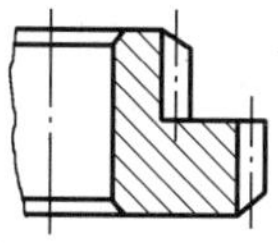	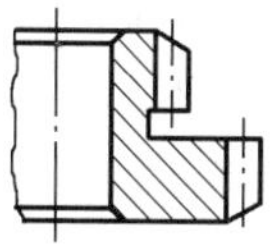	大齿轮可滚齿或插齿加工，小齿轮可以插齿加工
5	斜面钻孔，钻头易引偏	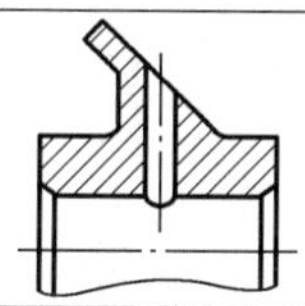	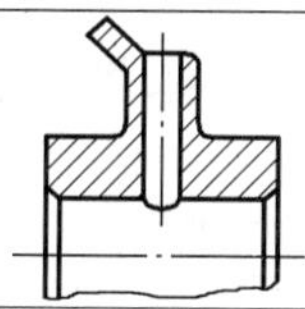	只要结构允许，留出平台，避免钻头引偏
6	加工面设计在箱体内部，加工时调整刀具不便，也不好观察	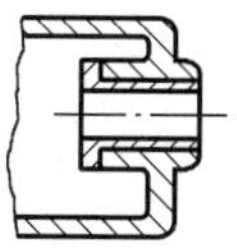	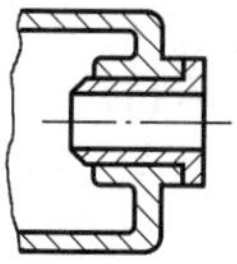	加工面设计在箱体外部，方便加工
7	加工面高度不同，需要两次调整刀具加工，影响生产率	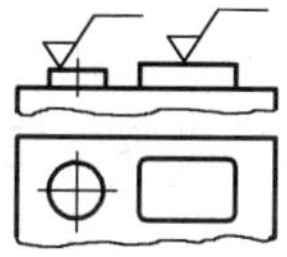	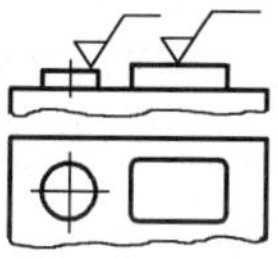	加工面在同一高度，一次调整刀具就可加工两个平面
8	三个空刀槽的宽度有三种尺寸，需用三种不同尺寸刀具加工	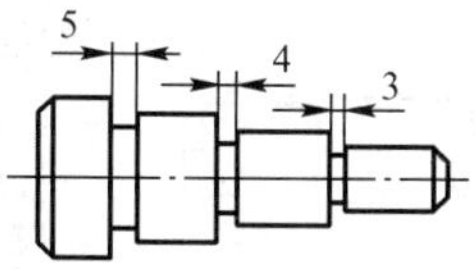 5　4　3	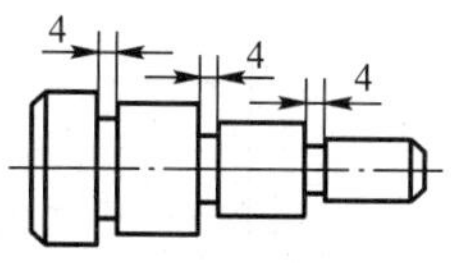 4　4　4	同一宽度尺寸的空刀槽，使用一把刀具就可加工
9	加工面大，加工时间长，并且零件尺寸越大，平面度误差越大	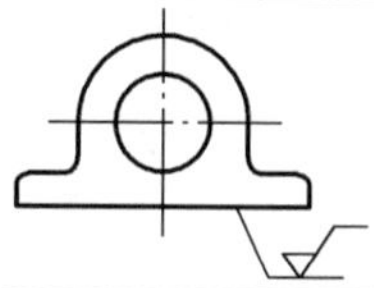	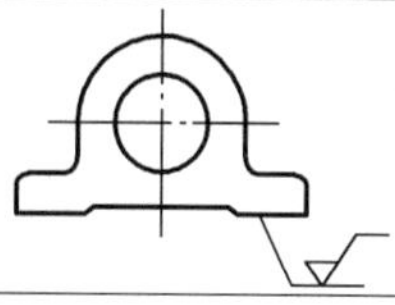	加工面减小，节省工时，减少刀具损耗，并且容易保证平面度要求
10	键槽是设置在90°方向上，需要两次安装加工	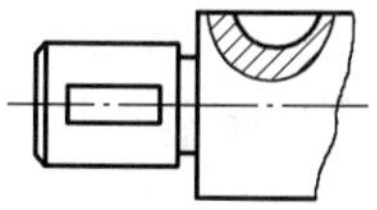	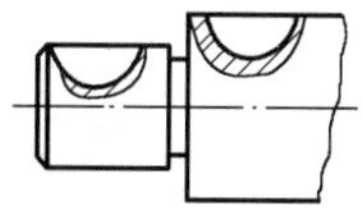	两个键槽设置在同一方向上，一次安装就可对两个键槽进行加工
11	钻孔越深，加工时间越长，钻头损耗越大，并且钻头容易偏斜	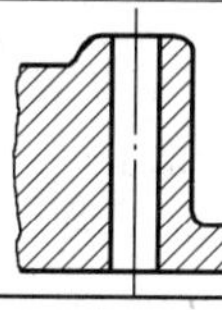	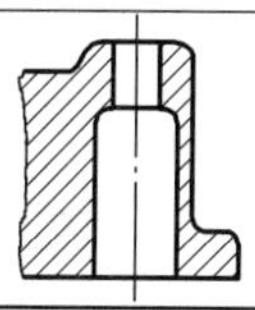	钻孔的一端留空刀，钻孔时间短，钻头的寿命长，并且钻头不易偏斜

从上面的例子中可以看出，零件的结构设计除考虑满足零件的使用要求外，还应考虑以下内容：

（1）便于工件的安装。

（2）防止加工时变形，保证加工精度。

（3）便于加工和测量。

（4）保证加工质量，提高生产率。

（5）尽量减少加工工作量。

（6）提高标准化程度。

（7）优先选用基孔制配合。

（8）合理规定表面精度和表面粗糙度。

当然，零件结构工艺性好坏是相对，它随科学技术的发展和生产、设备等条件的不同而变化。

7.2 典型零件机械加工工艺过程

7.2.1 轴类零件加工

1. 轴类零件的功用与结构特点

轴类零件是机器中最常见的一类零件。它主要起支承传动件和传递转矩的作用。常见轴类零件的基本形状是阶梯状的回转体，其长度大于直径，主体由多段不同直径的回转体组成。轴上一般有轴颈、轴肩、键槽、螺纹、挡圈槽、销孔、内孔、螺纹孔等要素，以及中心孔、退刀槽、倒角、圆角等机械加工工艺结构。轴类零件根据其结构的不同可分为光轴、空心轴、半轴、阶梯轴、花键轴、十字轴、偏心轴、曲轴及凸轮轴等，如图 7-4 所示。

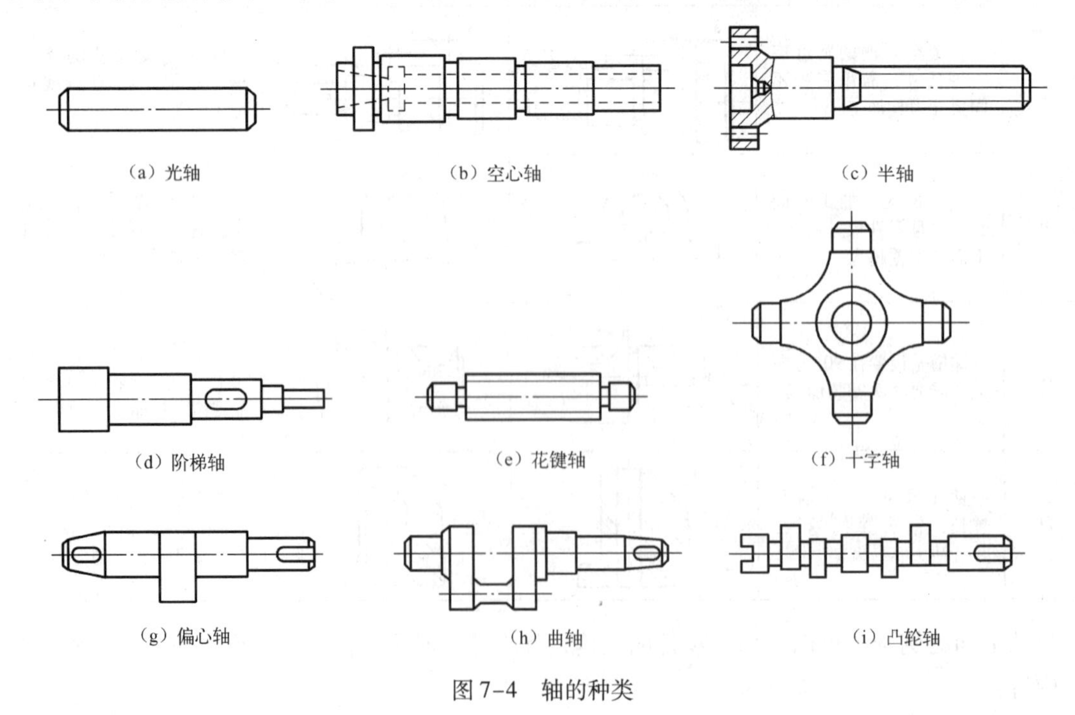

图 7-4　轴的种类

2. 轴类零件的主要技术要求

轴类零件的主要技术要求包括如下三方面：

1）尺寸精度和几何形状精度

主要轴颈（指配合，支承轴颈）的尺寸精度，一般为 IT9 ～ IT6，机床主轴支承轴颈的尺寸精度为 IT5，甚至更高。几何形状精度主要指轴颈圆度，圆柱度的要求，一般控制在尺寸公差以内。

2）位置精度

支承轴颈之间有同轴度要求，工作表面，配合表面对支承轴颈有跳动要求。普通精度轴的配合轴颈相对支承轴颈的径向圆跳动一般为 0. 01 ～ 0. 03 mm，精度高的轴为 0. 001 ～ 0. 005 mm。端面圆跳动为 0. 005 ～ 0. 01 mm。

3）表面结构要求

轴类零件的表面结构的粗糙度参数值和尺寸精度应与表面工作适应。一般与传动件相配合的轴径表面结构参数 *Ra* 值为 2. 5 ～ 0. 63 μm，与轴承相配合的支承轴径的表面结构参数 *Ra* 值为 0. 63 ～ 0. 16 μm。

3. 轴类零件的材料、毛坯及热处理

1）轴类零件的材料与热处理

轴类零件应根据不同的工作条件和使用要求选用不同的材料并采用不同的热处理规范（如调质、正火、淬火等），以获得一定的强度、韧性和耐磨性。45 钢是轴类零件的常用材料，它价格便宜经过调质（或正火）后，可得到较好的切削性能，而且能获得较高的强度和韧性等综合机械性能，淬火后表面硬度可达 45 ～ 52 HRC。40Cr 等合金结构钢适用于中等精度而转速较高的轴类零件，这类钢经调质和淬火后，具有较好的综合机械性能。轴承钢 GCr15 和弹簧钢 65Mn，经调质和表面高频淬火后，表面硬度可达 50 ～ 58 HRC，并具有较高的耐疲劳性能和较好的耐磨性能，可制造较高精度的轴。

精密机床的主轴（例如磨床砂轮轴、坐标镗床主轴）可选用 38CrMoAl 氮化钢。这种钢经调质和表面氮化后，不仅能获得很高的表面硬度，而且能保持较软的芯部，因此耐冲击韧性好。与渗碳淬火钢比较，它有热处理变形很小，硬度更高的特性。

2）轴类零件的毛坯

轴类零件可根据使用要求、生产类型、设备条件及结构，选用棒料、锻件等毛坯形式。对于外圆直径相差不大的轴，一般以棒料为主；而对于外圆直径相差大的阶梯轴或重要的轴，常选用锻件，这样既节约材料又减少机械加工的工作量，还可改善机械性能。

根据生产规模的不同，毛坯的锻造方式有自由锻和模锻两种。中小批生产多采用自由锻，大批大量生产时采用模锻。

4. 轴类零件的机械加工工艺过程

下面以小批量生产的传动轴为例简要说明其机械加工工艺过程。图 7-5 所示为传动轴的简图。

1）零件图的分析

零件图采用了主视图和移出断面图表达其形状结构。从主视图可以看出，主体由四段不同直径的回转体组成，有轴颈、轴肩、键槽、挡圈槽、倒角、圆角等结构，由此可以想象出传动轴的结构形状。两 $\phi30js6$ 外圆（轴颈）用于安装轴承，$\phi37$ 轴肩起轴承轴向定位作用。$\phi24g6$ 外圆及轴肩用于安装齿轮及齿轮轴向定位，采用普通平键联接，左轴端有挡圈槽，用于安装挡圈，以轴向固定齿轮。

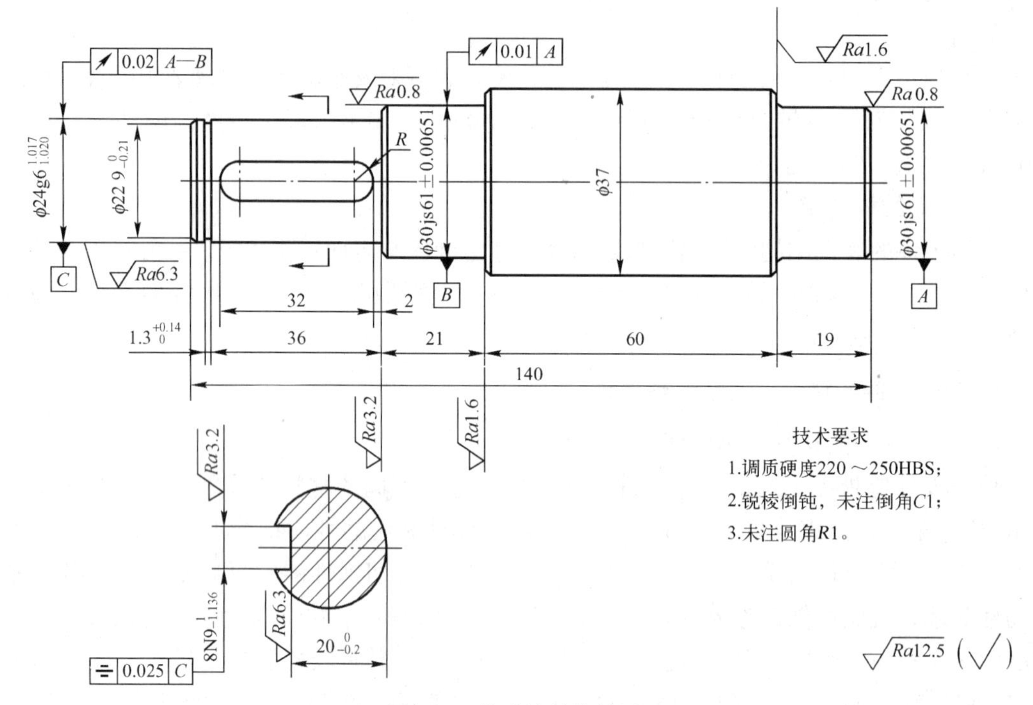

图 7-5　传动轴结构简图

$\phi30js6$、$\phi24g6$ 轴颈都具有较高的尺寸精度（IT6）和位置精度（圆跳动分别为 0.01、0.02）要求，表面结构参数（Ra 值分别为 0.8 μm、1.6 μm）要求也较高；$\phi37$ 轴肩两端面虽然尺寸精度要求不高，但表面结构参数要求较高（Ra 值分别为 1.6 μm、3.2 μm）；圆角 $R1$ 精度要求并不高，但需与轴颈及轴肩端面一起加工，所以 $\phi30js6$、$\phi24g6$ 轴颈、$\phi37$ 轴肩端面、圆角 $R1$ 均为加工的关键表面。

键槽侧面（宽度）尺寸精度（IT9）要求中等，位置精度（对称度 0.025 约为 8 级）要求比较高，表面结构参数（Ra 值为 3.2 μm）要求中等，键槽底面（深度）尺寸精度（20）和表面结构参数（Ra 值为 6.3 μm）要求都较低，所以键槽是次要加工表面。挡圈槽、左、右端面、倒角等其余表面，尺寸及表面精度要求都比较低，均为次要加工表面。

2）传动轴毛坯类型及其制造方法的确定

毛坯的种类和制造方法主要与零件使用要求和生产类型有关。轴类零件最常用的毛坯是锻件与圆棒料，只有结构复杂的大型轴类零件（如曲轴）才采用铸件。锻造后的毛坯，能改善金属的内部组织，提高其抗拉、抗弯等机械性能。同时，因锻件的形状和尺寸与零件相近，可以节约材料，减少切削加工的劳动量，降低生产成本。所以比较重要的轴或直径相差较大的阶梯轴，大都采用锻件。

所以，该传动轴我们选择其毛坯类型为锻件，制造方法采用自由锻造。然后绘制好毛坯简图。

3）选择定位基准及加工设备

轴类零件的定位主要有粗和精基准。以毛坯表面作为定位基准，称为粗基准。粗基准选择要考虑下列原则：

（1）选用的粗基准必须便于加工精基准，以尽快获得精基准。

（2）粗基准应选用面积较大，平整光洁，无浇口、冒口、飞边等缺陷的表面，这样工件定位才稳定可靠。

（3）当有多个不加工表面时，应选择与加工表面位置精度要求较高的表面作为粗基准。

（4）当工件的加工表面与某不加工表面之间有相互位置精度要求时，应选择该不加工表面作为粗基准。

（5）当工件的某重要表面要求加工余量均匀时，应选择该表面作为粗基准。

（6）粗基准在同一尺寸方向上应只使用一次。

轴类零件的粗加工，可选择外圆表面作为定位粗基准，以此定位加工两端面和中心孔，为后续工序准备精基准。

以零件已加工的表面作为定位基准，这种基准称为精基准。精基准选择要考虑下列原则：

（1）基准重合原则。尽量选择设计基准作为精基准，避免基准不重合而引起的定位误差。

（2）基准统一原则。尽量选择多个加工表面共享的定位基准面作为精基准，以保证各加工面的相互位置精度，避免误差，简化夹具的设计和制造。

（3）自为基准原则。精加工或光整加工工序应尽量选择加工表面本身作为精基准，该表面与其他表面的位置精度则由先行工序保证。

（4）互为基准原则。当两个表面相互位置精度以各自的形状和尺寸精度都要求很高时，可以采取互为基准原则，反复多次进行加工。

轴类零件的加工，多以轴两端的中心孔作为定位精基准。因为轴的设计基准是中心线，这样既符合基准重合原则，又符合基准统一原则，还能在一次装夹中最大限度地完成多个外圆及端面的加工，易于保证各轴颈间的同轴度以及端面的垂直度。当不能用两端中心孔定位（如带内孔的轴）时，可采用外圆表面或外圆表面和一端孔口作精基准。

对于加工设备，根据传动轴的工艺特性，加工设备采用通用机床，即普通车床、立式铣床、万能磨床。工艺装备采用通用夹具（三爪卡盘及顶尖）、通用刀具（标准车刀、键槽铣刀、砂轮等）、通用量具（游标卡尺、外径千分尺等）。

4）拟定机械加工工艺路线

（1）加工方法。对于轴类零件的外圆来说，加工方法有车削加工和磨削加工。对于键槽一般使用铣削加工。

车削加工是轴类零件外圆的主要加工方法。根据生产批量不同，可在卧式车床、多刀半自动车床或仿形车床上进行。外圆车削的工艺范围很广，根据毛坯的类型、制造精度以及轴的最终精度要求不同，可采用粗车、半精车、精车和细车等不同的加工阶段。对于中小型铸铁和锻件，可直接进行粗车，经过粗车后工件的精度可达到 IT10 ～ IT12，表面结构参数 *Ra* 值为 12.5 ～ 25 μm，粗车可切除毛坯的大部分余量。对经过粗车的工件，采用半精车可达到 IT9 ～ IT10 级精度，表面结构参数 *Ra* 值可为 6.3 ～ 12.5 μm。对于中等精度的工件表面，半精车可作为终加工工序，也可作为磨削或精加工的预加工工序。精车可作为最终加工工序或光整工序的预加工，精车后工件表面可达 IT7 ～ IT8 级精度，表面结构参数 *Ra* 值为 3.2 ～ 1.6 μm。

磨削加工是轴类零件外圆精加工的主要方法。它既能加工淬火零件，也能加工非淬火零件。通过磨削加工能有效地提高轴类零件尤其是淬硬件的加工质量。磨削加工可以达到的经济精度为 IT6 级，表面结构参数 *Ra* 值可为 1.25 ～0.32 μm。根据不同的精度和表面质量要求，磨削可分为粗磨、精磨、细磨和镜面磨削等。粗磨后工件表面可达到 IT8 ～ IT9 级，表面结构参数 *Ra* 值为 1.0 ～1.25 μm；精磨后可达到 IT6 ～ IT8 级，表面结构参数 *Ra* 值为 1.25 ～0.63 μm。

键槽是轴类零件上常见的结构，其中以普通平键应用最广泛，通常在普通立式铣床上用键槽铣刀加工。键槽一般都放在外圆精车或粗磨之后、精加工之前进行。如果安排在精车之前铣键槽，在精车时由于断续切削而产生振动，既影响加工质量，又容易损坏刀具。另一方面，键槽的尺寸也较难控制，如果安排在主要表面的精加工之后，还会破坏主要表面的已有的精度。综上所述该传动轴表面加工方法如表 7-7 所示。

表 7-7　传动轴表面加工方法

加工表面	精度要求	表面结构参数 *Ra*/μm	加工方案
φ30js6 外圆轴肩及圆角	IT6	0.8	粗车→半精车→精车→粗磨→精磨
	IT11 以上	1.6	
φ24g6 外圆轴肩及圆角	IT6	1.6	粗车→半精车→精车
	IT11 以上	3.2	
键槽侧面 8N9 底面	IT9	3.2	粗铣→精铣
	IT11 以上	6.3	
挡圈槽 22.9 × 1.3	IT11 以上	12.5	粗车
各倒角	IT11 以上	12.5	粗车

（2）拟定工艺路线。传动轴主要表面的加工可划分为粗加工、半精加工、精加工三个阶段。根据机械加工的安排原则，先安排基准和主要表面的粗加工，然后再安排基准和主要表面的精加工。所以其工艺路线如表 7-8 所示。

表 7-8　传动轴机械加工工艺路线

工序号	工序名称	工序内容	定位基准	加工设备
1	锻造	锻造毛坯		
2	热处理	正火处理		
3	车钻	分别车两端面、钻两端 A6.3 中心孔，总长车至 140	毛坯 φ51 外圆	CA6140
4	粗车	分别粗车左、右端各外圆及轴肩端面，φ37 车至尺寸，φ30、φ24 外圆和轴肩端面均留余量	两中心孔	CA6140
5	热处理	调质处理		
6	研修	研修中心孔		CA6140

续表

工序号	工序名称	工序内容	定位基准	加工设备
7	半精车	分别半精车左、右端各外圆及轴肩端面，均留磨削余量	两中心孔	CA6140
8	磨削	粗、精磨左、右端 ϕ30js6、ϕ24g6 外圆及轴肩端面、圆角至尺寸	两中心孔	M131W
9	铣削	去毛刺	两中心孔	X5032
10	车削	车左端槽 ϕ22.3×1.3 至尺寸，去毛刺	两中心孔	
11	检验	按图样技术要求全部检验		

5）确定切削用量

根据机械加工工艺规程的步骤确定各工序的加工余量、切削用量，计算时间定额，填写工艺文件等。

7.2.2　套筒类零件加工

1. 套筒类零件的功用与结构特点

套筒类零件是指在回转体零件中的空心薄壁件，是机械加工中常见的一种零件，在各类机器中应用很广，主要起支承或导向作用。由于功用不同，其形状结构和尺寸有很大的差异，常见的有支承回转轴的各种形式的轴承圈、轴套；夹具上的钻套和导向套；内燃机上的气缸套和液压系统中的液压缸、电液伺服阀的阀套等都属于套类零件。常见的套筒类零件如图 7-6 所示。

套筒类零件的结构与尺寸随其用途不同而异，但其结构一般都具有以下特点：外圆直径一般小于其长度；内孔与外圆直径之差较小，所以壁薄易变形较小；内外圆回转面的同轴度要求较高。

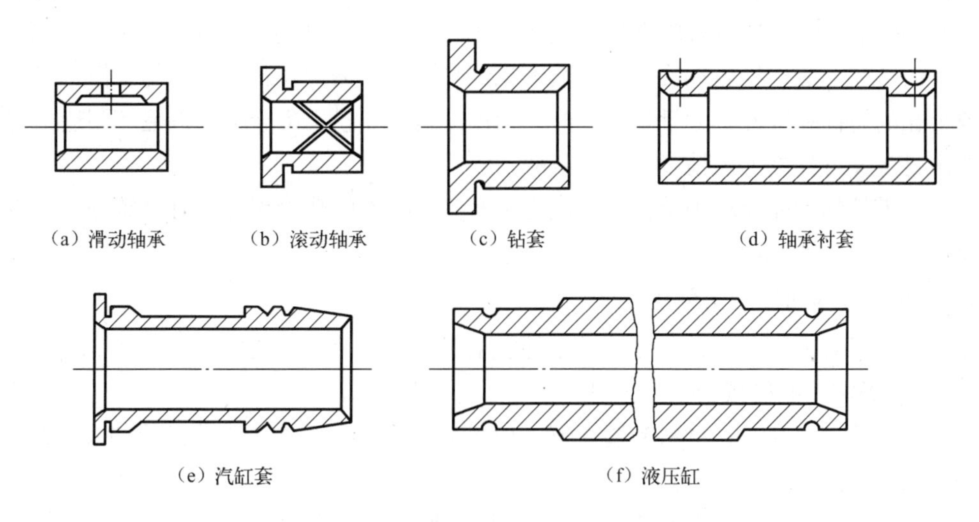

（a）滑动轴承　（b）滚动轴承　（c）钻套　（d）轴承衬套

（e）汽缸套　（f）液压缸

图 7-6　套筒类零件

2. 套筒类零件的技术要求

套筒类零件虽然形状结构不一，但仍有共同特点和技术要求，根据使用情况可对套筒类零件的外圆与内孔提出如下要求：

1）内孔的技术要求

内孔作为套类零件支承或导向的主要表面，要求内孔尺寸精度一般为 IT6 ～ IT7，为保证其耐磨性要求，对表面结构要求较高（Ra =2.5 ～ 0.16 μm）。有的精密套筒及阀套的内孔尺寸精度要求为 IT4 ～ IT5，也有的套筒（如油缸、气缸缸筒）由于与其相配的活塞上有密封圈，所以对尺寸精度要求较低，一般为 IT8 ～ IT9，但对表面结构要求较高，Ra 值一般为 2.5 ～ 1.6 μm。

2）外圆表面的技术要求

外圆一般起支承作用，常采用过盈配合或过渡配合同箱体或机架上的孔相连接。外径尺寸精度通常取 IT7 ～ IT6，形状精度控制在外径公差以内，表面结构参数 Ra 值为 5 ～ 0.63 μm。

3）位置精度要求

套类零件在机器中功用和要求决定了位置精度的要求。如果内孔的最终加工是在套筒装配（如机座或箱体等）之后进行时，可降低对套筒内、外圆表面的同轴度要求；如果内孔的最终加工是在装配之前进行时，则同轴度要求较高，通常同轴度为 0.01 ～ 0.06 mm 。套筒端面（或凸缘端面）常用来定位或承受载荷，对端面与外圆和内孔轴心线的垂直度要求较高，一般为 0.05 ～ 0.02 mm 。

3. 套筒类零件的材料与毛坯

套筒类零件一般用钢、铸铁、青铜或黄铜和粉末冶金等材料制成。有些滑动轴承采用双金属结构，以离心铸造法在钢或铸铁套筒内壁上浇铸巴氏合金等轴承合金材料，既可节省贵重的有色金属，又能提高轴承的寿命。一些对于强度和硬度要求较高的套筒（如锤床主轴套筒、伺服阀套），可选用优质合金钢。

套类零件的毛坯制造方式的选择与毛坯结构尺寸、材料和生产批量的大小等因素有关。孔径较小的套筒一般选择热轧或冷拉棒料，也可采用实心铸件；孔径较大的套筒常选择无缝钢管或带孔的铸件和锻件。大批量生产时，采用冷挤压和粉末冶金等先进毛坯制造工艺，既可节约用材，又可提高毛坯精度及生产效率。

套筒类零件的功能要求和结构特点决定了套筒类零件的热处理方法有渗碳淬火、表面淬火、调质、高温时效及渗氮。

4. 套筒类零件加工工艺分析

下面以轴承套为例，来说明套筒类零件加工工艺过程及注意的问题。

1）套筒类零件的机械加工工艺过程

该轴承套属于短套筒，材料为锡青铜，如图 7-7 所示。其加工工艺过程如表 7-9 所示。

2）套筒类零件加工工艺分析

(1) 轴承套技术要求及加工方法。ϕ34js7 外圆对 ϕ22H7 孔的径向圆跳动公差为 0.01 mm；左端面对 ϕ22H7 孔轴线的垂直度公差为 0.01 mm。轴承套外圆为 IT7 级精度，采

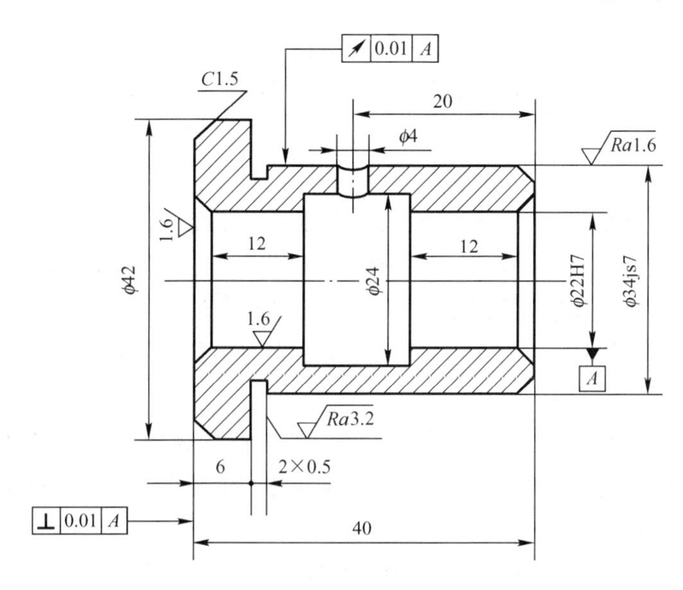

图 7-7　轴承套

用精车可以满足要求；内孔精度也为 IT7 级，采用铰孔可以满足要求。内孔的加工顺序为钻孔—车孔—铰孔。

由于外圆对内孔的径向圆跳动要求在 0.01mm 内，用软卡爪装夹无法保证。因此精车外圆时应以内孔为定位基准，使轴承套在小锥度心轴上定位，用两顶尖装夹。这样可使加工基准和测量基准一致，容易达到要求。

车铰内孔时，应与端面在一次装夹中加工出，以保证端面与内孔轴线的垂直度在 0.01 mm 以内。

轴承套加工工艺过程如表 7-9 所示。

表 7-9　轴承套加工工艺过程

序号	工序名称	工序内容	定位与夹紧
1	备料	棒料，按 5 件合一加工下料	
2	钻中心孔	车端面，钻中心孔 调头车另一端面，钻中心孔	三爪夹外圆
3	粗车	车外圆 ϕ42 长度为 6.5 mm，车外圆 ϕ34js7 为 ϕ35 mm，车空刀槽 2 × 0.5 mm，取总长 40.5 mm，车分割槽 ϕ20 × 3 mm，两端倒角 C1.5	中心孔
4	钻	钻孔 ϕ22H7 至 ϕ22 mm 成单件	软爪夹 ϕ42 mm 外圆
5	车、铰	车端面，取总长 40 mm 至尺寸，车内孔 ϕ22H7 为 $\phi 22_{-0.05}^{\ 0}$ mm 车内槽 ϕ24 × 16 mm 至尺寸，铰孔 ϕ22H7 至尺寸，孔两端倒角	软爪夹 ϕ42 mm 外圆
6	精车	车 ϕ34js7（±0.012）mm 至尺寸	ϕ22H7 孔心轴
7	钻	钻径向油孔 ϕ4 mm	ϕ34 mm 外圆及端面
8	检查		

（2）表面相互位置精度的保证方法。套筒类零件的内孔和外圆表面间的同轴度及端面和内孔轴线间的垂直度一般均有较高的要求。为达到这些要求，常用以下方法：

① 在能够一次安装中完成内孔、外圆及端面的全部加工时，可以消除工件安装误差的影响，获得很高的相互位置精度，这种方法工序比较集中，不适合尺寸较大（尤其是长径比较大时）工件的装夹和加工，多用于尺寸较小的轴套类零件的加工。

② 在不能于一次安装中同时完成内、外圆表面加工时，内孔与外圆的加工应遵循互为基准的原则。当内、外圆表面必须经几次安装和反复加工时，常采用先加工孔，再以孔为精基准加工外圆的加工顺序。因为这种方法所用夹具（心轴）的结构简单，制造和安装误差较小，可保证较高的位置精度。如果由于工艺需要必须先加工外圆，再以外圆为精基准加工内孔，为获得较高的位置精度，必须采用定心精度高的夹具，如弹性膜片卡盘、液性塑料夹具、经修磨后的三爪自定心卡盘及软爪等。

（3）防止套筒类零件变形的工艺措施。套筒类零件的结构特点是孔壁较薄，加工中因夹紧力、切削力、内应力和切削热等因素的影响容易产生变形，精度不易保证。相应地，在工艺上应注意以下几点：

① 为减小切削力和切削热的影响，粗、精加工应分开进行，使粗加工产生的变形在精加工中得以纠正。对于壁厚很薄、加工中极易变形的工件，采用工序分散原则，并在加工时控制切削用量。

② 为减小夹紧力的影响，工艺上可采取改变夹紧力方向的措施，将径向夹紧改为轴向夹紧。当只能采用径向夹紧时，应尽可能使径向夹紧力沿圆周均匀分布，如使用过渡套、弹性套等。

③ 为减小热处理的影响，热处理工序应安排在粗、精加工阶段之间，并适当增加精加工工序的加工余量，以保证热处理引起的变形在精加工中得以纠正。

（4）内孔的加工方法。加工孔的常用设备有钻床、车床、铣床、镗床、拉床、内圆磨床、研磨机以及电火花成形机床、超声波加工机床、激光加工机床等。根据所采用的不同孔加工刀具，内孔表面加工方法有钻孔、扩孔、绞孔、镗孔和磨孔等，特种加工内孔表面的方法有电火花穿孔、超声波穿孔和激光打孔等。

① 钻孔。通常用于在实心材料上加工直径为 $\phi0.5 \sim \phi50$ mm 的孔。常用的钻头是麻花钻。为排出大量切屑，麻花钻具有容屑空间较大的排屑槽，因而刚性与强度受到很大削弱，所以加工的内孔精度低，表面粗糙。一般钻孔后精度为 IT12 级左右，表面结构参数 Ra 值为 50 ～12.5 μm。钻孔主要用于精度低于 IT11 级以下的孔加工，或用于精度要求较高的孔的预加工。

② 扩孔。扩孔是用扩孔钻对已钻出的孔做进一步加工，以扩大孔径并提高精度和降低表面结构参数值。扩孔可达到的尺寸公差等级为 IT11 ～ IT10，表面结构参数 Ra 值为 12.5 ～ 6.3 μm，属于孔的半精加工方法，常作铰削前的预加工，也可作为精度不高的孔的终加工。

③ 铰孔。铰孔是在半精加工（扩孔或半精镗）的基础上对孔进行的一种精加工方法。铰孔的尺寸公差等级可达 IT9 ～ IT6，表面结构参数 Ra 值可达 3.2 ～ 0.2 μm。

铰孔的方式有机铰和手铰两种。在机床上进行铰削称为机铰；用手工进行铰削的称为手铰。铰孔主要用于加工中、小尺寸的孔，孔的直径范围为 $\phi1 \sim \phi80$ mm。铰孔不适宜加工短孔、深孔和断续孔。铰孔通常在钻孔或扩孔后进行，多用于批量生产，也可用于单件生产。

④ 镗孔。一般刀具的回转运动为主运动，刀具或工件作直线进给运动。镗孔加工可在镗床上进行，也可以在车床、铣床、数控镗铣床上进行。在车床上镗孔比车孔更准确些，加工时工件的回转运动是主运动，刀具作直线进给运动。

镗孔应用很广泛，在单件、小批量生产中，镗孔是很经济的内孔表面加工方法。镗孔既可以作为粗加工，也可以作为精加工；既能修正孔中心线的偏斜，又能保证孔的坐标位置。镗孔的尺寸精度一般可达 IT8 ～ IT7 级，表面结构参数 *Ra* 值为 3. 2 ～ 0. 4 μm。

⑤ 拉孔。拉孔是一种高效率的精加工方法。除拉削圆孔外，还可拉削各种截面形状的通孔及内键槽。拉削圆孔可达的尺寸公差等级为 IT9 ～ IT7，表面结构参数 *Ra* 值为 1. 6 ～ 0. 4 μm。拉孔是利用多刃刀具，通过刀具相对于工件的直线运动完成加工工件工作。拉孔可以拉圆柱孔、花键孔、成形孔等。拉孔是一种高生产率的加工方法，多用于大批量生产。

⑥ 挤孔。可以用挤刀，也可以用钢球挤孔。挤孔在获得尺寸精度的同时，可使孔壁硬化，并可降低被加工孔的表面结构的粗糙度参数值。

⑦ 磨孔。磨孔是孔的精加工方法之一，可达到的尺寸公差等级为 IT8 ～ IT6，表面结构参数 *Ra* 值为 0. 8 ～ 0. 4 μm。磨孔可在内圆磨床或万能外圆磨床上进行。使用端部具有内凹锥面的砂轮可在一次装夹中磨削孔和孔内台肩面。

7. 2. 3　箱体类零件加工

1. 箱体类零件的功用与结构特点

箱体类是机器或部件的基础零件，它将机器或部件中的轴、套、齿轮等有关零件组装成一个整体，使它们之间保持正确的相互位置，并按照一定的传动关系协调地传递运动或动力。因此，箱体的加工质量将直接影响机器或部件的精度、性能和寿命。

箱体的结构形式虽然多种多样，但仍有共同的特点：形状复杂、壁薄且不均匀，内部呈腔形，加工部位多，加工难度大，既有精度要求较高的孔系和平面，也有许多精度要求较低的紧固孔。因此，一般中型机床制造厂用于箱体类零件的机械加工劳动量约占整个产品加工量的 15% ～ 20% 。

2. 箱体类零件的主要技术要求

箱体类零件中，机床主轴箱的精度要求较高，可归纳为以下五项精度要求：

(1) 孔径精度：孔径的尺寸误差和几何形状误差会造成轴承与孔的配合不良。孔径过大，配合过松，使主轴回转轴线不稳定，并降低了支承刚度，易产生振动和噪声；孔径太小，会使配合偏紧，轴承将因外环变形，不能正常运转而缩短寿命。装轴承的孔不圆，也会使轴承外环变形而引起主轴径向圆跳动。

从上面分析可知，对孔的精度要求是较高的。主轴孔的尺寸公差等级为 IT6，其余孔为 IT8 ～ IT7。孔的几何形状精度未作规定的，一般控制在尺寸公差的 1/2 范围内即可。

(2) 孔与孔的位置精度：同一轴线上各孔的同轴度误差和孔端面对轴线的垂直度误差，会使轴和轴承装配到箱体内出现歪斜，从而造成主轴径向圆跳动和轴向窜动，也加剧了轴承磨损。孔系之间的平行度误差，会影响齿轮的啮合质量。一般孔距允差为 ±0.025 ～ ±0.060 mm，而同一中心线上的支承孔的同轴度约为最小孔尺寸公差的一半。

（3）孔和平面的位置精度：主要孔对主轴箱安装基面的平行度，决定了主轴与床身导轨的相互位置关系。这项精度是在总装时通过刮研来达到的。为了减少刮研工作量，一般规定在垂直和水平两个方向上，只允许主轴前端向上和向前偏。

（4）主要平面的精度：装配基面的平面度影响主轴箱与床身连接时的接触刚度，加工过程中作为定位基面则会影响主要孔的加工精度。因此规定了底面和导向面必须平直，为了保证箱盖的密封性，防止工作时润滑油泄漏，还规定了顶面的平面度要求，当大批量生产将其顶面用作定位基面时，对它的平面度要求还要提高。

（5）表面结构：一般主轴孔的表面结构参数 *Ra* 值为 0.4 μm，其他各纵向孔的表面结构参数 *Ra* 值为 1.6 μm；孔的内端面的表面结构参数 *Ra* 值为 3.2 μm，装配基准面和定位基准面的表面结构参数 *Ra* 值为 2.5 ～ 0.63 μm，其他平面的表面结构参数 *Ra* 值为 10 ～ 2.5 μm。

3. 箱体类零件的材料及毛坯

箱体类零件的材料一般选用 HT200 ～ HT400 的各种牌号的灰铸铁，而最常用的为 HT200。灰铸铁不仅成本低，而且具有较好的耐磨性、可铸性、可切削性和阻尼特性。在单件生产或某些简易机床的箱体，为了缩短生产周期和降低成本，可采用钢材焊接结构。此外，精度要求较高的坐标镗床主轴箱则选用耐磨铸铁。负荷大的主轴箱也可采用铸钢件。

毛坯的加工余量与生产批量、毛坯尺寸、结构、精度和铸造方法等因素有关。有关数据可查有关资料及根据具体情况决定。毛坯铸造时，应防止砂眼和气孔的产生。为了减少毛坯制造时产生残余应力，应使箱体壁厚尽量均匀，箱体浇铸后应安排时效或退火工序。

4. 箱体类零件平面及孔系的加工方法

1）箱体类零件的平面加工

箱体类零件的平面加工的常用方法有刨、铣和磨三种。刨削和铣削常用作平面的粗加工和半精加工，而磨削则用作平面的精加工。

刨削加工的特点：刀具结构简单，机床调整方便，通用性好。在龙门刨床上可以利用几个刀架，在工件的一次安装中完成几个表面的加工，能比较经济地保证这些表面间的相互位置精度要求。精刨还可代替刮研来精加工箱体平面。精刮时采用宽直刃精刨刀，在经过拉修和调整的刨床上，以较低的切削速度（一般为 4 ～ 12 m/min），在工件表面上切去一层很薄的金属（一般为 0.007 ～ 0.1 mm）。精刨后的表面结构参数 *Ra* 值可达 0.63 ～ 2.51 μm，平面度可达 0.002 mm/m。因为宽刃精刨的进给量很大（5 ～ 25 mm/双行程），生产率较高。

铣削生产率高于刨削，在中批以上生产中多用铣削加工平面。当加工尺寸较大的箱体平面时，常在多轴龙门铣床上，用几把铣刀同时加工各有关平面，以保证平面间的相互位置精度并提高生产率。近年来端铣刀在结构、制造精度、刀具材料和所用机床等方面都有很大进展。如不重磨刃端铣刀的齿数少，平行切削刃的宽度大，每齿进给量 a_f 可达数毫米。

平面磨削的加工质量比刨削和铣削都高，而且还可以加工淬硬零件。磨削平面的表面结构参数 *Ra* 值可达 0.32 ～ 1.25 μm。生产批量较大时，箱体的平面常用磨削来精加工。为了提高生产率和保证平面间的相互位置精度，工厂还常采用组合磨削来精加工平面。

2）箱体孔系的加工方法

箱体上若干有相互位置精度要求的孔的组合，称为孔系。孔系可分为平行孔系、同轴孔系和交叉孔系，如图 7-8 所示。孔系加工是箱体加工的关键，根据箱体加工批量的不同和孔系精度要求的不同，孔系加工所用的方法也是不同的，现分别予以讨论。

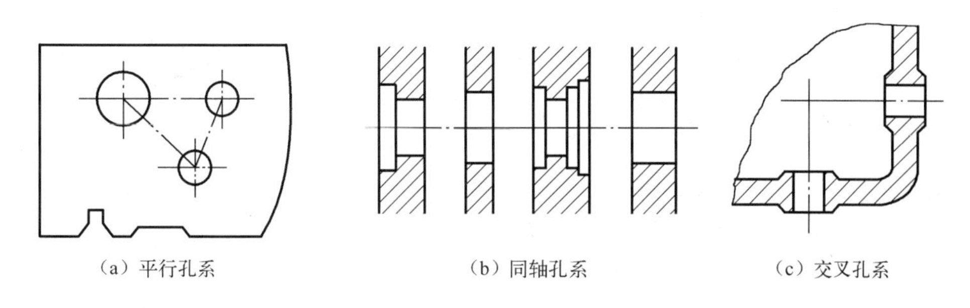
（a）平行孔系　（b）同轴孔系　（c）交叉孔系

图 7-8　孔系分类

（1）平行孔系的加工。下面主要介绍如何保证平行孔系孔距精度的方法。

① 找正法。找正法是在通用机床（镗床、铣床）上利用辅助工具来找正所要加工孔的正确位置的加工方法。这种找正法加工效率低，一般只适于单件小批生产。找正时除根据划线用试镗方法外，有时借用心轴量块或用样板找正，以提高找正精度。

图 7-9 所示为心轴和量块找正法。镗第一排孔时将心轴插入主轴孔内（或直接利用镗床主轴），然后根据孔和定位基准的距离组合一定尺寸的块规来校正主轴位置，校正时用塞尺测定块与心轴之间的间隙，以避免块规与心轴直接接触而损伤块规，如图 7-9（a）所示。镗第二排孔时，分别在机床主轴和已加工孔中插入心轴，采用同样的方法来校正主轴轴线的位置，以保证孔心距的精度，如图 7-9（b）所示。这种找正法其孔心距精度可达 ±0. 03 mm。

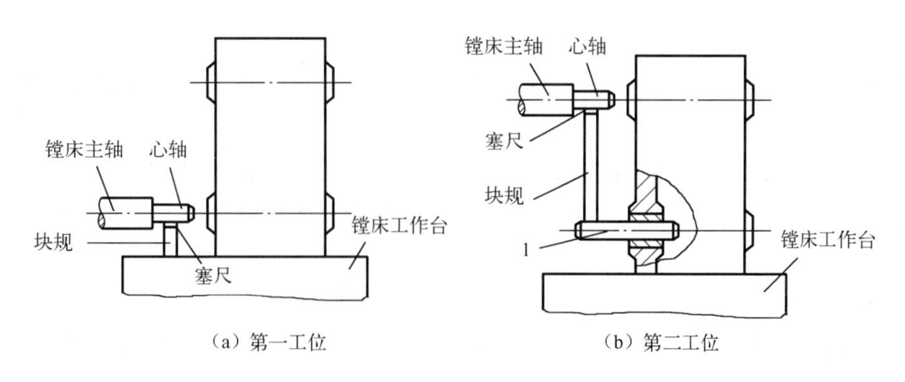

（a）第一工位　（b）第二工位

图 7-9　用心轴和块规找正

图 7-10 所示为样板找正法，用厚度 10 ～ 20 mm 的钢板制成样板 1，装在垂直于各孔的端面上（或固定于机床工作台上），样板上的孔距精度较箱体孔系的孔距精度高（一般 ±0. 01 ～ ±0. 03 mm），样板上的孔径较工件的孔径大，以便于镗杆通过。样板上的孔径要求不高，但要

有较高的形状精度和较小的表面结构的粗糙度参数值，当样板准确地装到工件上后，在机床主轴上装一个千分表，按样板找正机床主轴，找正后，即换上镗刀加工。此法加工孔系不易出差错，找正方便，孔距精度可达 ±0.05 mm。这种样板的成本低，仅为镗模成本的 1/7 ～ 1/9，单件小批生产中大型的箱体加工可用此法。

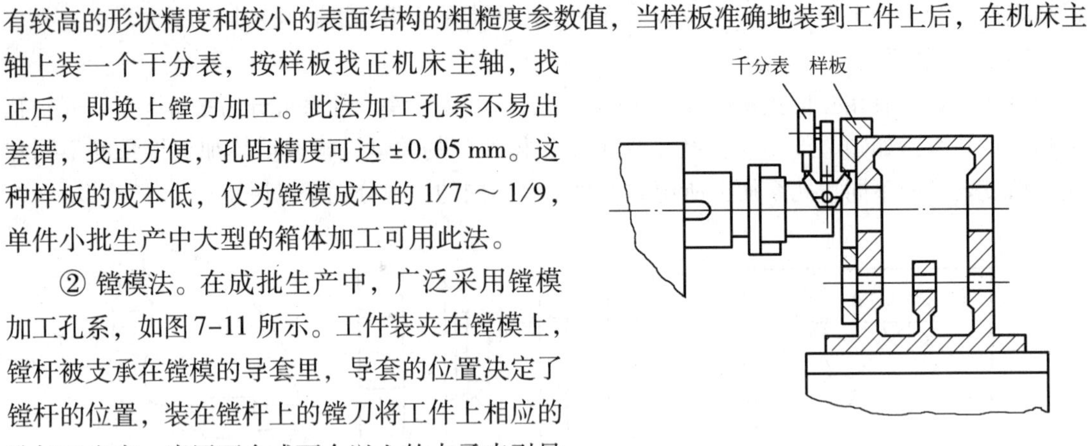

图 7-10　样板找正

② 镗模法。在成批生产中，广泛采用镗模加工孔系，如图 7-11 所示。工件装夹在镗模上，镗杆被支承在镗模的导套里，导套的位置决定了镗杆的位置，装在镗杆上的镗刀将工件上相应的孔加工出来。当用两个或两个以上的支承来引导镗杆时，镗杆与机床主轴必须浮动联接。当采用浮动联接时，机床精度对孔系加工精度影响很小，因而可以在精度较低的机床上加工出精度较高的孔系。孔距精度主要取决于镗模，一般可达 ±0.05 mm。能加工公差等级 IT7 的孔，其表面结构参数 Ra 值为 5 ～ 1.25 μm。当从一端加工、镗杆两端均有导向支承时，孔与孔之间的同轴度和平行度可达 0.02 ～ 0.03 mm；当分别由两端加工时，平行度可达 0.04 ～ 0.05 mm。

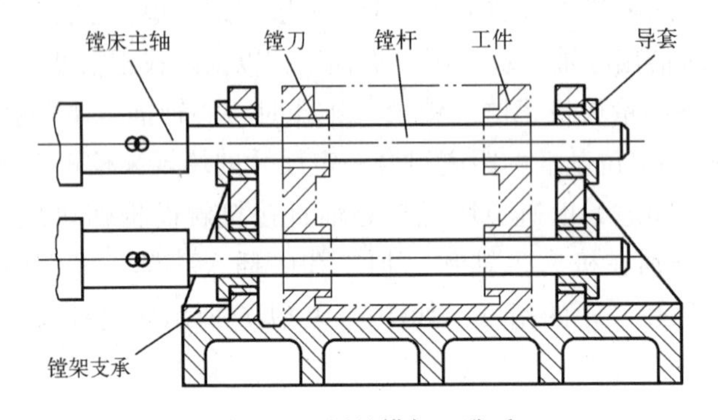

图 7-11　用镗模加工孔系

用镗模法加工孔系，既可在通用机床上加工，也可在专用机床上或组合机床上加工，图 7-12 为在组合机床上用镗模加工孔系的示意图。

③ 坐标法。坐标法镗孔是在普通卧式镗床、坐标镗床或数控镗铣床等设备上，借助于精密测量装置，调整机床主轴与工件间在水平和垂直方向的相对位置，来保证孔心距精度的一种镗孔方法。

采用坐标法加工孔系时，要特别注意选择基准孔和镗孔顺序，否则，坐标尺寸累积误差会影响孔距精度。基准孔应尽量选择本身尺寸精度高、表面结构的粗糙度参数值小的孔（一般为主轴孔），这样在加工过程中，便于校验其坐标尺寸。孔心距精度要求较高的两孔应连在一起加工；加工时，应尽量使工作台朝同一方向移动，因为工作台多次往复，其间隙会产生误差，影响坐标精度。

现在国内外许多机床厂，已经直接用坐标镗床或加工中心机床来加工一般机床箱体。这样就可以加快生产周期，适应机械行业多品种小批量生产的需要。

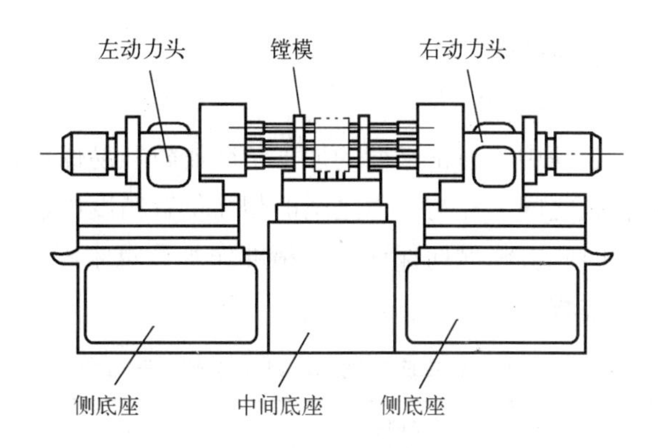

图7-12　在组合机床上用镗模加工孔系

（2）同轴孔系的加工。成批生产中，箱体上同轴孔的同轴度几乎都由镗模来保证。单件小批生产中，其同轴度用下面几种方法来保证。

① 利用已加工孔作支承导向。如图7-13所示，当箱体前壁上的孔加工好后，在孔内装一导向套，以支承和引导镗杆加工后壁上的孔，从而保证两孔的同轴度要求。这种方法只适于加工箱壁较近的孔。

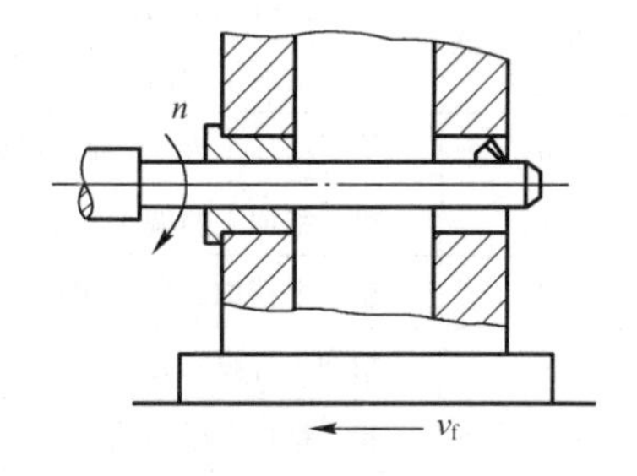

图7-13　利用已加工孔导向

② 利用镗床后立柱上的导向套支承导向。这种方法其镗杆系两端支承，刚性好。但此法调整麻烦，镗杆长，很笨重，所以只适于单件小批生产中大型箱体的加工。

③ 采用调头镗。当箱体箱壁相距较远时，可采用调头镗。工件在一次装夹下，镗好一端孔后，将镗床工作台回转180°，调整工作台位置，使已加工孔与镗床主轴同轴，然后再加工另一端孔。

当箱体上有一较长并与所镗孔轴线有平行度要求的平面时，镗孔前应先用装在镗杆上的百分表对此平面进行校正［见图7-14（a）］，使其和镗杆轴线平行，校正后加工孔 B，孔 B 加工后，回转工作台，并用镗杆上装的百分表沿此平面重新校正，这样就可保证工作台准确地回转180°，如图7-14（b）所示。然后再加工孔 A，从而保证孔 A、B 同轴。

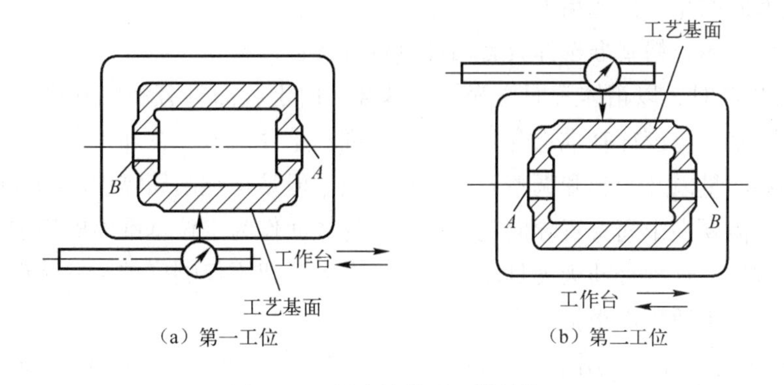

图7-14　调头镗孔时工件的校正

5. 箱体机械加工工艺过程分析

1）箱体零件机械加工工艺过程

在箱体类零件各加工表面中，通常平面的加工精度比较容易保证，而精度要求较高的支承孔的加工精度以及孔与孔之间、孔与平面之间的相互位置精度则较难保证。所以，在制订箱体类零件加工工艺过程时，应将如何保证孔的精度作为重点来考虑。表 7-10 所示为某车床主轴箱小批量生产工艺过程。

表 7-10　某车床主轴箱小批量生产工艺过程

序号	工序内容	定位基准
1	铸造	
2	时效	
3	油漆	
4	划线：考虑主轴孔有加工余量，并尽量均匀。划 C、A 及 E、D 面加工线	
5	粗、精加工顶面 A	按线找正
6	粗、精加工 B、C 面及侧面 D	B、C 面
7	粗、精加工两端面 E、F	B、C 面
8	粗、半精加工各纵向孔	B、C 面
9	精加工各纵向孔	B、C 面
10	粗、精加工横向孔	B、C 面
11	加工螺孔各次要孔	
12	清洗去毛刺	
13	检验	

2）箱体类零件机械加工工艺过程分析

（1）精基准的选择。精基准的选择对保证箱体类零件的技术要求十分重要。在选择精基准时，首先要遵循“基准统一”原则，即使具有相互位置精度要求的加工表面的大部分工序，尽可能用同一组基准定位。这样就可避免因基准转换带来的误差，有利于保证箱体类零件各主要表面间的相互位置精度。

对车床主轴箱体，精基准选择具有两种可行方案：

① 中小批生产时，以箱体底面作为统一基准。由于底面具有装配基面，这样就实现了定位基准、装配基准与设计基准重合，消除了基准不重合误差。在加工各支承孔时，由于箱口朝上，观察和测量以及安装和调整刀具也较方便。但是在镗削箱体中间壁上的孔时，为了增加镗杆刚度，需要在中间安置导向支承。以工件底面作为定位基准面的镗模，中间支承只能采用悬挂的方式。这种悬挂天夹具座体上的导向支承架不仅刚度差、安装误差大，而且装卸也不方便，所以不适用中小批生产。

② 大批大量生产时，采用箱体顶面及两定位销孔作为统一基准。由于加工时箱体口朝下，中间导向支承架可以紧固在夹具座体上，所以这样的夹具优点是没有悬挂所带来的问题，适合于大批生产。但由于箱体顶面不是装配基面，所以定位基面与装配基面（设计基

准）不重合，增加了定位误差。为了保证图样中规定的精度要求，需进行工艺尺寸换算。此外，由于箱体顶面开口朝下，不便于观察加工情况和及时发现毛坯缺陷，加工中也不便于测量孔径及调整刀具，因此需采用定径尺寸镗刀来获得孔的尺寸与精度。

（2）粗基准的选择。加工精基准时定位用的粗基准，应能保证重要加工表面（主轴支承孔）的加工余量均匀；应保证装入箱体中的轴、齿轮等零件与箱体内壁各表面间有足够的间隙；应保证加工后的外平面与不加工的内壁之间壁厚均匀以及定位、夹紧牢固可靠。

为此，通常选择主轴孔和与主轴孔相距较远的一个轴孔作为粗基准。如果铸造时各轴孔和内腔泥芯是整体的，且毛坯精度较高，则以上各项要求一般均可满足。

粗基准定位方式与生产类型有关。生产批量较大时采用专用夹具，生产率高。

（3）工艺过程的拟订。主要包括以下内容：

① 箱体的时效处理。为了消除铸造内应力，防止加工后的变形，使加工精度保持长期稳定，要进行时效处理。自然时效比人工时效了，目前仍用于精密机床铸件，一般都在毛坯铸造后立即时效。而粗加工之后，精加工之前应有一段存放时间，以消除加工内应力。对于精密机床的主轴箱体，应为粗加工后甚至半精加工之后再安排一次时效处理。

人工时效处理的工艺规范为加热到 530 ～ 560 ℃，保温 6 ～ 8 h，冷却速度≤300 ℃/h，出炉温度≤200 ℃。

② 箱体加工工艺的原则。拟订箱体类零件工艺过程时一般应遵循以下原则：

a.“先面后孔”的原则。先加工平面，后加工孔，是箱体零件加工的一般规律。这是因为作为精基面的平面在最初的工序中应该首先加工出来。而且，平面加工出来以后，由于切除了毛坯表面的凸凹不平和表面夹砂等缺陷，使平面上的支承孔的加工更方便，钻孔时可减少钻头的偏斜，扩孔和铰孔时可防止刀具崩刃。

有些精度要求较低的螺钉孔，可根据加工的方便及工序时间的平衡，安排其工序的次序。但对于保证箱体部件装配关系的螺钉孔、销孔以及与轴承孔相交的润滑油孔，则必须在轴孔精加工后钻铰。前者是因为要以轴孔为定位基准，而后者会影响轴孔精细镗时的加工质量。

b.“粗精分开，先粗后精”的原则。由于箱体结构复杂，主要表面的精度要求高，为减少或消除粗加工时产生的切削力、夹紧力和切削热对加工精度的影响，一般应尽可能把粗精加工分开，并分别在不同机床上进行。至于要求不高的平面，则可将粗精两次走刀安排在一个工序内完成，以缩短工艺过程，提高工效。

（4）主要表面加工方法的选择。箱体的主要加工表面为平面和轴承支孔。箱体平面的粗加工和半精加工，主要采用刨削和铣削，也可采用车削。铣削的生产率一般比刨削高，在成批和大量生产中，多采用铣削。当生产批量较大时，还可以采用各种专用的组合铣床对箱体各平面进行多刀、多面的同时铣削；对于尺寸较大的箱体；也可以在龙门铣床上进行组合铣削，以便有效地提高箱体平面加工的生产效率。箱体平面的精加工，在单件小批生产时，除一些高精度的箱体仍需手工刮研以外，一般多以精刨代刮；当生产批量大而精度要求又高时，多采用磨削。为了提高生产效率和平面间的相互位置精度，还可采用专用磨床进行组合磨削。

箱体上精度为IT7的轴承支承孔，一般采用钻—扩—粗铰—精铰或镗—半精镗—精镗的工艺方案进行加工。前者用于加工直径较小的孔，后者用于加工直径较大的孔。当孔的精度超过IT7、表面结构参数 Ra 值小于0.63 μm时，还应增加一道最后的精加工或精密加工工序，如精细镗、珩磨、滚压等。

习　题

1. 简述机械加工工艺过程的组成。
2. 制定机械加工工艺规程的步骤是什么？
3. 简述生产纲领与生产类型之间的关系。
4. 什么是工序、安装、工位、工步和走刀？
5. 轴类零件加工时精基准选择的原则是什么？
6. 套类零件结构有什么特点？
7. 箱体类零件结构有什么特点？
8. 简述拟订箱体类零件工艺过程时一般应遵循的原则。
9. 防止套筒类零件变形的工艺措施有哪些？
10. 轴类零件结构有什么特点？

第8章 特种加工

特种加工是指那些不属于传统加工工艺范畴的加工方法，它不同于使用刀具、磨具等直接利用机械能切除多余材料的传统加工方法。特种加工是近几十年发展起来的新工艺，是对传统加工工艺方法的重要补充与发展，目前仍在继续研究开发和改进。

8.1 概　　述

8.1.1 特种加工的产生和发展

特种加工是20世纪40年代发展起来的，由于材料科学、高新技术的发展和激烈的市场竞争、发展尖端国防及科学研究的急需，不仅新产品更新换代日益加快，而且产品要求具有很高的强度重量比和性能价格比，并正朝着高速度、高精度、高可靠性、耐腐蚀、高温高压、大功率、尺寸大小两极分化的方向发展。为此，各种新材料、新结构、形状复杂的精密机械零件大量涌现，对机械制造业提出了一系列迫切需要解决的新问题。例如，各种难切削材料的加工；各种结构形状复杂、尺寸或微小或特大、精密零件的加工；薄壁、弹性元件等刚度、特殊零件的加工等。对此，采用传统加工方法十分困难，甚至无法加工。于是，人们一方面通过研究高效加工的刀具和刀具材料、自动优化切削参数、提高刀具可靠性和在线刀具监控系统、开发新型冷却液、研制新型自动机床等途径，进一步改善切削状态，提高切削加工水平，并解决了一些问题。另一方面，则冲破传统加工方法的束缚，不断地探索、寻求新的加工方法，于是一种本质上区别于传统加工的特种加工便应运而生，并不断获得发展。后来，由于新颖制造技术的进一步发展，人们就从广义上来定义特种加工，将电、磁、声、光、化学等能量或其组合施加在工件的被加工部位上，从而实现材料被去除、变形、改变性能或被镀覆等的非传统加工方法统称为特种加工。

8.1.2 特种加工的分类

特种加工机床范围较广，有几十个门类，一般按照能量来源与作用形式以及加工原理可分为电火花成形加工（EDM）、电化学加工（ECM）、电解磨削加工（ECG）、化学铣削加工（CHM）、激光束加工（LBM）、超声加工（USM）、离子束加工（IBM）、电子束加工（EBM）、等离子弧加工（PAM）等，如表8-1所示。特种加工机床原属金属切削加工机床范畴，但由于特种加工机床与金属切削加工机床机理完全不同，机床功能部件的性能不同，以及它在国民经济中重要地位和作用等原因，2003年国家标准化管理委员会明确为与金切机床并行的独立的机床体系。与其他先进制造技术一样，特种加工正在研究、开发推广和应用之中，具有很好的发展潜力和应用前景。依据加工能量的来源及作用形式列举各种常用的特种加工方法。

表 8-1 常见特种加工方法分类

特种加工方法		能量来源及形式	作用原理	英文缩写
电火花加工	电火花成形	电能、热能	熔化、气化	EDM
	电火花线切割	电能、热能	熔化、气化	WEDM
电化学加工	电解	电化学能	金属离子阳极溶解	ECM（ELM）
	电解磨削	电化学、机械能	阳极溶解、磨削	EGM（ECG）
	电解研磨	电化学、机械能	阳极溶解、研磨	ECH
	电铸	电化学能	金属离子阴极沉积	EFM
	涂镀	电化学能	金属离子阴极沉积	EPM
激光束加工	激光切割、打孔	光能、热能	熔化、气化	LBM
	激光打标记	光能、热能	熔化、气化	LBM
	激光处理、表面改进	光能、热能	熔化、相变	LBT
电子束加工	切割、打孔、焊接	电能、热能	熔化、气化	EBM
离子束加工	蚀刻、镀覆、注入	电能、动能	原子撞击	IBM
等离子弧加工	切割（喷镀）	电能、热能	熔化、气化（涂镀）	PAM
超声加工	切割、打孔、雕刻	声能、机械能	磨料高频撞击	USM
化学加工	化学铣削	化学能	腐蚀	CHM
	化学抛光	化学能	腐蚀	CHP
	光刻	光能、化学能	光化学腐蚀	PCM
快速成形加工	液相固化法	光能、化学能	增材法加工	SL
	粉末烧结法			SLS
	纸片叠层法			LOM
	熔丝堆积法	光能、机械能、电能、热能		FDM

1. 电火花加工

电火花加工是通过工件和工具电极间的放电而有控制地去除工件材料，以及使材料变形、改变性能或被镀覆的特种加工。其中成形加工适用于各种孔、槽模具，还可刻字、表面强化、涂覆等；切割加工适用于各种冲模、粉末冶金模及工件，各种样板、磁钢及硅钢片的冲片，钼、钨、半导体或贵重金属。

2. 电化学加工

电化学加工是通过电化学反应去除工件材料或在其上镀覆金属材料等的特种加工。其中电解加工适用于深孔、型孔、型腔、型面、倒角去毛刺、抛光等。电铸加工适用于形状复杂、精度高的空心零件，如波导管；注塑用的模具、薄壁零件；复制精密的表面轮廓；反光镜、表盘等零件。涂覆加工可针对表面磨损、划伤、锈蚀的零件进行涂覆以恢复尺寸；对尺寸超差产品进行涂覆补救。对大型、复杂、小批工件表面的局部镀防腐层、耐腐层，以改善表面性能。

3. 高能束加工

高能束加工是利用能量密度很高的激光束、电子束或离子束等去除工件材料的特种加工方法的总称。其中激光束加工主要应用有打孔、切割、焊接、金属表面的激光强化、微调和存储等。电子束加工有热型和非热型两种，热型加工是利用电子束将材料的局部加热至熔化或气化点进行加工的，适合打孔、切割槽缝、焊接及其他深结构的微细加工；非热型加工是利用电子束的化学效应进行刻蚀、大面积薄层等微细加工等。离子束加工主要应用于微细加工、溅射加工和注入加工。等离子弧加工适用于各种金属材料的切割、焊接、热处理，还可制造高纯度氧化铝、氧化硅和工件表面强化，还可进行等离子弧堆焊及喷涂。

4. 超声加工

超声加工是利用超声振动的工具在有磨料的液体介质中或干磨料中，产生磨料的冲击、抛光、液压冲击及由此产生的气蚀作用来去除材料，以及超声振动使工件相互结合的加工方法。其适用于成形加工、切割加工、焊接加工和超声清洗。

5. 液体喷射加工

液体喷射加工是利用水或水中加添加剂的液体，经水泵及增压器产生高速液体束流，喷射到工件表面，从而达到去除材料的目的。可加工薄、软的金属及非金属材料，去除腔体零件内部毛刺、使金属表面产生塑性变形。磨料喷射加工适用于去毛刺加工、表面清理、切割加工、雕刻、落料及打孔等。

6. 化学加工

化学加工是利用化学溶液与金属产生化学反应，使金属腐蚀溶解，改变工件形状、尺寸的加工方法。用于去除材料表层，以减轻材料重量；有选择地加工较浅或较深的空腔及凹槽；对板材、片材、成形零件及挤压成形零件进行锥孔加工。复合加工是指同时在加工部位上组合两种或两种以上的不同类型能量去除工件材料的特种加工。

7. 快速成形加工技术

快速成形加工技术（简称 RP 技术）是在现代 CAD/CAM 技术、激光技术、计算机数控技术、精密伺服驱动技术以及新材料技术的基础上集成发展起来的。不同种类的快速成型系统因所用成形材料不同，成形原理和系统特点也各有不同。但是，其基本原理都是一样的，那就是“分层制造，逐层叠加”，类似于数学上的积分过程。形象地讲，快速成形系统就像是一台“立体打印机”。

8.1.3　特种加工对材料可加工性和结构工艺性的影响

由于上述各种特种加工工艺的特点以及逐渐广泛的应用，引起了机械制造工艺技术领域内的许多变革，例如：

（1）提高了材料的可加工性。以往认为金刚石、硬质合金等很难加工，现在可以用电火花、电解、激光等多种方法加工它们。

（2）改变了零件的典型工艺路线。特种加工不受工件硬度的影响，而且为了免除加工后再淬火热处理引起变形，一般先淬火，后加工。

（3）特种加工改变了试制新产品的模式。特种加工可以直接加工出各种标准和非标准直齿轮，微型电动机定子、转子硅钢片，各种变压器铁芯，各种特殊、复杂的二次曲面体零件。可以省去设计和制造相应的刀、夹、量具、模具及二次工具，大大缩短了试制周期。

（4）特种加工对产品零件的结构设计带来很大的影响。

（5）对传统的结构工艺性的好与坏，需要重新衡量。

（6）特种加工已经成为微细加工和纳米加工的主要手段。

8.1.4 特种加工存在的问题

虽然特种加工已解决了传统切削加工难以加工的许多问题，在提高产品质量、生产效率和经济效益上显示出很大的优越性，但目前它还存在不少犹待解决的问题。

（1）不少特种加工的机理（如超声、激光等加工）还不十分清楚，其工艺参数的选择和加工过程有待进一步提高。

（2）有些特种加工（如电化学加工）加工过程中的废渣、废气如果排放不当，会产生环境污染，影响工人健康。

（3）有些特种加工（如快速成形、等离子弧加工等）的加工精度及生产效率有待提高。

（4）有些特种加工（如激光加工）所需设备投资大、使用维修费高，也有待进一步解决。

8.2 电火花加工

电火花加工在20世纪40年代开始研究并逐步应用于生产，它是在加工过程中，使工具和工件之间不断产生脉冲性的火花放电，靠放电时局部、瞬时产生的高温把工件材料蚀除下来。因放电过程中可见到火花，所以称之为电火花加工。

8.2.1 电火花加工原理

电火花加工原理：电火花加工是通过工件和工具电极相互靠近时极间形成脉冲性火花放电，在电火花通道中产生瞬时高温，使金属局部熔化，甚至气化，从而将金属腐蚀下来，达到按要求改变材料的形状和尺寸的加工工艺。这一过程大致分为以下几个阶段：

（1）极间介质的电离、击穿，形成放电通道，如图8-1（a）所示。

（2）电极材料的熔化、气化热膨胀，如图8-1（b）、（c）所示。

（3）电极材料的抛出，如图8-1（d）所示。

（4）极间介质的消电离，如图8-1（e）所示。

这样以相当高的频率连续不断地放电，工件不断地被蚀除，工件加工表面将由无数个相互重叠的小凹坑组成，如图8-2所示。所以电火花加工是大量的微小放电痕迹逐渐累积而成的去除金属的加工方式。

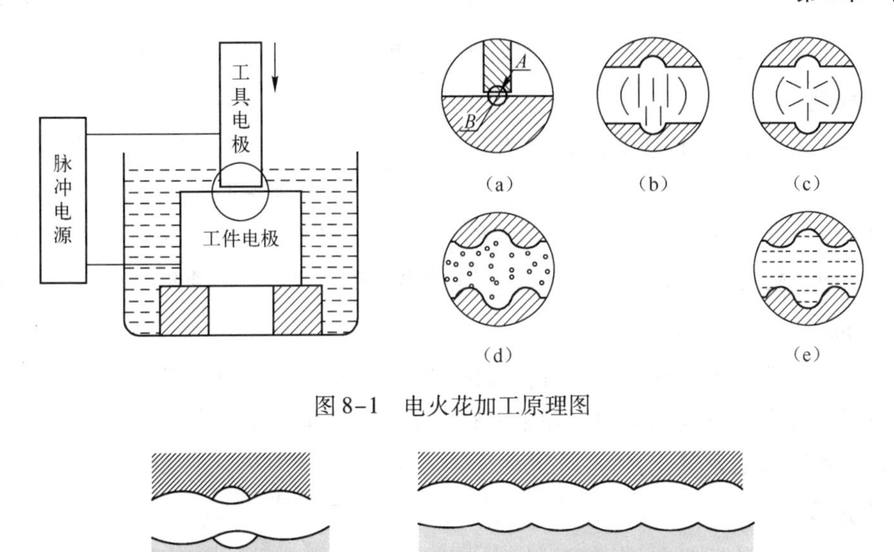

图 8-1　电火花加工原理图

(a) 单脉冲放电凹坑　　(b) 多脉冲放电凹坑

图 8-2　电火花加工平面的形成

8.2.2　电火花加工设备

电火花加工设备基本组成通常由工件、脉冲电源、调节系统、工具、工作液、过滤器和工作液泵等组成，如图 8-3 所示。工件 1、4 分别与脉冲电源 2 的两输出端相连接。自动进给调节装置 3 使工具和工件间经常保持一很小的放电间隙，当脉外电压加到两极之间，便在当时条件下相对某一间隙最小处或绝缘强度最低处击穿介质，在该局部产生火花放电，瞬时高温使工具和工件表面部蚀除掉一小部分金属，各自形成一个小凹坑，脉外放电结束后，经过一段间隔时间（即脉冲间隔 t_0），使工作液恢复绝缘后，第二个脉冲电压又加到两极上，又会在当时极间距离相对最近或绝缘强度最低处击穿放电，又电蚀出一个小凹坑。这样随着相当有的频率，连续不断地重复放电，工具电极不断地向工件进给，就可将工具的形状复制在工件上，加工出所需要的零件，整个加工表面将由无数个小凹坑所组成。

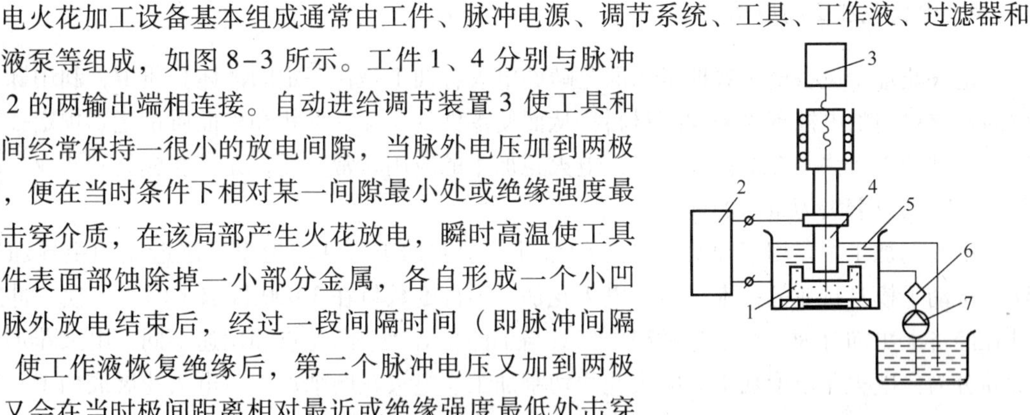

图 8-3　电火花加工设备

1—工件；2—脉冲电源；3—自动进给调节装置；4—工具电极；5—工作液；6—过滤器；7—工作泵

8.2.3　电火花加工特点

电火花加工方法其材料去除速度能与一般的切削方法相比。这种加工方法除了应用精度控制进给机构之外，以合适的工具代替切削工具，切削能量有脉冲电源供给。这种方法的广泛应用，主要有以下特点：

1. 工件特点

可复制性，能加工复杂的工件，如手机模具、雪地轮胎模具等。对加工薄壁工件、深窄槽加工、微细加工有独特的优势，但是对常规机床能加工的工件，用电火花加工无优势。

2. 加工精度

无切削力，电火花加工是电能转换为热能的加工，加工电极与工件之间需保持0.02～0.3 mm的距离，因此不受切削力的影响，在加工薄壁、微细型腔工件时能达到微米级的精度和很高的表面质量，最高表面质量能达到 $Ra=0.1\ \mu m$ 的镜面。但是因存在放电间隙，虽然能达到较高的加工精度，但加工难度较大，需多次调整电极尺寸和电参数，成本大大增加。

3. 加工材料

以柔克刚，适合加工各种导电材料，无论硬度多高，都能加工。近几年对一些微导电、高硬度的材料加工有了发展和应用，如金刚石加工、陶瓷加工等。但是对非导电材料无法加工，如塑料、橡胶及尼龙等。

4. 加工速度

加工复杂、高硬度的工件，比高速铣削加工效率高、成本低。加工小孔（ϕ0.3～3 mm）比其他钻削加工的效率高、成本低。但是电火花加工之前，需用铣削粗加工去除大部分材料，特别是在精加工时，为了达到好的表面质量，必须减小加工电流、脉宽等参数，致使加工效率大大降低。

8.2.4 电火花加工的应用

电火花加工设备属于数控机床的范畴，电火花加工是在一定的液体介质中，利用脉冲放电对导体材料的电蚀现象来蚀除材料，从而使零件的尺寸、形状和表面质量达到预定技术要求的一种加工方法。在机械加工中，电火花加工的应用非常广泛，尤其在模具制造业、航空航天等领域有着极为重要的地位。

电火花加工主要用于模具生产中的型孔、型腔加工，已成为模具制造业的主导加工方法，推动了模具行业的技术进步。电火花加工零件的数量在3 000件以下时，比模具冲压零件在经济上更加合理。按工艺过程中工具与工件相对运动的特点和用途不同，电火花加工可大体分为：电火花成形加工、电火花线切割加工、电火花磨削加工、电火花展成加工、非金属电火花加工和电火花表面强化等。

1. 电火花成形加工

电火花成形加工是通过工具电极相对于工件作进给运动，将工件电极的形状和尺寸复制在工件上，从而加工出所需要的零件。它包括电火花型腔加工和穿孔加工两种。电火花型腔加工主要用于加工各类热锻模、压铸模、挤压模、塑料模和胶木膜的型腔。电火花穿孔加工主要用于型孔（圆孔、方孔、多边形孔、异形孔）、曲线孔（弯孔、螺旋孔）、小孔和微孔的加工。近年来，为了解决小孔加工中电极截面小、易变形、孔的深径比大、排屑困难等问题，在电火花穿孔加工中发展了高速小孔加工，取得良好的社会经济效益。

2. 电火花线切割加工

电火花线切割加工是利用移动的细金属丝作工具电极，按预定的轨迹进行脉冲放电切割。按金属丝电极移动的速度大小分为高速走丝和低速走丝线切割。我国普通采用高速走丝线切割，近年来正在发展低速走丝线切割，高速走丝时，金属丝电极是直径为 ϕ 0.02 ～ ϕ0.3 mm 的高强度钼丝，往复运动速度为 8 ～ 10 m/s。低速走丝时，多采用铜丝，线电极以小于 0.2 m/s 的速度作单方向低速运动。线切割时，电极丝不断移动，其损耗很小，因而加工精度较高。其平均加工精度可达 0.01 mm，大大高于电火花成形加工。表面结构参数 *Ra* 值可达 1.6 μm 或更小。国内外绝大多数数控电火花线切割机床都采用了不同水平的微机数控系统，基本上实现了电火花线切割数控化。目前电火花线切割广泛用于加工各种冲裁模（冲孔和落料用）、样板以及各种形状复杂型孔、型面和窄缝等。

8.2.5　电火花线切割加工

1. 电火花线切割加工的原理

电火花线切割加工也是利用电极和工件之间的脉冲放电的电腐蚀作用，对工件进行加工的一种工艺方法。其加工原理与电火花成形加工相同，但加工中利用的电极是移动的金属丝（钼丝或铜丝），工件接在脉冲电源的正极，电极丝接负极。其加工原理示意图如图 8-4 所示。

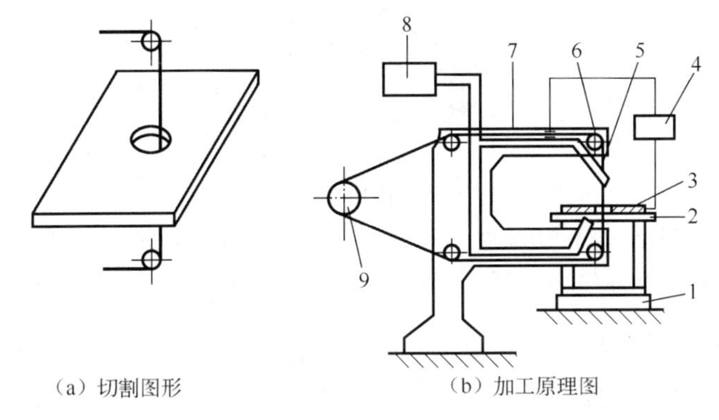

（a）切割图形　　（b）加工原理图

图 8-4　电火花线切割加工的原理图

1—床身；2—底板；3—工件；4—脉冲电源；5—钢丝；6—导向轮；7—支架；8—微机控制箱；9—滚丝筒

根据电极丝的运行速度，电火花线切割机床通常分为两大类：一类是高速走丝（或称快走丝）电火花线切割机床（WEDM - HS），这类机床的电极丝作高速往复运动，一般走丝速度为 8 ～ 10 m/s，这是我国生产和使用的主要机种，也是我国独创的电火花线切割加工模式，其结构图如 8-5 所示。

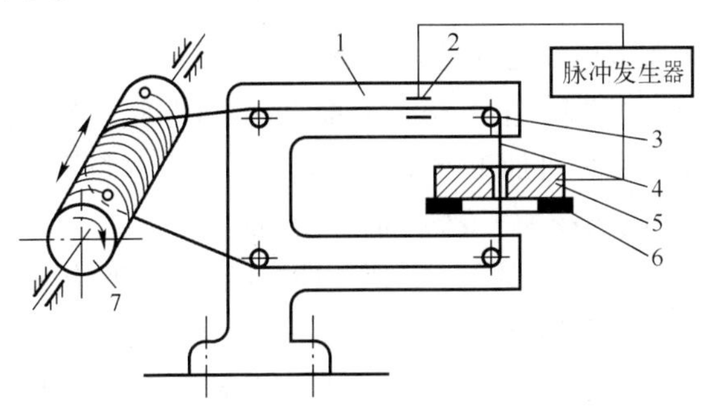

图 8-5　快速走丝机构

1—丝架；2—导电器；3—导轮；4—电极丝；5—工件；6—工作台；7—储丝筒

另一类是低速走丝（或称慢走丝）电火花线切割机床（WEDM - LS），这类机床的电极丝作低速单向运动，一般走丝速度低于0.2 m/s，这是国外生产和使用的制药机种，其结构图如图 8-6 所示。

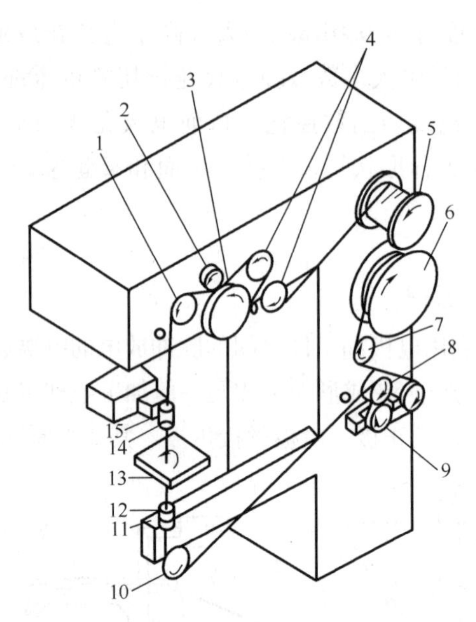

图 8-6　慢速走丝机构

1、4、10—滑轮；2、9—压紧轮；3—制动轮；5—供丝卷筒；6—卷丝筒；7—导向轮；8—卷丝滚轮；11、15—导电器；12、13—金铜石导向器；14—工件

电火花线切割机床按照控制方式过去曾有靠模仿型控制和光电跟踪控制，但现在都采用数字程序控制；按加工尺寸范围可分为大、中、小型，还可以分为普通型与专用型等。目前国内外的线切割机床采用不同水平的微机数控系统，从单片机、单板机到微型计算机系统，一般都还有自动编程功能。

2. 电火花线切割加工的特点

电火花线切割加工过程的工艺和机理，与电火花穿孔成形加工既有共性，又有特性。

1）电火花线切割加工与电火花成形加工的共性表现

（1）线切割加工的电压、电流波形与电火花加工的基本相似。单个脉冲也有多种放电形式，如开路、正常电火花放电、短路等。

（2）线切割加工的加工机理、生产率、表面结构状况等工艺规律，材料的可加工性等也都与电火花加工的基本相似，可加工硬质合金等一切导电材料。

2）线切割加工相比于电火花加工的不同特点表现

（1）由于电极工具是直径较小的细丝，所以脉冲宽度、平均电流等不能太大，加工工艺参数的范围较小，属中、精正极性电火花加工，工件常接脉冲电源正极。

（2）采用水或水基作工作液，不会引燃起火，容易实现安全无人运转，但由于工作液的电阻率远比煤油小，因而在开路状态下，仍有明显的电解电流。电解效应稍有宜于改善加工表面结构状况。

（3）一般没有稳定电弧放电状态。因为电极丝与工件始终有相对运动，尤其是快速走丝电火花前切割加工，因此，线切割加工的间隙状态可以认为是由正常火花放电、开路和短路这三种状态组成，但往往在单个脉冲内有多种放电状态，有“微开路”、“微短路”现象。

（4）电极与工件之间存在着“疏松接触”式轻压放电现象。近年来的研究结果表明，当柔性电极丝与工件接近到通常认为的放电间隙（例如8～10 μm）时，并不发生正常的火花放电。甚至当电极丝已接触到工件，从显微镜中看不到间隙时，也常常看不到火花放电，只有当工件将电极丝顶弯，并偏移一定距离（几微米到几十微米）时，才发生正常的火花放电。即每次进给1 μm，放电间隙并不减小1 μm，而是钼丝增加一点张力，向工件增加一点侧向压力，只有电极丝和工件之间保持一定的轻微接触压力，才形成火花放电。

（5）由于电极丝比较细，可以加工细微异形孔、窄缝和复杂形状的工作。由于切缝很窄，且只对工件材料进行“套料”加工，实际金属去除量很少，材料的利用率很高，这对加工节约贵重金属有重要意义。

（6）由于采用移动的长电极丝进行加工，使单位长度电极丝的损耗较少，从而对加工精度的影响较小，特别在电极丝走丝线切割加工时，电极丝一次性使用，电极丝损耗对加工精度的影响更小。

3. 线切割加工的应用范围

1）加工电火花形成加工用的电极

一般穿孔加工用的电极以及带锥度型腔加工用的电极，以及铜钨、银钨合金之类的电极材料，用线切割加工特别经济，同时也适用于加工微细复杂形状的电极。

2）加工零件

在试制新产品时，用线切割在坯料上直接割出零件，例如试制切割特殊微电机硅钢片定转子铁芯，由于不需要另行制造模具，可大大缩短制造周期、降低成本。另外修改设计、变更加工程序比较方便，加工薄件时还可以多个一起加工。在零件制造方面，可用于加工品种多，数量少的零件，特殊难加工材料的零件，材料试验样件，各种孔、型面、特殊齿轮、凸轮、样板、成形刀具。有些具体的锥度切割的线切割机床，可以加工出上下异形面的零件。同时还可以进行细微加工，异形槽和标准缺陷的加工等。

3）加工模具

试用于各种形状的冲模。调整不同的间隙补偿量，只需要一次编程就可以切割凸模、凸模固定板、凹模及卸料板等。模具配合间隙、加工精度通常都能达到0.01～0.02 mm（快走丝机）和0.002～0.005 mm（慢走丝机）的要求。此外，还可以加工挤压模、粉末冶金模、弯曲模、压塑模等，也可以加工带锥度的模具。

8.3 电解加工

电解加工（ECM）是继电火花加工之后发展较快、应用较广泛的一项新工艺。目前在国内外已成功地应用于武器、航空发动机、火箭等制造工业，在汽车、拖拉机、采矿机械的模具制造中也得到了应用。所以电解加工在机械制造行业中，成为一种不可缺少的加工方法。

8.3.1 电解加工原理

电解加工（electrochemical machining，ECM）是利用金属在电解液中发生阳极溶解反应而去除工件上多余的材料、将零件加工成形的一种方法。电解加工是在电解抛光的基础上发展起来的，图 8-7 所示为电解加工过程的示意图。加工时，工件接电源正极（阳极），按一定形状要求制成的工具接负极（阴极），工具电极向工件缓慢进给，并使两极之间保持较小的间隙（通常为 0.02 ～0.7 mm），利用电解液泵在间隙中间通以高速（5 ～50 m/s）流动的电解液。

在工件与工具之间施加一定电压，阳极工件的金属被逐渐电解蚀除，电解产物被电解液带走，直至工件表面形成与工具表面基本相似的形状为止。

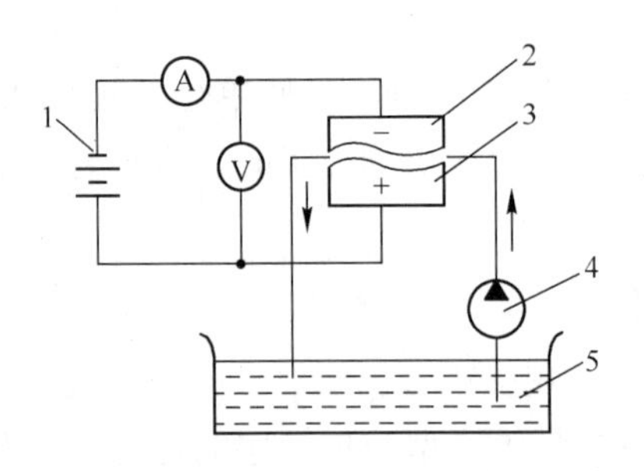

图 8-7 电解加工过程的示意图

1—直流电源；2—工具阴极；3—工件阳极；4—电解液泵；5—电解液

8.3.2 电解加工特点

电解加工与其他加工方法相比较，具有以下特点：

1. 加工范围广

不受金属材料本身硬度和强度的限制，可以加工硬质合金、淬火钢、不锈钢耐热合金等高硬度、高强度及韧性金属材料，并可加工叶片、锻模等各种复杂型面。

2. 生产率较高

电解加工的生产率较高，约为电火花加工的 5 ～10 倍，在某些情况下比切削加工的生产率还高，且加工生产率不直接受加工精度和表面粗糙度的限制。

3. 表面质量好

加工表面质量高，可以达到较好的表面结构（Ra =1.25 ～0.2 μm）和 ±0.1 mm 左右的平均加工精度。同时加工过程中不存在机械切削力，所以不会产生因切削力所引起的残余应力和变形，没有飞边和毛刺。

4. 无电极损耗

加工过程中阴极工具在理论上不会耗损，可长期使用。电解加工的主要缺点和局限性：加工稳定性不好控制、不适合单件小批量生产、设备投资大、易产生环境污染。电解加工不易达到较高的加工精度和加工稳定性，一方面是由于阴极的设计、制造和修正都比较困难，阴极本身的精度也难保证；另一方面是影响电解加工间隙稳定性的参数很多，控制比较困难。电解加工的附属设备比较多，占地面积比较大，机床需要有足够的刚性和防腐蚀能力，造价较高，因此单件小批生产时的成本较高。电解产物需要进行妥善处理，否则将污染环境。

8.3.3　电解加工的应用

我国自1958年在膛线加工方面成功地采用了电解加工工艺并正式投产以来，电解加工工艺的应用有了很大的发展，逐渐在各种膛线、花键、深孔、叶片、异形零件及模具等方面得到了很广泛的应用。

1. 型腔加工

对模具消耗较大、精度要求不太高的矿山机械、农机、拖拉机等所需的锻模已逐渐采用电解加工。

2. 型面加工

涡轮发动机、增压器、汽轮机等的叶片和叶身型面形状比较复杂、要求精度高，加工批量大，采用机械加工时难度大，生产率低，加工周期长，而采用电解加工则不受叶片材料硬度和韧性的限制，在一次行程中就可以加工出复杂的叶身型面，生产率高，表面结构的粗糙度参数值小。电解加工整体叶轮在我国已得到普遍的应用。

3. 电解倒棱去毛刺

机械加工中去毛刺的工作量很大，尤其是去除硬而韧的金属毛刺，需要很多的人力，电解倒棱去毛刺可以大大提高加工效率。

4. 深孔扩孔加工

深径比大于5的深孔，用传统切削加工方法加工，刀具磨损严重，表面质量差，加工效率低。目前采用电解加工方法加工 $\phi 4 \times 2\ 000$ mm、$\phi 100 \times 8\ 000$ mm 的深孔，加工精度高，表面粗糙度低，生产率高。

电解加工深孔，按工具阴极的运动方式可分为固定式和移动式两种。

5. 深小孔加工

加工深小孔有两种方法，即普通电解加工和电液束加工。无论用哪种方法加工深小孔，其主要有排渣不易，放电不稳，容易积碳，电极极易消耗等缺点。在实际加工中可以通过提高抬刀高度与时间，以减少加工时间，提高放电休止，减小电流等措施来减小加工弊端。

6. 异型孔和异型面加工

对一些形状复杂、尺寸较小的四方、六方、椭圆、半圆等形状的通孔和不通孔机械加工很困难。图 8-8 所示的异型孔，可以考虑可采用电解加工。

图 8-8　异型孔

同时，在加工航空发动机叶片、透平机叶片及其他异型面时，由于形状复杂、扭角大、材质特殊（如耐热合金、钛合金），采用一般机械加工时，工序多，工具磨损大、效率低；采用电解加工则可一次成形，效率大大提高。叶片电解加工可采用单面加工和双面加工两种方式，其阴极大多用标准叶片反拷制作，为提高加工精度，还可采用混气加工。

7. 套料加工

套料加工在实际生产中应用领域较广，用套料加工方法可以加工等截面的大面积异形孔或用于等截面薄形零件的下料，图 8-9 所示为电解加工套料阴极工具。例如在加工整体叶轮时，采用电解套加工可获得高加工精度、表面质量和生产率。同时电解套料加工技术还可以用于花键轴、齿轮、棘轮以及其他二维异型孔零件的制造。

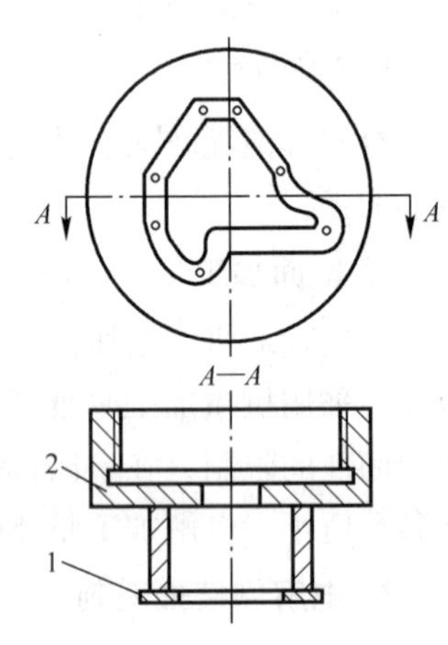

图 8-9　套料阴极工具
1—阴极片；2—阴极体

8.3.4　电解磨削

电解磨削是电解作用与机械磨削相结合的一种特种加工，又称电化学磨削，英文简称 ECG。电解磨削是 20 世纪 50 年代初由美国人研究发明的。磨削时，两者之间保持一定的磨削压力，凸出于磨轮表面的非导电性磨料使工件表面与磨轮导电基体之间形成一定的电解间隙（约 0.02 ～ 0.05 mm），同时向间隙中供给电解液。

1. 电解磨削的基本原理

电解磨削属于电化学加工范畴。电解磨削是由电解作用（占 95% ～ 98%）和机械磨削作用（占 2% ～ 5%）相结合而进行加工的，比电解加工的加工精度高，表面结构的粗糙度参数值小，比机械磨削的生产效率高。其装置如图 8-10 所示。

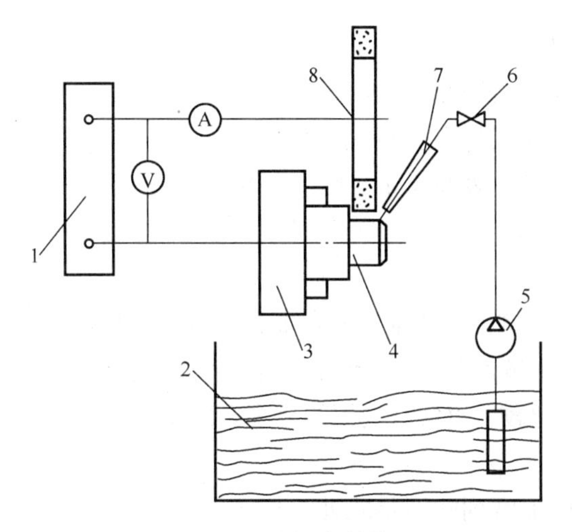

图 8-10　电解磨削装置

1—直流电源；2—电解液；3—夹具（阳极）；4—硬质合金工件；5—电解液泵；
6—电解液调节阀；7—电解液喷嘴；8—金刚石磨轮（阴极）

图 8-11 所示为电解磨削原理图。导电砂轮 1 与直流电源的负极相连，被加工工件 2（硬质合金车刀）接正极，它在一定压力下与导电砂轮 1 相接触。加工区域中送入电解液 3 中，在电解与机械磨削的双重作用下，车刀的后刀面很快就被磨光。

图 8-12 所示为电解磨削加工过程原理图，电流从工件 3 通过电解液 5 而流向磨轮，形成通路，于是工件（阳极）表面的金属在电流与电解液的作用下发生电解作用（电化学腐蚀），被氧化为一层极薄的氯化物或阳极薄膜 4，一般称它为阳极薄膜。但刚形成的阳极薄膜迅速被导电砂轮中的磨料刮除，在阳极工件上又露出新的金属表面并被继续电解。在电解作用和刮除薄膜的切削作用交替进行，使工件连续的被加工，直至一定的尺寸精度和表面结构。

电解磨削过程中，金属主要是靠电化学作用腐蚀下来，砂轮起磨去电解产物阳极钝化膜和平整工件表面的作用。

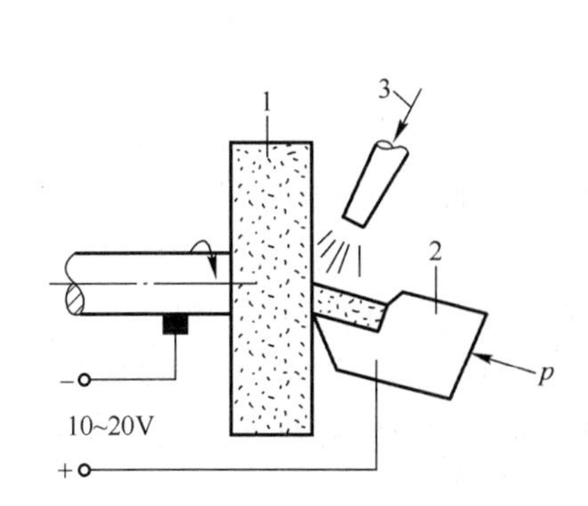

图 8-11　电解磨削原理图

1—导电砂轮；2—工件；3—电解液

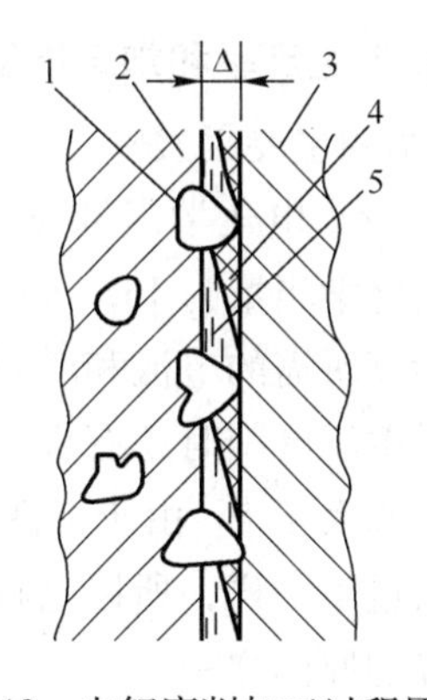

图 8-12　电解磨削加工过程原理图

1—磨粒；2—结合剂；3—工件；4—阳极薄膜；5—电解间隙和电解液

2. 电解磨削的特点

电解磨削与机械磨削比较，具有以下特点：

（1）加工范围广，加工精度高。由于它主要是电解作用，因此只要选择合适的电解液就可以用来加工任何高硬度与高韧性的金属材料，例如磨削硬质合金时，与普通的金刚石砂轮磨削相比较，电解磨削的加工效率要高3～5倍。

（2）可以提高加工精度及表面质量。因为砂轮并不是主要磨削金属，磨削力和磨削热都比较小，不会产生磨削毛刺、裂纹、烧伤现象，一般表面结构的粗糙度参数 *Ra* 值可达0.16 μm。

（3）砂轮的磨损量小。例如，磨削硬质合金、普通刀刃时，碳化硅砂轮的磨损量为切除硬质合金质量的4～6倍；电解磨削时，砂轮的磨损量不超过硬质合金切除量的50%～100%，与普通金刚石砂轮磨削相比较，电解磨削用的金刚石砂轮的损耗速度仅为它们的1/5～1/10，可显著降低成本。

与机械磨削相比，电解磨削的不足之处：加工刀具等的刃口不易磨得非常锋利；机床、夹具等需要采取防腐防锈措施；还需要增加吸气、排气装置以及需要直流电源、电解液过滤、循环装置等附属设备。

电解磨削时，电化学阳极溶解的机理和电解加工相似，不同之处是电解加工时，阳极表面形成的钝化膜是靠活性离子（如氯离子）进行活化，或靠很高的电流密度去破坏（活化）而使阳极表面金属不断溶解去除的，加工电流很大，溶解速度很快，电解产物的排除靠高流速的电解液的冲刷作用；电解磨削时，阳极表面形成的钝化膜是靠砂轮的磨削作用，即机械的刮削来去除和活化的。因此，电解加工时，必须采用压力较高、流量较大的泵，例如涡旋泵、多级离心泵等，而电解磨削一般可采用冷却润滑液用的小型离心泵。从这意义上来说，为区别电解磨削，有时把电解加工称为“电解液加工”。另外，电解磨削是靠砂轮磨料来刮除具有一定硬度和黏度的阳极钝化膜，其形状和尺寸精度主要是由砂轮相对工件的成形运动来控制的，因此，电解液中可能含有活化能力很强的活性离子，如氯离子等，而采用腐蚀能力较弱的钝化性电解液，如以硝酸钠、亚硝酸钠等为主的电解液，以提高电解磨削成形精度和有利于机床的防锈防蚀。

3. 影响电解磨削生产率和加工质量的因素

1）影响生产率的主要因素

（1）电化学当量。电化学当量为按照法拉第定律，单位电量理论上所能电解蚀除的金属量，例如铁的电化学当量为133 $mm^3/A \cdot h$。电解磨削与电解加工时一样，可以依据需要去除的金属量来计算所需的电流和时间。不过由于电解时阳极上还可能有气体被电解析出，多损耗电能，或者由于磨削时还有机械磨削作用在内，节省了电解蚀除金属用的电能，所以电流效率可能小于或大于1。由于工件材料实际上是由多种金属元素组成的，各金属成分以及杂质的电化学当量不一样，所以电解蚀除速度就有差别（尤其在金属晶格边缘），它是造成表面粗糙度不好的原因之一。

（2）电流密度。提高电流密度能加速阳极溶解。提高电流密度的途径有以下四种：

① 提高工作电压。

② 缩小电极间隙。

③ 减小电解液的电阻率。

④ 提高电解液温度。

(3) 磨轮（阴极）与工件间的导电面积。当电流密度一定时，通过的电量与导电面积成正比。阴极与工件的接触面积越大，通过的电量越多，单位时间内金属的去除率越大。因此，应尽可能增加两极之间的导电面积，以达到提高生产率的目的。当磨削外圆时，工件与砂轮之间的接触面积较小，为此，可采用“中极法”来增加导电面积。图 8-13 所示极为中极法电解磨削的原理图。由图可见，在普通砂轮之外再附加中间电极作为阴极，工件接正极，砂轮不导电，电解作用在中间电极和工件之间进行，砂轮只起到刮除钝化膜的作用，从而大大增加了导电面积，提高生产率。如果利用多孔的中间电极向工件表面喷射电解液，则生产率可更高。采用中极法的缺点是在外圆磨削时，加工不同直径的外圆需要更换电极。

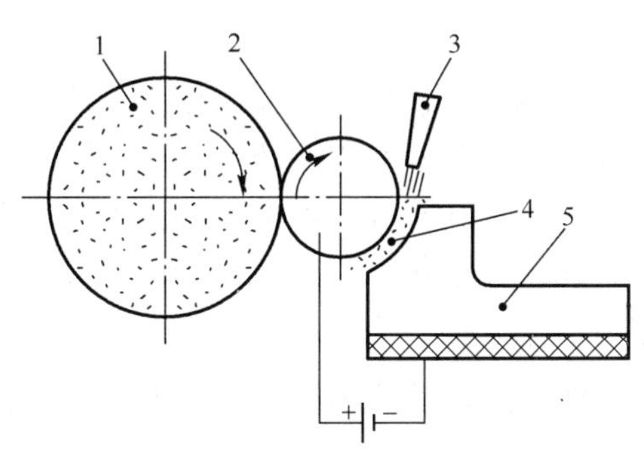

图 8-13　中极法电解磨削

1—普通砂轮；2—工件；3—电解液喷嘴；4—钝化膜；5—中间电极

(4) 磨削压力。磨削压力越大，工件台走刀速度越快，阳极金属被活化的程度越高，生产率也随之提高。但过高的压力容易使磨料磨损和脱落，减小了加工间隙，影响电解液的流入，引起火花放电或发生短路现象，将使生产率下降。通常的磨削压采用 0.1 ～ 0.3 MPa。

2）影响加工精度的因素

(1) 电解液。电解液的成分直接影响到阳极表面钝化膜的性质。如果所生成的钝化膜结构疏松，对工件表面的保护能力差，加工精度就低。要获得高精度的零件，在加工过程中，工件表面应生成一层结构致密、均匀、保护性能良好的低价氧化物。钝化性电解液形成的阳极钝化膜不易受到破坏。硼酸盐、磷酸盐等弱电解质的含氧酸盐的水溶液都是较好的钝化性电解液。

加工硬质合金时，要适当控制电解液的 pH 值，因为硬质合金的氧化物易溶于碱性溶液中。要得到较厚的阳极钝化膜。不应采用高 pH 值的电解液，一般 pH =7 ～ 9 为宜。

(2) 阴极导电面积和磨粒轨迹。电极磨削平面时，常常采用碗状砂轮以增加阴极面积，但工件往复移动时，阴、阳极上各点的相对运动速度和轨迹的重复程度并不相等，砂轮边缘线速度高，进给方向两侧轨迹的重复程度较大，磨削量较多，磨出的工件往往成中凸的“鱼背”形状。

工件在往复运动磨削过程中，由于两极之间的接触面积逐渐减小或逐渐增加，引起电流密度相应的变化，造成表面电解不均匀，也会影响加工成形精度。此外，杂散腐蚀尖端放电常引起棱边塌角或侧表面局部变毛糙。

(3) 被加工材料的性质。对于成分复杂的材料，由于不同金属元素的电极电位不同，阳极溶解速度也不同，特别是电解磨削硬质合金和钢料的组合件时，问题更为严重。因此，要研究适合多种金属同时均匀溶解的电解液配方，这是解决多金属材料电解磨削的主要途径。

(4) 机械因素。电解磨削过程中，阳极表面的活化主要是机械磨削作用，因此机床的成形运动精度、夹具精度、磨轮精度对加工精度的影响是不可忽略的。其中电解磨轮占有重要地位，它不但直接影响加工精度，而且影响加工间歇的稳定。电解磨削时的加工间隙是由电解磨轮保证的，为此，除了精确修整砂轮外，砂轮的磨料应该选择较硬的、耐磨损的材料。采用中极法磨削时，应保持阴极的形状正确。

3) 影响表面粗糙度的因素

(1) 电参数。工作电压是影响表面结构的主要因素。工作电压低，工件表面溶解速度慢，钝化膜不易被穿透，因而溶解作用只在表面凸处进行，有利于提高精度。精加工时应选用较低的工作电压，但不能低于合金中最高分解电压。例如，加工 WC－Co 系列硬质合金时工作电压低于 3 V（因 TiC 的分解电压为 3 V）。工作电压过低，会使电解作用减弱，生产率降低，表面质量变坏；工作电压过高时，表面不易整平，甚至引起火花放电或电弧放电，使表面结构状况恶化。电解磨削较合适的工作电压一般为 5 ～ 12 V。此外还应与砂轮磨削深度相配合。

电流密度过高，电解作用过强，表面结构状况不好。电流密度过低，机械作用过强，也会使表面结构状况变坏。因此，电解磨削时电流密度的选择应使电解作用和机械作用配合恰当。

(2) 电解液。电解液的成分和质量分数是影响阳极钝化膜质量和厚度的主要因素。因此为了改善表面结构，常常选用钝化型或半钝化型电解液。为了使电解作用正常进行，间隙中应充满电解液，因此电解液的流量必须充足，而且应予过滤以保持电解液的清洁度。

(3) 工件材料性质。对成分复杂的材料，由于不同金属元素的电极电位不同，阳极溶解速度也不同，特别是电解磨削硬质合金和钢料的组合件时，问题更为严重。因此，要研究适合多种金属、同时均匀溶解的电解液配方，这是解决多金属材料电解磨削的主要途径。

(4) 机械因素。磨料粒度越细，越能均匀的出去凸起部分的钝化膜，另一方面使加工间隙，这两种作用都加快了整平速度，有利于改善表面结构。但如果磨料过细，加工间隙过小，容易引起火花而降低表面质量。一般磨粒在 40 ～ 100#内选取。由于去除的是比较软的钝化膜，因此磨料的硬度对表面结构的影响不大。

磨削压力太小，难以去除钝化膜；磨削压力过大，机械切削作用强，磨料磨损加快，使表面结构状况恶化。

实践证明，电解磨削终了时，切断电源进行短时间（1 ～ 3 min）的机械修磨，可改善表面结构和光亮度。

4. 电解磨削用电解液及其设备

1) 电解液

电解磨削用电解液的选择，应该考虑一下五个方面的要求：

（1）能够使金属表面生成结构紧密、黏附力强的钝化膜，以获得良好的尺寸精度和表面结构。

（2）导电性好，以获得搞生产率。

（3）不腐蚀机床及工夹具。

（4）对人体和环境无危害，确保人身健康。

（5）经济效果好，价格便宜，来源丰富，在加工中不易消耗。

要同时满足上述五方面的要求是困难的。在实际生产中，应针对不同产品的技术要求，不同的材料，选用最佳的电解液。实验证明，亚硝酸盐最适合于硬质合金的电解磨削。

实际生产中，常常还有硬质合金和钢料的组合件，需要同时进行加工，就要求适合“双金属”的电解液。表 8-2 所示为加工硬质合金和钢料组合材料的“双金属”电解液。表 8-3 为磨削低碳钢和中碳钢的电解液，用于其他钢料磨削的电解液尚待实验。

表 8-2　双金属电解液

电　解　液	质 量 分 数	电 流 效 率	电流密度/（A/cm^2）	表面结构参数 $Ra/\mu m$
$NaNO_2$ Na_2HPO_4	5.0% 1.5%	70%	10	0.1
KNO_3	0.3%			
$Na_2B_4O_7$	0.3%			
H_2O	92.9%			

表 8-3　磨削低碳钢和中碳钢的电解液

电　解　液	质 量 分 数	电 流 效 率	电流密度/（A/cm^2）	表面结构参数 $Ra/\mu m$
$NaNO_2$	2.0%	78%	10	0.4
Na_2HPO_4	7%			
KNO_3	2.0%			
H_2O	89%			

上述电解液中，亚硝酸钠的主要作用是导电、氧化和防锈。硝酸盐的作用主要是为了提高电解液的导电性，其次是硝酸根离子有可能还原为亚硝酸根离子，以补充电极反应过程中亚硝酸根的消耗。磷酸氢二钠是弱酸强碱盐，使溶液成弱碱性，有利于氧化钴、氧化钨和氧化铁的溶解；磷酸氢根离子还能与钴离子络合，生成钴的磷酸盐沉淀，有利于保护电解液的清洁。重铬酸盐和亚硝酸盐一样，都是强钝化剂，而且可以防止金属正离子或金属氧化物在阴极上沉积。硼砂是作为添加剂，使工件表面生成较厚的结构紧密的钝化膜，在一定程度上对工件棱边和尖角起了保护作用。酒石酸钠钾是钴离子的良好结合剂，有利于电解液的清洁，促进钴的溶解。

2）电解磨削用设备

电解磨削的设备主要包括直流电源、电解液系统和电解磨床。

电解磨削用的直流电源要求有可调的电压（5 ～ 20 V）和较硬的特性外，最大工作电流视加工面积和所需生产率可以是 10 ～ 1 000 A 不等。只要功率许可，一般可以和电解加工的直流电源设备通用。

供应电解液的循环泵一般用小型离心泵，但最好是耐酸、耐腐蚀的。还应该有过滤和沉积电解液杂质的装置。在电解过程中有时会产生对人体有害的气体，如 CO 等，因此在机床上最好设有强制抽气装置或中和装置。

电解液的喷射一般都用管子和喷嘴，将喷嘴接到砂轮的上方，使其向工作区域喷射电解液。电解磨床与一般磨床相仿，在没有专用磨床时，可以用其他磨床改装，改装工作主要包括以下内容：

（1）增加电刷导电装置。

（2）将砂轮主轴和床身绝缘，不让电流有可能在轴承的摩擦面间流动。

（3）将工具、夹具和机床绝缘。

（4）增加机床对电解溶液的防溅防锈装置。为了减轻和避免机床的腐蚀，机床与电解液接触的部分应选择耐腐蚀性较好的材料。机床主轴应保证砂轮工作面的振摆量不大于 0.01 ～0.02 mm，否则不仅磨削时接触不均匀，而且不能保证合理的电极间歇。

5. 电解磨削的应用

电解磨削主要集中了电解加工和机械磨削的优点，因此在生产中已用来磨削一些高硬度的零件，如各种硬质合金刀具、量具、挤压拉丝模具、轧辊等。对于普通磨削很难加工的小孔、深孔、薄壁筒、细长杆等零件，电解磨削也能显出其优越性。对于复杂型面的零件，也可采用电解研磨和电解衍磨，因此电解磨削的应用范围在逐渐扩大。

1）硬质合金刀具的电解磨削

用氧化铝导电砂轮电解磨削硬质合金车刀和铣刀，表面结构参数 Ra 值可达 0.2 ～ 0.1 μm，刃口半径小于 0.02 mm，平直度也较普通砂轮磨出的好。

采用金刚石导电砂轮磨削加工精密丝杠的硬质合金成形刀具，表面结构参数 Ra 值可小于 0.016 μm，刃口非常锋利，完全达到精车精密丝杠的要求。所用电解液为有亚硝酸钠 9.6%、硝酸钠 0.3%、磷酸氢二钠 0.3% 的水溶液（指质量分数），加入少量的丙三醇（甘油），可以改善表面结构。电压为 6 ～ 8 V，加工时的压力为 0.1 MPa。实践证明，采用电解磨削工艺不仅比单纯用金刚石砂轮磨削时效率提高 2 ～ 3 倍，而且大大节省了金刚石砂轮，一个金刚石导电砂轮可用 5 ～ 6 年。

用电解磨削轧制钻头，生产率和质量都比普通砂轮磨削时为高，而砂轮消耗和成本大为降低。

2）硬质合金轧辊的电解磨削

硬质合金轧辊如图 8-14 所示。采用金刚石导电砂轮进行电解成形磨削，轧辊的形槽精度为 ±0.02 mm，形槽位置精度为 ±0.01 mm，表面结构参数 Ra 值为 0.2 μm，工件表面不会产生微裂纹，无残余应力，加工效率高，并大大提高了金刚石砂轮的使用寿命，其磨削比（磨削量/磨削损耗量，单位为 cm^3）为 138。

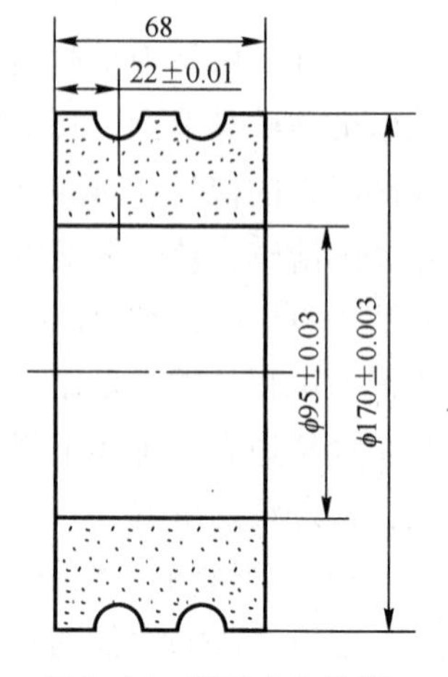

图 8-14　硬质合金轧辊

所采用的导电砂轮为金属（铜粉）结合剂的人造金刚石砂轮，磨料粒度为 60 ～ 1 000#，外圆砂轮直径为 ϕ300 mm，磨削形槽的成形砂轮直径为 ϕ260 mm。

电解液成分为亚硝酸钠 9. 6% 、硝酸钠 0. 3% 、磷酸氢二钠 0. 3% 酒石酸钾钠 0. 1% 、其余为水（指质量分数）。粗磨的加工参数：电压 12 V，电流密度 15 ～ 25 A/cm^3，砂轮转速 2 900 r/min，工作转速 0. 025 r/min，一次进刀深度 2. 5 mm。精加工的加工参数为电压 10 V，工件转速 16 r/min，工作台移动速度 0. 6 mm/min。

3）电解珩磨

对于小孔、深孔、薄壁筒等零件，可选用电解珩磨，图 8–15 所示为电解珩磨加工深孔示意图。

普通的珩磨机床及珩磨头稍加改装，很容易实现电解珩磨。电解珩磨的电参数可以很大范围内变化，电压为 3 ～ 30 V，电流密度为 0. 2 ～ 1 A/cm^2。电解珩磨的生产率比普通珩磨的高，表面结构也得到改善。

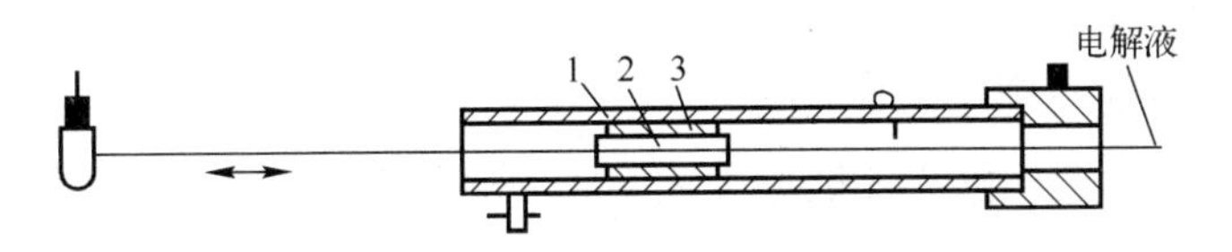

图 8–16　电解珩磨简图

1—工件；2—珩磨头；3—磨条

齿轮的电解珩磨已在生产中得到应用，它的生产率比机械珩齿高，珩轮的磨损量也小。电解珩轮是由金属齿片和珩轮齿片相间而形成的，如图 8–16 所示，金属齿形略小于珩磨轮齿片的齿形，从而保持一定的加工加工间隙。

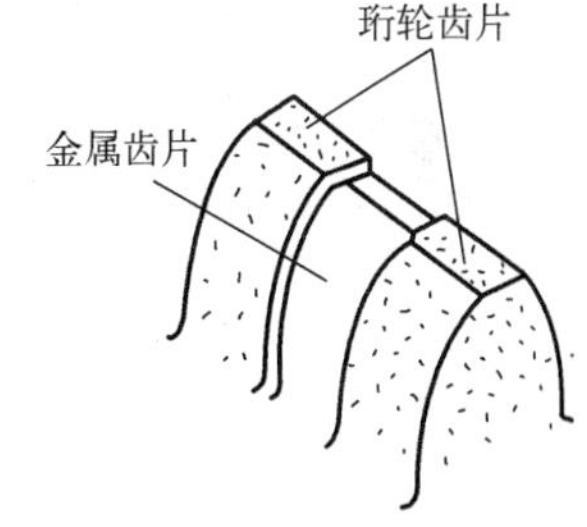

图 8–16　电解珩齿用电解珩轮

4）电解研磨

将电解加工与机械研磨结合在一起，就构成了一种新的加工方法——电解研磨，如图 8–17 所示。电解研磨加工采用钝化型电解液，利用机械研磨能去除表面微观不平度各高点的钝化膜，使其露出基体金属并再次形成新的钝化膜，实现表面的镜面加工。

电解研磨按磨料是否黏固在弹性合成无纺布上可分为固定磨料加工和流动磨料加工两种。固定磨料加工是将磨粒黏在无纺布上之后包覆在工具阴极上，无纺布的厚度即为电解间隙。当工具阴极与工件表面虫棉电解液并有相对运动时，工件表面将依次被电解，形成钝化膜，同时受到磨粒的研磨作用，实现复合加工。流动磨料电解研磨加工时工具阴极只包覆弹性合成无纺布，极细的磨料则悬浮在电解液中，因此磨料研磨时的研磨轨迹就更加杂乱而无规律，这正是获得镜面的主要原因。

电解研磨可以对碳钢、合金钢、不锈钢进行加工。一般选用 20% （指质量分数）作为电解液，电解间隙为 1 ～ 2 mm 左右，电流密度一般在 1 ～ 2 A/cm^3。这种加工方法目前已应用于金属冷轧轧辊、大型船用柴油机轴类零件、大型不锈钢化工容器内壁以及不锈钢太阳

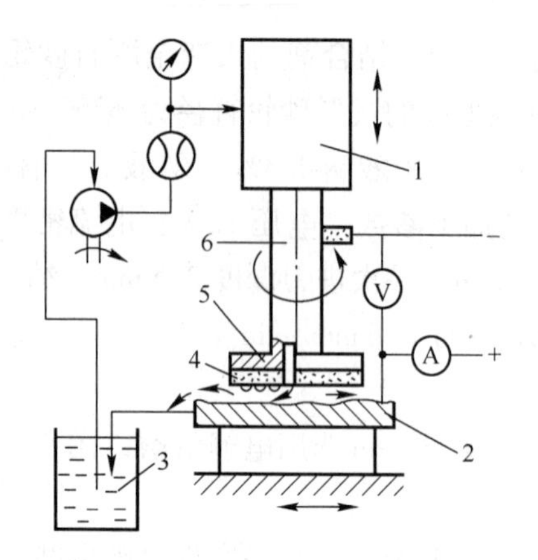

图 8-17　电解研磨加工（固定磨料方式）

1—回转装置；2—工件；3—电解液；4—研磨材料；5—工具电极；6—主轴

能电池基板的镜面加工。

6. 电解磨削存在的问题及前景

近年来，随着科学技术的飞速发展，一些尖端科学部门和新兴工作领域的许多装备常常在高温、高压、高速以及恶劣环境中工作，因而高硬、难熔及具有特殊物理性能的材料得到广泛应用。材料越来越难以加工，促进了电解磨削的发展，其应用范围日益扩大。金属镜面电解研磨已在生产中得到应用。表面结构参数 *Ra* 值可达到 0. 025 ～ 0. 008 μm。齿轮的电解珩磨已在生产中得到应用。生产率高于机械珩磨，珩轮磨损量也小。对于普通磨削很难以加工的细长杆、薄壁套、成型面、深孔、小孔类零件电解磨削也能显示出优越性。例如，用金刚石导电砂轮对硬质合金轧辊进行电解成形磨削，型槽精度可达 0. 2 μm，型槽位置精度为 ±0. 01 mm，表面结构参数 *Ra* 值为 0. 2 μm。

8.4　超声波加工

超声加工（ultrasonic machining，USM）是利用超声振动的工具在有磨料的液体介质中或干磨料中，产生磨料的冲击、抛磨、液压冲击及由此产生的气蚀作用来去除材料，以及利用超声振动使工件相互结合的加工方法。

8.4.1　超声波加工原理

1. 超声波概述

超声波是用来描述频率高于人耳听觉频率上限的一种振动波，通常是指频率高于 16 kHz 以上的所有频率。超声波的上限频率范围主要是取决于发生器，实际用的最高频率的界限，是在 5 000 MHz 的范围以内。在不同介质中的波长范围非常广阔，例如在固体介质中传播，频率为 25 kHz 的波长约为 200 mm；而频率为 500 MHz 的波长约为 0. 008 mm。

超声波和声波一样，可以在气体、液体和固体介质中传播。由于超声波频率高、波长短、能量大，所以传播时反射、折射、共振以及损耗等现象更显著。在不同的介质中，超声

波传播的速度 c 亦不同，例如 $c_{空气}=331\ m/s$，$c_{水}=1\ 430\ m/s$，$c_{铁}=5\ 850\ m/s$。速度 c 与波长 λ 和频率 f 之间的关系可用下式表示：

$$\lambda=\frac{c}{f}$$

超声波具有如下主要性质：

（1）超声波能传递很强的能量。

（2）超声波的空化作用。

（3）超声波的反射、透射、折射。

（4）超声波的衍射。

（5）超声波的干涉和共振。

2. 超声波加工原理

超声波加工是指利用工具断面的超声振动，通过磨料悬浮液加工脆硬材料的一种成形方法，加工原理如图 8-18 所示。加工时，在工具头与工件之间加入液体与磨料混合的悬浮液，并在工具头振动方向加上一个不大的压力，超声波发生器产生的超声频电振荡通过换能器转变为超声频的机械振动，变幅杆将振幅放大到 0. 01 ～ 0. 15 mm，再传给工具，并驱动工具端面作超声振动，迫使悬浮液中的悬浮磨料在工具头的超声振动下以很大速度不断撞击、抛磨被加工表面，把加工区域的材料粉碎成很细的微粒，从材料上被打击下来。虽然每次打击下来的材料不多，但由于每秒钟打击 16 000 次以上，所以仍存在一定的加工速度。与此同时，悬浮液受工具端部的超声振动作用而产生的液压冲击和空化现象促使液体钻入被加工材料的隙裂处，加速了破坏作用，而液压冲击也使悬浮工作液在加工间隙中强迫循环，使变钝的磨料及时恢复锋利。

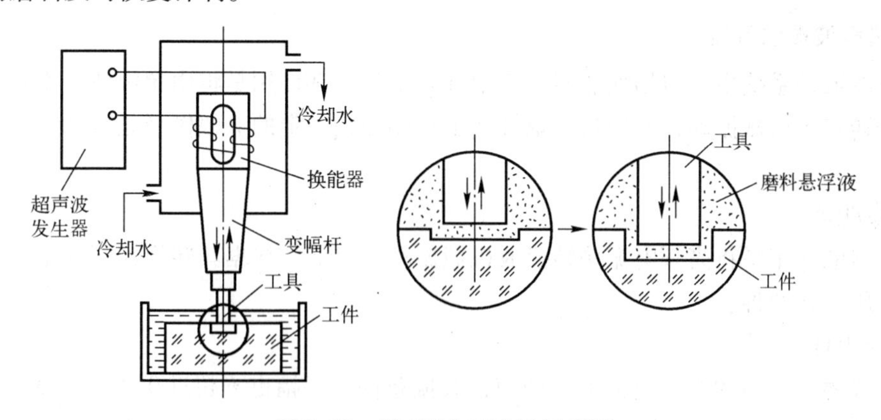

图 8-18　超声波加工方法示意图

8. 4. 2　超声波加工装置

超声加工设备又称超声加工装置，它们的功率大小和结构形状虽有所不同，但其组成部分基本相同，一般包括超声发生器、超声振动系统、机床本体和磨料工作液循环系统。其主要由超声发生器、超声振动系统、机床本体、工作液及循环系统和换能器冷却系统组成。

1. 超声波发生器

超声发生器也称超声波或超声频发生器，其作用是将工频交流电转变为有一定功率输出的超声频电振荡，以提供工具端面的往复振动和去除被加工材料的能量。其基本要求是输出功率和频率在一定范围内连续可调，具有对共振频率自动跟踪和自动微调的功能，此外要求结构简单、工作可靠、价格便宜、体积小等。

超声加工用的超生频发生器，由于功率不同，有电子管的，也有晶体管的，且结构大小也不同。大功率的（1 kW 以上）超生频发生器，过去往往是电子管式的，但近年来逐渐有被晶体管取代的趋势。不管是电子管或晶体管式的，超声发生器的组成方框图如图 8-19 所示，分为振荡级、电压放大级、功率放大级及电源等四部分。

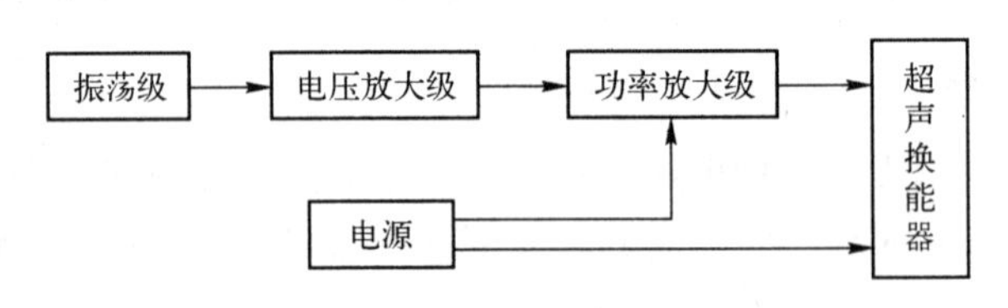

图 8-19　超声波发生器组成框图

一般要求超声波发生器应满足如下条件：

（1）输出阻抗与相应的超声波振动系统输入阻抗匹配。

（2）频率调节范围应与超声波振动系统频率变化范围相适应，并连续可调。

（3）输出功率尽可能具有较大的连续可调范围，以适应不同工件的加工。

（4）结构简单、工作可靠、效率高，便于操作和维修。

（5）最好具有对共振频率自动跟踪和自动微调的功能。

2. 超声波振动系统

超声波振动系统主要包括换能器、变幅杆和工具。其作用是将由超声波发生器输出的高频电信号转变为机械振动，并通过变幅杆使工具端面以一定的振幅做高频振动，以进行超声波加工。

1）换能器

换能器的作用是将高频电振荡转换成机械振动。目前，根据其转换原理的不同，有磁致伸缩式和压电式两种。

2）变幅杆

压电或磁致伸缩的变形量很小（即使在共振条件下振幅也不超过 0.005 ～ 0.01 mm，不足以直接用于加工。超声波加工需要的振幅为 0.01 ～ 0.1 mm，因此必须通过一个上粗下细的棒杆将振幅加以扩大，此棒杆称为振幅扩大棒，也称变幅杆。常用的变幅杆有外径变化的实心型和内径变化的空心型。两种类型的变幅杆沿长度上的截面变化是不同的，但杆上每一截面的振动能量是不变的（不考虑传播损耗）。截面越小，能量密度越大，振动的幅值也就越大，所以各种变幅杆的放大倍数都不相同。变幅杆可制成锥形、指数形或阶梯形等，如图 8-20所示。锥形的变幅杆“振幅放大比”较小（5 ～ 10 倍），但易于制造；指数形的放大比中等（10 ～ 20 倍），使用性能稳定，但不易制造；阶梯形的放大比较大（20 倍以上），也容易制造，但当它受到负载阻力时振幅易减小，性能不稳定，而且在粗细过渡的地方容易产生应力集中而导致疲劳断裂，为此须加过渡圆弧。实际生产中，加工小孔、深孔常用指数形变幅杆；阶梯形变幅杆因设计、制造容易，也常被采用。

3）工具

超声波的机械振动经变幅杆放大后传给工具，工具端面推动磨粒和工作液以一定的能量撞击工件。

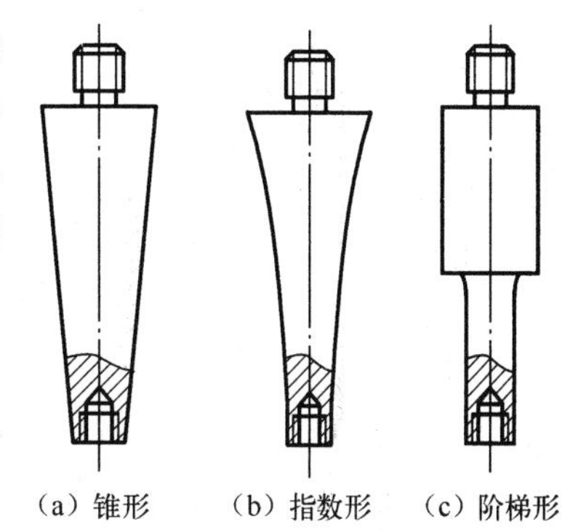

图 8-20　几种典型变幅杆

工具的形状和尺寸由被加工表面的形状和尺寸决定，它们相差一个“加工间隙”（稍大于平均的磨粒直径）。工具和变幅杆可做成一个整体，亦可将工具用焊接或螺纹连接等方法固定在变幅杆的下端。当工具不大时，可以忽略工具对振动的影响，但当工具较重时，会减小共振频频率，所以工具较长时，应对扩大棒进行修正，使其满足半个波长的共振条件。

超声波振动系统所有的连接部分应接触紧密，否则超声波传递过程中将损失很大能量。为此在螺纹连接处应涂以凡士林油，避免空气间隙的存在，因为超声波通过空气时很快衰减。

3. 机床

超声波加工机床一般比较简单，它的主要部件包括：声学组件、工具进给机构、磨料输送系统、超声发生器、加工压力调整机构。图 8-21 所示为一般超声加工机床。图中 4、5、6 为声学组件，安装在一根能上下移动的导轨上，导轨由上、下两组滚动导轮定位，使导轨能灵活、精密、可靠地上下移动。工具的向下进给及对工件施加压力靠声学组件的自重，为了能调节压力大小，在机床后部可改变平衡砝码的重量，也有采用弹簧或液压等其他方法。目前，超声加工机床已形成规模和市场，发达国家则尤其突出，各种机电一体化、自动化、精密化超声加工机床不断进入市场。

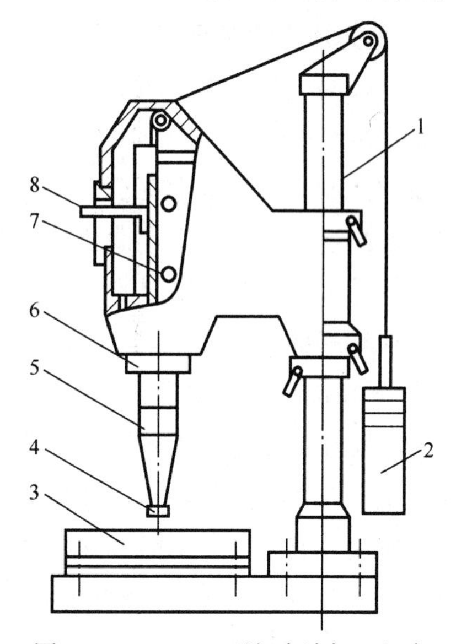

图 8-21　CSJ－2 型超声波加工机床

1—支架；2—平衡重锤；3—工作台；4—工具；5—振幅扩大棒；6—换能器；7—导轨；8—标尺

4. 磨料悬浮液

简单的超声加工装置，其磨料是靠人工输送和更换的，即在加工前将悬浮磨料的工作液浇注在加工区，加工过程中定时抬起工具和补充磨料。也可利用小型离心泵使磨料悬浮液搅拌后浇注到加工间隙中去。对于较深的加工表面，仍经常应将工具定时抬起以利磨料的更换和补充。大型超声加工机床都采用流量泵自动向加工区供给磨料悬浮液，且品质好，循环良好。此外，工具和变幅杆尺寸较大时，可在工具和变幅杆中间开孔，由孔内抽吸磨料悬浮液，对提高加工质量有利。

超声加工中常用的磨料有氧化铝、碳化硼、碳化硅、金刚砂。磨料悬浮在液体中，液体应具有以下功能：

（1）在工件和振动工具间起传声器的作用。

（2）有助于工件和工具间能量的有效传递。

（3）起冷却剂的作用。

（4）提供一种为把磨料带到切削区的介质。

（5）有助于清除钝化的磨料和切屑。

常常用水作为液载体，因为它能满足大多数要求。通常把某种防腐蚀剂加入水中。

8.5 激 光 加 工

激光技术是20世纪60年代初发展起来的一门学科，在材料加工方面，已逐步形成一种崭新的加工方法——激光加工（LBM）。激光加工是利用光的能量经过透镜聚焦后在焦点上达到很高的能量密度，靠光热效应来加工的。激光加工不需要工具，且加工速度快，表面变形小，可加工各种材料。用激光束对材料进行各种加工，如打孔、切割、划片、焊接、热处理等。某些具有亚稳态能级的物质，在外来光子的激发下会吸收光能，使处于高能级原子的数目大于低能级原子的数目，即粒子数反转，如果有一束光照射，光子的能量等于这两个能相对应的差，这时就会产生受激辐射，输出大量的光能。

8.5.1 激光加工原理

1. 激光加工的起源

早期的激光加工由于功率较小，大多用于打小孔和微型焊接。到20世纪70年代，随着大功率二氧化碳激光器、高重复频率钇铝石榴石激光器的出现以及对激光加工机理和工艺的深入研究，激光加工技术有了很大进展，使用范围随之扩大。数千瓦的激光加工机已用于各种材料的高速切割、深熔焊接和材料热处理等方面。各种专用的激光加工设备竞相出现，并与光电跟踪、计算机数字控制、工业机器人等技术相结合，大大提高了激光加工机的自动化水平和使用功能。

2. 激光加工的原理

激光加工是以激光为热源对工件进行热加工。从激光器输出的高强度激光经过透镜聚焦到工件上，其焦点处的功率密度高达107 ～ 1 012 W/cm^3，温度高达10 000℃以上，任何材料都会瞬时熔化、气化。激光加工就是利用这种光能的热效应对材料进行焊接、打孔和切割等加工的。通常用于加工的激光器主要是固体激光器（见图8-22）和气体激光器（见图8-23）。由于激光加工是无接触式加工，工具不会与工件的表面直接磨察产生阻力，所以激光加工的速度极快、加工对象受热影响的范围较小而且不会产生噪声。由于激光束的能量和光束的移动速度均可调节，因此激光加工可应用于不同的层面和范围。

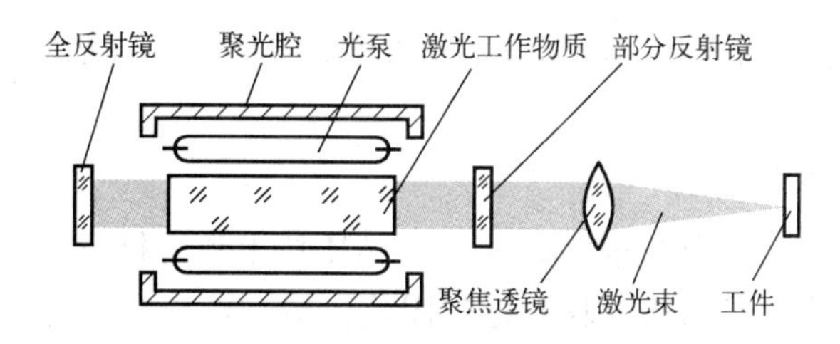

图 8-22　固体激光器加工原理图

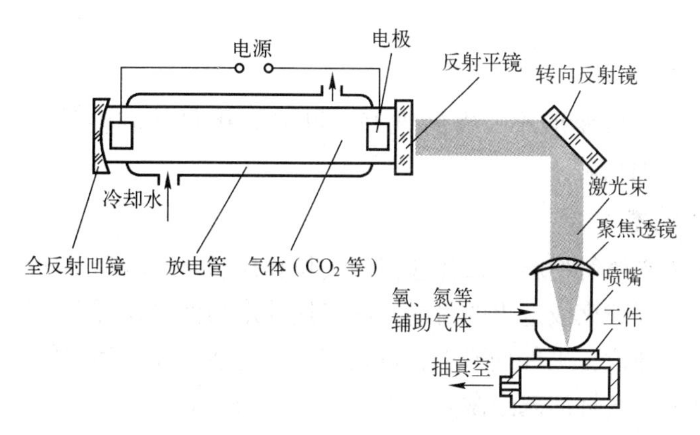

图 8-23　气体激光器加工原理图

8.5.2　激光加工的特点

激光加工具有以下特点：

（1）由于它是无接触加工，并且高能量激光束的能量及其移动速度均为可调，因此可以实现多种加工的目的。

（2）可以对多种金属、非金属加工，特别是可以加工高硬度、高脆性、及高熔点的材料，激光加工过程中无“刀具”磨损，无“切削力”作用于工件。由于激光束能量密度高，加工速度快，并且是局部加工，对非激光照射部位没有影响或影响极小。因此，其热影响区域小，工件热变形小，后续加工量小。

（3）激光加工可以通过透明介质对密闭容器内的工件进行各种加工，由于激光束易于导向、聚集实现作各方向变换，极易与数控系统配合，对复杂工件进行加工，因此是一种极为灵活的加工方法。

（4）使用激光加工，生产效率高，质量可靠，经济效益好。例如美国通用电器公司采用板条激光器加工航空发动机上的异形槽，不到四小时即可高质量完成，而原来采用电火花加工则需要九小时以上。仅此一项，每台发动机的造价可省 5 万美元。

激光切割钢件工效可提高 8 ～ 20 倍，材料可节省 15% ～ 30%，大幅度降低了生产成本，并且加工精度高，产品质量稳定可靠。

8.5.3　激光加工的应用

由于激光加工技术具有许多其他加工技术所无法比拟的优点，所以应用较广。目前已成熟的激光加工技术包括：激光快速成形技术、激光焊接技术、激光热处理技术和激光切割技术等。

1. 激光快速成形技术

激光快速成形技术集成了激光技术、CAD/CAM技术和材料技术的最新成果，根据零件的CAD模型，用激光束将光敏聚合材料逐层固化，精确堆积成样件，不需要模具和刀具即可快速精确地制造形状复杂的零件，该技术已在航空航天、电子、汽车等工业领域得到广泛应用。

2. 激光焊接技术

激光焊接强度高、热变形小、密封性好，可以焊接尺寸和性质悬殊，以及熔点很高（如陶瓷）和易氧化的材料。

3. 激光热处理技术

激光热处理用激光照射材料，选择适当的波长和控制照射时间、功率密度，可使材料表面熔化和再结晶，达到淬火或退火的目的。激光热处理的优点是可以控制热处理的深度，可以选择和控制热处理部位，工件变形小，可处理形状复杂的零件和部件，可对盲孔和深孔的内壁进行处理。例如，气缸活塞经激光热处理后可延长寿命。

4. 激光打孔技术

激光打孔技术是采用脉冲激光器进行打孔，脉冲宽度为0.1～1 ms，特别适于打微孔和异形孔，孔径约为0.005～1 mm。激光打孔已广泛用于钟表和仪表的宝石轴承、金刚石拉丝模、化纤喷丝头等工件的加工。

5. 激光切割技术

在船舶、汽车制造等工业中，常使用几百瓦至几万瓦级的连续CO_2激光器对大工件进行切割，既能保证精确的空间曲线形状，又有较高的加工效率。对小工件的切割，常用中、小功率固体激光器或CO_2激光器。在微电子学中，常用激光切划硅片或切窄缝，其速度快且热影响区域小。

8.6 电子束加工和离子束加工

电子束加工（EBM）和离子束加工（IBM）近年来得到较大发展的新兴特种加工。它们在精密微细加工方面，尤其是在微电子学领域中得到较多的应用。电子束加工主要用于打孔、焊接等热加工和电子束光刻化学加上。离子束加工则主要用于离子刻蚀、离子镀膜和离子注入等加工。近期发展起来的亚微米加工和毫微米加工技术，主要是用离子束加工和电子束加工。

8.6.1 电子束加工

1. 电子束加工原理

电子束加工是由高压加速装置在真空条件下形成束斑极小的高能电子流的高密度能量对

材料进行各种加工，加工原理如图 8-24 所示。利用聚焦后能量密度极高的电子束，以极高的速度冲击到工件表面极小面积上，在极短的时间内，其能量的大部分转变为热能，使被冲击部分的工件材料达到几千摄氏度以上的高温，从而引起材料局部熔化和气化，被系统抽走。

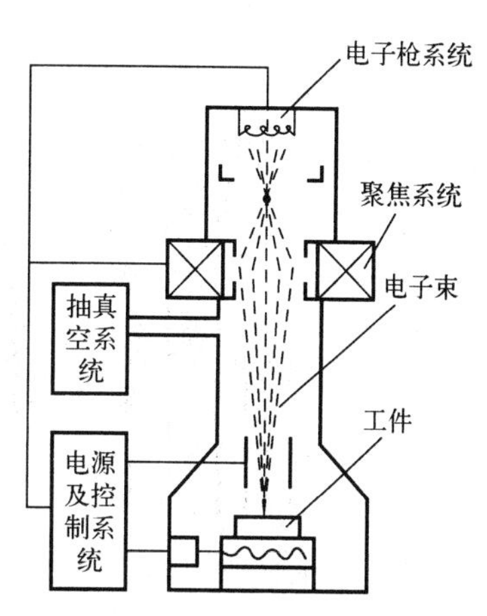

图 8-24　电子束加工原理

2. 电子束加工特点

由于电子束能够极其微细地聚焦，甚至能聚焦到 0.1 μm。所以加工面积可以很小，是一种精密微细的加工方法。同时电子束能量密度很高，使照射部分的温度超过材料的熔化和气化温度，去除材料主要靠瞬时蒸发，是一种非接触式加工。在加工中工件不受机械力作用，不产生宏观应力和变形。电子束的能量密度高，因而加工生产率很高，例如，每秒钟可以在 2.5 mm 厚的钢板上钻 50 个直径为 0.4 mm 的孔，可以通过磁场或电场对电子束的强度、位置、聚焦等进行直接控制，所以整个加工过程便于实现自动化。

由于电于束加工是在真空中进行，因而污染少，加工表面不氧化，特别适用于加工易氧化的金属及合金材料，以及纯度要求极高的半导体材料。电子束加工需要一整套专用设备和真空系统，价格较贵，生产应用存一定局限性。

3. 电子束加工的应用

电子束加工按其功率密度和能量注入时间的不同，可用于打孔、切割、蚀刻、焊接、热处理和光刻加工等。

1）电子速打孔

电子速打孔已在生产中实际应用，目前最小直径可达 0.003 mm 左右。例如喷气发动机套上的冷却孔，机翼的吸附屏的孔，不仅孔的密度可以连续变化，孔数达数百万个，面且有时还可改变孔径，最宜用电子束高速打孔，高速打孔可在工件运动中进行，例如在 0.1 mm 厚的不锈钢上加工直径为 0.2 mm 的孔，每秒可打 3 000 个孔。

2）加工型孔及特殊表面

电子束不仅可以加工各种直的型孔和型面，而且也可以加工弯孔和曲面。利用电子束在磁场中偏转的原理，使电子束在工件内部偏转。控制电子速度和磁场强度，即可控制曲率半径，就可以加工出弯曲的孔。如果同时改变电子束和工件的相对位置，就可进行切割和开槽，如图 8-25 所示。

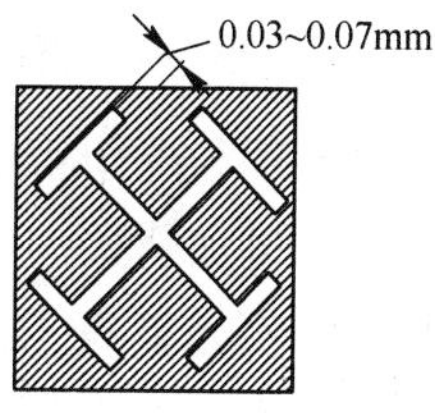

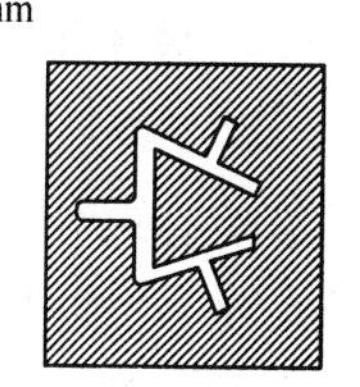

图 8-25　电子束加工的异形孔

3）刻蚀

在微电子器件生产中，为了制造多层固体组件，可利用电子束对陶瓷或半导体材料刻出许多微细构槽和孔来，例如在硅片上刻出宽为 2.5 μm，深为 0.25 μm 的细槽，在混合电路电阻的金属镀层上刻出 40 μm 宽的线条。还可在加工过程中对电阻值进行测量校准。这些部可用计算机自动控制完成。

4）焊接

电于束焊接是利用电子束作为热源的一种焊接工艺。当高能量密度的电子束轰击焊件表面时，使焊件接头处的金属熔融，在电子束连续不断地轰击下，形成一个被熔融金属环绕着的毛细管状的蒸汽管，如果焊接按一定速度沿焊件接缝与电子束作相对移动，则接缝上的蒸汽管由于电子束的离开而重新凝固，使焊件的整个接缝形成一条焊缝。

由于电子束的能量密度高，焊接速度快，所以电子束焊接的焊缝深而窄，焊件热影响区域小，变形小。电子束焊接一般不用焊条，焊接过程在真空中进行，因此焊缝化学成分纯净，焊接接头的强度往往高于母材。

电子束焊接可以焊接难熔金属，例如钽、铌、钼等，也可焊接钛、锆、铀等化学性能活泼的金属。对于普通碳钢、不锈钢、合金钢、铜、铝等各种金属也能用电子束焊接。它可焊接很薄的工件，也可焊接厚的工件。

电子束焊接还能焊接用一般焊接方法难以完成的异种金属焊接。例如铜和不锈钢的焊接，钢和硬质合金的焊接，铬、镍和钼的焊接等。

由于电子束焊接对焊件的热影响小、变形小，可以在工件精加工后进行焊接。又由于它能够实现异种金属焊接，所以就有可能将复杂的工件分成几个零件，这些零件可以单独使用最合适的材料，采用合适的方法来加工制造，最后利用电子束焊接成一个完整的工件，从而可以获得理想的技术性能和显著的经济效益。

5）热处理

电子束热处理也是把电子束作为热源，但适当控制电子束的功率密度，使金属表面加热而不熔化，达到热处理的目的。电子束热处理的加热速度和冷却速度都很高，在相变过程中，奥氏体化时间很短，只有几分之一秒甚至是千分之一秒，奥氏体晶粒来不及长大，从而能获得一种超细晶粒组织，可使工件获得用常规热处理不能达到的硬度，硬化深度可达 0.3 ～0.88 mm。

如果用电子束加热金属达到表面熔化，可在熔化区加入添加元素，使金属表面形成一层很薄的新的合金层，从而获得更好的机械物理性能。铸铁的熔化处理可以产生非常细的莱氏体结构，其优点是抗滑动磨损。铝、钛、镍的各种合金几乎都可以进行添加元素处理，从而得到很好的耐磨性能。

8.6.2 离子束加工

1. 离子束加工原理

离子束加工的原理和电子束加工基本类似，如图 8-26 所示，也是在真空条件下，将离子源产生的离子束经过加速聚焦，使之打到工件表面。不同的是离子带正电荷，其质量比电子大数千、数万倍，例如氩离子的质量是电子的 7.2 万倍，所以一旦离子加速到较高速度时，离子束比电子束具有更大的撞击动能，它是靠微观的机械撞击产生能量进行加工，而不是靠动能转化为热能来加工的。

离子束加工的物理基础是离子束射到材料表面时所发生的撞击效应、溅射效应和注入效应。

2. 离子束加工特点

由于离子束可以通过电子光学系统进行聚焦扫描，离子束轰击材料是逐层去除原子，离子束流密度及离子能量可以精确控制，所以离子刻蚀可以达到毫微米（0.001 μm）级的加工精度。离子镀膜可以控制在亚微米级精度，离子注入的深度和浓度也可极精确地控制。所以可以说，离子束加工是所有特种加工方法中最精密、最微细的加工方法，是当代毫微米加工技术的基础。

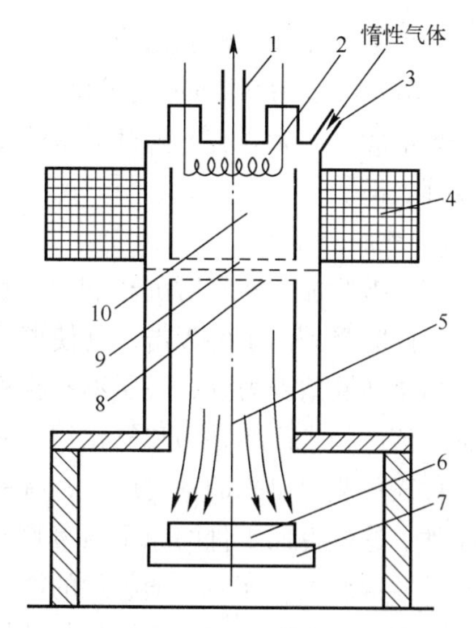

图 8-26　离子束加工的原理

1—真空抽气口；2—灯丝；3—惰性气体注入口；4—电磁线圈；5—离子束流；6—工件；7—阴极；8—引出电极；9—阳极；10—电离室

同时离子束加工是在高真空中进行，所以污染少，特别适用于对易氧化的金属、合金材料和高纯度半导体材料的加工。离子束加工是靠离子轰击材料表面的原子来实现的，它是一种微观作用，宏观压力很小。所以加工应力、热变形等级小，加工质量高，适合于对各种材料和低刚度零件的加工。但是离子束加工设备费用贵，加工成本高，加工效率低，因此应用范围受到一定限制。

3. 离子束加工的应用

目前，离子束加工主要应用于刻蚀加工、镀膜加工、注入加工等，在工业制造过程中的到充分应用。

1）刻蚀加工

离子刻蚀是从工件上去除材料，是一个撞击溅射过程。当离子束轰击工件，入射离子的动量传递别工件表面原子，传递能量超过了原子间的键合力时，目标原子就从工件表面撞击溅射出来，达到刻蚀的目的。为了避免入射离子与工件材料发生化学反应，必须用惰性元素的离子。氩气的原子序数高，而且价格便宜，所以通常用氩离子进行轰击刻蚀。由于离子直径很小（约十分之几个纳米），可以认为离子刻蚀的过程是逐个原子剥离的，刻蚀的分辨率可达微米甚至亚微米级，但刻蚀速度很低。

刻蚀加工时，对离子入射能量、束流大小、离子入射到工件上的角度以及工作室气压等因素分别调节控制，根据不同加工需要选择参数，用氩离子轰击被加工表面时，其效率取决于离子能量和入射角度。离子能量从 10 cev 增加到 1 000 ev 时，刻蚀率随能量增加而迅速增加，而后增加速率逐渐减慢。离子刻蚀率随入射角度 θ 增加而增加，但入射角增大会使表面有效束流减小，一般在入射角 $\theta=40°\sim60°$时刻蚀效率最高。

离子束刻蚀应用的另一个方面是刻蚀高精度的图形，如集成电路、声表面波形器件、光电器件和光集成器件等微电子学器件亚微米图形的离子束刻蚀。由波导、耦合器和调制器等小型光学元冲组成的光路称为集成光路。离子束刻蚀已用于制作集成光路中的光栅和波导。

用离子束轰击已被机械磨光的玻璃时，玻璃表面 1 μm 左右被剥离并形成极光滑的表面。用离子束轰击厚度为 0.2 mm 的玻璃，能改变其折射率分布，使之具有偏光作用。玻璃纤维用离子轰击后，变为具有不同打射率的光导材料。离子束加工还能使太阳能电池表面具有非反射纹理表面。

2）镀膜加工

离子镀膜加工有溅射沉积和离子镀两种。离子镀时工件不仅接受目标基材溅射来的原子，还同时受到离子的轰击，这使离子镀具有许多独特的优点。

离子镀膜附着力强、膜层不易脱落。这首先是由于镀膜前离子以足够高的动能冲击基体表面，清洗掉表面的粘污和氧化物，从而提高了工件表面的附着力；其次是镀膜刚开始时，由工件表面溅射出来的基材原子，有一部分会与工件周围气氛中的原子和离子发生碰撞面返回工件。这些返回工件的原子与镀膜的膜材原子同时到达工件表面，形成了膜材原子和基材原子的共混膜层。而后，随膜层的增厚，逐渐过渡到单纯由膜材原子构成的膜层。这混合过渡层的存在，可以减少由于膜材与基材两者膨胀系数不同而产生的热应力，增强了两者的结合力，使膜层不易脱落。镀层组织致密，针孔气泡少。

用离子镀的方法对工件镀膜时，其绕射性好，使基板的所有暴露的表面均能被镀覆。这是因为蒸发物质或气体在等离子区离解而成为正离子，这些正离子能随电力线而终止在负偏压基片的所有边。离子镀的可镀材料广泛，可在金属或非金属表面上镀制金属或非金属材料。各种合金、化合物、某些合成材料、半导体材料、高熔点材料均可镀覆。

离子镀技术已用于镀制润滑膜、耐热膜、耐蚀膜、耐磨膜、装饰膜和电气膜等。离子镀膜代替镀铬硬膜，可减少镀铬公害。2 ～ 3 μm 厚的氮化钛膜可代替 20 ～ 25 μm 的硬铬膜。航空工业中可采用离子镀铝代替飞机部件镀镉。

用离子镀方法在切削工具表面镀氮化钛、碳化钛等超硬层，可以提高刀具的耐用度。一些试验表明，在高速钢刀具上用离子镀镀氮化钛，刀具耐用度可提高 1 ～ 2 倍，也可用于处理齿轮滚刀、铣刀等复杂刀具。

3）注入加工

离子注入是向工件表面直接注入离子，它不受热力学限制，可以注入任何离子，且注入量可以精确控制，注入离子是固溶在工件材料中，含量可达 10% ～ 40%，注入深度可达 1 μm 甚至更深。

离子注入在半导体方面的应用，在国内外都很普通，它是用硼、磷等“杂质”离子注入半导体，用以改变导电型式（P 型或 N 型）和制造 P – N 结，制造一些通常用热扩散难以获得的各种特殊要求的半导体器件。由于离子注入的数量、P – N 结的浓度、注入的区域都可以精确控制，所以成为制作半导体器件和大面积集成电路的重要手段。

离子注入改善金属表面性能方面的应用正在形成一个新兴的领域。利用离子注入可以改变金属表面的物理化学性能，可以制得新的合金，从而改善金属表面的抗蚀性能、抗疲劳性能、润滑性能和耐磨性能等。

离子注入对金属表面进行掺杂，是在非平衡状态下进行的，能注入互不相溶的杂质而形成一般冶金工艺无法制得的一些新的合金。例如将 W 注入到低温的 Cu 中，可得到 W – Cu

合金等。离子注入可以提高材料的耐腐蚀性能。例如把 Cr 注入 Cu，能得到一种新的亚稳态的表面相，从而改善了耐蚀性能。离子注入还能改善金属材料的抗氧化性能。

离子注入可以改善金属材料的耐磨性能。如在低碳钢中注入 N、B、Mo 等，在磨损过程中，表面局部温升形成温度梯度，使注入离子向衬底扩散，同时注入离子又被表面的位错网络捕集，不能推移很深。这样，在材料磨损过程中，不断在表面形成硬化层，提高了耐磨性。

离子注入还可以提高金属材料的硬度，这是因为注入离子及其凝聚物将引起材料晶格畸变、缺陷增多的缘故。例如在纯铁中注入 B，其显微硬度可提高 20%。用硅注入铁，可形成马氏体机构的强化层。

离于注入改善金属材料的润滑性能，是因为离子注入表层，在相对摩擦过程中，这些被注入的细粒起到了润滑作用，提高了材料的使用寿命。例如把 C^+、N^+ 注入碳化钨中，其工作寿命可大大延长。

此外，离子注入在光学方面可以制造光波导。例如对石英玻璃进行离子注入，可增加折射率而形成光波导。还用于改善磁泡材料性能、制造超导性材，如在铌线表面注入锡，则成为表面生成具有超导性 Nb_3Sn 的导线。

习　题

1. 特种加工有哪些分类？
2. 特种加工对材料可加工性和结构工艺性的影响有哪些？
3. 目前特种加工还存在哪些问题？
4. 电火花加工的工作原理是什么？
5. 电火花加工的特点有哪些？
6. 电火花电解加工原理是什么？
7. 线切割加工的特点有哪些？
8. 电解加工的工作原理是什么？
9. 电解加工的应用在哪些场合？
10. 影响电解磨削生产率和加工质量的因素有哪些？
11. 超声波加工的工作原理是什么？
12. 离子束加工的工作原理是什么？

第❾章 数控加工技术基础

数控即数字控制（numerical control，NC）。数控技术即NC技术，是指用数字化信息发出指令对机械运动及加工过程进行自动控制的一种方法。

9.1 数控机床的组成与工作原理

数控机床是采用了数控技术的机床，它是用数字信号控制机床运动及其加工过程，是将刀具移动轨迹等加工信息用数字化的代码记录在程序介质上，然后输入数控系统，经过译码、运算，发出指令，自动控制机床上的刀具与工件之间的相对运动，从而加工出形状、尺寸与精度符合要求的零件，这种机床即为数控机床。

9.1.1 数控机床的组成

数控机床一般由输入/输出设备、数控装置（CNC）、可编程逻辑控制器（PLC）伺服单元、驱动装置（或称执行机构）电气控制装置、辅助装置、机床本体及测量装置组成。

1. 输入/输出装置（I/O）

输入/输出装置是机床数控系统和操作人员进行信息交流、实现人机对话的交互设备。机床I/O电路装置是用来实现I/O控制的执行部件，是由继电器、电磁阀、行程开关、接触器等组成的逻辑电路。输入装置的作用是将程序载体上的数控代码变成相应的电脉冲信号，传送并存入数控装置内。目前，数控机床的输入装置有键盘、磁盘驱动器、光电阅读机等，其相应的程序载体为磁盘、穿孔纸带。输出装置是显示器，有CRT显示器或彩色液晶显示器两种。输出装置的作用：数控系统通过显示器为操作人员提供必要的信息。显示的信息可以是正在编辑的程序、坐标值，以及报警信号等。

2. 数控装置（CNC）

数控装置是计算机数控系统的核心，是由硬件和软件两部分组成的。它接受的是输入装置送来的脉冲信号，信号经过数控装置的系统软件或逻辑电路进行编译、运算和逻辑处理后，输出各种信号和指令，控制机床的各个部分，使其进行规定的、有序的动作。这些控制信号中最基本的信号是各坐标轴（即作进给运动的各执行部件）的进给速度、进给方向和位移量指令（送到伺服驱动系统驱动执行部件作进给运动），还有主轴的变速、换向和启停信号，选择和交换刀具的刀具指令信号，控制冷却液、润滑油启停、工件和机床部件松开、夹紧、分度工作和转位的辅助指令信号等。数控装置主要包括中央处理器（CPU）、存储器、局部总线、外围逻辑电路以及与 CNC 系统其他组成部分联系的接口等。

3. 可编程逻辑控制器(PLC)

数控机床通过 CNC 和 PLC 共同完成控制功能，其中 CNC 主要完成与数字运算和管理等有关的功能，例如零件程序的编辑、插补运算、译码、刀具运动的位置伺服控制等；而 PLC 主要完成与逻辑运算有关的一些动作，它接收 CNC 的控制代码 M（辅助功能）、S（主轴转速）、T（选刀、换刀）等开关量动作信息，对开关量动作信息进行译码，转换成对应的控制信号，控制辅助装置完成机床相应的开关动作，如工件的装夹、刀具的更换、切削液的开关等一些辅助动作。它还接收机床操作面板的指令，一方面直接控制机床的动作（如手动操作机床），另一方面将一部分指令送往数控装置用于加工过程的控制。在 FANUC 系统中专门用于控制机床的 PLC，记作 PMC，称为可编程机床控制器。

4. 伺服单元

伺服系统由伺服驱动电动机和伺服驱动装置组成，它是数控系统的执行部分。驱动机床执行机构运动的驱动部件，包括主轴驱动单元（主要是速度控制）、进给驱动单元（主要有速度控制和位置控制）、主轴电动机和进给电动机等。一般来说，数控机床的伺服驱动系统，要求有好的快速响应性能，以及能灵敏且准确地跟踪指令功能。数控机床的伺服系统有步进电动机伺服系统、直流伺服系统和交流伺服系统，现在常用的是后两者，都带有感应同步器、编码器等位置检测元件，而交流伺服系统正在取代直流伺服系统。伺服单元接收来自数控装置的速度和位移指令。这些指令经伺服单元变换和放大后，通过驱动装置转变成机床进给运动的速度、方向和位移。因此，伺服单元是数控装置与机床本体的联系环节，它把来自数控装置的微弱指令信号放大成控制驱动装置的大功率信号。伺服单元分为主轴单元和进给单元等，伺服单元就其系统而言又有开环系统、半闭环系统和闭环系统之分。

5. 驱动装置

驱动装置把经过伺服单元放大的指令信号变为机械运动，通过机械连接部件驱动机床工作台，使工作台精确定位或按规定的轨迹作严格的相对运动，加工出形状、尺寸与精度符合要求的零件。目前常用的驱动装置有直流伺服电动机和交流伺服电动机，且交流伺服电动机正逐渐取代直流伺服电动机。

伺服单元和驱动装置合称为伺服驱动系统，它是机床工作的动力装置，计算机数控装置的指令要靠伺服驱动系统付诸实施，伺服驱动装置包括主轴驱动单元（主要控制主轴的速度），进给驱动单元（主要是进给系统的速度控制和位置控制）。伺服驱动系统是数控机床的重要组成部分。从某种意义上说，数控机床的功能主要取决于数控装置，而数控机床的性能主要取决于伺服驱动系统。

6. 机床本体

机床本体即数控机床的机械部件，包括主运动部件、进给运动执行部件（工作台、拖板）。数控机床中的机床，在开始阶段沿用普通机床，只是在自动变速、刀架或工作台自动转位和手柄等方面作些改变。随着数控技术的发展，对机床结构的技术性能要求更高，在总体布局、外观造型、传动系统结构、刀具系统以及操作性能方面都已经发生很大的变化。因为数控机床除切削用量大、连续加工发热多等影响工件精度外，还由于在加工中自动控制，不能由人工进行补偿，所以其设计要求比通用机床更完善，制造要求比通用机床更精密。

9.1.2 数控系统的工作原理

数控机床是一种高度自动化的机床，它在加工工艺与加工表面形成方法上与普通机床基本相同，最根本的不同在于用数字化的信息来实现自动化控制的原理与方法。在数控机床上加工零件时，首先要将被加工零件图上的几何信息和工艺信息数字化。先根据零件加工图样的要求确定零件加工的工艺过程、工艺参数、刀具参数，再按数控机床规定采用的代码和程序格式，将与加工零件有关的信息如工件的尺寸、刀具运动中心轨迹、位移量、切削参数（主轴转速、切削进给量、背吃刀量）以及辅助操作（换刀、主轴的正转与反转、冷却液的开与关）等编制成数控加工程序，然后将程序输入到数控装置中，经数控装置分析处理后，发出指令控制机床进行自动加工，如图 9–1 所示。

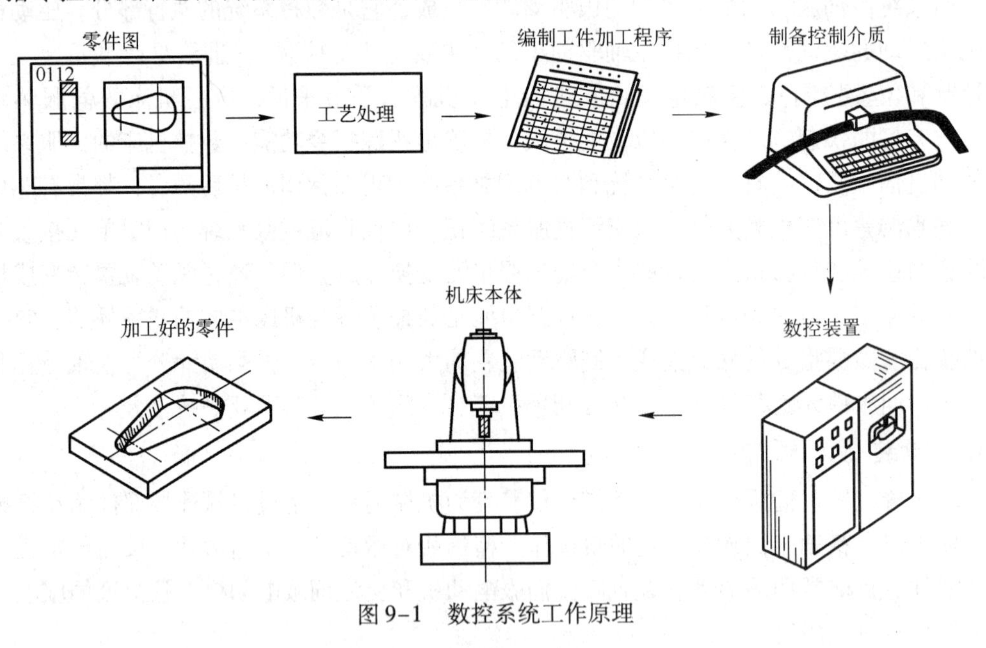

图 9–1 数控系统工作原理

9.2 数控机床的分类

数控机床的种类很多，从不同角度出发，有不同的分类方法。常见的分类方法有以下五种。

9.2.1 按工艺用途分类

1. 金属切削类数控机床

金属切削类数控机床有数控车床、数控铣床、数控磨床、数控镗床以及加工中心。这些机床的动作与运动都是数字化控制，具有较高的生产率和自动化程度，特别是加工中心，它是一种带有自动换刀装置，能进行铣、钻、镗削加工的复合型数控机床。加工中心又分为车削中心、磨削中心等。还实现了在加工中心上增加交换工作台以及采用主轴或工作台进行立、卧转换的五面体加工中心。

2. 金属成形类及特种加工类数控机床

金属成形类及特种加工类数控机床是指金属切削类以外的数控机床。数控弯管机、数控线切割机床、数控电火花成形机床等都是这一类数控机床。

9.2.2　按运动方式分类

1. 点位控制数控机床

点位控制数控机床只要求获得准确的加工坐标点的位置。数控钻床、数控镗床等采用点位控制，因其最重要的性能指标是保证孔的相对位置，并要求快速点定位，以便减少空行程时间。当刀具或工件接近定位点时，分两步完成，降低移动速度，然后准确停止。它具有较高的位置精度，在移动过程中不进行切削加工，因此对运动轨迹没有要求，如图 9-2 所示。点位控制的数控机床主要有数控钻床、数控镗床、数控冲床等，用于加工平面内的孔系。

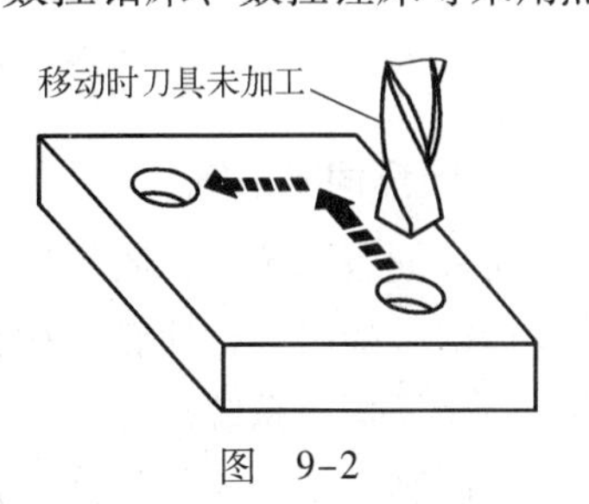

图　9-2

2. 直线运动控制数控机床

直线运动控制数控机床是指控制机床工作台或刀具以要求的进给速度，沿平行于某一坐标轴或两轴的方向进行直线或斜线移动和切削加工的机床，如图 9-3 所示。这类数控机床要求具有准确的定位功能和控制位移的速度，而且也要具有刀具半径和长度的补偿功能以及主轴转速控制的功能。现代组合机床也算是一种直线运动控制数控机床。

3. 轮廓控制

轮廓控制机床具有控制几个坐标轴同时协调运动，即多坐标轴联动的能力，使刀具相对于工件按程序指定的轨迹和速度运动，能在运动过程中进行连续切削加工，如图 9-4 所示。现代数控机床大多数有两坐标或以上联动控制、刀具半径和长度补偿等等功能。这类机床有用于曲面和曲线形状零件的数控车床、数控铣床、加工中心等。

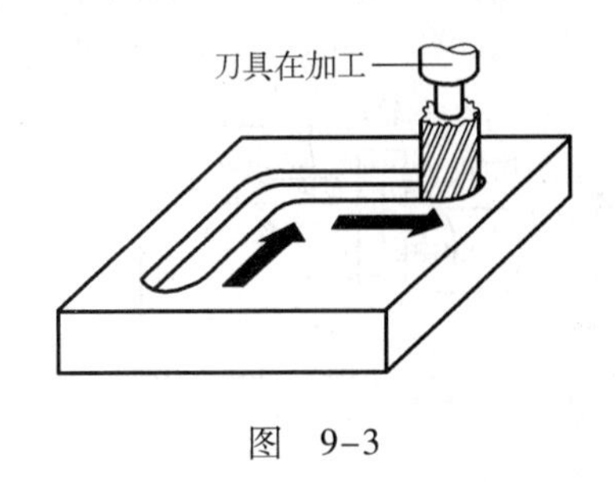

图　9-3

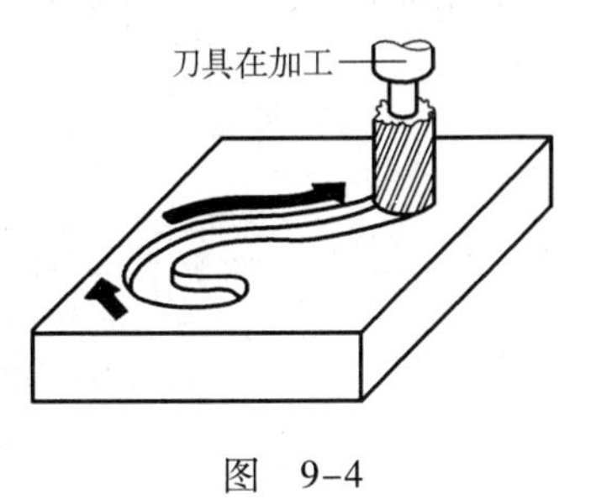

图　9-4

9.2.3　按伺服系统类型分类

1. 开环数控机床

开环数控机床采用开环进给伺服系统，其数控装置发出的指令信号是单向的，没有检测反馈装置对运动部件的实际位移量进行检测，不能进行运动误差的校正，因此步进电机的步距角误差、齿轮和丝杠组成的传动链误差都将直接影响加工零件的精度，如图 9-5 所示。这类机床通常为经济型、中小型机床，具有结构简单、价格低廉、调试方便等优点，但通常输出的扭矩值大小受到限制，而且当输入的频率较高时，容易产生失步，难以实现运动部件的控制，因此已不能充分满足数控机床日益提高功率、运动速度和加工精度的控制要求。

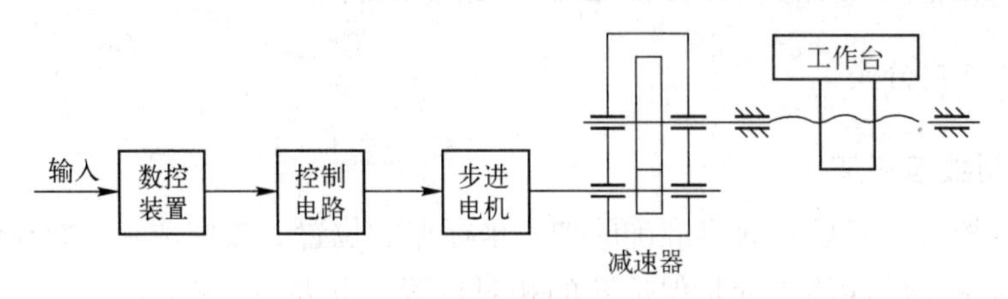

图 9-5　开环控制系统框图

2. 闭环伺服系统

闭环伺服系统是按闭环原理工作的，数控装置将位移指令与位置检测装置测得的实际位置反馈信号随时进行比较，用比较后的差值控制机床移动部件作补充位移，直到差值消除才停止。闭环伺服系统的工作原理图如图 9-6 所示。其位置检测装置装在机床的移动部件上。定位精度高，结构比较复杂，调试维修较困难，多用于高精度机床上。

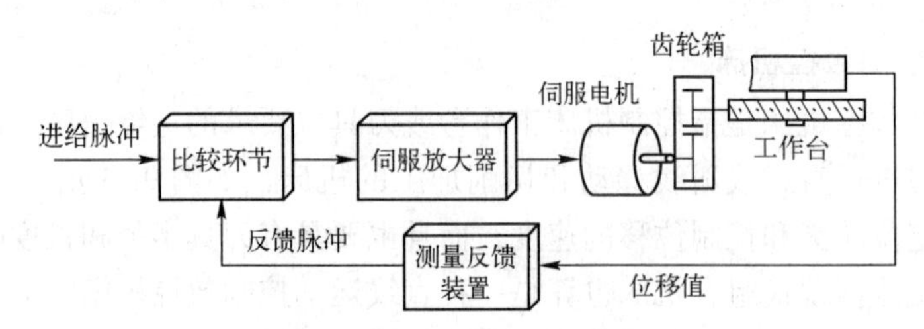

图 9-6　闭环伺服系统框图

3. 半闭环伺服系统

半闭环伺服系统是将位置检测装置装在驱动电机的端部或机床传动丝杆的端部上。它可以获得比开环系统高的精度，但机械传动链的误差无法消除，因此比闭环系统精度要低。但其结构比闭环系统要简单，使用维修要方便，应用广泛，如图 9-7 所示为半闭环伺服系统框图。

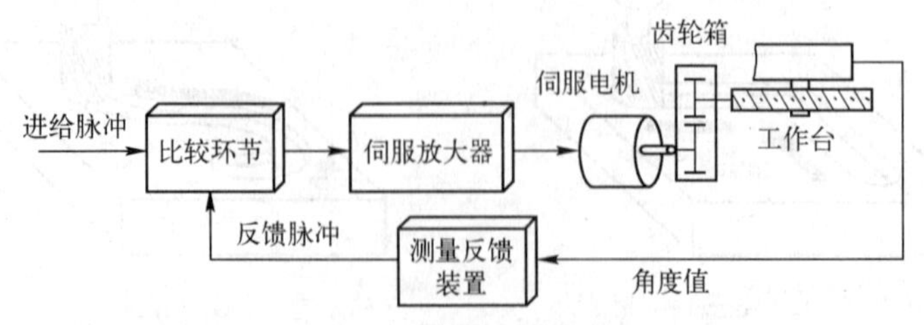

图 9-7　半闭环伺服系统框图

9.2.4　按照数控机床系统的功能水平分类

按控制系统的功能水平不同，可以把数控机床分为经济型、普及型和高级型三类，主要由技术参数、功能指标、关键部件的功能水平来决定。这些指标具体包括 CPU 性能、分辨率、进给速度、伺服性能、通信功能和联动轴数等。

1. 经济型数控机床

经济型数控机床通常为低档数控机床，一般采用 8 位 CPU 或单片机控制，分辨率为 10 μm，进给速度为 6 ～ 15 m/min，采用步进电机驱动，具有 RS232 接口。这类机床轴联动数量一般为二轴或三轴，具有简单 CRT 字符显示或数码显示功能，无通信功能。

2. 普及型数控机床

这类数控机床通常为中档数控机床，一般采用 16 位或更高性能的 CPU，分辨率在 1 μm 以内，进给速度为 15 ～ 24 m/min，采用交流或直流伺服电机驱动；联动轴数为 3 ～ 5 轴；有较齐全的 CRT 显示及很好的人机界面，大量采用菜单操作，不仅有字符，还有平面线性图形显示功能、人机对话、自诊断等功能；具有 RS232 或 DNC 接口，通过 DNC 接口，可以实现几台数控机床之间的数据通信，也可以直接对几台数控机床进行控制。

3. 高级型数控机床

这类数控机床通常为高档数控机床，一般采用 32 位或 64 位 CPU，并采用精简指令集 RISC 作为中央处理单元，分辨率可达 0. 1 μm，进给速度为 15 ～ 100 m/min，采用数字化交流伺服电机驱动，联动轴数在五轴以上，有三维动态图形显示功能。高档数控机床具有高性能通信接口，具备联网功能，通过采用 MAP（制造自动化协议）等高级工业控制网络或 Ethernet（以太网），可实现远程故障诊断和维修，为解决不同类型不同厂家生产的数控机床的联网和数控机床进入 FMS（柔性制造系统）和 CIMS（计算机集成制造系统）等制造系统创造了条件。上述这种分类方式没有严格的界限，经济型数控是相对于标准数控而言的，在不同时期、不同国家的含义是不一样的。区别于经济型数控，把功能比较齐全的数控系统称为全功能数控，也称为标准型数控。

9. 2. 5　按照可联动的坐标轴数分类

按照联动坐标轴的个数，数控机床可分为二坐标数控机床、三坐标数控机床、多坐标轴联动数控机床（如四轴联动数控机床、五轴联动数控机床）。

1. 二坐标数控机床

二坐标数控机床能同时控制两个坐标轴联动即数控装置同时控制 x 和 z 方向运动，如图 9-8 所示。

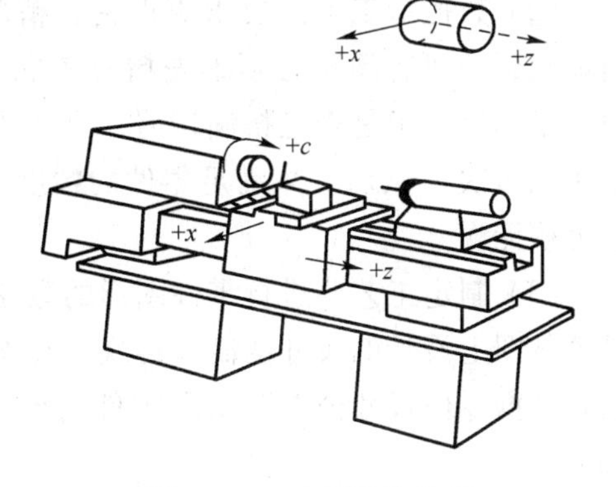

图 9-8　二坐标数控机床

2. 三坐标数控机床

三坐标数控机床可完成复杂形面的加工，如图 9-9 所示，数控铣床中以三坐标数控铣床最为常见。

3. 多坐标轴联动数控机床

多坐标轴联动数控机床主要指某些高性能的

加工中心。这类数控机床的数控系统除了可以控制 x，y，z 三个坐标轴的同时运动以外，还可以同时控制其他坐标轴的运动，从而完成更复杂的空间型面的加工，如图 9-10 所示。

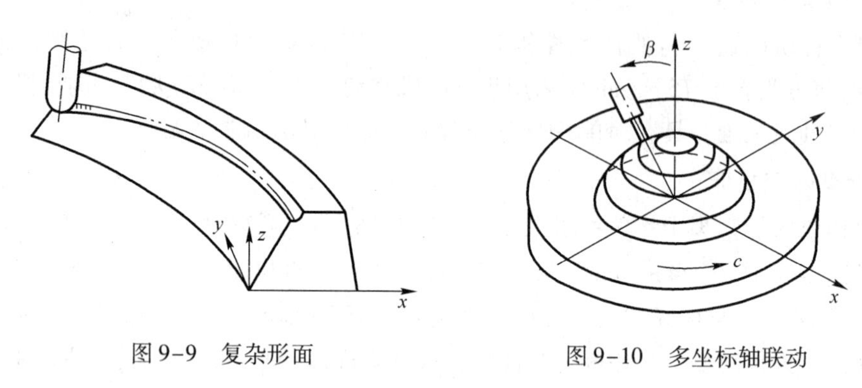

图 9-9　复杂形面　　　　图 9-10　多坐标轴联动

9.3　数控加工

数控加工（numerical control machining），是指在数控机床上进行零件加工的一种工艺方法，数控机床加工与传统机床加工的工艺规程从总体上说是一致的，但也发生了明显的变化。用数字信息控制零件和刀具位移的机械加工方法。它是解决零件品种多变、批量小、形状复杂、精度高等问题和实现高效化和自动化加工的有效途径。

9.3.1　数控加工工艺的特点

由于数控加工采用了计算机控制系统和数控机床，使得数控加工具有加工自动化程度高、精度高、质量稳定、生成效率高、周期短、设备使用费用高等特点。在数控加工工艺上也与普通加工工艺具有一定的差异。数控加工工艺的特点有以下几点：

（1）数控加工工艺内容要求更加具体、详细。数控加工所有工艺问题必须事先设计和安排好，并编入加工程序中。数控工艺不仅包括详细的切削加工步骤，还包括工夹具型号、规格、切削用量和其他特殊要求的内容，以及标有数控加工坐标位置的工序图等。在自动编程中还需要确定详细的各种工艺参数。

（2）数控加工工艺要求更严密、精确。数控加工工艺的自适应性较差，加工过程中可能遇到的所有问题必须事先精心考虑，否则将导致严重的后果。例如攻螺纹时，数控机床不知道孔中是否已挤满切屑，是否需要退刀清理切屑再继续加工。又如普通机床加工可以多次“试切”来满足零件的精度要求，而数控加工过程严格按规定尺寸进给，要求准确无误。

（3）制定工艺要进行零件图形的数学处理和编程尺寸设定值的计算。编程尺寸并不是零件图上设计的尺寸的简单再现，在对零件图进行数学处理和计算时，编程尺寸设定值要根据零件尺寸公差要求和零件的形状几何关系重新调整计算，才能确定合理的编程尺寸。

（4）考虑进给率对零件形状精度的影响。制定数控加工工艺时，选择切削用量要考虑进给率对加工零件形状精度的影响。在数控加工中，刀具的移动轨迹是由插补运算完成的。根据差补原理分析，在数控系统已定的条件下，进给率越快，则插补精度越低，导致工件的轮廓形状精度越差。尤其在高精度加工时这种影响非常明显。

(5) 强调刀具选择的重要性。复杂形面的加工编程通常采用自动编程方式，自动编程中必须先选定刀具再生成刀具中心运动轨迹，因此对于不具有刀具补偿功能的数控机床来说，若刀具预先选择不当，所编程序不再通用，只能重新生成程序。

(6) 数控加工工艺的特殊要求包括以下三个方面。

① 由于数控机床比普通机床的刚度高，所配的刀具也较好，因此在同等情况下，数控机床切削用量比普通机床大，加工效率也较高。

② 数控机床的功能复合化程度越来越高，因此现代数控加工工艺的明显特点是工序相对集中，表现为工序数目少，工序内容多，并且由于在数控机床上尽可能安排较复杂的工序，所以数控加工的工序内容比普通机床加工的工序内容复杂。

③ 由于数控机床加工的零件比较复杂，因此在确定装夹方式和夹具设计时，要特别注意刀具与夹具、工件的干涉问题。

(7) 数控加工程序的编写、校验与修改是数控加工工艺的一项特殊内容。普通工艺中，划分工序、选择设备等重要内容对数控加工工艺来说属于已基本确定的内容，所以制定数控加工工艺的着重点在整个数控加工过程的分析，关键在确定进给路线及生成刀具运动轨迹。复杂表面的刀具运动轨迹生成需要借助自动编程软件，既是编程问题，当然也是数控加工工艺问题。这也是数控加工工艺与普通加工工艺最大的不同之处。

9.3.2　数控机床加工的特点

1. 适应性强

由于数控机床能实现多个坐标的联动，所以数控机床能完成复杂型面的加工，特别是对于可用数学方程式和坐标点表示的形状复杂的零件，加工非常方便。当改变加工零件时，数控机床只需更换零件加工的 NC 程序，不必用凸轮、靠模、样板或其他模具等专用工艺装备，且可采用成组技术的成套夹具。因此，生产准备周期短，有利于机械产品的迅速更新换代。所以，数控机床的适应性非常强。

2. 加工精度高，产品质量稳定

对于同一批零件，由于使用同一机床和刀具及同一加工程序，刀具的运动轨迹完全相同，并且对于中小型数控机床，定位精度可在 0.02 mm，重复精度为 0.01 mm，特别是数控机床加工完全是自动进行的，消除了操作者人为产生的操作误差，保证了零件加工的一致性好，且质量稳定可靠。

3. 自动化程度高，劳动强度低

数控机床对工件的加工时按照工作之前在制定好的程序来完成的，工件在加工过程中不需要人为操作干预，加工完成后系统会自动停车，这样在工作中使操作者的劳动强度与紧张程度大为减轻，加上数控机床一般都有较好的安全防护、自动排屑、自动冷却和自动润滑，

操作者的劳动条件也大为改善。

4. 生产效率高

零件加工所需的时间主要包括机动时间和辅助时间两部分。数控机床主轴的转速和进给量的变化范围比普通机床大，因此数控机床每一道工序都可选用最有利的切削用量。由于数控机床结构刚性好，因此允许进行大切削用量的强力切削，这就提高了数控机床的切削效率，节省了机动时间。数控机床的移动部件空行程运动速度快，工件装夹时间短，刀具可自动更换，辅助时间比一般机床大为减少。

数控机床更换被加工零件时几乎不需要重新调整机床，节省了零件安装调整时间。数控机床加工质量稳定，一般只作为首件检验和工序间关键尺寸的抽样检验，因此节省了停机检验时间。在加工中心机床上加工时，一台机床实现了多道工序的连续加工，生产效率的提高更为显著。

5. 良好地经济效益

数控机床虽然设备昂贵，加工时分摊到每个零件上的设备折旧费较高。但在单件、小批量生产的情况下，使用数控机床加工可节省划线工时，减少调整、加工和检验时间，节省直接生产费用。数控机床加工零件一般不需制作专用夹具，节省了工艺装备费用。数控机床加工精度稳定，减少了废品率，使生产成本进一步下降。此外，数控机床可实现一机多用，节省厂房面积和建厂投资。因此使用数控机床可获得良好的经济效益。

普通机床难以实现或无法实现轨迹为三次以上的曲线或曲面的运动，如螺旋桨、汽轮机叶片之类的空间曲面；而数控机床则可实现几乎是任意轨迹的运动和加工任何形状的空间曲面，适应于复杂异形零件的加工。

6. 有利于生产管理的现代化

数控机床使用数字信息与标准代码处理、传递信息，特别是在数控机床上使用计算机控制，为计算机辅助设计、制造以及管理一体化奠定了基础。同时数控机床能准确地计算零件加工工时和费用，有效地简化检验工装夹具和半成品的管理工作，有利于生产管理的现代化。

9.4 数控编程简介

数控机床程序编制过程的主要内容包括：零件图的分析、数控机床的选择、工件装夹方法的确定、加工工艺的确定、刀具的选择、程序的编制、程序的调试。从零件图的分析开始到零件加工完毕。

9.4.1 数控编程的基本概念

所谓数控编程就是把零件的工艺过程、工艺参数、机床的运动以及刀具位移量等信息用数控语言记录在程序单上，并经校核的全过程。为了与数控系统的内部程序（系统软件）及自动编程用的零件源程序相区别，把从外部输入的直接用于加工的程序称为数控加工程序，简称为数控程序。

数控机床所使用的程序是按照一定的格式并以代码的形式编制的。数控系统的种类繁多，它们使用的数控程序的语言规则和格式也不尽相同，编制程序时应该严格按照机床编程手册中的规定进行。编制程序时，编程人员应对图样规定的技术要求、零件的几何形状、尺寸精度要求等内容进行分析，确定加工方法和加工路线；进行数学计算，获得刀具轨迹数据；然后按数控机床规定的代码和程序格式，将被加工工件的尺寸、刀具运动中心轨迹、切削参数以及辅助功能（如换刀、主轴正反转、切削液开关等）信息编制成加工程序，并输入数控系统，由数控系统控制机床自动地进行加工。理想的数控程序不仅应该保证能加工出符合图纸要求的合格工件，还应该使数控机床的功能得到合理的应用与充分的发挥，以使数控机床能安全、可靠、高效地工作。

9.4.2　数控编程的内容与步骤

一般来讲，数控编程过程的主要内容包括：分析零件图样、工艺处理、数值计算、编写加工程序单、制作控制介质、程序校验和首件试加工。数控编程的具体步骤与要求如下：

1. 分析零件图

首先要分析零件的材料、形状、尺寸、精度、批量、毛坯形状和热处理要求等，以便确定该零件是否适合在数控机床上加工，或适合在哪种数控机床上加工。同时要明确加工的内容和要求。

2. 工艺处理

在分析零件图的基础上，进行工艺分析，确定零件的加工方法（如采用的工夹具、装夹定位方法等）、加工路线（如对刀点、换刀点、进给路线）及切削用量（如主轴转速、进给速度和背吃刀量等）等工艺参数。数控加工工艺分析与处理是数控编程的前提和依据，而数控编程就是将数控加工工艺内容程序化。制定数控加工工艺时，要合理地选择加工方案，确定加工顺序、加工路线、装夹方式、刀具及切削参数等；同时还要考虑所用数控机床的指令功能，充分发挥机床的效能；尽量缩短加工路线，正确地选择对刀点、换刀点，减少换刀次数，并使数值计算方便；合理选取起刀点、切入点和切入方式，保证切入过程平稳；避免刀具与非加工面的干涉，保证加工过程安全可靠等。

3. 数值计算

根据零件图的几何尺寸、确定的工艺路线及设定的坐标系，计算零件粗、精加工运动的轨迹，得到刀位数据。对于形状比较简单的零件（如由直线和圆弧组成的零件）的轮廓加工，要计算出几何元素的起点、终点、圆弧的圆心、两几何元素的交点或切点的坐标值，如果数控装置无刀具补偿功能，还要计算刀具中心的运动轨迹坐标值。对于形状比较复杂的零件（如由非圆曲线、曲面组成的零件），需要用直线段或圆弧段逼近，根据加工精度的要求计算出节点坐标值，这种数值计算一般要用计算机来完成。

4. 编写加工程序单

根据加工路线、切削用量、刀具号码、刀具补偿量、机床辅助动作及刀具运动轨迹，按照数控系统使用的指令代码和程序段的格式编写零件加工的程序单，并校核上述两个步骤的内容，纠正其中的错误。

5. 制作控制介质

把编制好的程序单上的内容记录在控制介质上，作为数控装置的输入信息。通过程序的手工输入或通信传输送入数控系统。

6. 程序校验与首件试切

编写的程序单和制备好的控制介质，必须经过校验和试切才能正式使用。校验的方法是直接将控制介质上的内容输入到数控系统中，让机床空运转，以检查机床的运动轨迹是否正确。在有 CRT 图形显示的数控机床上，用模拟刀具与工件切削过程的方法进行检验更为方便，但这些方法只能检验运动是否正确，不能检验被加工零件的加工精度。因此，要进行零件的首件试切。当发现有加工误差时，分析误差产生的原因，找出问题所在，加以修正，直至满足零件图样的加工要求。

9.4.3 数控编程的种类

1. 手工编程

手工编程是指从零件图样分析、工艺处理、数值计算、编写程序单、直到程序校核等各步骤的数控编程工作均由人工完成的全过程。手工编程适合于编写进行点位加工或几何形状不太复杂的零件的加工程序，以及程序坐标计算较为简单、程序段不多、程序编制易于实现的场合。这种方法比较简单，容易掌握，适应性较强。手工编程方法是编制加工程序的基础，也是机床现场加工调试的主要方法，对机床操作人员来讲是必须掌握的基本功，其重要性是不容忽视的。

2. 自动编程

自动编程是指在计算机及相应的软件系统的支持下，自动生成数控加工程序的过程。它充分发挥了计算机快速运算和存储的功能。其特点是采用简单、习惯的语言对加工对象的几何形状、加工工艺、切削参数及辅助信息等内容按规则进行描述，再由计算机自动地进行数值计算、刀具中心运动轨迹计算、后置处理，产生出零件加工程序单，并且对加工过程进行模拟。对于形状复杂，具有非圆曲线轮廓、三维曲面等零件编写加工程序，采用自动编程方法效率高，可靠性好。在编程过程中，程序编制人可及时检查程序是否正确，需要时可及时修改。由于使用计算机代替编程人员完成了繁琐的数值计算工作，并省去了书写程序单等工作量，因而可提高编程效率几十倍乃至上百倍，解决了手工编程无法解决的许多复杂零件的编程难题。

利用 CAD/CAM 系统进行零件的设计、分析及加工编程，适用于制造业中的 CAD/CAM 集成编程数控系统，目前正被广泛应用。该方式适应面广、效率高、程序质量好适用于各类柔性制造系统（FMS）和集成制造系统（CIMS），但投资大，掌握起来需要一定时间。

习　题

1. 数控机床由哪些部分组成？
2. 数控机床的工作原理是什么？
3. 数控机床按照数控机床系统的功能水平不同可以分为哪几类？
4. 数控机床按照可联动的坐标轴数可以分为哪几类
5. 数控加工工艺的特点有哪些？
6. 数控机床加工的特点有哪些？
7. 数控编程的内容与步骤有哪些？

第⑩章 先进制造技术

先进制造技术是传统制造技术不断吸收机械、电子、信息、材料、能源、环保等领域高新技术和现代先进管理方法等方面的成果，将其综合应用于产品设计、制造、检测、管理、销售、使用、服务等产品整个周期，以实现高效、优质、经济、清洁、迅捷的产品生产，并取得理想的综合效益的所有制造技术的总称。先进制造技术的内涵和范围很广，本章简要地介绍快速成形技术、柔性制造技术、工业机器人的概念和应用。

10.1 快速成形技术

快速成形（rapid prototyping，RP）技术是20世纪80年代迅速发展起来的一种先进制造技术，其基本原理是首先利用计算机对产品零件进行三维造型，然后进行平面分层处理，再由计算机控制成形装置从零件基层开始，逐层成形和固化材料，得到与计算机三维造形相对应的三维实体，再进行后处理，得到所需要制造的零件。

10.1.1 快速成形技术的特点

快速成形技术具有如下特点：

1. 制造的快速性

快速成形加工不需要进行传统的毛坯制造、刀具和夹具准备、粗加工和精加工等工艺，而是从产品CAD或从实体反求获得数据直接制成原型，属于非接触式加工，无振动和噪声，速度比传统加工方法快得多，明显缩短了产品设计、开发的周期，加快了产品更新换代的速度，同时也减少了对熟练技术工人的需求，降低了新产品的开发成本。

2. 制造技术的高度集成化

快速成形技术集成了计算机技术、数据采集与处理技术、控制技术、材料科学、光学和机电加工等科学技术。CAD技术实现零件曲面和实体造型，数控技术保证二维扫描的高速度和高精确性，先进的激光器件和控制技术使材料精确固化、烧结和切割。CAD与CAM有机结合，实现设计与制造一体化。

3. 制造的自由性

快速成形加工的自由性体现在两个方面：一是可以根据原型或零件的形状进行加工，不需要使用工具、模具，节省了工具、模具费用，缩短了新产品的试制时间；二是不受零件复杂程度的限制，能够制造任意复杂的形状、结构以及不同材料复合的原型或零件。传统的机械零件结构工艺性问题大部分将不复存在。

4. 制造过程的高柔性

快速成形加工制造系统在软件和硬件的实现上大部分是相同的，即在一个现有的系统上仅增加一小部分元器件和软件功能就可以进行另一种制造工艺。不同工艺原理的设备容易实现模块化，可相互切换。当零件的形状、批量改变时，不需要重新设计制造工艺设备和专用工具，仅需要改变 CAD 模型或反求数据结构模型，重新调整和设置参数即可生产。

10. 1. 2　快速成形技术的种类

目前，快速成形技术已有几十种，根据成形方式大致可分为两类：一类是基于激光或其他光源的成形技术，如立体平板印刷（SLA）、叠层实体制造（LOM）、选择性激光烧结（SLS）等；另一类是基于喷射的成形技术，如熔融沉积成形（FDM）、三维印刷等。下面介绍几种典型的快速成形技术。

1. 立体平板印刷

立体平板印刷（stereo – lithography 或 stereo – lithography apparatus，SL 或 SLA），又称光固化成形，是使用各种光敏树脂为成形材料，以激光为能源，以树脂固化为特性的快速成形技术。

1）成形原理

首先采用计算机辅助设计构建零件的 CAD 三维立体模型，通过计算机软件对模型进行平面分层（一般为 0. 01 ～ 0. 02 mm，也称切片处理），提取每一层截面的形状信息。然后由激光发生器 1 发出激光束 2，按照截面的形状数据，从基层形状开始逐点扫描，如图 10–1 所示。

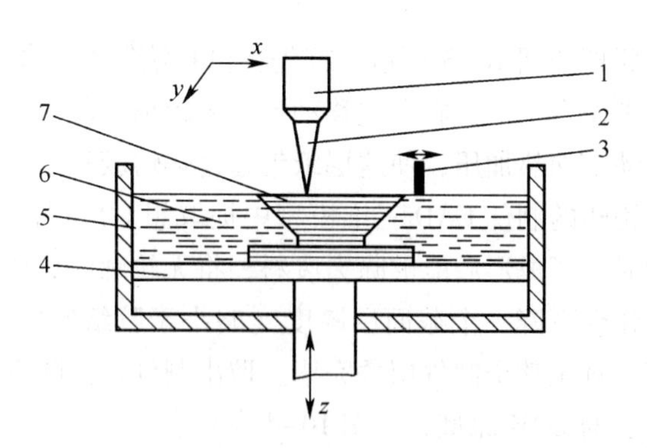

图 10–1　立体平板印刷成形原理

1—激光发生器；2—激光束；3—刮刀；4—工作台；5—液槽；6—液态光敏树脂；7—工件

当激光束照射到液态光敏树脂 6 时，被照射的液态光敏树脂发生固化反应，即可形成一层薄薄的固化层，即零件的截面形状。工作台 4 沿 z 向下降一个分层厚度，扫描第二层的形状，新固化层粘在前面的固化层上。就这样逐层的进行照射、固化、下沉，最终堆积成三维模型实体，得到设计的零件。常用的光敏树脂材料有丙烯酸树脂、乙烯树脂和双氧树脂。

2）立体平板印刷特点

（1）立体平板印刷的优点。制件尺寸精度高，尺寸误差可控制在 0.1 mm 以内；表面质量好，尤其是上表面非常光滑，可直接制造塑料件；SLA 系统稳定性好，可制造结构复杂的中空、精细制件。

（2）立体平板印刷的局限性。成形时需要对整个二维截面轮廓进行扫描固化，成形效率低，设备昂贵；制作材料必须是光敏树脂，运行费用很高，且光敏树脂性能不如工业塑料，较脆，易断裂，不便于机械加工；制件成形过程中发生化学反应，使聚合物发生缩胀变化，产生内应力，易引起制件翘曲和其他变形；孤立轮廓和悬臂轮廓等部位不能直接成形，需要制作支撑，如图 10-2 所示。

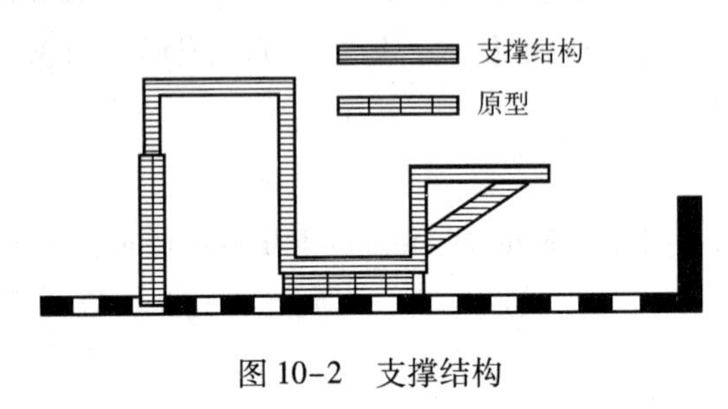

图 10-2　支撑结构

2. 叠层实体制造

叠层实体制造（laminated object manufacturing，LOM）是采用激光束来切割薄层材料并使其依此黏结形成立体制件的方法，与 SLA 不同的是分层截面采用的是二维轮廓信息，是片堆积，而不是点堆积。

1）成形原理

叠层实体制造加工原理如图 10-3 所示，首先在供料滚筒 6 的作用下，底面涂有热熔胶和添加剂的胶纸带 5 在工作台 7 上自右向左移动预定的距离，同时工作台运动到 z 向预定位置，再通过热压辊 4 滚动来加热加压，使这层纸带通过热熔胶和下层粘接到一起，激光束在控制系统作用下根据从构建的制件 CAD 三维模型中提取想对应层的二维截面轮廓信息切割出二维截面轮廓线，同时为了成形后能够除去废料，将无轮廓区域切割成小方形网格，完成此层的制作。然后，工作台下降一个截面层厚度（略小于胶纸厚度），进行下一层的送料、黏合和切割，如此重复，直至整个制件层叠完毕。取出制件，去除方形网格废料，进行必要的后处理，便获得所需要的 LOM 原型，如图 10-4 所示。

2）叠层实体制造特点

（1）叠层实体制造的优点。与 SLA 相比设备加工低廉，需要的激光器功率小，使用寿命长，造型材料便宜，因而总的成本低，且不污染环境；LOM 方法只需要切割轮廓截面，成形速度快，且无需设计支撑，制造时间短；造型材料一般是涂有热熔胶及添加剂的胶纸带，制造中无相变，制件尺寸和形状稳定，精度较高，x 和 y 轴方向尺寸精度可达 0.1 ～ 0.2 mm，z 轴方向可达 0.2 ～ 0.3 mm；能制造大型制件。

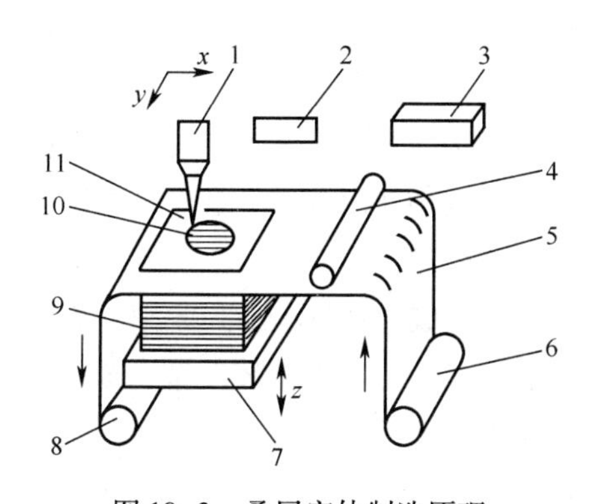

图 10-3　叠层实体制造原理

1—x、y 扫描系统；2—光路系统；3—激光器；4—热压辊；5—胶纸带；6—供料滚筒；7—可升降工作台；8—回收滚筒；9—工件；10—成形层；11—网格废料

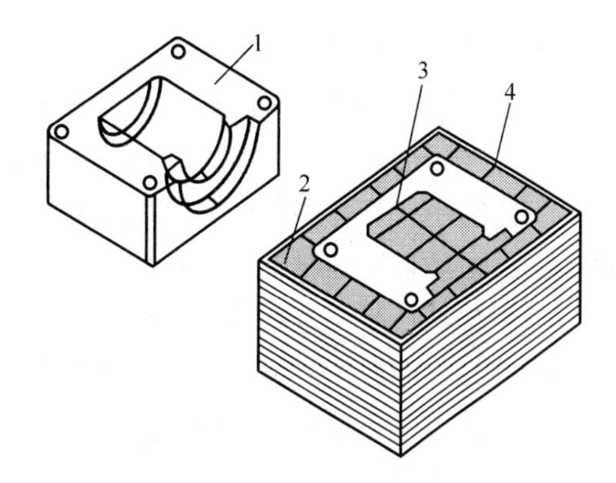

图 10-4　截面轮廓及网格废料

1—原型制件；2—网格废料；3—内轮廓线；4—外轮廓线

（2）叠层实体制造的局限性。可供 LOM 制造的材料种类少，目前具有商业用途的只有纸，其他材料尚在研制中；纸质零件易受潮，不易长时间存放；LOM 方法难以制造精细形状的制件和内部结构复杂的制件。

3. 选择性激光烧结

选择性激光烧结（selected laser sintering，SLS）是采用 CO_2 激光器对粉末材料进行有选择的照射，照射到的材料熔融凝固而成形制件的方法。SLS 和 SLA 原理类似，只是原材料状态和照射后材料发生的变化不同。

1）选择性激光烧结原理

SLS 工作原理如图 10-5 所示，先将充有氩气的工作室升温，并使温度低于粉末熔点。成形时，送料筒上升，铺粉滚筒 6 滚动，在工作台 7 上铺上一层粉末材料 1，激光束根据计算机从构建的制件三维 CAD 模型中提取二维截面轮廓信息对粉末进行逐点扫描，使粉末熔化相互黏结形成一层截面轮廓，未照射的粉末作为原型支撑。一层成形后，工作台下降一个截面层厚度，再铺上一层粉末，进行下一层成形。如此反复，直至整个原型制造完毕。成形

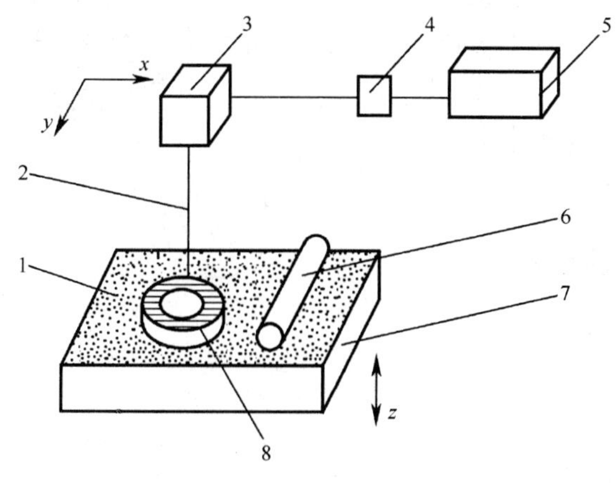

图 10-5　选择性激光烧结原理

1—粉末材料；2—激光束；3—x－y 扫描系统；4—透镜；5—激光器；6—铺粉滚筒；7—工作台；8—制件

完成后，进行冷却，取出制件，经高温烧结、熔浸等后处理，即可使用。

2）选择性激光烧结特点

（1）选择性激光烧结优点。成形材料种类多，如塑料、金属、陶瓷等都可作 SLS 材料；成形工艺简单，可直接制造形状复杂的型腔，尺寸精度可达 0.1 mm，无方向差别，余料去除方便；未经烧结的粉末能承托正在烧结的制件，不需设计支撑。

（2）选择性激光烧结的局限性。预热和冷却时间长，成形效率低；SLS 制件表面一般是多孔性的，表面质量受粉末颗粒及激光焦点大小的限制，后处理工艺较复杂；成形过程中需要氦气保护以防止氧化，同时成形过程中产生有毒气体，生产条件要求高。

4. 熔融沉积成形

熔融沉积成形（fused deposition molding，FDM），又称熔丝沉积，是采用由加热喷头加热挤出成熔融状态的材料（比材料凝固温度高 1℃左右）逐步堆积成形的。

1）熔融沉积成形原理

FDM 成形原理如图 10-6 所示，加热喷头 4 在控制系统作用下根据从构建的制件三维 CAD 模型中提取二维截面轮廓信息作平面运动。同时，缠绕在丝辊 1 上的丝状 FDM 材料由原材料存储及送丝机构送至加热喷头 4 中，并在加热喷头中加热至熔融态，然后通过喷头的微细喷嘴有选择地涂覆在工作台上，冷却后形成截面轮廓，一层成形完成后，喷头上升一截面层高度，再进行下一层的涂覆，如此循环，直至整个原型制造完毕。

由于 FDM 原型制造需要设计支撑，而支撑不需要很高质量，为了提高效率和降低成本，目前已有双喷头熔融沉积成形机，如图 10-7 所示。

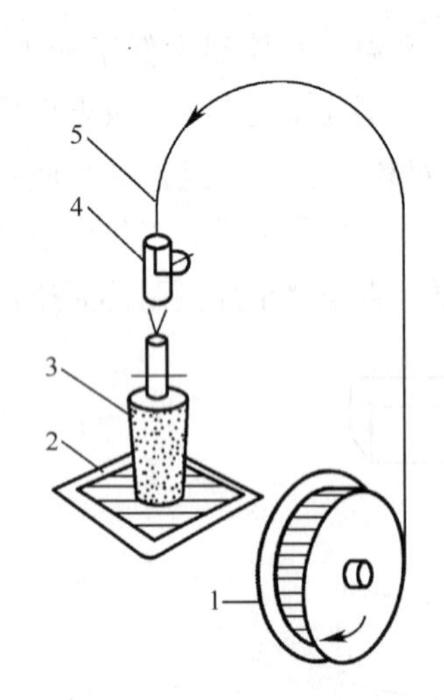

图 10-6　熔融沉积成形原理

1—丝辊；2—可升降工作台；3—原型；4—加热喷头；5—熔融丝材

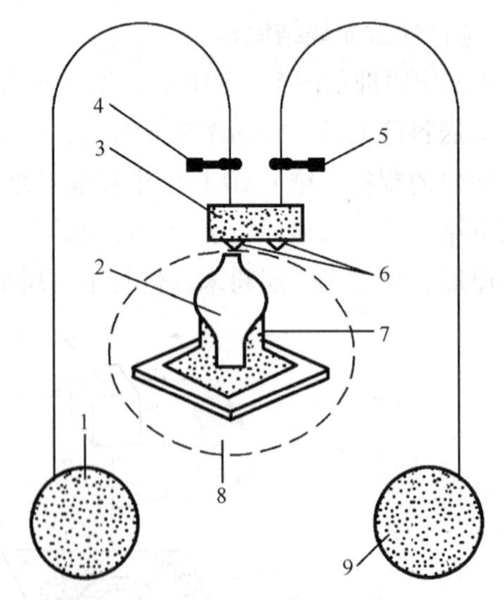

图 10-7　双喷头熔融沉积成形原理

1—原型材料筒；2—原型；3—熔腔；4—原型材料送料系统；5—支撑材料送料系统；6—加热喷头；7—支撑材料；8—温度控制区域；9—支撑材料筒

2）熔融沉积成形特点

（1）熔融沉积成形优点。成形材料种类多，常用的材料有石蜡、尼龙、ABS 和低熔点金属等材料。这些材料在成形过程中，无化学变化，原型成形后变形小，使用寿命长；可以成型瓶状或中空零件，原型支撑容易去除；工艺简单，设备运行费用较低，系统运行安全，可在办公环境下使用。

（2）熔融沉积成形的局限性。成形制件的精度较低，表面有明显条纹，且沿成形轴垂直方向的强度比较弱；设计需要支撑，而且需要对整个二维截面进行扫描涂覆，效率较低，不适合制造大尺寸制件和形状复杂制件。

以上四种快速成形加工方法的比较与选用如表 10-1 所示。

表 10-1　快速成形加工方法的比较与选用

成形工艺	立体平板印刷	叠层实体制造	选择性激光烧结	熔融沉积成形
成形速度	较快	快	较慢	较慢
原型精度	较高	低	较低	较低
使用材料	热固性光敏树脂	纸片、塑料薄模、复合材料薄模	石蜡粉、ABS 塑料粉、金属粉、陶瓷粉等	石蜡、尼龙、ABS 塑料等
材料利用率	约 100%	较差	约 100%	约 100%
材料价格	较贵	较便宜	较贵	较贵
设备费用	较贵	较便宜	较贵	较便宜
生产效率	高	高	一般	较低
制造过程复杂程度	中等	简单或中等	复杂	中等
支撑结构	需要支撑结构	支撑结构自动地包含在层面制造中	不需要支撑结构	需要支撑结构
优点	技术成熟，应用广泛，能量低	内应力低，扭曲小，同一物体中可包含多种材料和颜色	选用材料的机械性能比较好，材料成本低，无气味	材料成本低，材料利用率高，能量低，同一物体中可包含多种材料和颜色
缺点	工艺复杂，材料种类有限，原材料价格昂贵，激光器寿命低	能量高，对内部孔腔中的支撑物需要清理，废料剥离困难	能量高，表面粗糙，成型原型疏松多孔，对某些材料需要单独处理	表面粗糙，选用材料仅限于低熔点材料

10.2　柔性制造技术

柔性制造技术是集数控技术、计算机技术、机器人技术和现代生产管理于一体的先进制造技术。自 20 世纪 70 年代问世以来，随着机械制造业对多品种 、小批量、缩短产品更新换代周期短的迫切要求，柔性制造技术发展非常迅速，并且日趋成熟。柔性制造技术主要有柔性制造单元、柔性制造系统、计算机集成制造系统。

10.2.1　柔性制造单元

柔性制造单元（flexible manufacturing cell，FMC）是由 1 ～ 2 加工中心、工业机器人、数控机床和物料运输存储设备构成，具有适应加工多品种产品的灵活性。

图 10-8 所示为配有托盘交换系统构成的 FMC。托盘上装夹有工件，在加工过程中，它与工件一起流动，类似通常的随行夹具。环形工作台用于工件的输送与中间存储，托盘座在环形导轨上由内侧的环链拖动而回转，每个托盘座上有地址识别码。当一个工件加工完毕，

数控机床发出信号，由托盘交换装置将加工完的工件（包括托盘）拖至回转台的空位处，然后转至装卸工位，同时将待加工工件推至机床工作台并定位加工。

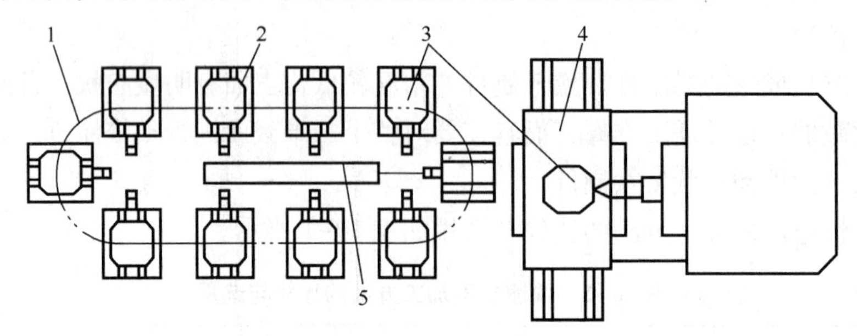

图 10-8　带有托盘交换系统的 FMC

1—环形交换工作台；2—托盘座；3—托盘；4—加工中心；5—托盘交换装置

柔性制造单元 FMC 是柔性制造系统向廉价化、小型化方向发展的产物，工件的全部加工一般是在一台机床上完成。具有规模小、成本低，便于扩展等优点。但 FMC 的信息系统自动化程度较低，加工柔度不高，只能完成品种有限的零件加工。

10.2.2　柔性制造系统

柔性制造系统（flexible manufacturing system，FMS）是在 FMC 的基础上扩展而形成的一种高效率、高精度、高柔性的加工系统。FMS 被定义为：柔性制造系统是由两台数控加工设备、一套物料运储系统（装卸高度自动化）和一套计算机控制系统所组成的制造系统，它包括多个柔性制造单元，能根据制造任务或生产环境的变化迅速进行调整，以适应多品种、小批量生产。图 10-9 所示柔性制造系统的组成情况，主要包括加工系统、物料储运系统、计算机信息管理系统和系统软件。

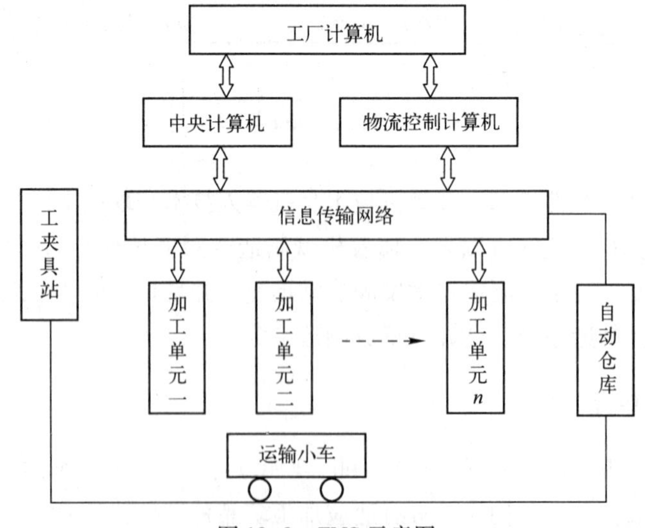

图 10-9　FMS 示意图

1）加工系统

柔性制造系统的加工系统是由数控机床、加工中心等加工设备，以及检验站、清洗站、装配站等组成。加工系统是柔性制造系统的最基本的组成部分，反映柔性制造系统的加工能力的高低，并直接影响柔性制造系统的性能，所以也是柔性制造系统的关键组成部分。加工设备主要由加工中心和数控机床、柔性制造单元、工业机器人及其他设备组成，例如测量机、清洗机、动平衡机和各种特种加工设备等。

2）物料运储系统

物料运储系统包括工件储运系统和刀具储运系统，由工件装卸站、自动化仓库、自动化小车、机器人、托盘缓冲站、托盘交换装置、传送带、刀具库系统、交换工作台、夹具系统、换刀机械手等组成。物料运储系统主要完成工件和刀具的输送及入库存放。

3）计算机信息管理系统

计算机信息管理系统由一套计算机控制系统构成，负责系统中各部分的协调工作，能够实现对 FMS 的运行控制、工程分析、生产调度、刀具管理、质量控制，以及 FMS 的数据管理和网络通信等。

4）系统软件

系统软件一般包括设计规划软件、生产过程分析软件、生产计划调度软件、系统监控和管理软件等，主要作用是确保 FMS 有效地适应中、小批量多品种生产过程的管理、控制及优化工作。

除上述上个主要组成部分外，FMS 还包含冷却系统、排屑系统等附属系统。

图 10-10 所示为一个典型的柔性制造系统示意图。该系统由 4 台卧式加工中心、3 台立式加工中心、2 台平面磨床、2 台自动导向小车、2 台检验机器人、自动仓库、托盘站和装

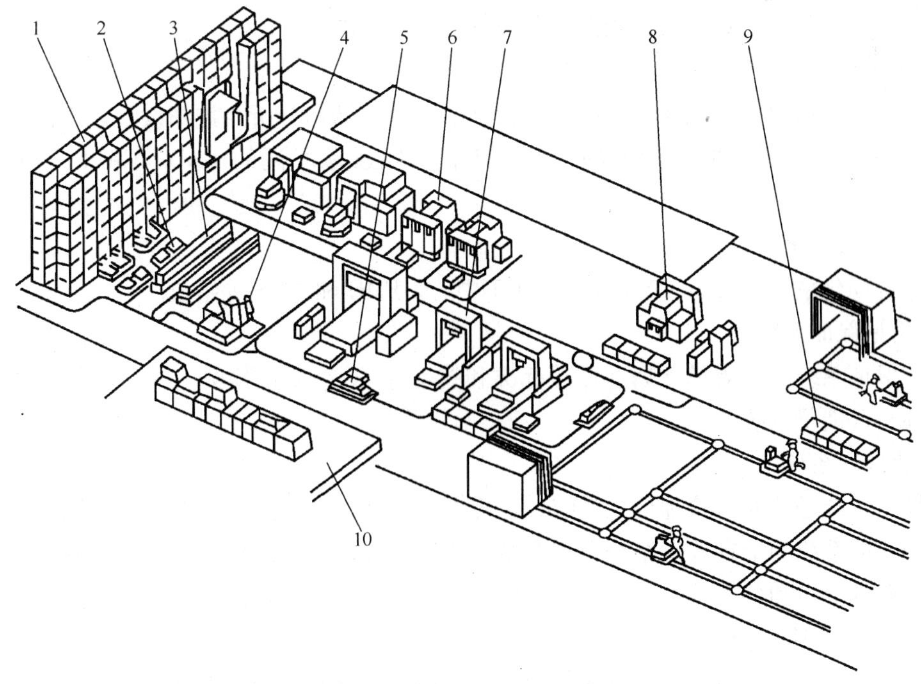

图 10-10　典型的柔性制造系统

1—自动仓库；2—装卸站；3—托盘站；4—检验机器人；5—自动导向小车；6—卧式加工中心；7—立式加工中心；8—平面磨床；9—组装交付站；10—计算机控制室

卸站等组成。毛坯在装卸站由工人安装在托盘夹具上，然后根据计算机控制室的计算机指令，由物料传递系统自动小车把毛坯连同托盘夹具输送到第一道工序的加工机床的托盘交换台，等待加工。一旦该机床空闲，就由自动上下料装置立即将工件送上机床加工。每道工序加工完成后，物料传递系统便将该机床加工完成的半成品取出，并送至下一道工序的机床等候，如此不断运行，直到完成最后一道加工工序为止。整个运作过程中，除了进行切削加工之外，如果有必要还需进行清洗、检验等工序，最后将加工结束的零件入库储存。

10.2.3 计算机集成制造系统

计算机集成制造系统（computer integrated manufacturing system，CIMS）是通过计算机网络，将制造工厂全部生产活动，即从市场预测、经营决策、计划控制、工程设计、生产制造、质量控制到产品销售等功能部门有机地集成为一个能够协调工作的整体，以保证工厂内部信息的一致性、共享性、可靠性、精确性和及时性，实现生产的自动化和柔性化，达到高效率、高质量、低成本和灵活生产的目的。

从系统的功能角度考虑，一般认为 CIMS 可由经营管理信息系统、工程设计自动化系统、制造自动化系统和质量保证信息系统四个功能分系统，以及计算机网络和数据库两个支撑分系统组成。

1）经营管理信息系统

经营管理信息系统包括预测、经营决策、各级生产计划、生产技术准备、销售、供应、财务、成本、设备、工具、人力资源等各项管理信息功能。

2）工程设计自动化系统

工程设计自动化系统包含产品的概念设计、工程与结构分析、详细设计、工艺设计以及数控编程等设计和制造准备阶段的一系列工作，即通常所说的 CAD、CAPP、CAM 三大部分。

3）制造自动化系统

制造自动化系统通常由 CNC 机床、加工中心、FMC 和 FMS 等组成。

4）质量保证系统

质量保证系统包括质量计划（质量标准和技术标准）、质量检测、质量评价、质量信息综合管理与反馈子系统。

5）数据库系统

数据库系统是将经营管理信息系统、工程设计自动化系统、制造自动化系统和质量保证系统四个功能系统的信息数据结合在一个结构合理的数据库系统里进行存储和调用，以满足各系统信息的交换和共享。

6）计算机网络系统

计算机网络系统是通过计算机通信网络将物理上分布的 CIMS 各功能分系统的信息联系起来，以达到共享的目的。

CIMS 系统的简要结构如图 10-11 所示。

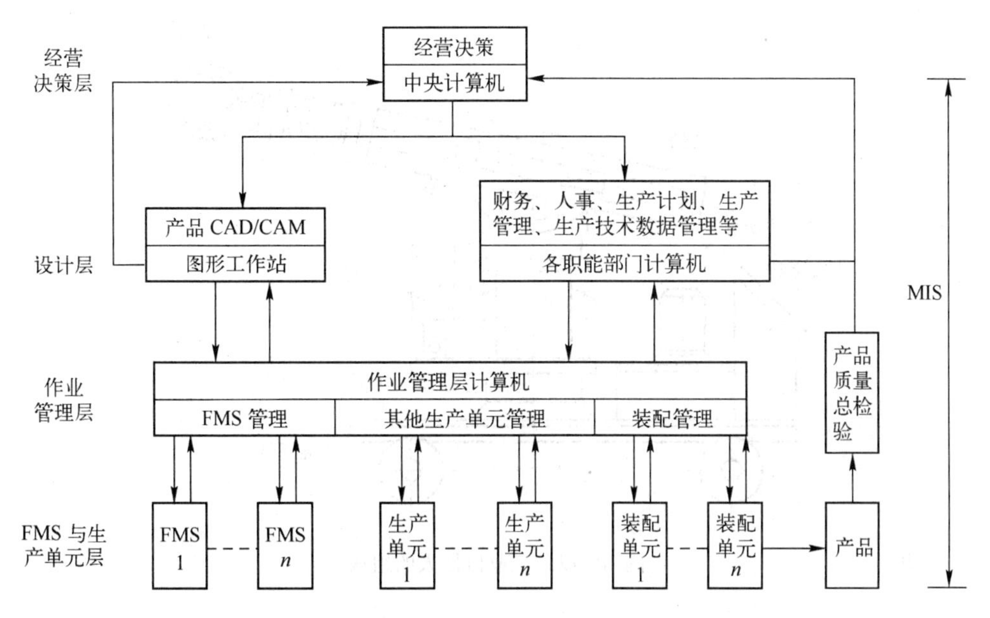

图 10-11　CIMS 系统的简要结构

10.3　工业机器人

工业机器人（industrial robot）简称 Robot，是一种可重复编程的、自动控制的、多自由度的、机体独立的自动操作机械，能在三维空间完成各种作业。工业机器人特别适合于多品种、变批量的柔性生产，它在提高产品质量、生产效率，改善劳动条件和产品的快速更新换代等方面起着十分重要的作用。

10.3.1　工业机器人的组成

图 10-12 所示的工业机器人一般由执行系统（含行走机构）、控制系统、驱动系统、检测系统和智能系统等五部分组成。

1）执行系统

执行机构是一种具有与人手脚相似动作功能的机械装置，又称操作机，可在空间抓取、搬运物体或执行其他操作动作。执行系统由以下几个部分组成：

（1）手部：又称抓取机构或夹持器，用于直接抓取工件或工具。如果在手部安装专用工具，如焊枪、电钻、电动螺钉拧紧器等，就构成了专用的特殊手部。工业机器人手部有机械夹持式、真空吸附式、磁性吸附式等不同的结构形式。

（2）腕部：连接手部和手臂的部件，用以调整手部的姿态和方位。

（3）臂部：连接手腕和手部的部件，由动力关节和连杆组成，用以承受工件或工具负荷。

（4）机座与立柱：支撑整个机器人的基础件，起到连接和支承的作用，控制机器人的活动范围和改变机器人的位置。

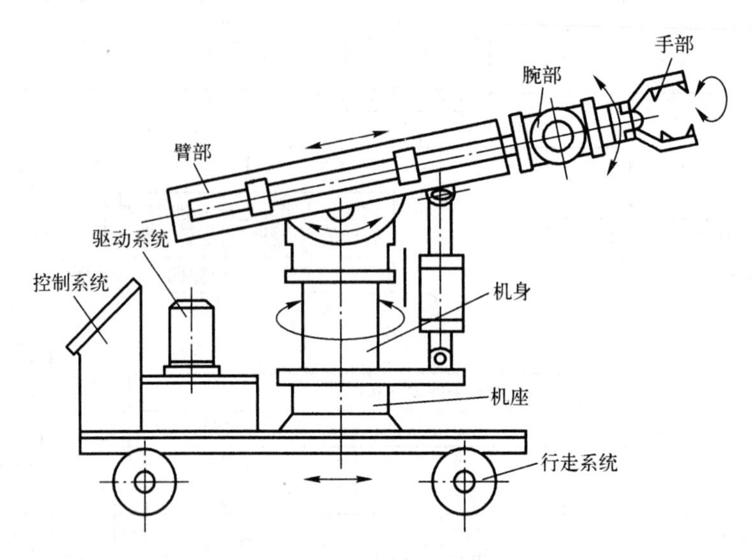

图 10–12　工业机器人的组成

2）驱动系统

驱动系统是驱动执行机构运动的动力和传动装置，是整个机器人的动力源，按照控制系统发来的控制指令驱动执行机构完成规定的作业。常用的驱动系统有机械式、液压式、气动式以及电气驱动式等不同的驱动形式。

3）控制系统

控制系统是机器人的大脑，控制与支配执行系统按照规定要求进行操作。必要时对机器人的动作进行监控，当发生错误或故障时发出报警信号。

4）检测系统

检测系统通过附设的力、位移、触觉、视觉等不同的传感器，检测执行系统的运动情况，并随时反馈给控制系统，作出相应调整，以便执行系统以一定的精度和速度到达设定的位置。

5）智能系统

智能系统是智能机器人所具有的系统，它拥有思维功能，有学习、记忆、重现、逻辑判断和自编程序的功能。

10.3.2　工业机器人的分类

1. 按系统功能分类

1）专用机器人

专用机器人是在固定地点以固定程序工作的机器人，其结构简单，工作对象单一，无独立控制系统，造价低廉。例如加工中心机床上的自动换刀机械手。

2）通用机器人

通用机器人是具有独立控制系统，通过改变控制程序能完成多种作业的机器人。其结构复杂，工作范围大，定位精度高，通用性强，适用于不断变换生产品种的柔性制造系统。

3）示教再现机器人

示教再现机器人具有记忆功能，由操作者通过手动控制“示教”机器人做一遍操作示范，其存储装置便能记忆所有工作顺序。此后，机器人便能“再现”操作者教给它的动作，其适用于多工位和经常变换工作路线的作业。

4）智能机器人

智能机器人是具有视觉、听觉、触觉等多种感觉功能和识别功能的机器人，通过比较和识别，自主作出决策和规划，自动进行信息反馈，完成预定的动作，是一种具有人工智能的工业机器人。

2. 按驱动方式分类

1）气压传动机器人

气压传动机器人是以压缩空气作为动力源驱动执行机构运动的机器人，具有动作迅速、结构简单、成本低廉的特点，适用于高速轻载、高温和粉尘大的环境作业。

2）液压传动机器人

液压传动机器人采用液压元器件驱动，具有负载能力强、传动平稳、结构紧凑、动作灵敏的特点，适用于重载、低速驱动场合。

3）电气传动机器人

电气传动机器人是用交流或直流伺服电动机驱动的机器人，不需要中间转换机构，机械结构简单、响应速度快、控制精度高，是近年来常用的机器人传动结构。

3. 按结构形式分

1）直角坐标型机器人

直角坐标型机器人的手部在空间由三个相互垂直 x，y，z 的方向上作移动运动，运动是独立的，如图 10-13（a）所示。其控制简单，运动直观性强，易达到高精度，定位精度高，但操作灵活性差，运动的速度较低，操作范围较小，占据的空间相对较大。

2）圆柱坐标型机器人

圆柱坐标型机器人在水平转台上装有立柱，其立柱安装在回转机座上，水平臂可以自由伸缩，并可沿立柱上下移动。其工作范围较大，运动速度较高，但随着水平臂沿水平方向上的伸长，其线位移分辨精度越来越低，如图 10-13（b）所示。

3）球坐标型机器人

球坐标型机器人也称极坐标型机器人，由回转机座、俯仰铰链和伸缩臂组成，具有两个旋转轴和一个平移轴。工作臂不仅可绕垂直轴旋转，还可绕水平轴作俯仰运动，且能沿手臂轴线作伸缩运动，如图 10-13（c）所示。其操作比圆柱坐标型更为灵活，并能扩大机器人的工作空间。

4）关节型机器人

关节型机器人是由多个关节连接的机座、大臂、小臂和手腕组成。大、小臂之间用铰链连接形成肘关节，大臂和立柱联接形成肩关节，大小臂既可在机座的平面内运动，也可实现绕垂直轴的转动，如图 10-13（d）所示。其操作灵好，运动速度较高，操作范围大，是最通用的机器人。

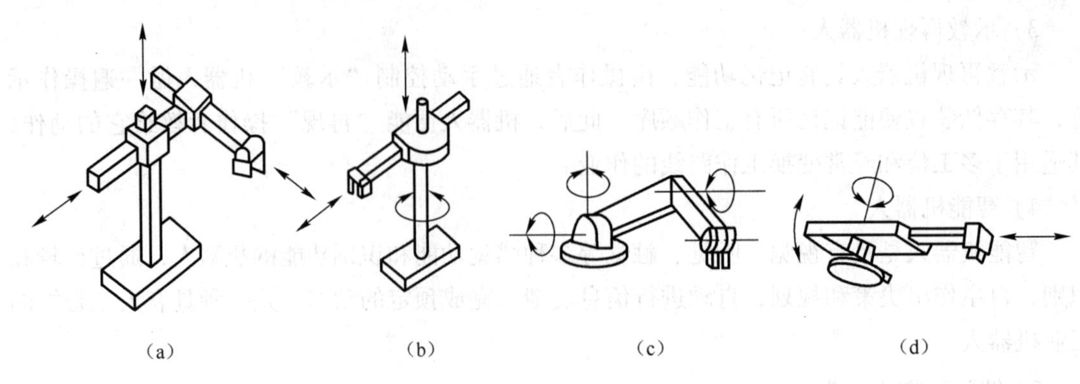

图 10-13 工业机器人的不同结构形式

习 题

1. 快速成形技术具有哪些特点？
2. 快速成形技术有哪些种类？
3. 什么是柔性制造单元、柔性制造系统、计算机集成制造系统？
4. 柔性制造系统由哪些部分组成？
5. 计算机集成制造系统由哪些部分组成？
6. 试述工业机器人的组成、分类和应用。

参考文献

[1] 乔世民. 机械制造基础 [M]. 北京：高等教育出版社，2008.
[2] 苏建修. 机械制造基础 [M]. 2 版. 北京：机械工业出版社，2008.
[3] 韩春鸣. 机械制造基础 [M]. 北京：化学工业出版社，2006.
[4] 崔令江，韩飞. 塑性加工工艺学 [M]. 北京：机械工业出版社，2007.
[5] 邓根清，陈义庄. 机械制造基础 [M]. 北京：中国林业出版社，2006.
[6] 唐宗军. 机械制造基础 [M]. 北京：机械工业出版社，2000.
[7] 刘建亭. 机械制造基础 [M]. 北京：机械工业出版社，2002.
[8] 肖智清. 机械制造基础 [M]. 北京：机械工业出版社，2001.
[9] 韩秋实. 机械制造技术基础 [M]. 北京：机械工业出版社，1998.
[10] 张普礼. 机械加工设备 [M]. 北京：机械工业出版社，1999.
[11] 李华. 机械制造技术 [M]. 北京：高等教育出版社，2000.
[12] 李伟光. 现代制造技术 [M]. 北京：机械工业出版社，2001.
[13] 林朝平. 现代制造技术 [M]. 南京：东南大学出版社，2001.

Learn more about it!

笔记栏

Learn more about it !

笔 记 栏